原著第2版

SQL实战

数据叙事的进阶指南

[美] 安东尼·德巴罗斯（Anthony DeBarros） 黄健宏 译

Practical SQL
A Beginner's Guide to
Storytelling with Data

U0221754

化学工业出版社
·北京·

内容简介

《SQL实战（原著第2版）》属于入门书，是一本用 PostgreSQL 写的SQL入门教程，先从基本的SQL知识开始说起，之后逐渐过渡到更高级的特性，最后以一些实际的数据用例作为结束。全书共分为20章，主要内容包括：设置编码环境、创建数据库和表、查询数据——SELECT语句、数据类型、数据的导入与导出、SQL的基本数学与统计原理、连接关系数据库中的表、表格设计、通过分组和汇总提取信息、数据检查和修改、SQL中的统计函数、处理日期和时间、高级查询技术、挖掘文本以找到有意义的数据、利用PostGIS分析空间数据、使用json数据、使用视图、函数和触发器节省时间、从命令行使用postgresql、维护数据库、讲述你的数据故事。

本书语言通俗易懂，作者选取了大量与生活工作贴近的实例进行讲解，帮助读者更好地理解及运用SQL。

本书适合从事数据库开发的技术人员、数据库爱好者、初学者参考使用。

北京市版权局著作权合同登记号：01-2024-4945

图书在版编目（CIP）数据

SQL实战／（美）安东尼·德巴罗斯

(Anthony DeBarros) 著；黄健宏译. -- 北京 ：化学工业出版社，2025. 2. -- ISBN 978-7-122-46707-2

Ⅰ．TP311.138

中国国家版本馆CIP数据核字第2024L27R24号

责任编辑：万忻欣　　　　　　　文字编辑：李亚楠　温潇潇
责任校对：刘曦阳　　　　　　　装帧设计：张　辉

出版发行：化学工业出版社（北京市东城区青年湖南街 13 号　邮政编码 100011）
印　　装：三河市航远印刷有限公司
787mm×1092mm　1/16　印张 24½　字数 622 千字
2025 年 2 月北京第 1 版第 1 次印刷

购书咨询：010-64518888　　　　　售后服务：010-64518899
网　　址：http://www.cip.com.cn
凡购买本书，如有缺损质量问题，本社销售中心负责调换。

定　　价：128.00 元　　　　　　　　　　　版权所有　违者必究

译者的话

《SQL 实战（原著第 2 版）》是本人继《Redis 实战》《Go Web 编程》和《Go 语言趣学指南》之后的第四本译作，也是第一次正式翻译 SQL/PostgreSQL 方面的作品。对我来说，这既是机遇，也是挑战。

为了做好本书的翻译，我付出了比以往译作更多的努力。书中很多地方都经过仔细的打磨和推敲，以便在保证译文准确的情况下尽可能地贴近中文读者的阅读习惯，有时候为了得到更好的译文往往会三易其稿。这样导致的后果是本书的交稿时间一再推迟，翻译期从原来预估的三个月、半年、一年，到最终定稿足足花了一年零三个月的时间（2022 年 8 月至 2023 年 11 月）。

好在对于最终得到的译稿质量，我个人还是相当满意的，希望读者在阅读的过程中也能有同感，这样一来翻译过程中的辛劳也就没有白费。

最后，感谢您阅读本书。如果您在阅读的过程中有任何疑问或建议，请通过电子邮箱 huangzworks@gmail.com 与我取得联系。开卷有益，祝您阅读愉快！

黄健宏

第 2 版前言

自《SQL 实战》第 1 版出版以来，我收到了世界各地读者对这本书的广泛好评。有位读者满心欢喜地说，这本书帮助他在面试过程中的 SQL 问答环节揽得高分。还有位教师则写信说到，学生对他在课程中布置阅读此书给予了好评。至于其他人，则更多的是觉得这本书对他们有所帮助，又或者觉得此书读起来平易近人，而这两点反馈无疑对大多数作者来说都是非常暖心的。

当然，我有时候也会听到一些读者说他们在完成练习的过程中遇到了障碍，又或者遇到了软件或是数据文件方面的问题。我密切地关注这些邮件，特别是当相同问题反复出现的时候。与此同时，在我每天学习并应用 SQL 的过程中，常常会发现一些新的技巧，并且希望将它们也写进书本里面。

考虑到上述原因，我向 No Starch Press 团队提出了更新《SQL 实战》并将其扩展为第 2 版的想法，并且很欣慰地从他们那里得到了肯定的回复。更新之后的图书，不仅更为完整，能够为软件和编码相关的读者提供更加强有力的指导，并且还澄清了以往某些不太清晰或者不太准确的信息。重新审视此书不仅让人感觉愉悦，更是一次满载而归的学习过程。

这本第 2 版包含大量更新、扩展以及对每一章的澄清，并且在整个过程中，我一直仔细地注意代码的语法是否符合 SQL 标准，又或者是只适用于本书选用的 PostgreSQL 数据库：符合 SQL 标准的语法通常可以在不同的数据库系统中使用，而特定于 PostgreSQL 数据库的语法则不然。

以下列举了新版最为重要的一些变化：

● 第 1 章和第 16 章是新添加的。第 1 章"设置编码环境"详细介绍了如何在多个操作系统上安装 PostgreSQL、pgAdmin 以及附加的 PostgreSQL 组件，并展示了从 GitHub 获取代码清单和数据的具体方法。这些信息在第 1 版被放置在引言里面，它们有时候会被读者忽略。第 16 章"处理 JSON 数据"以电影和地震的数据集为例，展示了 PostgreSQL 对 JavaScript Object Notation 数据格式的支持。

● 讲述数据类型的第 4 章添加了关于 IDENTITY 一节，这一类型是自动递增整数列的 ANSI SQL 标准实现。新版整书都使用 IDENTITY，以此来代替旧版中 PostgreSQL 特有的自动递增整数类型 serial，从而使得代码示例能够更为符合 SQL 标准。

● 讲述数据导入和导出的第 5 章添加了关于 WHERE 关键字和 COPY 命令的内容，它们用于筛选需要从源文件导入到表的行。

● 讲述基本数学知识的第 6 章移除了旧版中用户自定义的 median() 函数，改为使用 SQL 标准的 percentile_cont() 函数以计算中位数。

● 讲述表连接的第 7 章新添加了一节，以涵盖集合操作 UNION、UNION ALL、INTERSECT 和 EXCEPT。此外，该章还添加了一节以涵盖连接中的 USING 子句，它可以减少冗余输出并简化查询语法。

● 讲述检视和修改数据的第 10 章新添加了一节，展示了在使用 UPDATE 语句修改数据时，如何通过 RETURNING 关键字返回被修改的数据。本章还添加了一节，用于描述如何通过 TRUNCATE 命令删除表中的所有行并重新开始一个 IDENTITY 序列。

● 讲述统计函数的第 11 章新添加了一节，用于展示如何通过创建滚动平均数以平滑不均匀的数据，从而更好地了解一段时间内的趋势。此外还增加了一些内容，用于介绍计算标准差和方差的函数。

● 讲述高级查询技巧的第 13 章现在会展示如何在子查询中使用 LATERAL 关键字。这样做的一个好处是，通过组合 LATERAL 和 JOIN，你能得到与编程语言的 for 循环类似的功能。

● 讲述空间数据分析的第 15 章展示了如何通过 pgAdmin 的几何图形查看器，在地图上查看指定的地理位置。这一功能是 pgAdmin 在本书第一版发布之后新增的。

● 讲述视图、函数和触发器的第 17 章新添加了关于物化视图的信息，并展示了物化视图和标准视图之间的行为区别。鉴于 PostgreSQL 现在除了函数之外还新增了对过程（procedures）的支持，所以本章也对过程做了介绍。

● 最后，书中涉及的数据已经尽可能地更新到了写作时的最新版本。其中主要体现在美国人口普查的统计数据，还有总统的演讲稿以及图书馆的使用统计数据。

感谢你阅读《SQL 实战》! 如果你有任何问题或者反馈，请通过邮件与我取得联系：practicalsqlbook@gmail.com。

致谢

这本《SQL 实战（第 2 版）》凝聚了很多人的心血。首先我要向 No Starch Press 团队致以诚挚的感谢。感谢 Bill Pollock 捕捉到了本书的愿景，并进一步改善了本书的初始构想，也感谢他同意我再写一次书。特别感谢和赞赏资深编辑 Liz Chadwick，她通过富有洞察力的建议和巧妙的编辑，改善了每一章的内容，感谢文字编辑 Kim Wimpsett，还有由 Paula Williamson 和 Jennifer Kepler 组成的制作团队。

Crunchy Data 公司的首席技术官，PostgreSQL 社区的长期贡献者 Stephen Frost 负责这次新版的技术审校。非常感谢 Stephen 花时间给我解释 PostgreSQL 的内部工作原理和 SQL 概念。多亏了他的细致入微，本书才能变得更好、更详尽和更准确。我还要感谢 Josh Berkus，他作为第一版的技术审校所做的很多贡献在这次新版中仍然存在。

感谢调查记者和编辑协会（Investigative Reporters and Editors，IRE）的成员以及工作人员，他们一直致力于教育记者如何从数据中发现故事。IRE 也是我开始接触 SQL 和数据新闻❶的地方。

我的很多同事不仅向我传授了令人难忘的数据分析课程，还使得我的工作时光变得更加愉快。特别感谢 Paul Overberg 分享他在人口统计学以及美国人口普查方面的丰富知识，感谢 Lou Schilling 的许多技术课程，感谢 Christopher Schnaars 的 SQL 专业知识，感谢 Peter Matseykanets 的鼓励，感谢 Chad Day、John West 和 Maureen Linke 以及《华尔街日报》华盛顿分部视觉团队的不断启发。

最后，我要把最诚挚的感谢献给妻子 Elizabeth 以及我们的孩子——你们是我生活中最耀眼的光芒。正如我们常说的那样："享受旅程吧！"

---

❶ 数据新闻指的是通过对大量数据进行分析与筛检后产出新闻报道（故事）的一种新闻处理方式。——译者注

引言

在成为《今日美国》一员之后不久，我收到了一份数据集，那是一份每周畅销书排行榜，基于保密的销售数据对全国最畅销的图书进行排名。在之后的十年里，我每周都需要分析类似的数据集。这份榜单不仅产生了源源不断的故事创意，它还以一种独特的方式捕捉到了美国的时代思潮。

你知道在母亲节那一周，菜谱通常会比平时卖得更好一些吗？你又是否知道，很多作家仅仅因为奥普拉·温弗里❶邀请他们上节目，就从默默无闻摇身一变成了首屈一指的畅销书作家？每周，书单编辑和我都会仔细研究销售数据和书籍流派，对数据进行排名，并据此决定排行榜的大标题。我们记录了从《哈利·波特》系列畅销书大热，到苏斯博士❷的《你要去的地方》（*Oh, the Places You'll Go!*）成为新毕业生常年礼物的完整历程，几乎没有失手过。

那时我使用数据库编程语言 SQL（Structured Query Language，结构化查询语言）作为技术搭档，并且我很早就说服《今日美国》的 IT 部门允许我访问基于 SQL 构建的数据库系统以实现我们的书单应用。通过 SQL，我能够发现隐藏在数据库里面的故事，其中包括与标题、作者、流派相关的销售数据，还有界定出版世界的行为准则。

从那时起，无论我的职位是产品研发、内容战略，还是最近作为《华尔街日报》的数据编辑，SQL 一直都是我的得力助手。在各种情况下，SQL 都能帮助我从数据中找到有趣的故事，而这也正是你将要从本书中学到的。

什么是 SQL？

SQL 是一种广泛用于管理数据和数据库系统的编程语言。无论你是营销分析师、记者，还是绘制果蝇大脑神经元的研究人员，SQL 收集、修改、探索和总结数据的能力都能让你受益。

因为 SQL 是一种已经存在了数十年的成熟语言，所以它深深扎根在很多现代系统里面。在英国计算机科学家 Edgar F. Codd 理论工作的基础上，IBM 的两位研究人员在 1974 年的一篇论文中首次阐述了 SQL 的语法（这种语言当时被称为 SEQUEL）。1979 年，数据库公司 Oracle 的前身 Relational Software 成为了第一个在商业产品中使用该语言的公司。时至今日，SQL 仍然是世界上使用最多的一种计算机语言，并且这种现象在短时间内都不会改变。

每个数据库系统，比如 PostgreSQL、MySQL 或者 Microsoft SQL Server，都实现了自己的 SQL 变体，因此，如果你从一个系统突然转向另一个系统，那么你可能会发现一些或细微或明显的区别。这种现象的背后有好几个原因。美国国家标准协会（ANSI）1986 年通过了一个 SQL 标准，随后国际标准化组织（ISO）1987 年也通过了这一标准。但这个标准并未完整

---

❶ 奥普拉·温弗里是美国著名电视脱口秀节目《奥普拉·温弗里秀》的制作人和主持人，该节目是目前为止美国持续时间最长的日间电视节目，同时也是美国电视史上收视率最高的脱口秀。——译者注

❷ 苏斯博士本名希奥多·苏斯·盖索，他是美国著名的作家和漫画家，以儿童绘本最为出名。——译者注

覆盖数据库实现 SQL 所需的方方面面，比如说，标准就没有规定如何创建索引。这就使得各个数据库系统制造商需要选择如何实现标准没有覆盖的功能，并且目前也没有任何制造商声称它们能够符合整个标准。

与此同时，基于商业目的考虑，商业数据库供应商可能会创建非标准的 SQL 特性以获得竞争优势，又或者将其用作把用户留在自有生态系统的一种手段。比如说，Microsoft SQL Server 使用的专有 Transact-SQL（T-SQL）就包含了一些 SQL 标准之外的特性，比如它的局部变量定义语法。因此，把使用 T-SQL 编写的代码迁移至其他数据库系统可能并不是一件容易的事情。

本书中的案例及代码均使用 PostgreSQL（或简称 Postgres）数据库系统，这是一个健壮的应用程序，能够处理大量数据。以下是本书选用 PostgreSQL 的一些主要原因：
- 它是免费的。
- 它可以用于 Windows、macOS 和 Linux 操作系统。
- 它的 SQL 实现旨在严格遵循 SQL 标准。
- 它获得了广泛的使用，因此在网上寻求帮助并不困难。
- 它的地理空间扩展 PostGIS 可以让你分析几何数据，又或者配合 QGIS 等绘图软件一起使用以执行绘图功能。
- 它可以在亚马逊网络服务（AWS）和谷歌云（Google Cloud）等云计算环境中使用。
- 它被很多 Web 应用程序用作数据存储，其中包括那些由流行的 Django Web 框架驱动的 Web 应用程序。

值得一提的是，PostgreSQL 的基本概念以及大部分核心 SQL 语法惯例在不同数据库中都是通用的。当本书需要用到 PostgreSQL 特有的语法时，也会特别指出这一点。因此，即使你在工作中使用的是 MySQL 而不是 PostgreSQL，你也可以利用在本书学到的大部分内容，又或者轻而易举地找到同等的代码概念。另一方面，如果你需要学习的 SQL 语法像 Microsoft SQL Server 的 T-SQL 那样，包含了游离于标准之外的特性，那么你可能需要补充一些专注于该系统的资源。

为什么是 SQL？

显然，SQL 并不是处理数据的唯一选择。在刚起步的时候，很多人会选择使用 Microsoft Excel 电子表格以及它提供的各种分析函数。之后，人们可能会从 Excel 进阶至 Access，后者内置于某些版本的 Microsoft Office 里面，它提供的图形化查询界面可以让工作更容易地完成。既然如此，我们为什么要学习 SQL 呢？

其中一个原因是 Excel 和 Access 都有其局限性。目前，Excel 的每个工作表最多只允许 1048576 行，而 Access 则将数据库的大小限制在 2GB 之内，并且每张表的列数量不能超过 255 个。在工作进行的最后关头，你肯定不想自己因为数据库系统的能力不足而无法完成任务。

使用健壮的 SQL 数据库系统，能够让你处理太字节级别的数据、多个关联的表以及数以千计的列，并对数据的结构执行精细的控制，从而提高效率、速度以及至关紧要的准确度。

此外，对于 R 和 Python 这些在数据科学中使用的编程语言来说，SQL 还是一个非常好的帮手。这些编程语言能够连接 SQL 数据库，甚至可以在有需要的时候直接在语言里面包含 SQL 语法。对于那些没有编程语言背景的人，SQL 也常常被用作简明的入门教程，用于介绍数据结构以及编程逻辑的相关概念。

最后，SQL 的作用并不仅限于数据分析。如果你对构建在线应用有所了解，那么你肯定知道很多常见的 Web 框架、互动地图以及内容管理系统的后台，实际上都是数据库在为其提供动力。当你需要在这些应用程序的表面之下进行挖掘时，使用 SQL 管理数据和数据库的能力就会变得非常有用。

本书是为谁而写的？

如果你在日常生活中遇到了一些数据，并且希望学习如何分析、管理和转换它们，那么这本《SQL 实战》就是为你准备的。为了做到这一点，本书涵盖了真实世界的数据和场景，比如美国的人口普查统计数据、犯罪报告以及纽约市的出租车乘车数据。我们的目标不仅仅是了解 SQL 的运作原理，还包括如何通过这些技术寻找有价值的见解。

本书是为那些刚开始接触编程的人而写的，因此前面的章节涵盖了关于数据库、数据以及 SQL 语法的关键基础知识，而后面的章节则涵盖了更高级的主题，比如地理信息系统（GIS），有一定 SQL 经验的人应该会从这些章节中受益。本书假设你对电脑有基本的了解，知道如何安装程序、浏览硬盘以及从互联网上下载文件，但并不假设你有任何编程或者数据分析经验。

你将会学到什么？

《SQL 实战》首先从设置系统、获取代码以及数据示例的一章开始，紧接着是介绍数据库、查询、表和数据等基础知识的章节，这些知识对于很多数据库系统的 SQL 都是共有的。第 14 章至第 19 章将介绍与 PostgreSQL 关系更密切的主题，比如全文搜索、函数和 GIS。尽管本书的很多章节都是自成一格的，但是由于前面章节出现的数据集经常会在后面章节中出现，所以按顺序阅读本书将有助于你保持正确的方向，并且也能更好地夯实基础。

以下摘要为每一章提供了更多细节：

第 1 章：设置编码环境 讲解如何设置 PostgreSQL、pgAdmin 的用户界面以及文本编辑器，还有如何下载示例代码和数据。

第 2 章：创建首个数据库和表 手把手教你如何将一个教师相关的简单数据集载入到一个崭新的数据库里面。

第 3 章：使用 SELECT 开始探索数据 探讨基本的 SQL 查询语法，包括如何排序和过滤数据。

第 4 章：了解数据类型 讲解如何通过定义，对表中的列进行设置，使得它们可以储存指定类型的数据，其中包括文本、日期以及各种形式的数字。

第 5 章：数据的导入与导出 讲解如何通过 SQL 命令从外部文件中载入数据，然后又如何导出它们。你将载入一个由美国人口普查数据组成的表，本书之后的内容将会一直用到这个表。

第 6 章：使用 SQL 实现基本的算术和统计 涵盖了算术操作符，并对求和、求平均值和求中位数的聚合函数进行了介绍。

第 7 章：在关系数据库中连接表 讲解如何通过连接表中的关键列来查询多个相关联的表，你将了解到使用各种不同类型连接的方法和时机。

第 8 章：按需设计表 涵盖了如何设置表从而提高数据的组织度和完整性，以及如何使用索引来加快查询速度。

第 9 章：通过分组和汇总提取信息 讲解如何基于年度调查报告，通过聚合函数寻找美国图书馆的使用趋势。

第 10 章：检查并修改数据 以一个肉、蛋和家禽生产商的记录集合作为例子，探索如何查找并修复不完整或者不准确的数据。

第 11 章：SQL 中的统计函数 介绍关联、回归、排名以及其他函数，以便帮助你从数据集中发现更多意义。

第 12 章：处理日期与时间 讲解如何在数据库中创建、操作和查询日期以及时间，其中包括如何处理时区，还有如何处理纽约市出租车行程以及美铁列车时刻表的相关数据。

第 13 章：高级查询技术 讲解如何通过诸如子查询、交叉表以及 CASE 语句这样更为复杂的 SQL 操作，为温度读数数据集的值重新进行分类。

第 14 章：挖掘文本以查找有意义的数据 涵盖如何通过 PostgreSQL 的全文搜索引擎以及正则表达式，从非结构化的文本中提取数据，其中使用了警察报告以及美国总统演讲稿作为例子。

第 15 章：使用 PostGIS 分析空间数据 介绍了与空间对象相关的数据类型以及查询，它们能够让你分析诸如县、道路和河流等地理要素。

第 16 章：处理 JSON 数据 介绍了 JavaScript Object Notation（JSON）数据格式，并使用了与电影以及地震有关的数据来探索 PostgreSQL 对 JSON 的支持。

第 17 章：使用视图、函数和触发器以提高效率 讲解了如何通过自动化数据库任务避免重复执行例行工作。

第 18 章：通过命令行使用 PostgreSQL 涵盖了如何在计算机的命令提示符里面，通过键入文本命令的方式连接数据库并执行查询。

第 19 章：维护数据库 提供了跟踪数据库大小、自定义设置以及备份数据的相关技巧和程序。

第 20 章：讲述你的数据故事 提供了一些指导，可以帮助你如何从分析中获取想法，如何审查数据，如何得出合理的结论，以及如何清晰地展示你的发现。

附录：更多 PostgreSQL 资源 列出了一些能够帮助你提升技术的软件和文档。

每章的结尾都有一个"实战演练"环节，里面包含的练习可以帮助你巩固刚刚学习的知识。

准备好了吗？让我们开始第 1 章"设置编码环境"的学习。

目录

第 1 章
设置编码环境

兵马未动，粮草先行。为了完成本书布置的练习，我们首先要做的就是获取资源并安装软件。本章将向你展示如何安装文本编辑器、如何下载示例代码和数据，还有如何安装 PostgreSQL 数据库系统及其配套的图形用户界面 pgAdmin。本章还会指导你如何在有需要的时候获取帮助。阅读完本章之后，你的计算机将拥有一个健壮的环境，足以让你学习如何使用 SQL 进行数据分析。

强烈建议你不要跳过本章。正如我的高中老师（一位"老学究"）以往说的那样："三思而后行，防患于未然。"按照本章介绍的步骤行事可以有效地避免之后出现问题。

我们的首个任务就是设置一个适用于数据处理的文本编辑器。

安装文本编辑器

我们将要载入 SQL 数据库中的源数据，通常会以逗号分隔值（CSV）格式储存在文本文件里面，第 5 章中的"处理带有分隔符的文本文件"一节将对这种格式做更详细的介绍。目前来说，我们要做的就是找到一个文本编辑器，它能够打开 CSV 格式的文件并且不会无意中损坏文件中的数据。

数据处理软件对于数据的格式通常会有非常严格的要求，而文字处理程序和电子表格程序这类常见的商业软件，往往会自作主张地把样式或是隐藏字符添加到文件里面，所以使用这些程序处理数据可能会引发问题。举个例子，如果你使用 Microsoft Excel 打开一个 CSV 文件，那么程序为了让数据变得更容易阅读，它将自动改变一些数据，例如：它会把 3-09 这个条目代号看作是日期并将其格式化为 9-Mar。因为文本编辑器只处理纯文本，并且它不会对纯文本执行包括格式化在内的任何修饰，所以程序员总是使用它们来编辑源码文件、数据和配置文件：在任何情况下，我们都希望文本仅仅被看作是文本，而不是其他别的东西。

任何文本编辑器都能够满足本书的要求，如果你已经有自己的喜欢的文本编辑器，那么请放心地继续使用它。但如果你还没有找到适合自己的文本编辑器，那么以下是一些我使用过并且推荐的产品。除非另有说明，否则这里提到的大部分编辑器都是免费的，并且都能够适用于 macOS、Windows 和 Linux。

- 微软的 Visual Code Studio：https://code.visualstudio.com/
- GitHub 的 Atom：https://atom.io/
- Sublime HQ 的 Sublime Text（可以免费试用，但需要付费才能持续使用）：https://www.

sublimetext.com/

● Don Ho 开发的 Notepad++（只能在 Windows 上使用）：https://notepad-plus-plus.org/（注意，这和 Windows 内置的 *Notepad.exe* 不是同一个应用程序）

那些喜欢在命令行工作的进阶用户可能会希望使用以下这两个文本编辑器中的一个，它们默认安装在某些版本的 macOS 和 Linux 中。

● 由 Bram Moolenaar 和开源社区共同开发的 Vim：https://www.vim.org/
● 由 Chris Allegretta 和开源社区共同开发的 GNU nano：https://www.nano-editor.org/

如果你还没有使用过文本编辑器，那么请下载并安装一个，然后学习一下如何使用它来打开文件夹并处理文件。

在此之后，我们要做的就是获取本书使用的示例代码和数据。

从 GitHub 下载代码和数据

完成本书练习所需的全部代码和数据都可以通过下载获得。为此，你需要执行以下步骤：

1. 访问位于 No Starch Press 网站上的本书主页：https://nostarch.com/practical-sql-2nd-edition/

2. 点击页面中的 **Download the code for the 2nd edition from GitHub** 以访问包含本书资源的 GitHub 仓库。

3. 在 GitHub 的"Practical SQL 2nd Edition"页面上，有一个 **Code** 按钮。点击它，然后选择 **Download ZIP**，这样就可以把 ZIP 格式的压缩文件保存到你的电脑里面。请把这些文件放在你触手可及的位置，比如"桌面"（如果你是 GitHub 用户，还可以克隆或者分叉这个仓库）。

4. 解压文件。解压之后你将会看到一个名为 *practical-sql-2-main* 的文件夹，其中包含本书将要用到的各种文件以及子文件夹。同样，你可以把这个文件夹放到你易于查找的位置。

> **注意**
>
> 为了让我们接下来要安装的 PostgreSQL 数据库能够读写 practical-sql-2-main 文件夹中的内容，Windows 用户需要为其提供相应的权限。为了做到这一点，请先用鼠标右键点击该文件夹，接着点击**属性**，然后点击其中的**安全**选项卡。之后，点击**编辑**，然后点击**添加**，再在"对象名称"的框休中键入 **Everyone** 并点击**确定**。最后，在用户列表里面选中"Everyone"，并勾选"允许"一栏下面的所有可选框，然后点击**应用**和**确定**。

在 *practical-sql-2-main* 文件夹中，你会发现与本书每一章对应的 *Chapter_XX* 子文件夹，其中的 *XX* 就是相应的章号。每个子文件夹都包含了某一章对应的代码示例，还有一个扩展名为 *.sql* 的 *Chapter_XX* 文件。这是 SQL 代码文件，你可以用文本编辑器或者本章后面将要安装的 PostgreSQL 管理工具将其打开。注意，为了节省空间，书中的某些代码示例会被截断，在这种情况下，你需要使用 *.sql* 文件中完整展示的代码才能完成练习。当你在代码示例中看到 `--snip--` 时，说明该示例已被截断。

现在，先决条件已经满足，是时候开始安装数据库软件了。

安装 PostgreSQL 和 pgAdmin

在这一节，我们将要安装 PostgreSQL 数据库系统及其配套的图形管理工具 pgAdmin。你可以把 pgAdmin 看作是管理 PostgreSQL 的一个有用的可视化工作区：它的界面能够让你看见数据库对象、管理设置、导入和导出数据，还可以编写查询，即通过代码从数据库里面检索数据。

使用 PostgreSQL 的一个好处是开源社区已经为启动和运行 PostgreSQL 提供了非常好的指南。以下各个小节大致描述了截至本书写作期间，在 Windows、macOS 和 Linux 上安装 PostgreSQL 的方法，但是随着软件或操作系统新版本的发布，相应的步骤可能会发生变化。请查阅每一节提到的文档，还有包含本书资源的 GitHub 仓库，我会维护那里的文件并更新和回答常见问题。

> **注意**
>
> 为了获取最新的安全补丁及新特性，建议你为自己的操作系统安装最新版本的 PostgreSQL。在本书中，假设你使用的是 11.0 或以上版本。

在 Windows 安装

推荐 Windows 用户使用由 EDB 公司（也即是原来的 EnterpriseDB 公司）提供的安装程序，EDB 是一家为 PostgreSQL 用户提供支持和服务的公司。通过 EDB 下载 PostgreSQL 软件包还会同时获得 pgAdmin 和 Stack Builder，后者包含的一些工具不仅会在本书后面用到，可能还会对你的整个 SQL 生涯有所帮助。

为了获得安装包，我们需要访问 PostgreSQL 官网下载界面并点击"EDB"一节中的 **Download the installer** 链接，然后链接会把我们引导至 EDB 网站的下载页面。除非你正在使用的是安装了 32 位 Windows 的旧电脑，否则请选择 64 位 Windows 能够使用的最新版 PostgreSQL。

> **注意**
>
> 本节接下来将要介绍的是在 Windows 10 中的安装步骤。如果你使用的是 Windows 11，那么请查看包含本书资源的 GitHub 仓库，以便了解安装步骤之间的具体差异。

在下载完安装包之后，请按照以下步骤安装 PostgreSQL、pgAdmin 以及其他组件。

1. 右键点击安装包，选择**以管理员身份运行**，并在系统提示是否允许应用对你的计算机进行修改时回答**是**。安装程序首先会执行一系列设置任务，然后呈现一个初始的欢迎屏幕。你可以通过点击进入下一步。

2. 在选择安装目录的界面中使用默认目录。

3. 在选择组件的界面中，通过勾选方框选择安装 PostgreSQL 服务器、pgAdmin 工具、Stack Builder 和命令行工具。

4. 选择储存数据的位置。如果选择默认，那么数据将被放置在 PostgreSQL 安装文件夹的 *data* 子文件夹中。

5. 为默认的起始数据库的超级用户账号 postgres 设置一个密码。PostgreSQL 在安全和权限方面做得非常好。

6. 选择服务器将要监听的端口号。默认的端口号为 5432，除非你有其他数据库或者应用程序在使用这个端口号，否则最好还是使用这个号码。如果默认的端口号已经被其他应用占用，那么你可以选择 5433 或者其他数字来代替。

7. 选择你所在的地区，一般来说保持默认就可以了。之后点击摘要屏幕，开始安装，这可能需要几分钟才能完成。

8. 安装完成之后，程序会询问你是否需要启动 EnterpriseDB 的 Stack Builder 以获取额外的软件包。请确保复选框已经被勾选，然后点击**完成**。

9. Stack Builder 启动之后，请在下拉菜单中选择"安装 PostgreSQL"并点击**下一步**。程序将开始下载一系列附加应用。

10. 展开"空间扩展"的菜单，根据你所安装的 PostgreSQL 版本选择相应的 PostGIS 包。你可能会看到有多个不同版本的 PostGIS 包可选，如果是的话那么请选择最新版本。另外，展开**插件、工具和实用程序**的菜单并选择 **EDB 语言包**，以安装包括 Python 在内的编程语言支持。几次点击之后，安装程序就会开始下载所需的附加组件，请等待直至下载完成。

11. 当安装所需的文件下载完毕之后，请点击**下一步**以安装语言和 PostGIS 组件。对于 PostGIS，你需要同意许可协议；之后一直点击直到出现组件选择界面。请确保"PostGIS"和"创建空间数据库"已经被选中，点击**下一步**，接受默认的安装位置，然后再次点击**下一步**。

12. 根据提示输入数据库密码，然后按照提示继续安装 PostGIS。

13. 在要求注册 PROJ_LIB 和 GDAL_DATA 环境变量时回答**是**。此外，在要求设置 POSTGIS_ENABLED_DRIVERS 和启用 POSTGIS_ENABLE_OUTDB_RASTERS 环境变量的提问出现时回答**是**。最后，点击**完成**按钮以完成安装并退出安装程序。根据版本的不同，你有可能会被提示需要重启电脑。

安装完成之后，Windows 的启动菜单应该会出现两个新的文件夹：一个是 PostgreSQL 的，而另一个则是 PostGIS 的。

接下来的一节将会介绍如何为可选的 Python 语言支持设置相应的环境变量。但是由于本书需要到第 17 章才会介绍如何在 PostgreSQL 中使用 Python 语言，因此如果你现在只想尽快开始学习如何实际操作 PostgreSQL，那么可以直接跳到后面的"使用 pgAdmin"一节，等之后有需要时再回来学习如何设置 Python。

配置 Python 语言支持

我们将在第 17 章学习如何在 Python 编程语言中使用 PostgreSQL。在上一部分，我们安装的 EDB 语言包已经提供了 Python 支持，但是为了将语言包文件的位置添加到 Windows 系统的环境变量里面，我们还需要执行以下步骤：

1. 点击 Windows 任务栏上的**搜索**图标，键入**控制面板**，然后通过点击**控制面板**的图标来打开 Windows 控制面板。

2. 在控制面板应用的搜索框里面键入**环境**，接着在显示的搜索结果列表里面点击**编辑系统环境变量**，然后将出现一个系统属性对话框。

3. 在系统属性对话框的高级选项卡里面，点击**环境变量**。新打开的对话框将包含两个部分：用户变量和系统变量。在系统变量部分，如果你没有看到 PATH 变量，那么请执行步骤 a，创建一个新的变量；如果 PATH 变量已经存在，那么继续执行步骤 b 来修改它。

a. 如果你在系统变量部分没有看到 PATH，那么请点击**新建**以打开创建新系统变量对话框，如图 1-1 所示。

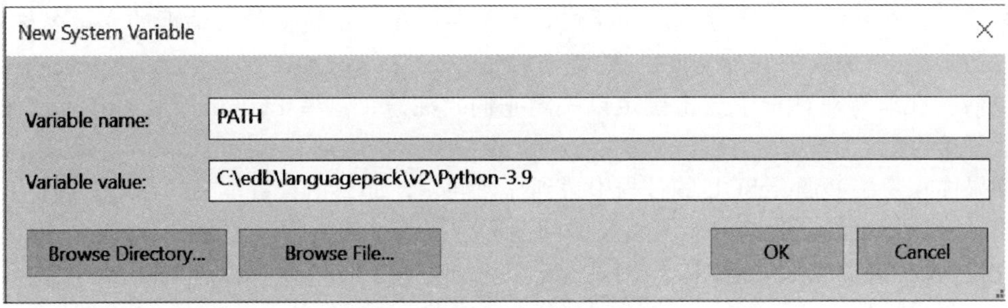

图 1-1 在 Windows 10 中创建新的 PATH 环境变量

在变量名一栏，键入 PATH。在变量值一栏，键入 C:\edb\languagepack\v2\Python-3.9（除了直接键入变量位置之外，你还可以点击**浏览目录**，然后在浏览文件夹对话框里面导航至该目录）。在你手动输入路径或者通过浏览导航至该目录之后，请点击**确定**来关闭对话框。

b. 如果 PATH 变量已经存在于系统变量部分，那么请高亮选中它并点击**编辑**，接着在展示的变量列表里面点击**新建**并键入 C:\edb\languagepack\v2\Python-3.9（跟前面一样，除了直接键入目录的位置之外，你还可以通过浏览目录并导航的方式确定目录的位置）。

在添加语言包的位置之后，请在变量列表里面高亮选中它，然后点击**向上移动**直至该路径到达变量列表的顶端。这样一来，即便你安装了其他版本的 Python，PostgreSQL 也能够找到正确的 Python 版本。

最后得到的结果应该会跟图 1-2 中的高亮行一样。请点击**确定**以关闭对话框。

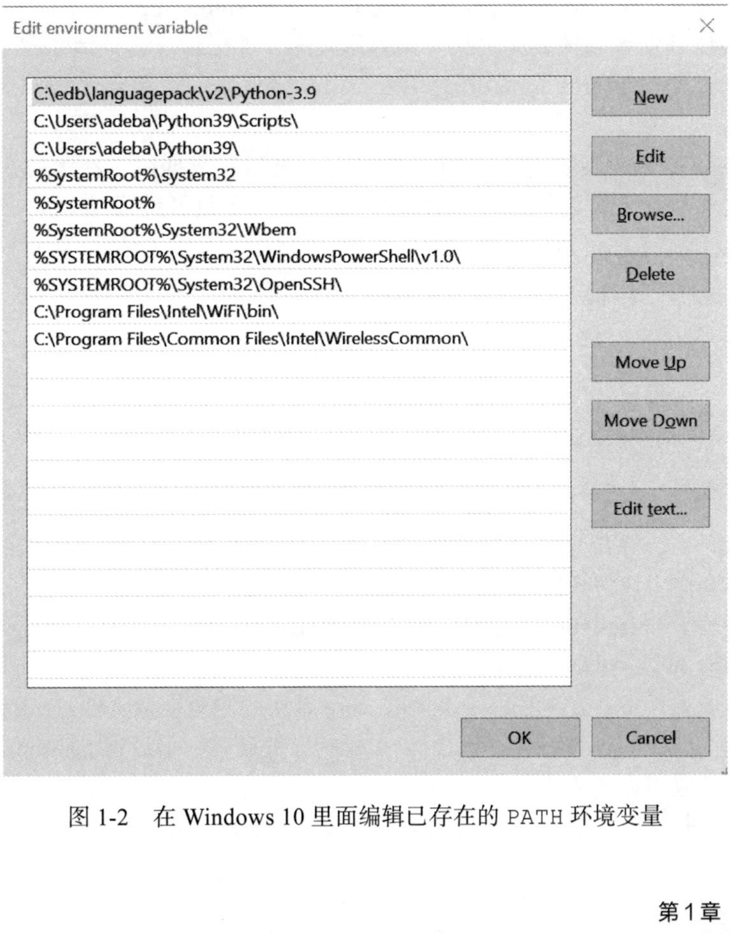

图 1-2 在 Windows 10 里面编辑已存在的 PATH 环境变量

4.最后，在系统变量部分，点击**新建**。接着在创建新系统变量对话框的变量名称一栏，键入 PYTHONHOME，并在变量值一栏键入 C:\edb\languagepack\v2\Python-3.9。完成之后，在所有对话框中点击**确定**以关闭它们。注意，这些 Python 路径将在下次重启系统之后开始生效。

如果你在安装 PostgreSQL 的过程中遇到任何问题，那么请查看本书的在线资源，我会在那里指出不同版本的变化，并对其引发的问题进行解答。如果你无法通过 Stack Builder 安装 PostGIS，那么请尝试从 PostGIS 的网站 https://postgis.net/windows_downloads/ 下载独立的安装程序，并按照 https://postgis.net/documentation/ 的指示进行安装。

现在，请跳转到后面的"使用 pgAdmin"一节继续阅读。

在 macOS 安装

建议 macOS 用户使用 Postgres.app，因为它是一个开源的 macOS 应用程序，包含了 PostgreSQL 和 PostGIS 扩展以及其他一些很好的软件。此外，为了调用上述应用，还需要安装 pgAdmin 图形用户界面以及 Python 语言。

安装 Postgres.app 和 pgAdmin

执行以下步骤：

1.访问 Postgres.app 的网站，下载最新版本的应用程序，它将是一个以 .dmg 结尾的磁盘镜像文件。

2.通过双击打开 .dmg 文件，然后将应用程序图标拖拽到你的应用程序文件夹里面。

3.在应用程序文件夹里面，双击应用图标以启动 Postgres.app（如果你看到一个对话框，显示由于无法验证开发者而导致无法打开该应用程序，那么请点击**取消**，然后右键单击应用图标并选择**打开**）。在 Postgres.app 打开之后，点击**初始化**以创建和启动 PostgreSQL 数据库服务器。

之后你的菜单栏会出现一个小小的大象图标，表明有数据库正在运行。为了设置内置的 PostgreSQL 命令行工具以便在将来使用它们，你需要打开终端应用程序并在提示符之后运行以下这段代码（你可以在 Postgres.app 的网站中安装文档相关页面找到并复制以下代码）：

```
sudo mkdir -p /etc/paths.d &&
echo
/Applications/Postgres.app/Contents/Versions/latest/bin | sudo tee /etc/
paths.d/postgresapp
```

执行这段代码时，系统可能会要求你输入登录 Mac 时的密码，请按要求照做。上述命令在执行时应该不会产生任何输出。

接下来，因为 Postgres.app 不包含 pgAdmin，所以请根据以下步骤安装 pgAdmin：

1.访问 pgAdmin 网站的 macOS 下载页面。

2.选择最新版本并下载安装程序（寻找以 .dmg 结尾的磁盘镜像文件）。

3.先双击 .dmg 文件，然后点击提示框以接受相应的条款，最后将 pgAdmin 的大象应用程序图标拖拽到你的应用程序文件夹里面。

在 macOS 上进行安装相对来说是比较容易的，但如果你遇到任何问题，那么请查看

Postgres.app 的文档和 pgAdmin 的文档。

安装 Python

本书第 17 章将教你如何通过 Python 编程语言调用 PostgreSQL。但如果你想要通过 Python 调用 Postgres.app，那么就必须安装特定版本的 Python，即便 macOS 已经预装了 Python（并且你可能已经设置了额外的 Python 环境）。为了启用 Postgres.app 可选的 Python 语言支持，请执行以下步骤：

1. 访问 Python 官方网站，点击**下载**菜单。

2. 在发布版本的列表中，找到并下载最新版本的 Python。请根据你的 Mac 所使用的处理器选择正确的安装程序——较旧的 Mac 使用的是英特尔芯片，而较新型号使用的则是 Apple 芯片。下载的文件应该是一个以 *.pkg* 结尾的 Apple 软件包文件。

3. 双击软件包文件以安装 Python，点击查看许可协议，并在安装完成之后关闭安装程序。

Postgres.app 对 Python 的要求可能会随着时间而改变，请访问 Postgres.app 官网页面中的 Using PL/Python 文档以及本书的在线资源以了解最新情况。

现在，请跳转到后面的"使用 pgAdmin"一节继续阅读。

在 Linux 安装

对于 Linux 用户来说，安装 PostgreSQL 可能会非常容易，也可能会非常困难，根据我的经验，Linux 世界就是这样运作的。大多数情况下，安装工作都可以通过几条命令来完成，只是找到这些命令需要在互联网上进行一番搜寻。幸运的是，包括 Ubuntu、Debian 和 CentOS 在内，大部分流行的 Linux 发行版都将 PostgreSQL 包含在它们的标准包里面。但是，由于有些发行版比其他发行版更注重更新，所以通过标准包安装的 PostgreSQL 有可能不是最新的。如果你的发行版并没有预装 PostgreSQL，又或者你想要把 PostgreSQL 升级至更新的版本，那么最好还是查阅发行版的文档以了解安装 PostgreSQL 的最佳方法。

此外，PostgreSQL 项目还为 Red Hat 变种、Debian 和 Ubuntu 维护着一个完整的、最新版本的软件包库，具体的细节可以通过访问 https://yum.postgresql.org/ 和 https://wiki.postgresql.org/wiki/Apt 获知。上述网站提供的包内置了 PostgreSQL 的客户端和服务器端、pgAdmin（如果可用）、PostGIS 和 PL/Python。根据用户使用的 Linux 发行版不同，这些包的具体名字也会有所不同，并且使用这些包的用户还需要手动启动 PostgreSQL 数据库服务器。

pgAdmin 一般来说并不是 Linux 发行版的一部分，为此，我们需要访问 pgAdmin 的网站的 Download 页面，确认自己的平台是否被支持，并获得安装该应用所需的最新安装说明。如果你喜欢冒险的感觉，那么也可以在 pgAdmin 网站 Download 页面的 pgAdmin 4 部分的 Source Code 中找到如何从源代码构建应用程序的说明。在完成上述工作之后，请跳转到后面的"使用 pgAdmin"一节继续阅读。

Ubuntu 安装示例

为了演示如何在 Linux 上安装 PostgreSQL，以下是在代号为 Hirsute Hippo 的 Ubuntu 21.04 上安装 PostgreSQL、pgAdmin、PostGIS 和 PL/Python 的具体步骤。

这里用到的指令来自 https://wiki.postgresql.org/wiki/Apt 和 https://help.ubuntu.com/community/PostgreSQL/ 的"基本服务器设置"部分。如果你使用的也是 Ubuntu，那么可以按照这些步

骤进行安装。

通过 Ctrl+Alt+T 组合按键打开终端。接着,通过在提示符之后键入以下命令,为 Postgre SQL APT 资源库导入密钥:

```
sudo apt-get install curl ca-certificates gnupg
curl https: //www.postgresql.org/media/keys/ACCC4CF8.asc | sudo apt-key add -
```

之后,通过运行以下命令,创建文件 */etc/apt/sources.list.d/pgdg.list* :

```
sudo sh -c 'echo "deb
https: //apt.postgresql.org/pub/repos/apt $(lsb_release
-cs)-pgdg main" > /etc/apt/sources.list.d/pgdg.list'
```

在此之后,通过执行以下两条命令,更新包列表并安装 PostgreSQL 和 pgAdmin (此处安装的是 PostgreSQL 13,你可以根据自己的情况选择可用的更新版本):

```
sudo apt-get update
sudo apt-get install postgresql-13
```

现在你应该已经启动 PostgreSQL 了。请在终端键入以下命令,该命令会以默认的 postgres 用户身份登录服务器并连接 postgres 数据库,且使用 psql 交互式终端(第 18 章将对该终端做深入的介绍):

```
sudo -u postgres psql postgres
```

psql 启动之后会显示版本信息以及 postgres=# 提示符。在提示符之后键入以下命令可以为用户设置一个密码:

```
postgres=# \password postgres
```

此外,我还喜欢创建一个跟 Ubuntu 用户名同名的用户账号。为此,请在 postgres=# 提示符之后键入以下命令,并将其中的 anthony 替换成你自己的 Ubuntu 用户名:

```
postgres=# CREATE USER anthony SUPERUSER;
```

你可以通过在 psql 的提示符后面键入 \q 来退出它,之后你应该就能重新看到系统终端的提示符。

为了安装 pgAdmin,我们首先需要导入资源库的密钥:

```
curl
https: //www.pgadmin.org/static/packages_pgadmin_org.pub | sudo apt-key add
```

之后，执行以下命令，创建文件 */etc/apt/sources.list.d/pgadmin4.list* 并更新包列表：

```
sudo sh -c 'echo "deb
https: //ftp.postgresql.org/pub/pgadmin/pgadmin4/
apt/$(lsb_release -cs) pgadmin4 main" >
/etc/apt/sources.list.d/pgadmin4.list
&& apt update'
```

然后我们就可以安装 pgAdmin 4 了：

```
sudo apt-get install pgadmin4-desktop
```

最后，为了安装 PostGIS 和 PL/Python 扩展，我们需要在终端执行以下命令（别忘了把版本号替换成你的 Python 版本）：

```
sudo apt install postgresql-13-postgis-3
sudo apt install postgresql-plpython3-13
```

你可以查阅 Ubuntu 和 PostgreSQL 的文档以获取最新的安装方法。安装过程中遇到的任何问题都可以求助搜索引擎，Linux 相关的问题通常都可以通过这种手段解决。

使用 pgAdmin

在配置工作的最后，让我们来熟悉一下 pgAdmin 这个监督和管理 PostgreSQL 的工具。尽管 pgAdmin 是免费软件，但它的性能一点不容小觑：它不仅功能齐全，而且跟微软的 SQL Server Management Studio 等付费工具一样强大。通过 pgAdmin 提供的图形界面，用户可以对 PostgreSQL 的服务器及数据库的多个方面进行配置，并使用 SQL 查询工具编写、运行和保存查询语句——这也是本书接下来要做的。

启动 pgAdmin 并设置主密码

如果你已经按照前面的步骤在操作系统上安装了 pgAdmin，那么你应该可以通过以下方法来启动它：

- **Windows**：进入"开始"菜单，在"PostgreSQL"文件夹里面找到你所安装的版本，点击它，然后选择 **pgAdmin4**。
- **macOS**：点击应用程序文件夹中的 **pgAdmin** 图标，确保你已经启动了 Postgres.app。
- **Linux**：启动方法可能会根据 Linux 发行版的不同而不同。一般来说，在终端提示符里面输入 **pgadmin4**，然后按下回车键应该就可以了。在 Ubuntu 中，pgAdmin 会作为应用程序出现在活动概览里面。

在 pgAdmin 的启动画面出现之后，应用程序就会被打开，如图 1-3 所示。如果这是你第一次启动 pgAdmin，那么它还会弹出一个提示，要求你设置一个主密码。这个密码跟你在安装 PostgreSQL 时设置的密码并无关系。请设置一个主密码，然后点击**确定**。

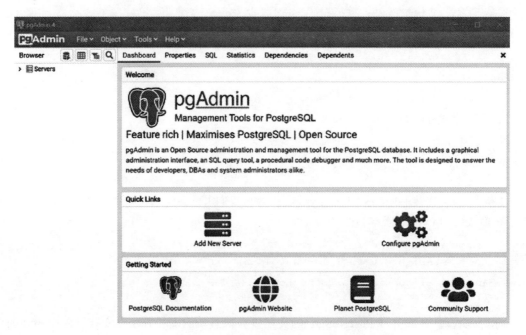

图 1-3　在 Windows 10 上运行的 pgAdmin 应用

注意

> 在 macOS 上，当你第一次启动 pgAdmin 时，系统可能会弹出一个对话框，显示"pgAdmin4 无法打开，因为它来自一个身份不明的开发者"。在这种情况下，请通过右键单击图标然后点击**打开**。接下来弹出的对话框会提供选项让你能够打开该应用，请选择它，之后你的 Mac 就会记住你已经授予了该权限。

pgAdmin 的布局包括一个位于左侧的垂直面板，用于显示对象浏览器，你可以在这里看到可用的服务器、数据库、用户以及其他对象。横跨屏幕上方的是一系列菜单项，而位于菜单栏下面的则是多个标签，这些标签用于展示数据库对象以及性能的不同方面。下面让我们开始连接数据库。

连接默认的 postgres 数据库

PostgreSQL 是一个数据库管理系统，这意味着它是一个允许你定义、管理和查询数据库的软件。当你安装 PostgreSQL 的时候，它将创建一个数据库服务器，即一个在你电脑上运行的应用程序实例，该实例还包含了一个名为 postgres 的默认数据库。数据库由一系列对象组成，其中包括表、函数等，并且数据库也是实际储存数据的地方。我们通过 SQL 语言和 pgAdmin 来管理储存在数据库里面的对象和数据。

在接下来的一章，我们将通过在 PostgreSQL 服务器里面创建自己的数据库来组织自己的工作。但是现在，我们需要先通过连接默认的 postgres 数据库来探索 pgAdmin。做到这一点需要执行以下步骤：

1. 在对象浏览器里面，点击服务器节点左边的向下箭头以展示默认服务器。根据你使用的操作系统，默认服务器的名字可能会是 *localhost* 或者 *PostgreSQL x*，其中 *x* 为 Postgres 的版本号。

2. 双击服务器名称。如果有提示，就输入你在安装时设置的数据库密码（你可以通过保存密码来避免将来的重复输入）。pgAdmin 在建立连接的过程中会显示一条简短的消息。在连接成功之后，服务器名字下面应该会出现几个新的对象元素。

3. 先展开数据库分支，然后再展开默认的 postgres 数据库。

4. 在 postgres 分支的下面展开 Schemas 对象，然后再展开 public 分支。

你的对象浏览器面板看上去应该跟图 1-4 差不多。

注意

> 如果 pgAdmin 没有在服务器一栏显示默认的服务器，那么你需要手动添加它。请用右键单击服务器，然后点击**创建 ▶ 服务器**。接着在对话框的常规选项卡里面，为你的服务器键入一个名字，并在连接选项卡的主机名称／地址框里面键入 **localhost**。之后，填写你在安装 PostgreSQL 时设置的用户名和密码，然后单击**保存**。执行上述步骤之后，你应该就能看到被列出的默认服务器了。

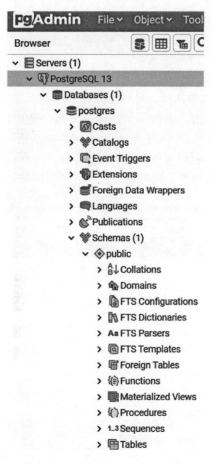

图 1-4　pgAdmin 的对象浏览器

这一系列对象定义了数据库服务器的每一个特性。其中包括表，即储存数据的地方。通过在 pgAdmin 里面访问表，可以查看表的结构，又或者对表执行操作。我们将在第 2 章使用这个浏览器来创建一个新的数据库，并保持默认的 postgres 不变。

探索查询工具

pgAdmin 应用包含一个**查询工具**，它可以让你在上面编写和执行代码。为了打开查询工具，你需要在 pgAdmin 的对象浏览器里面，通过在任意数据库中点击它一次来高亮显示它。比如，点击 postgres 数据库，然后选择**工具 ▸ 查询工具**。然后你会看到三个面板：一个查询编辑器，一个用于在工作时保存代码片段的便笺本，还有一个显示查询结果的数据输出方框。你可以打开多个选项卡，从而连接不同的数据库并为它们编写查询，又或者以自己想要的方式组织代码。为了打开另一个标签，你可以在对象浏览器里面点击某个数据库，然后通过菜单再次打开查询工具。

代码清单 1-1 中的语句能够返回你所安装的 PostgreSQL 版本，我们可以运行这个简单的查询并查看它的输出。这段代码以及书中展示的所有示例都可以通过位于 No Starch Press 网站上的本书主页的在线资源来获取，只要点击页面上的 **Download the code for the 2nd edition from GitHub** 链接就可以了。

```
SELECT version();
```

代码清单 1-1：查看你的 PostgreSQL 版本

你可以亲自把代码键入到查询编辑器里面，也可以从 GitHub 下载本书的代码之后，点击 pgAdmin 工具栏上的**打开文件**图标，导航至保存代码的文件夹，然后打开 *Chapter_01* 文件夹中的 *Chapter_01.sql* 文件。为了执行语句，你需要高亮选中以 SELECT 开头的代码行，然后点击工具栏上的**执行 / 刷新**图标（它的形状有点像播放按钮）。之后，PostgreSQL 应该会在 pdAdmin 的数据输出方框里面返回服务器的版本，如图 1-5 所示（你可能需要在数据输出方框里面通过点击右边缘并向右拖动来扩展列宽，从而看到全部结果）。

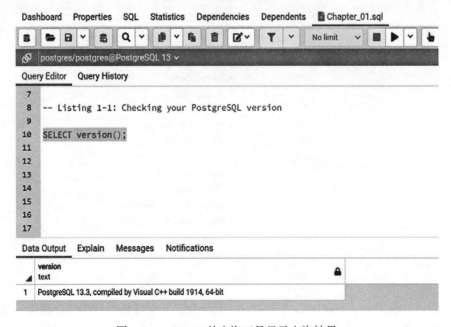

图 1-5　pgAdmin 的查询工具显示查询结果

本书将在后续章节介绍更多查询相关的知识，但是目前来说，你只需要知道这个查询使用了 PostgreSQL 特有的 `version()` 函数来检索服务器的版本信息即可。在图片展示的例子中，输出显示我正在使用 PostgreSQL 13.3，此外它还显示了一些与构建 PostgreSQL 有关的额外信息。

> **注意**
>
> 你从 GitHub 上下载的绝大部分示例代码文件都包含不止一个查询。如果你想要每次只执行一个查询，那么就需要先高亮选中相应的查询代码，然后再点击**执行 / 刷新**按钮。

自定义 pgAdmin

从 pgAdmin 菜单中选择**文件 ▸ 首选项**可以打开一个对话框，你可以在里面定义 pgAdmin 的外观和选项。这里有三个你可能感兴趣的地方：

- **杂项 ▸ 主题**允许你在标准的浅色 pgAdmin 主题和深色主题中进行选择。
- **查询工具 ▸ 结果网格**允许你为查询结果设置一个最大列宽。请在该对话框中选择**列数据**，然后将**最大列宽**的值设置为 **300**。
- **浏览器**部分允许你配置 pgAdmin 的样式并设置键盘快捷键。

要获得关于 pgAdmin 选项的更多信息，请从菜单中选择**帮助 ▸ 在线帮助**。在继续我们的 SQL 编程冒险之前，你可以随意地探索这些首选项。

pgAdmin 之外的选择

虽然 pgAdmin 非常适合新手，但它对于完成本书的练习来说并不是必需的。因此，如果你喜欢另一个能够跟 PostgreSQL 一起工作的管理工具，那么尽管使用它好了。此外，如果你想使用操作系统的命令行来完成本书的所有练习，那么第 18 章提供了通过命令行使用 PostgreSQL 交互式终端 `psql` 的操作说明（本书的附录里面还列举了一些可供探索的 PostgreSQL 资源，你可以在里面找到其他管理工具）。

小结

现在，你已经通过文本编辑器、PostgreSQL 和 pgAdmin 建立起了编码环境，是时候开始学习 SQL 并使用它从数据中发掘有价值的见解了！

在第 2 章，我们将要学习如何创建数据库和表，以及如何载入数据并探索其中的内容。事不宜迟，让我们马上开始吧！

第 2 章
创建首个数据库和表

 SQL 语言不仅是一种从数据中提取知识的手段，它还能定义储存数据的结构，使得我们可以组织数据中的关系，而表（table）就是这些结构中最主要的一个。

表是一个由行（row）和列（column）组成的网格，用于储存数据。表中的每个行都包含一个或多个列，而每个列则包含指定类型的数据：最常见的是数字、字符还有日期。我们不仅通过 SQL 定义表的结构以及每个表如何关联数据库中的其他表，还使用 SQL 来提取或查询表中的数据。

在这一章，我们将创建首个数据库，向它添加表，并在 pgAdmin 的界面中使用 SQL 向表中插入数行数据，最后再使用 pgAdmin 查看执行结果。现在，让我们首先来了解一下表。

什么是表

要了解数据库中的数据，首先要做的就是了解表。每当我开始着手处理一个新的数据库时，首先要做的就是看看里面的表。我会从表的名字以及它们的列结构里面寻找蛛丝马迹。这些表是否包含文本、数字，或者两者兼有？每张表包含了多少行？

之后，我会观察数据库中表的数量。最简单的数据库可能只有一张表，而一个处理客户数据或者跟踪航空旅行的完整应用则可能拥有数十甚至数百张表。表的数量不仅让我知道需要分析多少数据，它还是一种提示，提示我应该探索每张表之间的数据关系。

在深入研究 SQL 之前，让我们先来看一个例子，了解一下表里面的内容可能是什么样子的。我们将使用一个虚构的数据库来管理学校课程的招生情况；在这个数据库里面，会有几张表用于跟踪学生和他们的课程。第一张表名为 student_enrollment，它记录了每个课程的报名学生：

```
student_id   class_id     class_section   semester
----------   ----------   -------------   ---------
CHRISPA004   COMPSCI101   3               Fall 2023
DAVISHE010   COMPSCI101   3               Fall 2023
ABRILDA002   ENG101       40              Fall 2023
```

```
DAVISHE010       ENG101             40                        Fall 2023
RILEYPH002       ENG101             40                        Fall 2023
```

从这张表可见，两名学生报名了 COMPSCI101 课程，三名学生报名了 ENG101 课程。但是这张表并未记录每个学生和课程的具体细节。在这个例子中，这些信息被单独储存在名为 students 和 classes 的表里面，并且它们与 student_enrollment 表相互关联，而这正是关系数据库开始展现威力的地方。

sutdents 表的前面几行包含以下内容：

```
student_id       first_name       last_name        dob
----------       ----------       ----------       ----------
ABRILDA002       Abril            Davis            2005-01-10
CHRISPA004       Chris            Park             1999-04-10
DAVISHE010       Davis            Hernandez        2006-09-14
RILEYPH002       Riley            Phelps           2005-06-15
```

sutdents 表包含了每个学生的详细信息，并使用 student_id 列中的值标识每一个学生。通过把这个值用作连接两个表的唯一键，你就可以用 student_enrollment 表的 class_id 列，加上 students 表的 first_name 列和 last_name 列，创建出如下所示的行：

```
class_id         first_name       last_name
----------       ----------       ---------
COMPSCI101       Davis            Hernandez
COMPSCI101       Chris            Park
ENG101           Abril            Davis
ENG101           Davis            Hernandez
ENG101           Riley            Phelps
```

classes 表的工作方式也是类似的，它由一个 class_id 列以及其他几个关于课程信息的列组成。数据库的建设者倾向于为数据库管理的每个主要实体创建单独的表来组织数据，从而减少冗余数据。在这个例子中，每个学生的名字和出生日期只会被储存一次。即便一个学生像 Davis Hernandez 那样注册了多个课程，我们也只会在 student_enrollment 表中储存他的学生 ID，而不必浪费空间在每个他出现的地方都储存一次他的名字。

因为表是每个数据库的核心组成部分，所以在这一章，我们将通过在一个新数据库里面创建表来开始你的 SQL 编程冒险，并在之后将数据载入至该表，最后再观察整个表。

创建数据库

我们在第 1 章中安装的 PostgreSQL 程序是一个数据库管理系统，它是一个软件包，允许你定义、管理和查询储存在数据库里面的数据。每个数据库都由一系列对象组成，其中包括表、函数等。当你安装 PostgreSQL 的时候，它将创建一个数据库服务器，即一个运行在计算机之上的应用程序实例，其中包含一个名为 postgres 的默认数据库。

正如 PostgreSQL 的文档所示，默认的 postgres 数据库的作用是"供用户、实用程序和第三方应用程序使用"。为了把特定主题和应用程序相关的对象组织在一起，我们将为书中的示例创建并使用新的数据库，而不是使用默认数据库。这是一种正确的实践：它有助于避免将多个毫不相关的表堆积在一起，并确保如果你的数据用于驱动某个应用程序，比如移动应用，那么该应用的数据库只会包含相关的信息。

正如代码清单 2-1 所示，创建一个数据库只需要一行 SQL 代码，我们稍后将使用 pgAdmin 来运行它。你可以通过位于 No Starch Press 网站上的本书主页，从 GitHub 上下载到包括这行代码在内的全书所有示例代码。

```
CREATE DATABASE analysis;
```

代码清单 2-1：创建名为 analysis 的数据库

这个语句将使用默认的 PostgreSQL 设置，在你的服务器上创建一个名为 analysis 的数据库。注意这行代码包含了 CREATE 和 DATABASE 两个关键字，至于新数据库的名字则跟在这两个关键字的后面。语句的最后使用了分号，用于表示命令的结束。作为 ANSI SQL 标准的一部分，你必须使用分号来结束每个 PostgreSQL 语句。在某些情况下，即便省略了分号，查询也会正常执行，但这种情况并不是必然的，所以最好的做法还是使用分号。

在 pgAdmin 中执行 SQL

在接下来的大部分时间里，我们都会使用第 1 章安装的图形化管理工具 pgAdmin 来运行将要编写的 SQL 语句，即所谓的执行代码的过程（如果你还没安装 pgAdmin，那么请现在就去安装）。在之后的第 18 章，我们还会看到使用 PostgreSQL 命令行程序 psql 执行 SQL 语句的方法，但是对于刚开始学习 SQL 的我们来说，使用图形界面无疑会更容易一些。

我们将使用 pgAdmin 来运行代码清单 2-1 中的 SQL 语句，它首先会创建一个新的数据库，然后连接这个数据库并创建一个表。为此，我们需要执行以下步骤：

1. 运行 PostgreSQL。如果你使用的是 Windows，安装程序会设置 PostgreSQL 在系统每次启动时自动启动。如果你使用的是 macOS，那么你必须双击应用程序文件夹中的 *Postgres.app*（如果你的菜单栏里面有一个大象图标，那么说明它已经在运行了）。

2. 启动 pgAdmin。它会提示你输入第一次启动该应用时设置的 pgAdmin 主密码。

3. 跟第 1 章一样，在左边的垂直面板（对象浏览器）中单击服务器节点左边的箭头，显示默认服务器。根据安装 PostgreSQL 方式的不同，默认服务器的名字可能是 localhost 或者 PostgreSQL *x*，其中 *x* 为应用程序的版本。你可能会收到另一个密码提示，该提示针对的是 PostgreSQL 而非 pgAdmin，所以请输入你在安装 PostgreSQL 时为其设置的密码。之后，你应该会看到一条简短的消息，显示 pgAdmin 正在建立连接。

4. 在 pgAdmin 的对象浏览器，展开**数据库**并点击一次 postgres 以便高亮选中它，如图 2-1 所示。

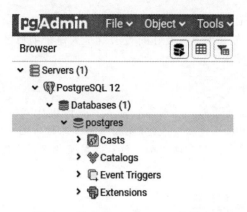

图 2-1　默认的 postgres 数据库

5. 通过选择**工具** ▶ **查询工具**打开查询工具。

6. 在顶部的水平方框即查询编辑器方框中，输入代码清单 2-1 中的代码。

7. 点击右箭头形状的**执行/刷新**图标来执行语句。PostgreSQL 将创建相应的数据库，在查询工具输出方框下的消息一栏中，你将会看到一条消息，表明查询成功返回，如图 2-2 所示。

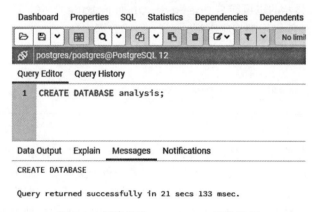

图 2-2　创建名为 analysis 的数据库

8. 为了看到新创建的数据库，我们需要用右键点击对象浏览器中的**数据库**，然后从弹出的菜单中选择**刷新**，这样 analysis 数据库才会出现在列表里面，如图 2-3 所示。

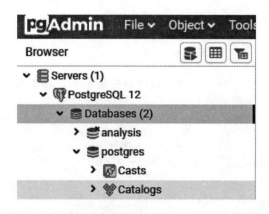

图 2-3　在对象浏览器中显示的 analysis 数据库

干得不错！现在你拥有了一个名为 analysis 的数据库，接下来你就可以在本书的大部分练习中使用它了。在个人工作中，最好的做法就是为每个项目都创建新的数据库，从而将拥有相关联数据的表都放置在一起。

> **注意**
>
> 除了手动键入代码清单中的代码之外，你还可以在 pgAdmin 中打开你在 GitHub 下载的文件，然后通过高亮选中代码并点击**执行/刷新**来单独执行指定的代码。为了打开一个文件，你需要在查询工具里面单击**打开文件**图标，然后导航至你保存代码的位置。

连接 analysis 数据库

在创建表之前，你必须确保 pgAdmin 已经连接到 analysis 数据库而不是默认的 postgres 数据库。为此，我们需要执行以下步骤：

1. 通过点击工具方框最右边的 **X** 来关闭查询工具，并在出现提示时，选择不需要保存文件。
2. 在对象浏览器，单击一次 **analysis** 数据库。
3. 通过选择**工具** ▸ **查询工具**打开新的查询工具窗口，这次它将连接至 analysis 数据库。
4. 你应该可以在查询工具窗口的顶部看到 analysis/postgres@localhost 标签（再次说明，你的 pgAdmin 显示的也可能是 PostgreSQL 而非 localhost）。

现在，你执行的任何操作都将应用到 analysis 数据库。

创建表

如前所述，表是存放数据并且定义数据间关系的地方。在创建表的时候，你需要为每个列（有时候也被称为字段或者属性）指派一个名字和一种数据类型，后者决定了列能够接受的值，比如文本、整数、小数和日期等。定义数据类型是 SQL 保证数据完整性的一种方式，比如说，定义为 date 的列只能接受包括 *YYYY-MM-DD* 在内的少数几种标准格式的数据。如果你尝试输入不符合日期格式的字符，比如单词 peach，那么你将收到一个错误。

储存在表的数据可以通过 SQL 语句进行访问、分析或者查询。除此之外，你还可以排序、编辑和查看数据，并在需要进行修改的时候轻而易举地更改表。

让我们在 analysis 数据库里面创建一个表。

使用 CREATE TABLE 语句

在这个练习中，我们将使用一种经常被讨论的数据：教师工资。代码清单 2-2 展示了创建一个名为 teachers 的表所需的 SQL 语句。在将这段代码键入至 pgAdmin 并执行它之前，让我们先来审视一下它。

```
❶ CREATE TABLE teachers (
    ❷ id bigserial,
    ❸ first_name varchar(25),
```

```
        last_name varchar(50),
        school varchar(50),
    ❹ hire_date date,
    ❺ salary numeric
❻ );
```

代码清单 2-2：创建一个包含六列的 teachers 表

这个表的定义还远远称不上全面。比如说，它缺少一些约束条件，这些条件用于确保必须填写的列必然会有数据，又或者确保我们不会无意中输入重复的值。本书的第 8 章将对约束条件做详细的介绍，但现在我们暂且省略它们，先集中精力开始探索数据。

这段代码以 CREATE 和 TABLE ❶两个 SQL 关键字为开始，后面跟着名字 teachers，示意 PostgreSQL 接下来的一小段代码描述了一个将要被添加到数据库的表。对列的描述被包围在一对括号里面，其中的每条语句都包含了列的名字和类型，而多条语句之间则通过逗号进行分隔。出于代码风格的考虑，每行代码都单独占据一行并且缩进四个空格，这并不是必需的，但这种做法可以让代码更容易阅读。

每个列名代表一个由数据类型定义的离散数据元素。id 列❷的数据类型为 bigserial，这是一种特殊的整数类型，它会在你每次向表中添加新行时自动递增：第一行的 id 列接收到的值为 1，第二行接收到的值为 2，以此类推。虽然 bigserial 数据类型还有其他序列类型都是 PostgreSQL 特有的实现，但绝大多数数据库系统都拥有类似的特性。

之后，代码会为教师的名字、姓氏以及他们任教的学校创建列❸。这些列的数据类型都是 varchar，这是一种文本类型，它的最大长度由括号中的数字指定。示例中的代码假设数据库不会出现超过 50 个字符的姓氏，尽管这是一个安全的假设，但随着时间推移，你可能还是会发现令人吃惊的意外情况。

教师的 hire_date ❹被设置成了 date 数据类型，而 salary 列则被设置成了 numeric ❺。最后，整个代码段以一个分号作为结束❻。这个表展示了一些常见的数据类型例子，我们将在第 4 章对这方面做更详细的介绍。

在对 SQL 代码有了一定了解之后，现在是时候在 pgAdmin 里面运行这段代码了。

创建 teachers 表

在连接至数据库并且拥有所需的代码之后，我们就可以开始创建表了，其步骤跟创建数据库时基本相同：

1. 打开 pgAdmin 的查询工具（如果该工具尚未被打开，那么你可以通过点击 pgAdmin 对象浏览器中的 analysis 一次，然后选择**工具 ▶ 查询工具**来打开这个工具）。

2. 将代码清单 2-2 中的 CREATE TABLE 脚本复制至 SQL 编辑器当中（如果你使用查询工具打开了从 GitHub 上下载的 *Chapter_02.sql* 文件，那么请高亮选中对应的代码）。

3. 通过单击右箭头形状的**执行/刷新**图标来执行脚本。

如果一切顺利，那么你将会在 pgAdmin 查询工具底部的输出方框看到类似 Query returned successfully with no result in 84 msec 这样的消息。当然，查询的具体返回毫秒数将取决于你的系统。

现在，我们需要找到刚刚创建的表。回到 pgAdmin 主窗口，在对象浏览器里面，用右键点击 **analysis** 并选择刷新。之后选择**模式（Schemas）▶公开（public）▶表（Tables）**就能看到新创建的表，如图 2-4 所示。

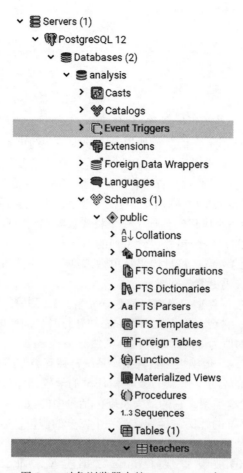

图 2-4　对象浏览器中的 teachers 表

你可以通过点击表名左边的箭头来展开 teachers 表节点，这将展示更多关于该表的细节，比如表包含的列名，如图 2-5 所示。除了列名之外，诸如索引、触发器和约束等特性的相关信息也会出现，但本书要到后面的章节才会具体介绍这些内容。通过点击表名，然后在 pgAdmin 的工作区域中选择 **SQL** 菜单，你将看到重建 teachers 表所需的全部 SQL 语句（注意，这些语句将包含额外的默认记号，它们是在创建表时隐含添加的）。

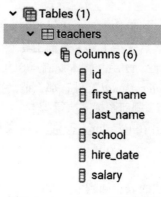

图 2-5　teachers 表的细节

恭喜你！到目前为止，你已经成功构建了一个数据库，并且将一个表添加到了这个数据库里面。接下来只要将数据添加到表里面，你就可以开始编写自己的第一个查询了。

将行插入表

有好几种方式可以将数据添加至 PostgreSQL 的表中。很多时候，我们需要处理数量庞大的行，因此最简单的方法就是从文本文件或者其他数据库直接将数据导入表中。但是在刚开始的时候，我们会使用 INSERT INTO ... VALUES 语句来添加少量行，并在语句中指定目标列以及数据值。然后我们就可以在新建的数据库里面查看它们了。

使用 INSERT 语句

为了将数据插入表，我们首先需要在 pgAdmin 的查询工具里面擦除刚刚执行过的 CREATE TABLE 语句，然后按照之前创建数据库和表时的相同步骤，将代码清单 2-3 中的代码复制至查询工具（如果你是在查询工具里面打开了从 GitHub 上下载的 *Chapter_02.sql* 文件，那么请高亮选中相应的代码段）。

```
❶ INSERT INTO teachers (first_name, last_name, school, hire_date, salary)
❷ VALUES ('Janet', 'Smith', 'F.D. Roosevelt HS', '2011-10-30', 36200),
         ('Lee', 'Reynolds', 'F.D. Roosevelt HS', '1993-05-22', 65000),
         ('Samuel', 'Cole', 'Myers Middle School', '2005-08-01', 43500),
         ('Samantha', 'Bush', 'Myers Middle School', '2011-10-30', 36200),
         ('Betty', 'Diaz', 'Myers Middle School', '2005-08-30', 43500),
         ('Kathleen', 'Roush', 'F.D. Roosevelt HS', '2010-10-22', 38500); ❸
```

代码清单 2-3：将数据插入至 teachers 表

这个代码块插入了六位教师的名字和数据。PostgreSQL 在这个语句中遵循了 ANSI SQL 标准：跟在 INSERT INTO 关键字后面的是表的名字，而之后被括号包围的则是需要填充的列❶。紧接着的下一行是 VALUES 关键字，还有将要插入至每一行每一列的数据❷。每个行的数据都需要用一组括号包围起来，并在括号内使用逗号分隔每个列的值，并且值的顺序必须与表名之后指定的列顺序一致。每个数据行都以逗号结束，除了最后一行，它使用分号代表整个语句结束❸。

注意，被插入的值当中有些使用了单引号进行包围，而有些则不然。这是 SQL 标准要求的：文本和日期需要使用引号包围，而包括整数和小数在内的数字则不需要。每当示例中出现类似的标准要求时，本书都会专门指出来。另外，请注意代码中使用的日期格式：一个四位数的年份之后跟着月份和日期，并且每个部分都使用连字符进行拼接。这是国际标准的日期格式，使用它可以帮助你避免混淆（为什么使用 *YYYY-MM-DD* 格式是最好的选择？看看 https://xkcd.com/1179/ 吧，这个绝妙的漫画"ISO 8601"会告诉你为什么）。PostgreSQL 还支持很多其他日期格式，之后的示例将会展示其中几种。

你可能会对表的第一个列 id 列感到疑惑。在创建表格的时候，我们在代码中把这个列指定为 bigserial 数据类型，因此，每当 PostgreSQL 向表中插入一个新行的时候，它都会自动地在 id 列中填入一个自动递增的整数。本书第 4 章在讨论数据类型的时候会对此做更详细的说明。

现在，如果我们运行上面展示的这段代码，那么查询工具应该会显示以下信息：

```
INSERT 0 6
Query returned successfully in 150 msec.
```

跟在 INSERT 关键字后面的第二个数字用于报告成功插入的行数：6。而第一个数字则是一个未使用的 PostgreSQL 遗留值，返回它仅仅是为了满足连接协议；你可以放心地忽略该值。

查看数据

通过 pgAdmin，我们可以快速地查看刚刚载入至 teachers 表的数据。在对象浏览器里面找到该表，然后单击右键，接着在弹出的菜单里面选择**查看 / 编辑数据 ▸ 所有行**。如图 2-6 所示，表中包含了六个数据行，它们每个列的值都是由之前执行的 SQL 语句填充的。

Data Output　Explain　Messages　Notifications

	id bigint	first_name character varying (2	last_name character varying (5	school character varying (50	hire_date date	salary numeric
1	1	Janet	Smith	F.D. Roosevelt HS	2011-10-30	36200
2	2	Lee	Reynolds	F.D. Roosevelt HS	1993-05-22	65000
3	3	Samuel	Cole	Myers Middle Sch...	2005-08-01	43500
4	4	Samantha	Bush	Myers Middle Sch...	2011-10-30	36200
5	5	Betty	Diaz	Myers Middle Sch...	2005-08-30	43500
6	6	Kathleen	Roush	F.D. Roosevelt HS	2010-10-22	38500

图 2-6　直接在 pgAdmin 中查看表数据

正如之前所说，尽管我们没有为 id 列插入值，但每个教师还是被指派了相应的 ID 号。此外，每一列的标题也展示了我们在创建表时为其定义的数据类型（注意，在这个例子中，varchar 类型被转换成了它在 PostgreSQL 中的完整形式，即 character varying 类型）。在查询结果中显示数据类型，可以帮助你在之后编写查询的时候，根据数据的类型对它们作出不同的安排。

虽然 pgAdmin 能够让我们以不同的方式观察数据，但本书主要还是通过编写 SQL 来完成这一任务。

在代码出现问题时获得帮助

也许存在一个世界，那里的代码永远都能够正常运作，但遗憾的是，我们还没有发明出能够将我们传送至那个世界的机器。在现实世界中，代码总是会遇到各种各样的问题。无论你是打错了字还是混淆了操作顺序，计算机语言对语法问题永远都是一丝不苟的。举个例子，如果你在执行代码清单 2-3 的代码时遗漏了一个逗号，那么 PostgreSQL 就会向你抱怨这个错误：

```
ERROR: syntax error at or near "("
LINE 4:     ('Samuel', 'Cole', 'Myers Middle School', '2005-08-01', 43...
            ^
```

幸运的是，这条错误信息指出了问题出现的原因以及位置：代码在第 4 行靠近左括号的地方出现了语法错误。不过在某些情况下，错误信息可能是晦涩难懂的。这时，你要做的就是跟其他优秀的程序员一样，根据错误信息在互联网上进行一次快速的搜索。大多数情况下，可能有人已经遇到过同样的问题，并且知道该如何解决它。我的经验是，在搜索引擎里面一字不差地输入错误信息，并指定你正在使用的数据库管理器的名字，然后将结果限制为最近新出现的条目以避免过时信息，这样你就能够得到最好的搜索结果。

格式化 SQL 以提高可读性

因为 SQL 对运行没有任何特殊的格式化要求，所以你大可以我行我素地使用自己喜欢的大小写惯例和缩进方式。但任何人都不可能永远孤军奋战，当你需要和其他人协作的时候，这种做法只会让你落得形单影只。如果你想要保证代码的可读性并且成为一名优秀的程序员，以下是一些可供参考的普遍惯例：

● 对 SQL 关键字使用大写，比如 SELECT。有些程序员还会对数据类型使用大写，比如 TEXT 和 INTEGER。为了帮助你在头脑中区分关键字和数据类型，本书在展示数据类型时使用了小写字符，但如果你想，也可以对它们使用大写。

● 避免使用驼峰式大小写，而是使用像 lowercase_and_underscores 这样由下划线和小写字母组成的名字来表示诸如表名和列名等对象名称，这部分内容将在第 8 章详细介绍。

● 对子语句和代码块使用两个或者四个空格的缩进以保证可读性。有些程序员也喜欢使用制表符而不是空格，你可以根据个人的喜好或者所在的组织来决定该使用哪一个。

以上就是最基本的 SQL 编码惯例，本书将在后续内容中继续探讨这一主题。

小结

我们在这一章完成了不少工作，包括创建数据库、表，还有将数据载入到表中。我们正在进一步熟悉 SQL 并逐渐将它加入到我们的数据分析工具箱当中！在下一章，我们将通过本章添加的这组教师数据，学习如何使用 SELECT 对表执行基本的查询。

实战演练

以下两个练习有助于你探索数据库、表以及数据关系的相关概念：

1. 假设你正在建立一个数据库，以便对本地动物园的所有动物实施编目。你想要用一个表来跟踪园内动物的种类，而另一个表则用来跟踪每只动物的具体情况。请编写构建这两个表所需的 CREATE TABLE 语句并在其中包含需要用到的列，然后说明你包含这些列的原因。

2. 接着，创建 INSERT 语句，将样本数据载入至表中，然后使用 pgAdmin 工具查看被插入的数据。请为这两个表分别创建一条额外的 INSERT 语句，然后在 VALUES 子句中故意省略某个用于分隔条目的逗号。这样做会导致你看到怎样的错误信息？它对你找出代码中的错误是否有帮助？

所有练习的答案都可以在本书在线资源提供的 *Try_It_Yourself.sql* 文件中找到。

第 3 章

使用 SELECT 开始
探索数据

对我来说，挖掘数据最有趣的部分不是收集数据、载入数据或者清理数据这些前期工作，而是实际地访问数据。通过观察数据，我可以知道它是干净的还是受污染的，它是否完整，还有最重要的是它能够讲述什么样的故事。访问数据的过程就像是在面试求职者，你需要提出一些问题，以此来了解他们的专业知识是否与简历相符。

访问数据最激动人心的地方是你能够从中发现事实真相。比如说，你可能会发现有一半的受访者忘记填写问卷中的电子邮件字段。又或者你会了解到自己的数据是受污染的：名字的拼写不一致，日期是错误的，或者数字与你预期的不符。你的发现将成为数据故事的一部分。

在 SQL 中，访问数据可以通过 SELECT 关键字来完成，它可以从数据库中的一个或多个表里面检索行和列。从检索一个表的所有内容，到连接数十个表，同时处理多项计算并且根据精确的条件进行过滤，SELECT 语句可以很简单，也可以很复杂。

我们首先会从简单的 SELECT 语句开始，然后慢慢过渡到使用 SELECT 完成更强大的任务。

基本的 SELECT 语法

下面这个 SELECT 语句会从名为 my_table 的表中获取每一行和每一列：

```
SELECT * FROM my_table;
```

这行代码展示了 SQL 查询的最基本形式。SELECT 关键字后面的星号是一个通配符，它就像值的替身：它不代表特定的某个值，而是代表可能出现的所有值。简单来说，它相当于“选择所有列”的缩写。如果你给定的是列的名字而不是通配符，那么语句将返回指定列的值。FROM 关键字用于指定将要返回数据的表。至于表名后面的分号，则用于告知 PostgreSQL 查询语句已经结束。

让我们对之前在第 2 章中创建的 teachers 表执行这个带星号通配符的 SELECT 语句。首先，再次打开 pgAdmin，选择 analysis 数据库并打开查询工具，然后执行代码清单 3-1 中展示的语句。记住，除了亲自把这些语句键入到查询工具之外，你还可以从 GitHub 下载代码，然后通过点击打开文件并导航至放置代码的位置来执行代码。当你在书中发现被 --snip-- 截断的代码时，也可以通过这种方法运行它们。对于本章，你应该打开 Chapter_03.sql 文件，接着高亮选中指定的语句，然后通过点击**执行 / 刷新**图标来运行它们。

```
SELECT * FROM teachers;
```

代码清单 3-1：查询 teachers 表中的所有行和列

执行这个查询之后，你在第 2 章插入到 teachers 表中的所有行和列就会出现在查询工具输出方框的结果集里面。这里展示的行可能跟你看到的行顺序不一样，这是正常的。

id	first_name	last_name	school	hire_date	salary
1	Janet	Smith	F.D. Roosevelt HS	2011-10-30	36200
2	Lee	Reynolds	F.D. Roosevelt HS	1993-05-22	65000
3	Samuel	Cole	Myers Middle School	2005-08-01	43500
4	Samantha	Bush	Myers Middle School	2011-10-30	36200
5	Betty	Diaz	Myers Middle School	2005-08-30	43500
6	Kathleen	Roush	F.D. Roosevelt HS	2010-10-22	38500

请注意，即使我们没有明确地插入 id 列，bigserial 类型的它们也会被自动填充为连续的整数，这是非常方便的。这种自动递增的整数会被用作唯一标识符，也可以称之为键（key），它不仅确保了表的每个行都是独一无二的，还能帮助我们将该表与数据库中的其他表连接起来。

除了上面提到的方法之外，还有两种方法可以查看表中的所有行。其一，使用 pgAdmin，你可以右键单击对象树中的 teachers 表，然后选择**查看 / 编辑数据 ▶ 所有行**。其二，你可以使用这个鲜为人知的标准 SQL 语句：

```
TABLE teachers;
```

这两种方法都能提供跟代码清单 3-1 一样的结果。接下来，让我们继续改善这个查询，让它变得更加具体。

查询一部分列

通常情况下，比较实用的做法是限制查询检索的列，以此来避免涉及过量信息，这对于大型数据库来说尤为重要。为此，你可以在 SELECT 关键字后面指明想要检索的列，并使用逗号分隔它们。下面是一个例子：

```
SELECT some_column, another_column, amazing_column FROM table_name;
```

在使用这种语法的情况下，查询只会从所有行里面检索这三个列的数据。

让我们把这种做法应用到 teachers 表。假设你的分析只关注教师的名字和薪水。在这种情况下，你可以只选择相关的列，就像代码清单 3-2 所做的那样。请注意，查询中的列顺序和表中的列顺序是不一样的：你可以使用自己想要的任何顺序检索列。

```
SELECT last_name, first_name, salary FROM teachers;
```

代码清单 3-2：查询一部分列

现在，我们将结果集的数据限制为只有三列：

```
last_name      first_name      salary
---------      ----------      ------
Smith          Janet           36200
Reynolds       Lee             65000
Cole           Samuel          43500
Bush           Samantha        36200
Diaz           Betty           43500
Roush          Kathleen        38500
```

尽管这些例子都非常基础，但它们展现了一个良好的策略，告诉你该如何开始访问数据集。一般来说，明智的做法是在进行分析之前先检查数据是否存在，还有数据的格式是否符合预期，这种任务非常适合用 SELECT 来完成。日期的格式是否正确地包含了日、月、年，又或者（像我曾经遗憾地观察到的那样）只记录了文本形式的月和年？是否每一列的每一行都有值？是否由于某种莫名的原因，除了以字母 M 开头的姓氏之外，没有其他任何姓氏？从丢失数据到工作流中的某处保存了劣质的记录，任何问题都有可能会发生。

尽管现在我们只是在处理一个包含六行的表，但是当你面对一个拥有数千行甚至数百万行的表时，快速地了解数据的质量以及它们能够容纳的取值范围就显得至关重要了。为了做到这一点，我们需要更加深入地了解 SQL，并在有需要的地方添加几个 SQL 关键字。

注意

pgAdmin 允许你从对象浏览器里面把列名、表名以及其他对象拖放至查询工具。如果你正在写一个新的查询，但是又不想一直输入冗长的对象名称，那么这一特性可能会对你有所帮助。你需要做的就是像第 1 章那样，展开对象树找到你的表或者列，然后通过点击和拖拽把它们放入查询工具。

通过 ORDER BY 排序数据

当数据按照顺序排列而不是乱七八糟地随意排列的时候，它们会更有意义，并且也更容易揭示出相应的模式。

在 SQL 中，我们使用包含 ORDER BY 关键字的子句对查询结果进行排序，而跟在关键字后面的则是一个或多个被排序列的名字。应用这一子句只会对查询结果产生影响，它不改变原有的表。代码清单 3-3 展示了一个排序 teachers 表的例子。

```
SELECT first_name, last_name, salary
FROM teachers
ORDER BY salary DESC;
```

代码清单 3-3：使用 ORDER BY 对列进行排序

在默认情况下，ORDER BY 将按值进行升序排序，但这里代码通过添加 DESC 关键字进行了降序排序（可选的 ASC 关键字可以让排序以升序进行）。现在，通过让 salary 列的值从高到低进行排列，可以轻而易举地知道哪些教师的薪水是最高的。

```
first_name      last_name       salary
----------      ---------       ------
Lee             Reynolds        65000
Samuel          Cole            43500
Betty           Diaz            43500
Kathleen        Roush           38500
Janet           Smith           36200
Samantha        Bush            36200
```

ORDER BY 子句还允许使用数字来代替列的名字，你只要根据每个列在 SELECT 子句中的位置，用数字标记想要排序的列即可。我们可以通过这一特性来重写代码清单 3-3，用数字 3 代表 SELECT 子句中排行第三的 salary 列：

```
SELECT first_name, last_name, salary
FROM teachers
ORDER BY 3 DESC;
```

对查询进行排序的能力，极大地提升了我们在观察和呈现数据时的灵活性。比如说，我们可以对不止一个列进行排序。请键入代码清单 3-4 中的语句。

```
  SELECT last_name, school, hire_date
  FROM teachers
❶ ORDER BY school ASC, hire_date DESC;
```

代码清单 3-4：使用 ORDER BY 排序多个列

这段代码检索教师的姓氏、他们执教的学校以及他们被雇用的日期。通过对学校进行升序排序，并对雇用日期进行降序排序❶，我们创建了一个按学校分组的教师列表，而最近被雇用的教师则排在列表的前面。这样一来，我们就能够看到每所学校最新雇用的教师都有谁。以下是该查询的结果：

```
last_name    school                          hire_date
---------    --------------------            ----------
Smith        F.D. Roosevelt HS               2011-10-30
Roush        F.D. Roosevelt HS               2010-10-22
Reynolds     F.D. Roosevelt HS               1993-05-22
Bush         Myers Middle School             2011-10-30
Diaz         Myers Middle School             2005-08-30
Cole         Myers Middle School             2005-08-01
```

你可以对两个以上的列使用 ORDER BY，但很快就会到达一个收益递减的点，使得排序的效果难以被察觉。想象一下，如果你在 ORDER BY 子句中加入更多列，比如教师取得的最高学位、他们执教的年级以及他们的出生日期，那么你将很难在短时间内理解结果中的各种排序趋势，更不用说跟别人交流这些排序结果了。当结果只专注于回答一个特定的问题时，消化数据是最容易的。因此，一个更好的策略是限制查询的范围，让它只涉及最重要的列，然后为回答每个问题分别执行多个查询。

使用 DISTINCT 查找唯一值

在一个表里面，不同行的同一列出现相同值的情况并不少见。比如在 teachers 表里面，因为每所学校都雇用了多名教师，所以相同学校的名字就在 school 列里面出现了好几次。

为了了解列的值区间，我们可以在查询中包含 DISTINCT 关键字，以此来消除重复值并且只展示独一无二的值。正如代码清单 3-5 所示，DISTINCT 应该紧紧跟在 SELECT 之后。

```
SELECT DISTINCT school
FROM teachers
ORDER BY school;
```

代码清单 3-5：在 school 列中查询不同的值

这段代码的执行结果如下：

```
school
--------------------
F.D. Roosevelt HS
Myers Middle School
```

尽管这个表包含了六行，但输出只展示了 school 列中两个独一无二的学校名称。这对于评估数据质量是非常有意义的一步。比如说，如果一个学校的名字具有多种拼法，那么这些拼写的变化就很容易会被发现并纠正，特别是当你对输出进行排序的时候。

当你在处理日期或者数字的时候，DISTINCT 将有助于发现不一致或者破损的格式。比如说，你可能继承了一个数据集，它的日期以 text 数据类型的形式记录在列里面。这种做法允许畸形的日期存在（你应该避免这种做法）：

```
date
---------
5/30/2023
6//2023
6/1/2023
6/2/2023
```

DISTINCT 关键字可以同时对多个列产生作用。如果我们增加一个列，那么查询将会返回每一对唯一的值。请运行代码清单 3-6 中的代码。

```
SELECT DISTINCT school, salary
FROM teachers
ORDER BY school, salary;
```

代码清单 3-6：查询 school 列和 salary 列中每一对不同的值

这段代码会返回每所学校每一份独一无二（或者说各不相同）的工资。因为 Myers Middle School 有两位教师的工资同为 $43500，被归纳到了同一个行里面，所以查询只返回了五行而不是表中的全部六行：

```
school                    salary
------------------        ------
F.D. Roosevelt HS         36200
F.D. Roosevelt HS         38500
F.D. Roosevelt HS         65000
Myers Middle School       36200
Myers Middle School       43500
```

这项技术使得我们能够提出这样一个问题："对于表中的每个 x，与之对应的所有 y 值是什么？"对于每间工厂，它们能生产什么化学制品？对于每个选区，参与竞选的候选人都有谁？对于每间音乐厅，这个月都有哪些艺术家在演出？

除此之外，SQL 还提供了更为复杂的技术，它的聚合函数可以让我们进行计数、求和以及查找最大值和最小值。本书将在第 6 章和第 9 章进一步详细介绍。

使用 WHERE 过滤行

在某些情况下，你可能想要限制查询返回的行，使得它们的一个或多个列符合特定的条件。以 teachers 表为例，你可能会想要找到在特定年份之前雇用的所有教师，或者收入超过 $75000 的所有小学教师，而完成这些任务则需要用到 WHERE 子句。

WHERE 子句允许你基于*操作符*提出的条件，找到与特定值、特定值区间或者多个值匹配的行，或者基于条件排除某些行。*操作符*是一系列关键字，它们能够执行数学运算、比较操作和逻辑操作。

代码清单 3-7 展示了一个基础示例。可见，在标准 SQL 语法中，WHERE 子句出现在 FROM 关键字以及被查询表的名字之后。

```
SELECT last_name, school, hire_date
FROM teachers
WHERE school = 'Myers Middle School';
```

代码清单 3-7：使用 WHERE 过滤行

这个结果集只会展示在 Myers Middle School 任职的教师：

```
last_name    school                   hire_date
---------    ------------------       ----------
Cole         Myers Middle School      2005-08-01
Bush         Myers Middle School      2011-10-30
Diaz         Myers Middle School      2005-08-30
```

这段代码使用了相等比较操作符查找与给定值完全匹配的行，当然，你也可以使用 WHERE 搭配其他操作符定制你想要的过滤条件。表 3-1 总结了最常用的比较操作符。根据你正在使用的数据库系统，具体可用的操作符可能还不止这些。

表 3-1　PostgreSQL 中的比较和匹配操作符

操作符	功能	例子
=	相等	WHERE school = 'Baker Middle'
<> 或 !=	不相等[①]	WHERE school <> 'Baker Middle'
>	大于	WHERE salary > 20000
<	小于	WHERE salary < 60500
>=	大于等于	WHERE salary >= 20000
<=	小于等于	WHERE salary <= 60500
BETWEEN	介于指定范围之内	WHERE salary BETWEEN 20000 AND 40000
IN	匹配多个值的其中一个	WHERE last_name IN ('Bush', 'Roush')
LIKE	匹配给定的模式（区分大小写）	WHERE first_name LIKE 'Sam%'
ILIKE	匹配给定的模式（不区分大小写）	WHERE first_name ILIKE 'sam%'
NOT	否定一个条件	WHERE first_name NOT ILIKE 'sam%'

① != 操作符并不是标准 ANSI SQL 的一部分，但它在 PostgreSQL 以及其他几个数据库系统中都可用。

接下来的一些例子将会展示比较操作符在实际中的应用。首先，我们可以使用相等操作符来查找名字为 Janet 的教师：

```
SELECT first_name, last_name, school
FROM teachers
WHERE first_name = 'Janet';
```

接着，我们可以使用不相等操作符，列出表中除 F.D. Roosevelt HS 以外其他所有学校的名字：

```
SELECT school
FROM teachers
WHERE school <> 'F.D. Roosevelt HS';
```

这里我们使用小于操作符以及 *YYYY-MM-DD* 格式，列出 2000 年 1 月 1 日之前雇用的所有教师：

```
SELECT first_name, last_name, hire_date
FROM teachers
WHERE hire_date < '2000-01-01';
```

然后我们使用 >= 操作符，查找收入超过 $43500 的教师：

```
SELECT first_name, last_name, salary
FROM teachers
WHERE salary >= 43500;
```

接下来的查询使用 BETWEEN 操作符查找收入介于 $40000 ~ $65000 之间的所有教师。注意，BETWEEN 是包括端点的，这意味着如果一个值与给定范围的起始或者结束匹配，那么它也会被包含在结果之内。

```
SELECT first_name, last_name, school, salary
FROM teachers
WHERE salary BETWEEN 40000 AND 65000;
```

使用 BETWEEN 的时候请务必小心，因为它包括端点的本性可能会无意中导致对值的重复计数。举个例子，如果你在两次查询中，分别使用 BETWEEN 10 AND 20 和 BETWEEN 20 AND 30 对值进行过滤，那么包含值 20 的行将重复出现在两次查询的结果中。为了避免这种情况，我们可以使用更为精确的大于操作符和小于操作符来定义范围。比如说，接下来的这个查询返回的结果跟前一个查询相同，但这个新查询更明确地指定了范围：

```
SELECT first_name, last_name, school, salary
FROM teachers
WHERE salary >= 40000 AND salary <= 65000;
```

因为这些操作符对于帮助我们找出想要的数据和答案起着至关重要的作用，所以本书将会反复提到它们。

同时使用 WHERE 和 LIKE/ILIKE

与直观易懂的比较操作符不同，匹配操作符 LIKE 和 ILIKE 需要一些更详细的说明。这两个操作符都能够让你找到各式各样的值，并且这些值都包含与给定模式匹配的字符，当你不知道自己想要搜索的确切内容是什么，或者当你在查找拼写错误的单词时，它们会非常有用。为了使用 LIKE 和 ILIKE，你需要指定一个匹配模式，并在其中用到以下一个或两个符号：

百分号（%）匹配一个或多个字符的通配符

下划线号（_）只匹配一个字符的通配符

假如你正在尝试查找 baker 这个单词，那么以下这些 LIKE 模式将会与之匹配：

```
LIKE 'b%'
LIKE '%ak%'
LIKE '_aker'
LIKE 'ba_er'
```

LIKE 和 ILIKE 这两个操作符之间的区别在于：前者是 ANSI SQL 标准的一部分，它是区分大小写的；而后者则是 PostgreSQL 的专有实现，它是不区分大小写的。代码清单 3-8 展示了一个使用 LIKE 和 ILIKE 这两个关键字产生不同结果的例子。第一个 WHERE 子句使用 LIKE ❶查找以字符 sam 开头的名字，并且由于 LIKE 是区分大小写的，所以这次查询将不会得到任何结果。相反，由于之后的第二个查询使用了不区分大小写的 ILIKE ❷，所以它将从表中返回 Samuel 和 Samantha 作为结果。

```
   SELECT first_name
   FROM teachers
❶ WHERE first_name LIKE 'sam%';
   SELECT first_name
   FROM teachers
❷ WHERE first_name ILIKE 'sam%';
```

代码清单 3-8：使用 LIKE 和 ILIKE 进行过滤

因为我从不假设人们在输入人名、地名、产品名以及其他专有名词的时候总是能正确地使用大写，所以多年以来我一直倾向于使用 ILIKE 和匹配符，以此来避免意外地排除某些搜索结果，特别是在审查数据的时候。另一方面，如果访问数据的其中一个目的是了解它的质量，那么使用区分大小写的搜索将有助于寻找差异。

因为 LIKE 和 ILIKE 都是模式搜索，所以它们的性能在大型数据库中可能并不理想，但我们可以通过使用索引来解决这个问题，具体的信息将在第 8 章的"通过索引加快查询速度"一节中介绍。

通过 AND 和 OR 组合操作符

当我们把比较操作符组合起来的时候，它们会变得更有用。为了做到这一点，我们可以使用逻辑操作符 AND 和 OR 连接它们，并在有需要的时候为其加上括号。

代码清单 3-9 中的语句展示了三个以上述方式组合操作符的例子。

```
    SELECT *
    FROM teachers
❶ WHERE school = 'Myers Middle School'
        AND salary < 40000;

    SELECT *
    FROM teachers
❷ WHERE last_name = 'Cole'
        OR last_name = 'Bush';

    SELECT *
    FROM teachers
❸ WHERE school = 'F.D. Roosevelt HS'
        AND (salary < 38000 OR salary > 40000);
```

代码清单 3-9：使用 AND 和 OR 组合操作符

第一个查询在 WHERE 子句中使用 AND ❶ 查找在 Myers Middle School 执教并且薪水低于 $40000 的教师。因为这个查询使用了 AND 来连接两个条件，所以一个行只有同时满足这两个条件的时候，才会被 WHERE 子句看作是符合标准并将其返回至查询结果当中。

第二个查询使用 OR ❷ 搜索姓氏为 Cole 或者 Bush 的任意教师。在使用 OR 连接条件时，一个行只要满足任意一个条件，就会被 WHERE 子句看作是符合标准。

最后一个查询查找在 Roosevelt 执教，并且薪水低于 $38000 或者高于 $40000 的教师。当我们把语句放入括号里面时，它们会作为一组被先行求值，然后再与其他条件相结合。此时，教师执教的学校必须为 F.D. Roosevelt HS，并且他的薪水必须低于或者高于指定数字，这样他才会被 WHERE 看作是符合标准。

如果在一个子句中同时使用 AND 和 OR 但是不使用任何括号，那么数据库就会先求值 AND 条件，然后再求值 OR 条件。对于前面展示的最后一个查询，如果我们省略查询中的括号，那么就会看到不一样的结果——数据库将查找学校名为 F.D. Roosevelt HS 并且薪水低于 $38000 的行，或者任意学校但是薪水高于 $40000 的行。你可以在查询工具里面试试这样做。

合而为一

你可以开始看到，即使是前面那些简单的查询，也能够让我们灵活而准确地深入到数据当中，从而找到我们想要的目标。在此之上，通过使用 AND 和 OR 关键字来组合比较操作符语句，可以为过滤提供多个条件，并通过包含 ORDER BY 子句来排序结果。

在了解了上述信息之后，让我们把本章前面介绍过的概念都组合到单个语句里面，以此来展示它们是如何结合在一起的。因为 SQL 对关键字的顺序有严苛的要求，所以请遵循以下惯例。

```
SELECT column_names
FROM table_name
WHERE criteria
ORDER BY column_names;
```

代码清单 3-10 展示了一个针对 teachers 表的查询，其中包含了前面提到的所有部分。

```
SELECT first_name, last_name, school, hire_date, salary
FROM teachers
WHERE school LIKE '%Roos%'
ORDER BY hire_date DESC;
```

代码清单 3-10：包含 WHERE 和 ORDER BY 的 SELECT 语句

这段代码会返回在 Roosevelt High School 执教的教师，并按照雇用日期从近到远排序。从这个结果我们也可以发现，教师的执教时长和他们当前薪资水平之间的某些联系。

```
first_name   last_name    school               hire_date    salary
----------   ----------   ------------------   ----------   ------
Janet        Smith        F.D. Roosevelt HS    2011-10-30   36200
Kathleen     Roush        F.D. Roosevelt HS    2010-10-22   38500
Lee          Reynolds     F.D. Roosevelt HS    1993-05-22   65000
```

小结

到目前为止，我们已经学习了几种不同的 SQL 查询基本结构，这为后续章节将要介绍的很多附加技能奠定了基础。排序、过滤和只从表中选择最重要的列，这些手段可以从数据中获得惊人的信息量，并帮助你理解这些信息的含义。

在下一章，我们将要学习的是 SQL 的另一个基本面：数据类型。

实战演练

你可以通过以下练习探索基础查询：

1. 假设现在学区主管想要了解每所学校执教的教师名单。请编写一个查询，列出每所学校以及它们属下的所有教师，其中学校根据字母顺序排列，而教师则根据姓氏从 A 到 Z 的顺序排列。

2. 请编写一个查询，查找一位教师，他的名字以字母 S 开头并且薪水超过 $40000。

3. 找出 2010 年 1 月 1 日以来雇用的所有教师，并按照薪水从高到低的顺序排列。

第4章
了解数据类型

以恰当格式储存数据是建立可用数据库和实施准确分析的基础，因此了解数据类型至关重要。每当钻研一个新数据库的时候，我都会检查每张表每个列所属的数据类型。在幸运的情况下，我手上会有一份数据字典：这份文档会告诉我每个列到底是数字、字符还是其他类型，并对列的值进行解释。可惜的是，很多组织并没有创建和维护良好的文档，因此我听到"我们没有数据字典"的情况并不少见。在这种情况下，我会使用 pgAdmin 检视表结构并尽可能地获取信息。

数据类型是一个编程概念，它并不仅仅适用于 SQL。我们在本章探索的概念同样可以应用到很多你想要学习的其他语言上面。

在 SQL 数据库中，表中的每个列仅能容纳一种数据类型，我们可以在 CREATE TABLE 语句中定义这一点，只需要在列名的后面声明数据类型即可。在下面的简单示例表中，你会看到三个列，它们分别拥有三种不同的数据类型，包括日期、整数和文本（你只需要观察这个表就可以，不必创建它）。

```
CREATE TABLE eagle_watch (
    observation_date date,
    eagles_seen integer,
    notes text
);
```

在这个名为 eagle_watch 的虚构的老鹰清单中，我们通过在 observation_date 列的名字后面添加数据类型来声明该列容纳日期值。同样，我们通过 integer 类型声明设置 eagles_seen 容纳整数，并通过 text 类型声明 notes 容纳字符。

以下数据类型是我们经常会遇到的三种：

字符　任何字符或者符号

数字　包括整数和分数

日期和时间　时间相关信息

在接下来的内容中，我们将深入探讨每种数据类型，并说明它们是 ANSI SQL 标准的一部分还是 PostgreSQL 特有的。如果你想要全面且深入地了解 PostgreSQL 和 SQL 标准的区别，那么请参考：https://wiki.postgresql.org/wiki/PostgreSQL_vs_SQL_Standard。

了解字符

字符串类型是一种通用类型，适用于由文本、数字和符号组成的任意组合。该类型包含以下几种：

```
char(n)
```

固定长度列，其中字符的长度由 n 指定。如果一个列被设置成 char(20)，那么无论实际插入的字符有多少个，每个行的这一列都会储存 20 个字符。如果某个列插入的字符少于 20 个，那么 PostgreSQL 将用空格填充该列的剩余部分。这种类型是标准 SQL 的一部分，它还可以通过较长的名字 character(n) 来指定。时至今日，char(n) 已经很少使用，它主要是作为老旧计算机系统的遗留物存在。

```
varchar(n)
```

可变长度列，其中最大长度由 n 指定。即使实际插入的字符数量比最大长度要小，PostgreSQL 也不会储存额外的空格。比如说，储存字符串 blue 只会占用 4 个空格，而储存字符串 123 只会占用 3 个。在大型数据库中，这种做法可以节省大量空间。这种类型包含在标准 SQL 当中，并且它还能够通过较长的名字 varying(n) 来指定。

```
text
```

没有长度限制的可变长度列（根据 PostgreSQL 文档描述，用户能够储存的最长字符串大约为 1GB）。text 类型并不是标准 SQL 的一部分，但包括 Microsoft SQL 和 MySQL 在内的其他数据库系统里面都有类似的实现。

根据 PostgreSQL 文档的记载，这三种类型在性能上并无实质区别。不过如果你使用的是其他数据库管理器，那么情况可能会有所不同，所以最好还是通过检查文档确认一下。varchar 和 text 不仅更灵活，而且还不会浪费空间储存不必要的字符，这让它们看上去似乎占尽优势。但如果你看过网上的一些讨论，就会知道有些用户建议使用 char 定义那些总是具有相同字符数量的列，以此来更好地表明列所容纳的数据。比如说，你可能会看到 char(2) 被用于储存美国各州的邮政缩写。

> **注意**
> 因为储存在 char 列中的数字是无法执行数学运算的，所以请仅在数字表示代号的情况下才将它们储存为字符类型（比如在表示美国邮政编码的时候）。

为了实际地观察这三种字符类型，我们可以运行代码清单 4-1 中展示的脚本。这个脚本会构建并载入一个简单的表，然后在你的计算机里面将数据导出至一个文本文件。

```
CREATE TABLE char_data_types (
❶char_column char(10),
  varchar_column varchar(10),
```

```
    text_column text
);

❷ INSERT INTO char_data_types
   VALUES
      ('abc', 'abc', 'abc'),
      ('defghi', 'defghi', 'defghi');

❸ COPY char_data_types TO 'C: \YourDirectory\typetest.txt'
❹ WITH (FORMAT CSV, HEADER, DELIMITER '|');
```

代码清单 4-1：实际使用字符数据类型

这段代码首先定义了三个不同类型的字符列❶，然后插入两个行并在行的各个列中分别设置相同的字符串❷。与第 2 章中展示的 INSERT INTO 语句不同，这段代码并没有指定各个列的名字。这是因为如果 VALUES 语句提供的值数量与表的列数量保持一致，那么数据库就会认为你在按照定义表时指定列的顺序插入值。

之后，代码使用 PostgreSQL 的 COPY 关键字❸，将数据导出至指定文件夹的 *typetest.txt* 文本文件中。在执行这段代码的时候，你需要将 *C:\YourDirectory* 替换为你想要在计算机里面储存文件的完整目录路径。本例中使用的是 Windows 格式的目录路径，它是一个指向 C: 驱动器中的 *YourDirectory* 文件夹的路径，并且在文件夹和文件名之间使用了反斜线符号。除此之外，Windows 用户还必须根据第 1 章 "从 GitHub 下载代码和数据" 一节介绍的方法，为目标文件夹设置权限。

Linux 和 macOS 的文件路径格式与 Windows 并不相同，它们在文件夹和文件名之间使用正斜线符号。比如说，在我的 Mac 中，指向桌面的文件路径为 */Users/anthony/Desktop/*。此外，被指定的目录必须已经存在，PostgreSQL 不会自动为你创建指定的文件夹。

注意

因为 PostgreSQL 以 postgres 用户身份运行，它无法读写其他用户的文件夹，所以在 Linux 上执行 COPY 命令可能会由于权限不足而引发错误。解决这个问题的其中一个办法就是读写系统的 */tmp* 文件夹，该文件夹允许所有用户访问。不过需要小心的是，由于某些配置，这个文件夹可能会在计算机重启的时候被清空。关于解决这个问题的其他可选方法，请参考第 5 章中 "使用 pgAdmin 进行导入和导出" 一节，还有第 18 章关于使用 psql 的 "导入、导出以及使用文件" 小节。

在 PostgreSQL 中，COPY *table_name* FROM 是导入函数，而 COPY *table_name* TO 则是导出函数。本书将在第 5 章深入介绍这两个函数，但是现在来说，我们只需要知道 WITH 关键字选项❹会格式化文件中的数据并使用管道符号（|）分隔每一列即可。这样一来，我们就可以轻而易举地看到 char 列中的未使用部分是如何被空格填充的。

为了查看代码的输出结果，请使用你在第 1 章安装的文本编辑器打开 *typetest.txt* 文件（切记不要使用 Word、Excel 或者其他电子表格应用程序打开文件）。文件中包含的内容应该是这样的：

```
char_column|varchar_column|text_column
abc        |abc|abc
defghi     |defghi|defghi
```

尽管我们将 char 列和 varchar 列的长度都设置成了 10 个字符，但只有 char 列会使用空格填充未使用空间，并且在两个行都输出了 10 个字符。与此相反，varchar 列和 text 列只储存了被插入的字符。

再次声明，尽管这个例子说明 char 类型可能会消耗比实际所需更多的储存空间，但这三种类型在性能方面并无实质差别。每一列中出现少量未使用空间初看上去似乎微不足道，但如果这种情况出现在数十张表的数百万个行中，你很快就会理解积少成多的道理。

我个人倾向于对所有字符列使用 text 类型。这种做法使得我不必为每个可变长度的字符列逐一设置最大长度，并且当这些字符列的需求发生变化时，也不必对它们的表进行修改。

了解数字

顾名思义，数字列能够容纳各种类型的数字，但这并不是全部：它还允许你对数字进行计算。

以字符串形式储存在字符列的数字不能执行加法、乘法、除法还有其他一系列数学运算，这是非常重要的一点。此外，以字符形式储存的数字与以数字形式储存的数字在排序时会产生不同结果，因此如果你需要进行数学运算或者数值排序，那么就需要用到数字类型。

SQL 的数字类型可以分为以下两类：

整数 包括正数和负数在内的所有整数

定点数和浮点数 由整数构成的两种不同形式的分数

接下来将分别介绍这些类型。

使用整数

整数数据类型会是你在探索 SQL 数据库时最常见到的数字类型，它们是包括 0、正数和负数在内的所有整数。从街道或公寓的编号，到冰箱上的序列号，再到抽奖券上的兑奖数字，整数在我们的日常生活中随处可见。

SQL 标准提供了三种整数类型，它们分别是：smallint、integer 还有 bigint。这三种类型之间的区别在于它们能够容纳的数字的最大体积。表 4-1 展示了这三种数字类型的最大值和最小值，还有储存这些数字所需的存储空间（字节）。

表 4-1　整数数据类型

数据类型	存储空间大小	取值范围
smallint	2 字节	−32768 ～ +32767
integer	4 字节	−2147483648 ～ +2147483647
bigint	8 字节	−9223372036854775808 ～ +9223372036854775807

bigint 类型几乎能够满足你对数字列的任何要求，但是它占用的存储空间也是最大的。一方面，当你需要处理大于 21 亿的数字时，使用 bigint 就是必需的，但你也可以简单地把这种类型看作是你的无忧默认选择，这样你就永远不必担心列能否容纳某个数字了。另一方面，如果你确信数字的范围不会超过 integer 的限制，那么使用这种类型也是一个不错的选择，因为它不会像 bigint 那样消耗那么多存储空间（这在处理上百万个数据行时会是一个需要关心的问题）。

当你知道数值将持续受到约束的时候，使用 smallint 将是有意义的，比如月份的天数和年份的天数就是一个很好的例子。因为 smallint 类型占用的存储空间只有 integer 的一半，所以如果列的值总是能够维持在 smallint 的取值范围之内，那么使用 smallint 就是一种精明的数据库设计抉择。

如果你尝试向上述类型的列中插入一个超出范围的数字，那么数据库将停止执行操作并返回一个越界错误。

自动递增整数

在某些情况下，创建一个容纳整数的列，并且在这个表每次添加新行的时候，让这个列的值自动递增，这样会很有帮助。举个例子，我们可以通过自动递增列，为表中的每个行创建一个独一无二的 ID 号码，并将其用作行的主键（primary key）。这样一来，数据库中的其他表就可以根据这个 ID 来引用行，本书将在第 7 章介绍这个概念。

PostgreSQL 提供了两种方法对整数列实行自动递增：一种是使用序列数据类型，这是 PostgreSQL 对 ANSI SQL 标准中的自动编号标识符列的一种专有实现；而另一种则是使用 ANSI SQL 标准的 IDENTITY 关键字。接下来将从序列类型开始介绍。

通过序列实现自动递增

本书第 2 章在创建 teachers 表的时候，创建了一个声明为 bigserial 的 id 列：这个 bigserial 和它的兄弟 smallserial 以及 serial 与其说是真正的数据类型，不如说更像是 bigint、smallint 和 integer 对应的特殊实现。每当你插入一个新行并且行中带有序列类型的列时，PostgreSQL 就会对这些列的值执行自增操作，从 1 开始，直到对应整数类型的最大值为止。

表 4-2 展示了不同的序列类型以及它们的覆盖范围。

表 4-2　序列数据类型

数据类型	存储空间	取值范围
smallserial	2 字节	1 ～ 32767
serial	4 字节	1 ～ 2147483647
bigserial	8 字节	1 ～ 9223372036854775807

为了创建序列类型的列，我们需要在 CREATE TABLE 语句中声明它们，就像声明 integer 类型时一样。举个例子，通过以下代码，我们可以在创建 people 表的时候，让它拥有一个名为 id 的序列类型列，并且该列所需的存储空间等同于 integer 数据类型：

```
CREATE TABLE people (
    id serial,
    person_name varchar(100)
);
```

现在，people 表每增加一个包含 person_name 的新行，id 列的值都会被加上 1。

通过 IDENTITY 实现自动递增

PostgreSQL 从第 10 版开始支持 IDENTITY，这是自动递增整数的标准 SQL 实现。IDENTITY 的语法比较冗长，一些数据库用户之所以选择它，更多的是考虑到它和诸如 Oracle 等其他数据库系统的交叉兼容，另一方面则是考虑到它可以防止用户意外地往自动递增列中插入数值，而序列类型并不拒绝这种操作。

我们可以通过两种方法来指定 IDENTITY：

1. GENERATED ALWAYS AS IDENTITY 命令数据库总是使用自动递增的值来填充列。除非用户手动覆盖该设置，否则他们将无法向 id 列插入任何值。详情请见 PostgreSQL INSERT 文档中的 OVERRIDING SYSTEM VALUE 一节。

2. GENERATED BY DEFAULT AS IDENTITY 命令数据库在用户没有主动提供值的情况下，默认使用自动递增值来填充该列。这个选项可能会导致重复值出现，并给那些被用作键的列带来问题。稍后的第 7 章会更深入地探讨这个方面。

目前来说，我们将继续使用第一个选项，即 ALWAYS。为了创建一个名为 people 的表，并让它带有一个由 IDENTITY 填充的 id 列，需要用到以下代码：

```
CREATE TABLE people (
    id integer GENERATED ALWAYS AS IDENTITY,
    person_name varchar(100)
);
```

注意这里 id 列的数据类型为 integer，并且后面跟着关键字 GENERATED ALWAYS AS IDENTITY。现在，每当我们将一个 person_name 值插入到表，数据库就会使用一个自动递增的值来填充 id 列。

考虑到 IDENTITY 对 ANSI SQL 标准的兼容性，本书将在接下来的内容中继续使用它。

> **注意**
>
> 尽管自动递增列的值在每次添加新行时都会增加，但有些情况可能会导致列中的数字序列产生空隙。比如说，当一个行被删除之后，该行对应的自增值就永远消失了。又比如说，即使一次行插入被中止了，但自增列的序列仍然会被递增。

使用小数

小数由整数以及分数组成，其中分数由小数点后的数字表示。SQL 数据库使用定点和浮点数据类型来处理小数。比如说，从我家到最近的杂货店的距离为 6.7 英里❶；我可以把 6.7 插入到定点或者浮点列中，而 PostgreSQL 对此不会有任何怨言。定点和浮点这两种数据类型

---

❶ 1 英里 =1609.344 米。

的唯一区别在于计算机储存它们的方式，稍后我们就会知道其中的重要意义。

了解定点数

定点类型，也称任意精度类型，在 PostgreSQL 中表示为 numeric(*precision*, *scale*)。其中参数 precision（精度）用于指定小数点左右两边的最大数字个数，而 scale（刻度）则用于指定小数点右边允许的数字个数。此外，你还可以使用 decimal(*precision*, *scale*) 表示定点类型，它和 numeric 都是 ANSI SQL 标准的一部分。如果用户没有指定刻度，那么刻度将被设置为 0，这实际上相当于创建一个整数。如果用户既没有指定精度，也没有指定刻度，那么数据库将在允许的最大范围内储存任意精度和刻度的值（根据 PostgreSQL 的文档记录，这个最大值允许在小数点之前拥有最多 131072 个数字，并在小数点之后拥有最多 16383 个数字）。

举个例子，假设你正在收集几个当地机场的降雨总量——这是一个极有可能出现的数据分析任务。美国国家气象局有提供相关的数据，其中降雨量的测量会精确至小数点后两位数（正如你的小学数学老师所说，小数点后面的两位数就是百分位）。

为此，我们将使用 numeric(5, 2) 在数据库中记录降雨量，其中精度总共为五个数字，而刻度则为小数点之后最多两个数字。此外，即使你并未像 1.47、1.00 和 121.50 那样，输入一个包含两位小数的数字，数据库也总是会返回小数点右边的两位数字。

了解浮点类型

浮点类型分为 real 和 double precision 两种，它们都是 SQL 标准的一部分，两者的区别在于能够储存的数据量不同：real 类型允许精度达到 6 位小数，而 double precision 的精度则能够达到 15 位小数，并且这两种类型在小数点两边能够容纳的位数是相同的。这些浮点类型也被称为可变精度类型。数据库会将浮点类型的数字分成多个部分储存，其中包括表示数字的部分以及表示指数的部分，后者决定了小数点所在的位置。因此，与固定精度和刻度的 numeric 不同，浮点数列的小数点可以根据数字的不同而"浮动"。

使用定点和浮点类型

如表 4-3 所示，每种类型能够容纳的总位数和精度都有所不同。

表 4-3　定点和浮点数据类型

数据类型	存储空间	存储类型	取值范围
numeric, decimal	大小可变	定点	小数点前最多 131072 位，小数点后最多 16383 位
real	4 字节	浮点	6 位小数的精度
double precision	8 字节	浮点	15 位小数的精度

为了观察三种不同的数据类型如何处理相同数字，我们可以创建一个小型的表并向其插入各种测试用例，正如代码清单 4-2 所示。

```
CREATE TABLE number_data_types (
❶ numeric_column numeric(20, 5),
   real_column real,
```

```
    double_column double precision
);

❷ INSERT INTO number_data_types
   VALUES
       (.7, .7, .7),
       (2.13579, 2.13579, 2.13579),
       (2.1357987654, 2.1357987654, 2.1357987654);

SELECT * FROM number_data_types;
```

代码清单 4-2：实际操作数字数据类型

这段代码创建了一个表，并在其中为每种分数数据类型都创建了一个列❶，然后再将三个行导入至表中❷。每个行都会重复地在三个列里面储存相同的数字。最后，代码的末尾一行会从表中选取所有内容，并得到以下结果：

```
numeric_column real_column double_column
-------------- ----------- --------------
      0.70000         0.7            0.7
      2.13579     2.13579        2.13579
      2.13580   2.1357987   2.1357987654
```

注意这段结果中出现的细微区别。在 numeric 列，因为刻度被设置为 5，所以无论我们输入的小数有多少位，它都总是会储存五位小数。如果小数部分小于五位，那么它就用 0 填充余下的位数。如果小数部分多于五位，那么它就对小数实行四舍五入——比如第三行数字原本有 10 位小数。

与 numeric 的做法相反，real 和 double precision 列不会给数字添加任何填充。在第三行，我们会看到 PostgreSQL 在输出这两种类型时的默认行为：不展示整个值，而是以最简短的精确小数表示来输出浮点数。另外需要注意的是，较旧版本的 PostgreSQL 显示的结果可能会略有不同。

浮点数计算带来的问题

如果你认为储存浮点数跟储存定点数没什么两样，那么你要小心了。计算机储存浮点数的方式可能会导致意想不到的数学错误。为了展示这一点，我们需要执行一些浮点数计算。请执行代码清单 4-3 中的脚本。

```
SELECT
  ❶ numeric_column * 10000000 AS fixed,
    real_column * 10000000 AS floating
FROM number_data_types
❷ WHERE numeric_column = .7;
```

代码清单 4-3：浮点列的舍入问题

这段代码将 numeric_column 列和 real_column 列的所有值都乘以一千万 ❶，然后使用 WHERE 子句筛选出结果集的第一行 ❷。初看上去，两项计算应该会得到相同的结果，是吧？但查询实际返回的结果却是这样子的：

```
fixed               floating
-------------       ----------------
7000000.00000       6999999.88079071
```

这就是浮点数类型被认为"不精确"的原因，也是它不适合完成火星发射任务或者计算联邦预算赤字的原因。

浮点数之所以会产生这样的错误，跟计算机试图将大量信息塞进有限的比特位中有关。这个话题是很多著作的主题，但它超出了本书的范围，如果你有兴趣的话，可以在本书资源网站中找到相关内容。

numeric 数据类型所需的存储空间是可变的，根据精度和刻度不同，它可能会比浮点类型消耗更多的空间。如果你需要处理的行非常多，那么可以考虑是否能够接受相对来说不太精确的浮点数计算。

选择合适的数字类型

目前来说，在处理数字数据类型的时候，有三条准则可供参考：

● 尽可能地使用整数。除非数据中包含小数，否则就应该坚持使用整数类型。

● 如果你正在处理小数数据，并且处于金钱交易等需要精确计算的场合，那么请选择 numeric 或者它的等价物 decimal。浮点类型虽然能够节约空间，但它在计算时的不精确性对于很多应用来说是无法被接受的，请在精确性不那么重要的情况下使用它。

● 选择足够大的数字类型。除非你设计的数据库需要包含数百万个行，否则就应该尽可能地选择较大的数字类型。在使用 numeric 或者 decimal 的时候，将精度设置得足够大以便容纳小数点两边的所有数字。对于整数，除非你百分之百地确定列的值可以容纳在较小的 integer 类型或者 smallint 类型中，否则就应该使用 bigint 类型。

了解日期和时间

每当我们在搜索框中键入日期的时候，数据库对（从服务器接收到的）当前时间的感知，还有对日历的日期、时间、闰年和时区等细节的格式处理能力，都让我们获益匪浅。这一点对于数据叙事来说至关重要，因为事件发生的时间往往和人物、内容还有参与人数一样重要。

表 4-4 给出了 PostgreSQL 对日期和时间提供支持的四种主要数据类型。

表 4-4   日期和时间数据类型

数据类型	存储空间	描述	取值范围
timestamp	8 字节	日期和时间	公元前 4713 年～公元 294276 年

数据类型	存储空间	描述	取值范围
date	4 字节	日期（没有时间）	公元前 4713 年～公元 5874897 年
time	8 字节	时间（没有日期）	00:00:00 ～ 24:00:00
interval	16 字节	时间间隔	+/- 178000000 年

以下是 PostgreSQL 中这些时间和日期数据类型的简要描述：

timestamp 记录日期和时间，非常适用于各种追踪任务，比如追踪客运航班的出发和到达，整理美国职业棒球大联盟比赛的时间表，或者给一系列事件加上时间轴。我们通常需要添加关键字 with time zone 以确保事件记录的时间包含了相应的时区，否则全球不同地方记录的时间将无法进行对比。timestamp with time zone 格式是 SQL 标准的一部分，我们可以在 PostgreSQL 中通过 timestamptz 指定这一数据类型。

date 只记录日期。它是 SQL 标准的一部分。

time 只记录时间，也是 SQL 标准的一部分。尽管这种类型也允许我们添加 with time zone 关键字，但缺少日期的时区实际上并没有多大意义。

interval 这种值以数量单位格式表示时间单位。它不记录时间段的开始或结束，而是记录其长度，例如 12 天或者 8 小时（PostgreSQL 官网的 8.5 Data/Time Types 文档列出了范围从 microsecond 到 millennium 在内的单位值）。这种类型通常用于计算或是过滤其他的日期和时间列。interval 也是 SQL 标准的一部分，不过 PostgreSQL 通过特定语法为它提供了更多的选择。

让我们先把注意力放到 timestamp with time zone 和 interval 这两种类型上面。为了了解它们的实际效果，我们需要运行代码清单 4-4。

```
❶ CREATE TABLE date_time_types (
      timestamp_column timestamp with time zone,
      interval_column interval
  );

❷ INSERT INTO date_time_types
  VALUES
      ('2022-12-31 01: 00 EST', '2 days'),
      ('2022-12-31 01: 00 -8', '1 month'),
      ('2022-12-31 01: 00 Australia/Melbourne', '1 century'),
    ❸ (now(), '1 week');
  SELECT * FROM date_time_types;
```

代码清单 4-4： 实际使用 timestamp 和 interval 类型

这段代码首先在表中为两种不同的类型分别创建了列❶，然后向表中插入四个行❷。其中前三个行向 timestamp_column 列插入了相同的日期和时间（2022 年 12 月 31 日的凌晨 1 点），使用的是国际标准化组织（ISO）的日期和时间格式：*YYYY-MM-DD HH:MM:SS*。SQL 也支持其他日期格式，比如 *MM/DD/YYYY*，但 ISO 格式能够在世界各地提供更好的可移植性。

在插入的前三个行里面，我们除了时间之外，还分别用三种不同的格式指定了时区：第一行使用的是缩写 EST，即美国的东部标准时间。

在第二行，代码使用了数值 -8 来设置时区，它代表该时区与世界标准时间——协调世界时（UTC）的时差或偏移量。UTC 的值是 +/-00:00，所以 -8 指定的时区比 UTC 晚 8 小时。在美国，当夏令时生效时，-8 是阿拉斯加时区的数值。从 11 月到 3 月初，当美国恢复到标准时间时，-8 指代的是太平洋时区。（关于 UTC 时区的地图，可以在维基百科中查询获取）。

第三行代码使用了一个地区和位置的名称来指定时区：Australia/Melbourne（澳大利亚 / 墨尔本）。这种格式使用了计算机编程中经常采用的标准时区数据库中的数值。你可以在维基百科中获取到更多关于时区数据库的信息。

在代码的第四行，脚本没有指定日期、时间和时区，而是使用了 PostgreSQL 的 now() 函数❸，从硬件中获取当前的事务处理时间（transaction time）。

运行这个脚本之后，它将产生类似以下这样的输出（不过跟这里不会完全相同）：

```
timestamp_column                    interval_column
-------------------------------     ----------------
2022-12-31 01: 00: 00-05            2 days
2022-12-31 04: 00: 00-05            1 mon
2022-12-30 09: 00: 00-05            100 years
2020-05-31 21: 31: 15.716063-05     7 days
```

尽管代码在前三行向 timestamp_column 提供了相同的日期和时间，但每行输出的结果并不相同。原因在于 pgAdmin 会根据我所在的时区报告相对的日期和时间，所以在显示的结果中，每个时间戳后面都带有一个 UTC 偏移量 -05。这个偏移量意味着当前时区的时间比 UTC 时间落后 5 小时，相当于美国东部时区在秋季和冬季的标准时间。如果你生活在别的时区，那么你可能会看到不同的偏移量，并且结果显示的时间和日期也会和这里不一样。在本书第 12 章，我们将会学习如何改变 PostgreSQL 报告这些时间戳的方式，并学习更多处理日期和时间的技巧。

最后，PostgreSQL 在 interval_column 列展示了我们输入的间隔值，并且基于展示间隔值的默认设置，把原本的 1 世纪修改成了 100 年、1 周修改成了 7 天。你可以通过阅读 PostgreSQL 文档中关于"间隔输入"的部分来了解更多和间隔值有关的选项。

在计算中使用 interval 数据类型

interval 数据类型非常有用，它能够让日期和时间数据的计算变得简单易懂。举个例子，如果你有一列，它记录了客户签订合同的日期，那么通过 interval 数据，你可以给每个签订合同的日期加上 90 天的期限，从而确定应该在何时跟客户续约。

为了观察 interval 数据类型是如何工作的，我们需要用到前面创建的 date_time_types 表，正如代码清单 4-5 所示。

```
SELECT
    timestamp_column,
    interval_column,
❶ timestamp_column - interval_column AS new_date
FROM date_time_types;
```

代码清单 4-5：使用 `interval` 数据类型

这是一个典型的 `SELECT` 语句，我们唯一要做的就是计算一个名为 `new_date` ❶ 的列，并在其中包含 `timestamp_column` 减去 `interval_column` 的结果（这种使用列进行计算的技术被称为表达式，我们将会经常用到）。对于表中的每行，代码都会使用日期减去 `interval` 数据类型所表示的时间单位，并最终产生以下结果：

```
timestamp_column                    interval_column    new_date
----------------------------        ---------------    ----------------------------
2022-12-31 01：00：00-05             2 days             2022-12-29 01：00：00-05
2022-12-31 04：00：00-05             1 mon              2022-11-30 04：00：00-05
2022-12-30 09：00：00-05             100 years          1922-12-30 09：00：00-05
2020-05-31 21：31：15.716063-05      7 days             2020-05-24 21：31：15.716063-05
```

注意，`new_date` 列默认会被格式化为 `timestamp with time zone` 类型，这样间隔值在有需要的时候就可以把它们展示为时间值或者日期了（pgAdmin 的结果网格会在列名的下面列出相应的数据类型）。再次提醒，根据你所处的时区，你看到的输出可能会跟这里展示的不一样。

了解 JSON 和 JSONB

JavaScript Object Notation（简称 JSON）是一种结构化的数据格式，用于储存数据或者在计算机系统之间进行数据交换。所有主要的编程语言都支持读写 JSON 格式的数据，这种数据通常会把信息组织成一系列键 / 值对以及值列表。下面是一个简单的例子：

```
{
  "business_name": "Old Ebbitt Grill",
  "business_type": "Restaurant",
  "employees": 300,
  "address": {
    "street": "675 15th St NW",
    "city": "Washington",
    "state": "DC",
    "zip_code": "20005"
  }
}
```

这个 JSON 片段展示了这种格式的基本结构。一个键和一个值相关联，就像这个例子中的 `business_name` 和 `Old Ebbitt Grill` 那样。此外，一个键的值还可以由其他多个键 / 值对组成，就像 `address` 展示的那样。JSON 标准制定了相应的格式化规则，比如使用冒号分隔键和值，还有使用双引号包围键名，等等。你可以使用诸如 JSONLint 这样的在线工具检查 JSON 对象的格式化是否合法。

PostgreSQL 当前为 JSON 提供了两种数据类型，它们都能保证 JSON 的合法性，并且都提供了以 JSON 格式处理数据的函数：

- `json` 储存 JSON 文本的精确拷贝
- `jsonb` 以二进制格式储存 JSON 文本

这两种类型之间也存在一些显著的差异。比如说，`jsonb` 支持索引，它可以有效地提升处理速度。

JSON 是在 2016 年进入 SQL 标准的，但早在这之前的好几年，PostgreSQL 还是 9.2 版本的时候就开始支持 JSON 了。PostgreSQL 目前实现了几个 SQL 标准中的函数，除此之外还提供了一些自己特有的 JSON 函数和操作符。稍后的第 16 章将对这两种类型以及它们相应的函数和操作符做更深入的介绍。

使用各式各样的类型

字符、数字和日期 / 时间类型通常已经能够满足大部分工作的要求。但 PostgreSQL 还提供了很多其他类型，包括但不限于以下这些：

- 储存 `true` 或 `false` 的布尔类型
- 包含点、线、圆和其他二维对象的几何类型
- 为 PostgreSQL 全文搜索引擎而设的文本搜索类型
- 网络地址类型，比如 IP 或者 MAC 地址
- 通用唯一标识符（UUID）类型，有时会被用作表中的唯一键值
- 范围类型，它能够让你指定值的范围，比如整数或者时间戳
- 储存二进制数据的类型
- 以结构化格式储存信息的 XML 数据类型

这些类型将在本书后续相关章节进行介绍。

使用 CAST 将值从一种类型转换为另一种类型

在某些情况下，你可能会想要把一个值从它的存储数据类型转换为另一种类型。举个例子，你可能会想要以字符形式获取数字，以便把它和文本结合起来。你也可能会想要把以字符形式储存的日期转换为真正的日期类型，以便按日期顺序对其进行排序，或者对其执行间隔值计算。这样的转换可以通过 CAST() 函数来完成。

CAST() 函数只有在目标数据类型能够容纳原始值的时候才会成功。将数字转换为文本是

可行的，因为字符类型本身就能够包含数字，但是想要将包含字母的文本转换成数字却是不可能的。

通过使用前面创建的包含三种数据类型的表，代码清单 4-6 列举了三个例子。前两个例子可以正常运行，但第三个例子会尝试执行无效的类型转换，以此来展示类型转换出现错误时的样子。

```
❶ SELECT timestamp_column, CAST(timestamp_column AS varchar(10))
  FROM date_time_types;

❷ SELECT numeric_column,
         CAST(numeric_column AS integer),
         CAST(numeric_column AS text)
  FROM number_data_types;

❸ SELECT CAST(char_column AS integer) FROM char_data_types;
```

代码清单 4-6：三个 CAST() 使用案例

第一个 SELECT 语句❶会以 varchar 也即是可变长度字符列的形式返回 timestamp_column 的值。在这个例子中，代码将字符的长度设置成了 10，这意味着在转换字符串的时候，只有前 10 个字符会被保留。这种做法对我们这个例子来说是挺方便的，因为这样一来就只有列的日期部分会被保留，而时间部分则会被排除。当然，还有更好的做法可以从时间戳里面移除时间部分，本书将在第 12 章的"提取 timestamp 值的组成部分"小节中对此进行介绍。

第二个 SELECT 语句❷会返回 numeric_column 三次：首先是它的原始形式，然后是它的整数形式，最后是它的文本形式。在进行整数转换的时候，PostgreSQL 会将值四舍五入为整数。但是在进行文本转换的时候则不会发生四舍五入操作。

最后的 SELECT 语句❸无法正常工作：因为文字无法转换成整数，所以它将返回一个 invalid input syntax for type integer 错误。

使用 CAST 速记法

在编写 SQL 的时候，让后来者能够读懂你的代码是非常重要的，而 CAST() 的写法能够将你的使用意图表露无遗。但除此之外，PostgreSQL 还提供了一种稍微没那么明显但是却能够节省更多空间的双冒号速记法。

这种速记法需要在列名和想要转换的数据类型之间插入两个冒号。比如说，以下两个语句都可以将 timestamp_column 转换为 varchar：

```
SELECT timestamp_column, CAST(timestamp_column AS varchar(10))
FROM date_time_types;

SELECT timestamp_column: : varchar(10)
FROM date_time_types;
```

你可以选择任意一种你想要的转换方式，但需要注意的是，双冒号速记法是 PostgreSQL 特有的实现，它不存在于其他 SQL 变种，所以这种写法是无法移植的。

小结

在阅读完本章之后，你在挖掘数据的时候就能够更好地理解数据格式之间的细微差别。你知道了在遇到以浮点数形式储存的金融数值时，应该在执行任何计算之前把它们转换为小数，也学会了如何使用正确的文本列从而避免浪费数据库空间。

下一章将继续介绍 SQL 的基础知识，并向你展示如何将外部数据导入至数据库。

实战演练

请通过完成以下练习继续探索数据类型：

1. 假设某家公司负责向当地的杂货铺运送水果和蔬菜，而你需要跟踪每个司机每天行驶的里程数，精确到 0.1 英里。如果司机在一天内的行驶里程不会超过 999 英里，那么你应该在表中使用什么数据类型来表示里程列呢？这样选择的原因是什么？

2. 在记录公司司机的表中，记录司机的名字和姓氏应该使用什么数据类型？把名字和姓氏分成两列而不是合并成一个更大的名字列，这样做的好处是什么？

3. 假设你拥有一个文本列，里面包含了格式化为日期的字符串。其中一个字符串为 '4//2021'。如果你试图把这个字符串转换为 timestamp 数据类型，会发生什么事情？

第 5 章
数据的导入与导出

目前为止，我们已经学会了如何使用 SQL 的 INSERT 语句向表中添加少量行。对于制作临时测试表或者向已有表添加少量行来说，这种逐行插入是很有用的。但是当你需要加载数百行、数千行甚至数百万行的时候，你肯定不愿意再一个接一个地编写单独的 INSERT 语句。好在我们有更好的办法可以处理这种情况。

如果你的数据储存在带有分隔符的文本里面，其中每个文本行都是一个表行，并且行中每个列的值都使用逗号或者其他字符进行分隔，那么 PostgreSQL 就可以通过 COPY 命令批量导入数据。这个命令是 PostgreSQL 特有的实现，它提供了一些选项，可以让我们包含或者排除特定列并处理不同种类的分隔符文本。

反过来说，COPY 也可以将 PostgreSQL 的表或者查询结果导出至带有分隔符的文本文件。当你需要和同事分享数据，或者需要将数据转换为诸如 Excel 文件等其他格式时，这种技术将会相当方便。

本书在第 4 章的"了解字符"一节曾经简要地介绍了 COPY 的导出用法，本章将对这个命令的导入和导出用法做更加深入的介绍。对于导入，我们将从美国年度人口普查的县级人口估算开始介绍，这是我个人最喜欢的一个数据集。

大部分导入工作可以归纳为以下三个步骤：

1. 以带有分隔符的文本文件形式提供源数据。
2. 创建储存数据的表。
3. 编写执行导入工作的 COPY 语句。

完成导入之后，我们将会检查数据，并学习更多导入和导出的相关选项。

在专有和开源的系统之间迁移数据时，最常见的文件格式就是带有分隔符的文本文件，这正是我们着重讨论这种文件类型的原因。如果你想把数据从另一个数据库程序的专有格式直接传输至 PostgreSQL，比如将 Microsoft Access 或者 MySQL 的数据传输至 PostgreSQL，那么就需要使用第三方工具。请查看 PostgreSQL 的维基网站，并搜索"从其他数据库转换至 PostgreSQL"以获取相关的工具和选项。

如果你是通过其他数据库管理器在使用 SQL，那么请查阅该数据库的文档以了解它是如何处理批量导入的。比如说，MySQL 数据库使用的就是 LOAD DATA INFILE 语句，而微软的 SQL Server 使用的则是它自有的 BULK INSERT 命令。

处理带有分隔符的文本文件

很多软件应用都以独特的格式储存数据，将这类数据格式翻译成另一种数据格式并不是一件容易的事，就像只会英文的人硬要读懂汉字一样。好在很多软件都可以导入或者导出为带分隔符的文本文件，这是一种常见的数据格式，可以作为一种中间地带。

带有分隔符的文本文件由数据行组成，每个数据行代表表中的一个行，行中的每个数据列由特定的字符分隔，或者说划定界限。我见过各式各样用作分隔符的字符，从 & 符号到管道符号（|）都有，但逗号是最常用的；因此你会经常看到被称为逗号分隔值（CSV）的文件类型。CSV 和逗号分隔在术语上是等价的。

以下是一个你可能在逗号分隔文件里面看到的典型数据行：

```
John, Doe, 123 Main St., Hyde Park, NY, 845-555-1212
```

注意，包括名字、姓氏、街道、镇、州和电话在内，数据的每个部分都被逗号隔开，没有用到任何空格。逗号会告知软件在导入或者导出时将每个项用作一个单独的列，简单直接。

处理标题行

带有分隔符的文本文件的其中一个特点就是带有标题行。顾名思义，它就是顶部或者首部的一个行，里面列出了每个数据列的名字。通常情况下，这些标题是在数据库或者电子表格导出数据时添加的。下面是一个我一直使用的带有分隔符的行示例，标题行中的每一项都与相应的列对应：

```
FIRSTNAME, LASTNAME, STREET, CITY, STATE, PHONE
John, Doe, 123 Main St., Hyde Park, NY, 845-555-1212
```

标题行有好几个作用。首先，标题行中的值标识了每一列的数据，它对于解读文件内容非常有用。其次，PostgreSQL 以外的某些数据库管理器会通过标题行将文件的列映射至导入表的正确列上。因为 PostgreSQL 不使用标题行，所以我们也不会把这种行导入至表中。为此我们需要使用 COPY 命令的 HEADER 选项来排除它们。接下来的一节将对 COPY 的所有选项进行介绍。

引用包含分隔符的列

使用逗号作为列的分隔符会导致一个潜在的问题：如果列中的值包含逗号，那该怎么办呢？举个例子，有时候人们会把公寓号码和街道地址结合起来，比如 123 Main St., Apartment 200。如果分隔系统无法把这个额外的逗号处理好，那么在导入的过程中这一行就会出现一个额外的列并导致导入失败。

为了处理这种情况，带有分隔符的文件会使用一个任意的字符来包围含有分隔符的列，这个字符被称为文本限定符。文本限定符可以作为一个信号，忽略分隔符并将文本限定符之间的所有内容看作一个单独的列。在大多数情况下，逗号分隔文件都会使用双引号作为文本限定符。下面是同样的示例数据，但是街道名称一栏使用了双引号进行包围：

```
FIRSTNAME, LASTNAME, STREET, CITY, STATE, PHONE
John, Doe, "123 Main St., Apartment 200", Hyde Park, NY, 845-555-1212
```

在导入时，数据库将把双引号包围的内容看作一列，无论其内部是否包含分隔符。在导入 CSV 文件时，PostgreSQL 默认会忽略双引号列中的分隔符，但如果你有需要的话，也可以在导入时指定一个不同的文本限定符（考虑到 IT 从业人员有时候会遇到一些奇怪的需求，你可能确实会需要采用不同的字符）。

最后，在 CSV 模式下，如果 PostgreSQL 在一个双引号列里面发现了两个连续的文本限定符，那么它会把其中一个删掉。举个例子，如果 PostgreSQL 发现了这样的数据：

```
"123 Main St."" Apartment 200"
```

那么它在导入时将把这段文本看作单独的列，只保留其中一个限定符：

```
123 Main St." Apartment 200
```

出现这种情况，意味着你的 CSV 文件可能存在格式错误，正如我们之后看到的例子所示，在导入数据之后最好再检查一下数据。

使用 COPY 导入数据

为了将外部文件中的数据导入至数据库，我们首先需要在数据库中创建一个表，并且该表的列和数据类型必须与源文件匹配。在此之后，我们只需要执行代码清单 5-1 中的三行代码，就能够用 COPY 语句完成导入工作了。

```
❶ COPY table_name
❷ FROM 'C: \YourDirectory\your_file.csv'
❸ WITH (FORMAT CSV, HEADER);
```

代码清单 5-1：使用 COPY 导入数据

上述代码块以 COPY 关键字❶开头，后面跟着目标表的名字，并且这个表必须已经存在于数据库中。你可以把这句代码看作是"将数据复制至名为 table_name 的表中"。

接下来的 FORM 关键字❷确定了源文件的完整路径，它被包围在单引号里面。指定路径的方法取决于你的操作系统。对于 Windows，它的路径将以盘符、冒号、反斜线和目录名为开始。比如，为了导入我的 Windows 桌面上的一个文件，需要用到以下 FROM 代码行：

```
FROM 'C: \Users\Anthony\Desktop\my_file.csv'
```

而在 macOS 和 Linux 上，路径则以带有正斜线的根目录为开始一路延续下去。当我想要导入位于 macOS 桌面的一个文件时，FROM 代码行可能会是这样的：

```
FROM '/Users/anthony/Desktop/my_file.csv'
```

对于书中展示的例子，我将使用 Windows 风格的路径 C: \YourDirectory\ 作为占位符。你需要将这个占位符替换为你从 GitHub 上下载的 CSV 文件的储存路径。

最后的 WITH 关键字❸可以让我们指定相应的选项，这些选项被括号包围，用于调整输入或者输出文件。在这个例子中，我们指定外部文件应该使用逗号进行分隔，并且在导入时无需包含标题行。PostgreSQL 的 SQL Commands 官方文档中关于 COPY 命令的介绍里列出了所有可选项，有时间的话可以去了解一下，而以下则是一些经常会用到的选项。

输入和输出文件的格式

FORMAT *format_name* 选项用于指定你想要读写的文件类型。其中的格式名字可以是 CSV、TEXT 或者 BINARY。除非你正在深入地构建技术系统，否则你很少需要用到 BINARY 格式，这种格式会将数据储存为字节序列。在大部分情况下，与我们打交道的都是标准的 CSV 文件。至于 TEXT 格式，它在默认情况下将使用制表符作为分隔符，你也可以指定其他字符作为分隔符，而反斜线字符则会被识别为它们的 ASCII 等价物，比如 \r 就会被识别为回车。TEXT 格式主要用于 PostgreSQL 内置的备份程序。

决定标题行的去留

在导入时，可以使用 HEADER 来说明你想要排除源文件中的标题行。数据库将从文件的第二行开始导入，这样标题中的列名就不会成为表中数据的一部分（请检查源 CSV 文件以确保这是你想要的行为，并不是每个 CSV 文件都拥有标题行！）。在导出时，可以使用 HEADER 告知数据库你想要在输出文件中包含列名作为标题行，这对于用户了解文件内容会有所帮助。

分隔符

DELIMITER '*character*' 选项可以让你在导入或者导出文件时指定某个字符作为分隔符。分隔符必须是单个字符，不能是回车。如果你使用 FORMAT CSV 格式，那么分隔符将默认为逗号。DELIMITER 选项的存在使得我们可以通过指定不同的分隔符来处理不同的数据。比如说，如果你接收到的是用管道符号分隔的数据，那么你可以使用 DELIMITER '|' 选项来处理它。

引号

前面曾经提到过，在 CSV 文件中，如果单个列的值中包含逗号，那么除非你使用一组被用作文本限定符的字符去包裹它们，否则导入进程将会被扰乱。在默认情况下，PostgreSQL 使用双引号作为文本限定符，但如果你要导入的 CSV 使用了不同的字符作为文本限定符，那么你可以使用 QUOTE '*quote_character*' 选项来指定它。

在更好地理解带有分隔符的文件之后，现在是时候开始进行实际的导入工作了。

导入县的人口普查数据

这个导入练习要处理的数据集比之前第 2 章接触过的教师表要大得多。它包含了美国每个县的人口普查估算数据，共有 3142 行，每行有 16 列（普查涉及的县还包含一些拥有其他名字的地理区域：路易斯安那州的教区，阿拉斯加的自治市镇和人口普查区域，还有一些城市，特别是弗吉尼亚州的城市）。

为了更好地了解数据，我们需要知道一些关于美国人口普查局的信息，它是一个跟踪美国人口统计数据的联邦机构。该机构最著名的项目是每 10 年对人口进行一次全面统计，最近一次统计是在 2020 年。这些数据列举了美国每个人的年龄、性别、种族和族裔，用于确定由 435 名成员组成的美国众议院中每个州的成员数量。最近几十年，得克萨斯州和佛罗里达州等增长较快的州获得了更多席位，而增长较慢的州如纽约州和俄亥俄州在众议院的代表则减少了。

我们将要使用的数据是人口普查的年度人口估算数据。这些数据以最近 10 年的人口普查数据为基准，并将出生、死亡、国内和国际移民等因素考虑在内，从而得出每年全国、各州、各县和其他地区的人口估算值。跟每年执行实际的计数相比，这是一种估算全美各地最新居住人口数量的最佳方式。在这个练习中，我将 2019 年美国人口普查县级人口估算值中的一些列（还有人口普查地理数据中的一些描述性列）编入一个名为 *us_counties_pop_est_2019.csv* 的文件。如果你完成了第 1 章 "从 GitHub 下载代码和数据" 一节中的指示，那么你的电脑里应该会有这个文件。如果没有的话，那么请现在就去下载它。

> **注意**
>
> 曾经的瓦尔迪兹 - 科尔多瓦人口普查区域在 2019 年被拆分成了阿拉斯加州两个新的人口普查区域，这一变化使得美国的县数量增加到了 3143 个，但本练习所使用的 2019 年人口估算数据并未反映这一点。

使用文本编辑器打开上述文件，你将会看到一个标题行，它包含了以下这些列：

```
state_fips, county_fips, region, state_name, county_name, --snip--
```

接下来，我们将检查创建导入表的代码并探索这些列。

创建 us_counties_pop_est_2019 表

代码清单 5-2 展示了 CREATE TABLE 脚本。在 pgAdmin 中点击我们在第 2 章创建的 analysis 数据库（最好将本书中的数据都储存在 analysis 数据库里面，以便在之后的章节中复用其中的一些数据）。从 pgAdmin 的菜单栏中选择**工具** ▶ **查询工具**。你可以直接把代码键入至查询工具中，又或者从你在 GitHub 下载的文件里面复制代码。请把脚本代码放置到查询工具窗口里面，然后运行它们。

```
CREATE TABLE us_counties_pop_est_2019 (
❶ state_fips text,
  county_fips text,
❷ region smallint,
❸ state_name text,
  county_name text,
❹ area_land bigint,
  area_water bigint,
❺ internal_point_lat numeric(10, 7),
  internal_point_lon numeric(10, 7),
❻ pop_est_2018 integer,
```

```
    pop_est_2019 integer,
    births_2019 integer,
    deaths_2019 integer,
    international_migr_2019 integer,
    domestic_migr_2019 integer,
    residual_2019 integer,
❼ CONSTRAINT counties_2019_key PRIMARY KEY (state_fips, county_fips)
);
```

代码清单 5-2：用于县级人口普查估算的 CREATE TABLE 语句

之后回到 pgAdmin 主窗口，在对象浏览器中右键点击并刷新 analysis 数据库。选择**策略 ▶ 公开 ▶ 表**以查看新创建的表。尽管该表目前还是空无一物，但你还是可以通过在 pgAdmin 的查询工具里面执行基本的 SELECT 查询来查看它的结构：

```
SELECT * FROM us_counties_pop_est_2019;
```

执行这个 SELECT 查询之后，你将在 pgAdmin 的数据输出方框中看到刚刚创建的表及其各个列。接下来，我们将通过导入数据，向这个空白表插入行。

了解人口普查列及其数据类型

在将 CSV 文件导入表之前，让我们先来看看代码清单 5-2 中选择的列和数据类型。我使用了两个官方的人口普查数据字典作为指南：一个用于估算，而另一个则用于每 10 年一次的统计，并且统计中包含地理列。我还在表格定义中为某些列取了一个更易懂的名字。尽可能地依靠数据字典是一个非常好的做法，因为它可以帮助你避免错误地配置列或者潜在的数据丢失。一定要想方设法获取这样的字典，如果数据是公开的，那么请进行相应的在线搜索。

在这组人口普查数据，还有你刚刚创建的表中，每一行都显示了一个县的人口估算值以及每年产生变化的部分：出生、死亡和迁移。前两列是该县的 state_fips ❶ 和 county_fips，它们是这些实体的标准联邦代码。我们之所以使用文本表示这两列，是因为这些代码可能包含前置的零，如果我们将这些值储存为整数，那么这些零可能会丢失。比如说，阿拉斯加的 state_fips 是 02，但如果我们使用整数类型储存这个数字，那么在导入时它前置的 0 将会被剥离，只剩下 2，这并不是该州的正确代码。此外，我们不需要对这个值做任何数学运算，所以不需要用到整数。区分代号和数字一直是非常重要的，这些州和县的值实际上是标签，而不是用于数学计算的数字。

region ❷ 使用数字 1 ~ 4 来表示一个县在美国的一般位置：东北部、中西部、南部或者西部。因为用到的数字不会超过 4，所以这一列被定义为 smallint 类型。至于 state_name ❸ 和 county_name 两列则分别包含了州和县的完整名称，它们以文本形式储存。

县的土地面积和水体面积分别记录在 area_land ❹ 和 area_water 中，两者相加则构成了县的总面积。在类似阿拉斯加这样拥有大量土地和积雪的地方，它们的某些数值很可能会超过 integer 类型的最大值 2147483647。考虑到这一点，我们使用了 bigint 类型，这种类型即使是在处理育空 - 科尤库克人口普查区 377038836685 平方米的土地时也是绰绰有余的。

接近县中心位置的地方被称为内部点，它们的纬度和经度分别通过 `internal_point_lat` 和 `internal_point_lon` ❺指定。人口普查局和很多地图系统一样，都使用十进制度数系统表示经纬度坐标。纬度代表地球上的南北位置，赤道为 0°，北极为 90°，南极为 -90°。

经度代表东西方向的位置，其中经过伦敦格林尼治的本初子午线的经度为 0°。从那里开始，经度向东西两个方向增长（正数向东而负数则向西），直到它们在地球另一侧 180° 处相遇。那个位置也被称为对角线，它是国际日期变更线的基础。

人口普查局在报告内部点时最多使用 7 位小数。对于小数点左边不会超过 180 的这个值，我们总共最多需要核算 10 位数字。因此我们将使用精度为 10 而刻度为 7 的 `numeric` 类型。

注意

> PostgreSQL 可以通过 PostGIS 扩展储存几何数据，这种数据可以在单个列中包含代表纬度和经度的点。本书将在第 15 章的地理查询中探讨几何数据。

接下来，我们会看到一连串的列❻，它们包含了该县的人口估算值以及各个产生变化的部分。表 5-1 列出了这些列的定义。

表 5-1 人口普查人口估算列

列名	描述
pop_est_2018	2018 年 7 月 1 日的估算人口
pop_est_2019	2019 年 7 月 1 日的估算人口
births_2019	2018 年 7 月 1 日至 2019 年 6 月 30 日的出生人数
deaths_2019	2018 年 7 月 1 日至 2019 年 6 月 30 日的死亡人数
international_migr_2019	2018 年 7 月 1 日至 2019 年 6 月 30 日的净国际移民人数
domestic_migr_2019	2018 年 7 月 1 日到 2019 年 6 月 30 日的国内净移民人数
residual_2019	用于调整估算值以保持一致的数字

最后，`CREATE TABLE` 语句以 `CONSTRAINT` 子句❼结束，该子句指定 `state_fips` 和 `county_fips` 作为该表的主键。这意味着这些列的组合对于该表中的每一条记录都是唯一的，这个概念我们将在第 8 章中进行更广泛的讨论。现在，让我们先来执行导入操作。

使用 COPY 导入人口普查数据

我们已经完成将人口普查数据导入表前的所有准备，接下来要做的就是运行代码清单 5-3 中的代码（别忘了把里面的路径修改成数据在你电脑上的位置）：

```
COPY us_counties_pop_est_2019
FROM 'C:\YourDirectory\us_counties_pop_est_2019.csv'
WITH (FORMAT CSV, HEADER);
```

代码清单 5-3：使用 COPY 导入人口普查数据

代码执行完毕之后，你应该会在 pgAdmin 中看到以下信息：

```
COPY 3142
Query returned successfully in 75 msec.
```

这是一条好消息：它表明被导入的行数量跟 CSV 的行数量一致。如果你给定的源 CSV 或者导入语句出了问题，那么数据库将抛出一个错误。举个例子，如果 CSV 中某一行的列数量多于目标表中的列数量，那么你将在 pgAdmin 的数据输出方框看到一条错误信息，提示你错误的修复方法：

```
ERROR: extra data after last expected column
Context: COPY us_counties_pop_est_2019, line 2: "01, 001, 3, Alabama, ..."
```

另一方面，即使数据库没有报告错误，我们也应该目视检查一下刚刚导入的数据，从而确保一切符合预期。

检查导入的数据

首先，使用一个 SELECT 查询来获取所有列和行：

```
SELECT * FROM us_counties_pop_est_2019;
```

如果一切正常，那么 pgAdmin 应该会打印出 3142 行，并且当你在结果集中左右滚动的时候，每一列都应该拥有预期的值。让我们来回顾一下其中的某些行，毕竟当初为了给它们定义合适的数据类型可是费了我们不少工夫。举个例子，运行接下来的查询将展示拥有最大 area_land 值的一些县。查询中用到的 LIMIT 子句将限制查询返回的行数量，在这个例子中，查询最多只会返回三个行：

```
SELECT county_name, state_name, area_land
FROM us_counties_pop_est_2019
ORDER BY area_land DESC
LIMIT 3;
```

这个查询会以平方米为单位，将县级别的地理区域按面积从大到小排序。如前所述，由于该字段的最大值超过了普通 integer 类型提供的最大值，所以 area_land 被定义成了 bigint 类型。正如我们所料，广袤的阿拉斯加地理区域出现在了结果的前列：

```
county_name                    state_name    area_land
------------------------        ----------    ------------
Yukon-Koyukuk Census Area       Alaska        377038836685
North Slope Borough             Alaska        230054247231
Bethel Census Area              Alaska        105232821617
```

接下来，让我们检查一下使用 numeric(10，7) 定义的纬度列和经度列，也就是 internal_point_lat 列和 internal_point_lon 列。这段代码将按经度从大到小排序各县，并且使用 LIMIT 子句检索前 5 行：

```
SELECT county_name, state_name, internal_point_lat, internal_point_lon
FROM us_counties_pop_est_2019
ORDER BY internal_point_lon DESC
LIMIT 5;
```

经度衡量的是自东向西的位置，其中英国本初子午线以西的位置用负数表示，从 -1、-2、-3 开始，以此类推，越往西越远。因为代码使用了降序排序，所以美国最东边的县将出现在查询结果的最前面。这个结果最令人出乎意料的，可能就是孤单的阿拉斯加地区出现在了顶部：

county_name	state_name	internal_point_lat	internal_point_lon
Aleutians West Census Area	Alaska	51.9489640	179.6211882
Washington County	Maine	44.9670088	-67.6093542
Hancock County	Maine	44.5649063	-68.3707034
Aroostook County	Maine	46.7091929	-68.6124095
Penobscot County	Maine	45.4092843	-68.6666160

原因是这样的：阿拉斯加的阿留申群岛向西延伸得很远（它们的位置比夏威夷更西），以至于在 180° 经度上穿过了对角线。不过好在这并不是数据错误，而是一个事实，你可以把这个小知识点记下来，留待以后在团队小知识竞赛时使用。

恭喜！现在你的数据库拥有了一套合法的政府人口数据。我们将在本章后面用它来演示如何用 COPY 导出数据，并在第 6 章使用它学习数学函数。不过在学习如何导出数据之前，让我们先来研究一些相关的导入技术。

使用 COPY 导入部分列

即使 CSV 文件没有包含目标数据库表的所有列，我们仍然可以通过指定数据中存在的列来导入现有的数据。考虑这样一种场景：你正在研究你所在州所有镇主管的薪资，以便按地域分析政府的支出趋势。为此，你首先需要使用代码清单 5-4 中的代码，创建一个名为 supervisor_salaries 的表。

```
CREATE TABLE supervisor_salaries (
    id integer GENERATED ALWAYS AS IDENTITY PRIMARY KEY,
    town text,
    county text,
    supervisor text,
```

```
    start_date date,
    salary numeric(10, 2),
    benefits numeric(10, 2)
);
```

代码清单 5-4：*创建表以追踪主管的薪资*

这段代码创建了一个包含多个列的表，其中包括自动递增的、作为主键的 id 列，还有镇名、县名和主管名称，这些主管开始履职的日期以及他们的薪资和福利。但是当你尝试跟县的第一书记联系的时候，他却说自己只有镇名、主管名称和薪资这三项信息，而其余信息则需要从其他地方获取。你只好请他将现有的数据都放到 CSV 文件里面，而自己则尽可能地导入这些数据。

本书已经包含了一个类似的 CSV 样本，名为 *supervisor_salaries.csv*，你可以在本书的资源网站下载它。如果你使用文本编辑器查看该文件，那么你应该会在顶部看到以下这两行文字：

```
town, supervisor, salary
Anytown, Jones, 67000
```

我们可以尝试用基本的 COPY 语法导入它：

```
COPY supervisor_salaries
FROM 'C:\YourDirectory\supervisor_salaries.csv'
WITH (FORMAT CSV, HEADER);
```

但这样做只会让 PostgreSQL 向我们返回一个错误：

```
ERROR: invalid input syntax for type integer: "Anytown"
Context: COPY supervisor_salaries, line 2, column id: "Anytown"
SQL state: 22P04
```

问题在于表的第一列是自动递增的 id，但被导入的 CSV 文件却是以文本列 town 为开始。退一步来说，即使 CSV 文件的第一列是整数，GENERATED ALWAYS AS IDENTITY 关键字也会阻止我们为 id 列赋值。为了解决这个问题，我们需要像代码清单 5-5 那样，向数据库告知 CSV 中存在表的哪些列。

```
COPY supervisor_salaries ❶ (town, supervisor, salary)
FROM 'C:\YourDirectory\supervisor_salaries.csv'
WITH (FORMAT CSV, HEADER);
```

代码清单 5-5：*将 CSV 中薪资等相关数据导入至表的三个列中*

通过在表名之后用括号❶指出业已存在的三个列，我们告知 PostgreSQL，在读取 CSV 的时候，只需要查找填充这三个列的数据即可。现在，如果我们再次获取表的前几行，那么就会看到这些列已经被填充了适当的值：

```
id     town         county      supervisor     start_date      salary        benefits
--     -------      ------      ----------     ----------      ---------     --------
1      Anytown                  Jones                          67000.00
2      Bumblyburg               Larry                          74999.00
```

使用 COPY 导入部分行

PostgreSQL 从 12 版开始，允许在 COPY 语句中通过添加 WHERE 子句来过滤从 CSV 导入至表的行。我们可以通过主管薪资数据来演示这一操作。

首先，我们需要通过 DELETE 查询，将前面导入到 supervisor_salaries 表的所有数据全部删除。

```
DELETE FROM supervisor_salaries;
```

上述操作将从表中移除所有数据，但是不会重置 id 列的 IDENTITY 列序列（column sequence）。本书第 8 章在讨论表设计的时候将会介绍如何做到这一点。在删除操作完成之后，请运行代码清单 5-6 中的 COPY 语句，这条语句添加了一个 WHERE 子句用于过滤被导入的CSV 行：仅在一个行的 town 列与 New Brillig 相匹配时，它才会被导入。

```
COPY supervisor_salaries (town, supervisor, salary)
FROM 'C: \YourDirectory\supervisor_salaries.csv'
WITH (FORMAT CSV, HEADER)
WHERE town = 'New Brillig';
```

代码清单 5-6：使用 WHERE 导入部分行

之后，执行 SELECT * FROM supervisor_salaries; 以观察表当前包含的内容。我们应该只会看到以下这一行：

```
id     town          county supervisor start_date    salary        benefits
--     ----------   ------ ---------- ----------   ---------     --------
10 New Brillig             Carroll                  102690.00
```

这种只导入部分行的做法使用起来非常方便。下面，让我们来了解一下，如何使用临时表在导入过程中进行更多数据处理。

在导入过程中向列添加值

如果你导入的 CSV 文件缺少县的名字，但你却知道该列的值实际上为 "Mills"，这时你该怎么办呢？改变导入操作使其包含县名的其中一种方法，就是先将 CSV 导入至临时表，然后修改临时表中的数据，最后再将修改后的数据导入至 supervisors_salary 表。临时表只会在数据库会话期间存在——每当我们重新打开数据库又或者断开数据库连接时，它就会消失。由于这种特性，临时表非常适合在处理流程中对数据进行中间操作。

请再次使用 DELETE 查询清空之前导入至 supervisor_salaries 表的数据。清理操作完成之后，运行代码清单 5-7 中的代码，它会创建一个临时表并将 CSV 导入其中。之后，我们将从临时表中查询数据，并将县名以及其他数据一并插入至 supervisor_salaries 表中。

```
❶CREATE TEMPORARY TABLE supervisor_salaries_temp
 (LIKE supervisor_salaries INCLUDING ALL);

❷COPY supervisor_salaries_temp (town, supervisor, salary)
 FROM 'C:\YourDirectory\supervisor_salaries.csv'
 WITH (FORMAT CSV, HEADER);

❸INSERT INTO supervisor_salaries (town, county, supervisor, salary)
 SELECT town, 'Mills', supervisor, salary
 FROM supervisor_salaries_temp;

❹DROP TABLE supervisor_salaries_temp;
```

代码清单 5-7：在导入过程中使用临时表为某个列添加默认值

这个脚本执行了四个任务。首先，通过将原始表 supervisor_salaries 的名字传递给 LIKE 关键字作为参数，在 supervisor_salaries 表的基础上创建了一个名为 supervisor_salaries_temp ❶ 的临时表。至于 INCLUDING ALL 关键字则告知 PostgreSQL 不仅要复制表的行和列，还要复制索引和 IDENTITY 设置等组件。然后再使用我们现已熟知的 COPY 语法，将 *supervisor_salaries.csv* 文件 ❷ 导入至临时表中。

之后，脚本使用了 INSERT 语句 ❸ 来填充薪资表。这个查询指定被单引号包围的字符串 Mills 作为第二列的值，而不是作为列名，至于其他列的数据则通过使用 SELECT 查找临时表来获取。

最后，在导入操作完成之后，脚本使用 DROP TABLE 删除临时表 ❹。临时表在 PostgreSQL 连接断开时也会自动消失，现在删除它主要是为了之后可能出现的同类导入提供崭新的临时表。

上述脚本执行完毕之后，我们可以运行 SELECT 语句来获取表的前几个行以观察脚本产生的效果：

```
id    town         county    supervisor    start_date    salary      benefits
--    ------       -------    ----------    ----------    --------    --------
11    Anytown      Mills      Jones                       67000.00
12    Bumblyburg   Mills      Larry                       74999.00
```

可以看到，county 字段现在已经填充了值，尽管该值并不存在于源 CSV 中。虽然这次导入看上去并不轻松，但它却揭示了如何在数据处理过程中通过多个步骤来获得期望的结果，因此它是相当具有教育意义的，并且这个临时表演示也足以说明 SQL 在控制数据处理方面的灵活性。

使用 COPY 导出数据

在使用 COPY 导出数据的时候，我们不再使用 FROM 指示源数据，而是使用 TO 指示输出文件的路径和名字，并且导出的数据量也是可以控制的：可以是整个表，也可以是寥寥几列，或者是某个查询的结果。

让我们来看看儿个简单的例子。

导出所有数据

最简单的导出方式就是将表中的所有数据都发送至一个文件。稍早之前，我们创建了 us_counties_pop_est_2019 表，它拥有 16 列和 3142 行的人口普查数据，而代码清单 5-8 中的 SQL 语句则把该表中的所有数据都导出至名为 *us_counties_export.txt* 的文本文件中。为了展示灵活多变的输出可选项，代码通过 WITH 关键字告知 PostgreSQL 需要将标题行包含在输出之内，并且使用管道符号而不是逗号作为分隔符。这里使用 *.txt* 作为文件的扩展名有两个原因：首先，这表明我们可以使用除 *.csv* 以外的其他名字作为文件的扩展名；其次，因为这个文件使用管道符号而不是逗号作为分隔符，所以我想避免将文件称为 *.csv*，除非它真的使用逗号作为分隔符。

别忘了将代码中的输出目录改为你实际的保存位置。

```
COPY us_counties_pop_est_2019
TO 'C:\YourDirectory\us_counties_export.txt'
WITH (FORMAT CSV, HEADER, DELIMITER '|');
```

代码清单 5-8：使用 COPY 导出整个表

使用文本编辑器打开被导出的文件，我们将看到以下格式的数据（此处展示的是截断后的结果）：

```
state_fips|county_fips|region|state_name|county_name| --snip--
01|001|3|Alabama|Autauga County --snip--
```

这个文件包含一个由列名组成的标题行，并且所有列都用管道符号隔开。

导出特定列

有时候我们并不需要或者并不想要导出所有数据：数据中可能包含敏感信息，比如社会安全号码或者出生日期，需要保护隐私。具体来说，以人口普查数据为例，一个制图程序可能只需要县名和地理坐标就可以绘制出县的位置。正如代码清单 5-9 所示，如果我们只想要导出三个列，那么只需要在表名后面的括号中列出它们即可。当然，你必须准确地输入数据中出现的列名，这样 PostgreSQL 才能够识别它们。

```
COPY us_counties_pop_est_2019
    (county_name, internal_point_lat, internal_point_lon)
TO 'C: \YourDirectory\us_counties_latlon_export.txt'
WITH (FORMAT CSV, HEADER, DELIMITER '|');
```

代码清单 5-9：使用 COPY 导出表中的指定列

导出查询结果

除了上面展示的两种导出之外，我们还可以通过在 COPY 中使用查询来微调导出结果。通过使用第 3 章 "同时使用 WHERE 和 LIKE/ILIKE" 小节中介绍的不区分大小写的 ILIKE 和 % 通配符，代码清单 5-10 导出了名称中包含 mill 的县以及该县所属的州，无论这些县名的大小写情况如何。另外需要注意的是，因为这个例子没有在 WITH 子句中使用 DELIMITER 关键字，所以导出结果将是默认的逗号分隔值。

```
COPY (
    SELECT county_name, state_name
    FROM us_counties_pop_est_2019
    WHERE county_name ILIKE '%mill%'
    )
TO 'C: \YourDirectory\us_counties_mill_export.csv'
WITH (FORMAT CSV, HEADER);
```

代码清单 5-10：使用 COPY 导出查询结果

运行上述代码之后，它将输出一个包含 9 行的文件，其中包含了 Miller、Roger Mills 和 Vermillion 等县名：

```
county_name, state_name
Miller County, Arkansas
Miller County, Georgia
Vermillion County, Indiana
--snip--
```

使用 pgAdmin 进行导入和导出

SQL 的 COPY 命令有时候无法处理某些导入和导出。在连接远程电脑的 PostgreSQL 实例时，通常就会出现这种情况，其中一个例子就是连接亚马逊网络服务（AWS）等云计算环境中的机器。在那种环境下，PostgreSQL 只会寻找位于远程机器中的文件和文件路径，但是却无法在本地计算机中查找文件。为了使用 COPY，你需要把本地数据转移至远程服务器，但你可能并没有这样做的权利。

解决这个问题的一个变通的方法，就是使用 pgAdmin 内建的导入 / 导出向导。首先，在 pgAdmin 左侧垂直方框的对象浏览器中，通过选择**数据库（Databases）** ▸ analysis ▸ **模式（Schemas）** ▸ **表（Tables）**，找到你在 analysis 数据库中的表。

接下来，右键点击你想要导入或者导出的表，并选择**导入 / 导出（Import/Export）**。之后会出现一个如图 5-1 所示的对话框，让你选择如何对表实施导入或导出。

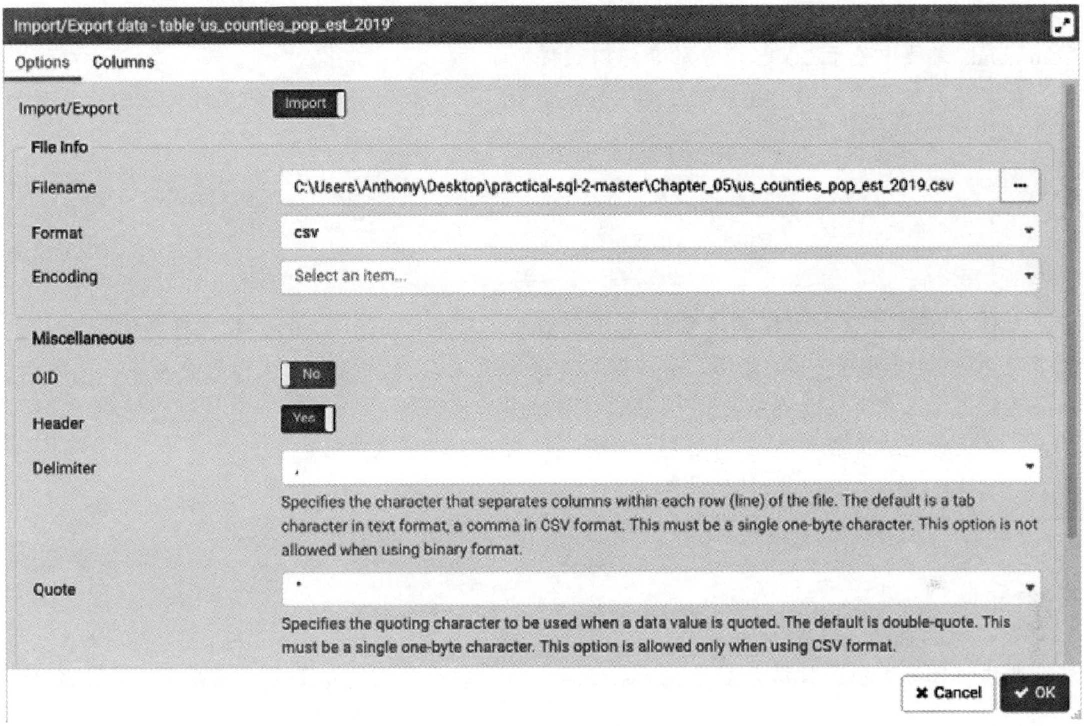

图 5-1　pgAdmin 的导入 / 导出对话框

为了执行导入操作，我们需要将导入 / 导出滑块移动至**导入（Import）**。首先，点击**文件名（Filename）**框体右边的三个小点，找到你的 CSV 文件。然后，从格式（Format）下拉列表中选择 **csv**。再然后，根据需要调整标题、分隔符、引号和其他选项。最后点击**确定（OK）**，导入数据。

如果要执行的是导出操作，那么请使用相同的对话框并遵循类似的步骤。

本书第 18 章在讨论通过计算机命令行使用 PostgreSQL 的时候，我们将探索另一种方法来完成导入和导出任务，其中将用到 psql 工具以及它的 \copy 命令。pgAdmin 的导入 / 导出向导实际上就在后台使用 \copy，只是为其提供了一个更友好的界面。

小结

现在你已经学会了如何将外部数据引入数据库，可以开始挖掘各式各样的数据集：无论是成千上万的公开数据集，还是与你职业或研究相关的数据。很多数据都以 CSV 格式或者易于转换为 CSV 的格式提供。你还可以寻找数据字典来帮助你理解数据，并为每个字段选择正确的数据类型。

作为本章练习的一部分，我们导入的人口普查数据将在下一章探讨 SQL 的数学函数时发挥重要作用。

实战演练

你可以通过以下练习继续探索数据的导入和导出。别忘了查阅 PostgreSQL 的 SQL Commands 文档中关于 COPY 命令的介绍以获得提示。

1. 请编写一个带有 WITH 关键字的 COPY 语句，用于导入一个假想的文件，它的前几行为以下形式：

```
id: movie: actor
50: #Mission: Impossible#: Tom Cruise
```

2. 使用你在本章中创建并填充的 us_counties_pop_est_2019 表，将美国出生人口最多的 20 个县导出至 CSV 文件。请确保只有每个县的名称、州和出生人数会被导出（提示：每个县的出生人数都汇总在 births_2019 一栏中）。

3. 假设你现在正在导入一个文件，其中一列包含了以下这些值：

```
17519.668
20084.461
18976.335
```

在你的目标表中，数据类型为 numeric(3, 8) 的列对这些值是否有效？原因是什么？

第 6 章
使用 SQL 实现基本的算术和统计

如果你的数据包含我们在第 4 章中探讨过的任何一种数字数据类型——比如整数、小数或者浮点数，那么你迟早需要在分析里面包含某些计算。你可能想要知道同一列中所有美元数值的平均数，又或者将每行中两列的值相加以得出总和。SQL 不仅可以完成上述计算，而且从处理基本算术到完成高级统计它都不在话下。

本章将从基础算术开始，逐渐过渡至数学函数和入门统计。此外本章还会讨论与百分比以及百分比变化相关的计算。本章中出现的某些练习将会用到第 5 章中导入的 2019 年美国人口普查估算数据。

了解数学运算符和函数

为了避免你因为时间久远而忘记过去学习过的某些知识，我们将从小学时学习的基础数学知识开始。表 6-1 展示了我们在计算中经常会用到的九个数学运算符。其中前四个（加减乘除）是 ANSI SQL 标准的一部分，所有数据库系统都实现了它们，而表中的其他运算符则是 PostgreSQL 特有的，不过很多别的数据库管理器同样也实现了执行这些运算的函数或者操作符。比如取模运算符（%）在 Microsoft SQL Server、MySQL 和 PostgreSQL 上都是可用的。如果你使用的是其他数据库系统，那么请参考其自身的文档。

表 6-1　基本数学运算符

运算符	作用描述
+	加法
−	减法
*	乘法
/	除法（只返回商，不返回余数）
%	取模（只返回余数）

运算符	作用描述
^	指数
|/	平方根
||/	立方根
!	阶乘

为了了解表 6-1 列出的各个运算符，我们将对普通的数字执行简单的 SQL 查询，而不是对表或者其他数据库对象进行操作。你可以在 pgAdmin 的查询工具中分别键入语句，然后逐一执行，又或者从本书的资源库中复制本章的代码，然后通过高亮每一行来分别执行它们。

了解数学和数据类型

在实践这些例子的过程中，请注意每个计算结果的数据类型，它们会在 pgAdmin 结果网格中每一列的名称下面出现。计算返回的类型将根据操作符和输入数字的数据类型而变化。当我们在两个数字之间使用加减乘除运算符时，返回的数据类型将遵循以下模式：

- 两个 integer 输入将返回一个 integer 结果。
- 如果运算中的一方或者双方都是 numeric，那么返回一个 numeric。
- 任何涉及浮点数的运算都将返回一个 double precision 类型的浮点数。

然而根和阶乘函数的情况则有所不同。这些函数都只接受一个数字作为输入，并将其用在操作符的前面或者后面，然后返回 numeric 或者浮点类型作为结果，即便输入是一个 integer。

有些时候，运算符返回的计算结果正好就是你需要的类型；但是在别的情况下，比如你需要将结果传递给只接受某种特定类型的函数时，你可能就需要像第 4 章 "使用 CAST 将值从一种类型转换为另一种类型" 一节中提到的那样，通过 CAST 改变数据的类型。本书在遇到这种情况时将作出相应的提醒。

> **注意**
>
> PostgreSQL 在一个名为 pg_operator 的表中定义了操作符接受的参数、它们调用的内部函数以及它们返回的数据类型。比如 + 运算符就分别进行了多次定义，以便接受 integer 和 numeric 等多种数据类型。

加法、减法和乘法

让我们首先从简单的整数加法、减法和乘法开始。代码清单 6-1 展示了三个例子，其中每个 SELECT 关键字后面都跟着一个数学公式。从第 3 章开始，我们使用 SELECT 通常是为了从表中检索数据。但是在 PostgreSQL、Microsoft SQL Server、MySQL 以及某些别的数据库管理系统中，你可以像这里一样省略表名，只执行一些简单的数学或者字符串操作符。为了方便阅读，最好在数学运算符的前面和后面都放置一个空格，尽管这些空格对于代码的运行并非必要，但这却是一种很好的实践。

```
❶ SELECT 2 + 2;
❷ SELECT 9 - 1;
❸ SELECT 3 * 4;
```

代码清单 6-1：使用 SQL 实现基本的加法、减法和乘法

上面展示的这些语句都非常简单，所以你应该不会对 SELECT 2 + 2; 这个语句❶在查询工具中返回结果 4 感到惊讶。与此类似，减法❷和乘法❸的例子将分别返回预期中的结果：8 和 12。正如其他查询结果一样，数学运算符的结果也会以列的形式显示。但由于这些操作并未实际地查询某个表的某一列，所以结果列的名字将被标记为 ?column?，以此来表示一个未知的列。

```
?column?
--------
   4
```

我们没有修改表中的任何数据，只是打印了一个计算结果。如果你想为列指定一个名字，那么可以通过提供别名来完成，就像这样：SELECT 3 * 4 AS result; 。

执行除法和取模

由于整数数学和小数数学之间的差异，使用 SQL 执行除法会比之前介绍过的其他运算更复杂一些。再加上在除法运算中只返回余数的取模操作符，情况可能会变得更让人困惑。为了厘清这些操作之间的细微差别，代码清单 6-2 展示了四个例子。

```
❶ SELECT 11 / 6;
❷ SELECT 11 % 6;
❸ SELECT 11.0 / 6;
❹ SELECT CAST(11 AS numeric(3, 1)) / 6;
```

代码清单 6-2：使用 SQL 实现整数和小数的除法

在语句❶中，/ 操作符将整数 11 除以另一个整数 6。只要稍微思考一下，我们就会知道这个计算的答案是 1，而余数则为 5。但是由于 SQL 处理整数之间的除法时只会返回整数商而不返回任何余数，所以实际执行这个语句只会得到结果 1。如果你想要获取整数的余数，就需要像语句❷那样，使用取模运算符 %。这一语句只会返回余数，在这个例子中也就是 5。直到今天，仍然没有任何操作可以同时提供整数的商和余数，但未来可能会出现有进取心的开发者为我们实现这个功能。

取模不仅仅可以用于获取余数，它还可以用作测试条件。比如说，你可以通过将一个数与 2 取模来测试它是否为偶数。如果结果为 0，没有余数，那么它就是偶数。

有两种方法可以将两个数相除并让其返回 numeric 类型的结果。首先，如果其中一个或者两个数字都是 numeric，那么结果默认也会被解释为 numeric。这就是 11.0 除以 6 时出现的情况❸，执行这一查询将得到结果 1.83333（根据你的 PostgreSQL 和系统设置，小数的位数可能会有所不同）。

其次，如果你正在处理的都是储存为整数的数据，并且你想要让它们强制执行小数除法，那么你可以像语句❹那样，使用 CAST 把其中一个整数转换为 numeric 类型。执行该语句也会得到结果 1.83333。

计算指数、根和阶乘

除了基本的数学运算之外，PostgreSQL 风格的 SQL 还提供了计算平方、次方、基于底数的指数、阶乘以及查找根的运算符和函数。代码清单 6-3 展示了这些运算符的使用示例。

```
❶ SELECT 3 ^ 4;
❷ SELECT |/ 10;
  SELECT sqrt(10);
❸ SELECT ||/ 10;
❹ SELECT factorial(4);
  SELECT 4 !;
```

代码清单 6-3：使用 SQL 计算指数、根和阶乘

取幂运算符（^）可以将给定的底数提升为指数，在语句❶中，3 ^ 4（也就是我们常说的求 3 的 4 次方）的结果为 81。

查找平方根的工作可以通过使用 |/ 操作符或者 sqrt(n) 函数这两种方式完成❷，至于查找次方根则需要用到 ||/ 操作符❸。由于这类操作符需要放置在单个值的前面，所以我们把它们称为前缀操作符。

为了计算一个数的阶乘，我们需要用到 factorial(n) 函数或者 ! 操作符。其中 ! 只在 PostgreSQL 13 或以前的版本中可用，它是一个后置操作符，需要放置在单个值的后面。阶乘在数学上有很多用处，最常见的一种可能就是确定给定数量的物品有多少种排列方式。举个例子，如果你有 4 张照片，那么有多少种方式可以将它们排列在墙上？为了找出答案，你在计算阶乘的时候，需要将物品的数量乘以所有比它小的正整数。因此，对于语句❹，执行函数 factorial(4) 相当于计算 4×3×2×1，而结果 24 则说明了 4 张照片可能存在的排列方式——怪不得我们要花那么多时间来装饰房间了！

再次申明，这些操作符是 PostgreSQL 特有的：它们并不属于 SQL 标准。如果你使用的是其他数据库应用程序，那么请查看其文档以了解它们如何实现这些操作。

注意操作的顺序

你可能还记得，在早期的数学课上，数学表达式的运算顺序或是运算符的优先级。那么 SQL 是根据什么来决定计算的先后顺序呢？一个并不让人吃惊的答案是，SQL 遵循既定的数学标准。对于目前讨论过的 PostgreSQL 操作符，它们的顺序是：

1. 指数和根
2. 乘法、除法、取模
3. 加法和减法

基于以上规则，如果你想要以不同的顺序进行计算，那么就需要用小括号把操作包裹起来。比如说，以下两个表达式将产生不同的结果：

```
SELECT 7 + 8 * 9;
SELECT (7 + 8) * 9;
```

因为乘法操作具有更高的优先级，它会在加法操作执行之前计算，所以第一个表达式将返回79；而第二个表达式则由于括号使得加法运算必须首先被执行，所以它将返回135。

以下是另一个使用指数的例子：

```
SELECT 3 ^ 3 - 1;
SELECT 3 ^ (3 - 1);
```

因为指数运算优先于减法运算，所以在没有括号的情况下，整个表达式将从左往右求值：首先计算3的3次幂，然后再减去1，得出结果26。然而在第二个例子中，括号迫使减法运算优先执行，所以这个表达式的结果为9，也就是3的2次幂。

一定要把操作符的优先级牢牢记住，这样你在以后的分析中才不会犯错！

对人口普查表中的列进行数学运算

接下来，我们将对第5章导入的2019年美国人口普查人口估算表 us_counties_pop_est_2019 进行挖掘，尝试在真实数据中使用最常用的SQL数学运算符。这些查询不需要我们提供具体数字，只需要指定包含数字的列即可。当查询执行时，计算将在表的每一行上进行。

为了唤醒我们对上述数据的记忆，请执行代码清单6-4的脚本。这段代码应该会返回3142行，其中展示了美国每个县的名称及其所属的州，还有各县在2019年出现人口变化的各个部分：出生、死亡、国际移民和国内移民等。

```
SELECT county_name AS❶ county,
       state_name AS state,
       pop_est_2019 AS pop,
       births_2019 AS births,
       deaths_2019 AS deaths,
       international_migr_2019 AS int_migr,
       domestic_migr_2019 AS dom_migr,
       residual_2019 AS residual
FROM us_counties_pop_est_2019;
```

代码清单6-4：使用别名获取人口普查人口估算列

这个查询并没有返回表中的所有列，只是返回了跟人口估算有关的数据。因为这个查询中的所有数据都来自2019年，所以我使用 AS 关键字❶在结果集中为每个列都设置了一个较短的列名，去掉了它们的年份，以此来减少 pgAdmin 输出结果时可能需要的屏幕滚动。你也可以根据自己的需求对此进行相应的调整。

对列执行加法或减法

现在，让我们尝试用其中的两列进行简单的计算。代码清单 6-5 将每个县的出生人数减去死亡人数，以此来测算人口普查中的自然增长。让我们来看看这会得到一个怎样的结果。

```
SELECT county_name AS county,
       state_name AS state,
       births_2019 AS births,
       deaths_2019 AS deaths,
    ❶ births_2019 - deaths_2019 AS natural_increase
FROM us_counties_pop_est_2019
ORDER BY state_name, county_name;
```

代码清单 6-5：对 `us_counties_pop_est_2019` 中的两个列执行减法

这个 SELECT 语句将把 `births_2019 - deaths_2019` ❶看作一列来进行计算。如前所述，这段代码也使用了 AS 关键字为该列提供更易读的别名。如果我们不这样做的话，那么 PostgreSQL 就会使用无意义的 `?column?` 作为该列的名字。

运行查询以获取结果，前面的几行应该会产生以下输出：

```
 county          state     births        deaths natural_increase
--------------   -------   ------        ------ ----------------
Autauga County   Alabama      624           541               83
Baldwin County   Alabama     2304          2326              -22
Barbour County   Alabama      256           312              -56
Bibb County      Alabama      240           252              -12
```

你可以用计算器或者纸笔快速检查一下，确认自然增长一栏等于两栏相减之差，这是非常值得一做的！当你滚动浏览输出结果的时候，你可能会注意到有些县的出生人数多于死亡人数，而有些县则相反。通常情况下，居民较为年轻的县，出生人数会超过死亡人数；而那些老龄人口较多的县，比如农村地区和退休热点地区，死亡人数往往会多于出生人数。

现在，让我们在上述基础上进行数据测试，并验证被导入的列是否正确。正如代码清单 6-6 所示，2019 年的人口估算值应该等于 2018 年的估算值加上出生、死亡、移民和剩余因子这四个列的总和。

```
   SELECT county_name AS county,
          state_name AS state,
       ❶ pop_est_2019 AS pop,
       ❷ pop_est_2018 + births_2019 - deaths_2019 +
          international_migr_2019 + domestic_migr_2019 +
          residual_2019 AS components_total,
            ❸ pop_est_2019 - (pop_est_2018 + births_2019 - deaths_2019 +
   international_migr_2019 +
   domestic_migr_2019 + residual_2019) AS difference
      FROM us_counties_pop_est_2019
   ❹ ORDER BY difference DESC;
```

代码清单 6-6：检查人口普查数据的总数

这个查询包含了 2019 年的人口估算值❶，后面还跟着由各个部分以及 2018 年人口估算值相加而成的 component_total ❷。如果一切正常，那么 2018 年的估算值加上各个部分的总和应该就等于 2019 年的估算值。为了验证这一点，我们还增加了一个名为 difference 的列，该列使用 2019 年的估算值减去各个部分的总和❸。如果所有数据都准确无误，那么所有行 difference 列的值应该都为零。最后，为了避免逐一检查全部 3142 行，我们为 difference 列添加了一个 ORDER BY 语句❹：如果该列中出现了任何不为零的值，那么它将被放置到查询结果的顶部。

运行这个查询，它的前面几行应该会提供这样的结果：

county	state	pop	components_total	difference
Autauga County	Alabama	55869	55869	0
Baldwin County	Alabama	223234	223234	0
Barbour County	Alabama	24686	24686	0

通过确保 difference 列的值为零，我们可以肯定被导入的数据是干净的。每当我遇到或者导入一个新的数据集时，我总是喜欢执行类似的小测试。它们能帮助我更好地理解数据，并在我进行分析之前排除任何可能出现的问题。

计算全局占比

发现数据集中项目（item）差异的其中一个方法，就是计算特定数据点在全局所占的百分比。通过比较数据集中所有项目的百分比，我们可以从中得到有意义的见解甚至是惊喜。

计算全局占比需要将相关数字除以总数。举个例子，如果你有一篮子共 12 个苹果，并使用了其中 9 个做苹果派，那么它的占比就为 9/12 或者 0.75——通常也表示为 75%。

通过使用人口普查数据中代表县地理要素体积的两个列，我们可以尝试执行类似的计算。通过使用代码清单 6-7 中的代码，我们可以计算出水体在每个县的面积中所占的比例，其中需要用到 area_land 和 area_water 这两个列：它们以平方米为单位，分别记录了县的陆地面积和水体面积。

```
SELECT county_name AS county,
       state_name AS state,
    ❶ area_water: : numeric / (area_land + area_water) * 100 AS pct_water
FROM us_counties_pop_est_2019
ORDER BY pct_water DESC;
```

代码清单 6-7：计算水体在县面积中的百分比

这个查询的关键在于将 area_water 除以 area_land 和 area_water 的总和，后者代表该县的总面积❶。

考虑到原始的面积数据都是整数类型，如果直接对它们进行计算，那么将无法得到所需的分数结果：每一行都只会显示除法计算所得的商，也就是 0。为了解决这个问题，我们需要将其中一个整数转换为小数类型以强制执行小数除法，并且为了简洁起见，这次转换是在首次引用 area_water 之后，对它使用 PostgreSQL 特有的双冒号标记法来实现的，但你也可以使用第 4 章介绍的 ANSI SQL 标准的 CAST 函数来达到同样的效果。最后，代码将结果乘以 100，从而实现以百分数的形式展示结果，这也是绝大部分人理解百分比的方式。

通过将百分比从高到低排序，输出结果的最前面一部分将是这个样子的：

```
       county              state              pct_water
------------------     ------------     ----------------------
Keweenaw County        Michigan         90.94723747453215452900
Leelanau County        Michigan         86.28858968116583102500
Nantucket County       Massachusetts    84.79692499185512352300
St. Bernard Parish     Louisiana        82.48371149202893908400
Alger County           Michigan         81.87221940647501072300
```

如果你在维基百科上查看关于基威诺（Keweenaw）县的条目，那么就会发现为什么它的总面积超过 90% 都是水：它的土地面积包含了苏必利尔湖的其中一个岛，并且湖水的面积也包含在了人口普查报告的总面积中。别忘了这个小知识！

跟踪百分比变化

数据分析中的另一个关键指标就是百分比变化：一个数字比另一个数字大多少或者小多少？百分比变化计算通常用于分析随时间产生的变化，并且它们也特别适用于比较相似项目之间的变化。

以下是其中一些例子：
- 各家汽车制造商每年同比汽车销售数量的变化
- 营销公司属下的每份电子邮件列表的月度订阅量变化
- 全国学校年度招生人数的增减变化

计算百分比变化的公式可以这样表示：

$$（新数字 - 旧数定）/ 旧数字$$

因此，如果你拥有一个柠檬水摊位，并且今天卖出了 73 杯柠檬水，昨天卖出了 59 杯，那么这两天的百分比变化可以通过以下计算得出：

$$（73-59）/59=.237=23.7\%$$

为了实际演示这样的操作，我们将使用虚构的地方政府部门支出作为测试数据集。代码清单 6-8 展示了如何找出具有最大增幅和降幅的部门。

```
❶ CREATE TABLE percent_change (
    department text,
    spend_2019 numeric(10, 2),
    spend_2022 numeric(10, 2)
);

❷ INSERT INTO percent_change
VALUES
    ('Assessor', 178556, 179500),
```

```
        ('Building', 250000, 289000),
        ('Clerk', 451980, 650000),
        ('Library', 87777, 90001),
        ('Parks', 250000, 223000),
        ('Water', 199000, 195000);

SELECT department,
       spend_2019,
       spend_2022,
    ❸ round( (spend_2022 - spend_2019) /
                  spend_2019 * 100, 1) AS pct_change
FROM percent_change;
```

代码清单 6-8：计算百分比变化

这段代码创建了一个名为 percent_change 的表❶，并向其插入六行❷，其中包含 2019 年和 2022 年的部门支出数据。查询首先使用 spend_2022 减去 spend_2019，然后再将其结果除以 spend_2019 从而计算出百分比变化❸，最后再将其乘以 100 从而以百分数形式展示结果。

为了简化输出，查询还使用了 round() 函数以移除小数点后一位以外的其他小数。这个函数接受两个参数：需要被舍入的列或者表达式，还有想要保留的小数位数。因为计算涉及的两个数字都是 numeric 类型，所以它们的结果也会是 numeric 类型。

执行上述代码将产生以下结果：

department	spend_2019	spend_2022	pct_change
Assessor	178556.00	179500.00	0.5
Building	250000.00	289000.00	15.6
Clerk	451980.00	650000.00	43.8
Library	87777.00	90001.00	2.5
Parks	250000.00	223000.00	-10.8
Water	199000.00	195000.00	-2.0

从结果可以看出，Clerk 部门新增的支出要远远超过县里的其他部门。

使用聚合函数计算平均数以及总和

到目前为止，我们执行的数学运算符针对的都是表中每一行的某个列或者某些列，但实际上 SQL 也允许你使用聚合函数对同一列中的多个值进行计算。PostgreSQL 官网上 SQL 语言 9.21 聚合函数文档列出了 PostgreSQL 支持的所有聚合函数，它们能够通过多个输入计算出单个结果，而数据分析中最常用的两个聚合函数就是 avg() 和 sum()。

正如代码清单 6-9 所示，为了通过人口普查表 us_counties_pop_est_2019 计算出所有县的总人口以及平均人口，我们需要对记录 2019 年人口估算值的 pop_est_2019 列执行 avg() 函数和 sum() 函数，并使用之前提到过的 round() 函数来移除平均计算结果中的小数点。

```
SELECT sum(pop_est_2019) AS county_sum,
       round(avg(pop_est_2019), 0) AS county_average
FROM us_counties_pop_est_2019;
```

代码清单 6-9：使用聚合函数 sum() 和 avg()

上述计算将产生如下结果：

```
county_sum           county_average
----------           --------------
328239523                    104468
```

根据计算结果可知，2019 年美国所有县的估算人口总数为 3.282 亿，其中各县的平均估算人口为 104468 人。

查找中位数

对于一组数字来说，中位数是比平均数更为重要的指标。以下是中位数和平均数的区别：

平均数 所有值的总和除以值的数量

中位数 所有值在排序之后处于"中间"的那个值

因为中位数可以减少离群值的影响，所以它在数据分析中尤为重要。考虑以下这个例子：有六个孩子参加野外郊游，他们的年龄分别为 10 岁、11 岁、10 岁、9 岁、13 岁和 12 岁。只要将这群人的年龄相加然后除以数量六，就能够得到他们的平均年龄：

$$(10+11+10+9+13+12)/6=10.8$$

因为上述年龄都处于一个狭小的范围内，所以 10.8 这个平均数能够很好地代表这个群体。但如果数值是聚拢的，或者偏向分布的某一端，又或者其中包含了离群值，那么平均数的作用就会大大减小。

举个例子，如果一位年长的 46 岁监护人也加入到前述的野外郊游中，那么这个小组的平均年龄将大大增加：

$$(10+11+10+9+13+2+46)/7=15.9$$

因为离群值导致的偏向，现在平均数已经无法很好地代表这个群体，它已经是一个不可靠的指标了。

在这种情况下，更好的选择是找到中位数，也即是多个值在有序排列之后位于中间位置的值——这个值比一半的值要大，又比另一半的值要小。同样以野外郊游为例，我们可以将参与者的年龄从低到高进行排序：

$$9, 10, 10, 11, 12, 13, 46$$

位于这组年龄中间的值（中位数）为 11。对于这个群体，中位数 11 比平均数 15.9 更能说明参与者的年龄特征。

如果值的数量为偶数，那么可以取两个中间位置数字的平均值作为中位数。让我们把另一个 12 岁的学生添加到野外郊游的队伍中：

$$9, 10, 10, 11, 12, 12, 13, 46$$

现在位于中间的两个值是 11 和 12，它们的平均值 11.5 就是我们要寻找的中位数。

对中位数的报道常常见诸金融新闻。关于住房价格的报道通常就会使用中位数，因为几笔伪豪宅❶的销售很可能就会让一个不富裕地区的平均房价失去意义。这个道理对于体育运动员的薪资也是说得通的：一两个超级明星可能就会令整个球队的平均薪资产生偏差。

一个有益的测试是同时计算一组值的平均数和中位数。如果这两个数结果相近，那么这组值可能就是正态分布的（即我们熟悉的钟形曲线），这时平均数就是有用的。反之，如果平均数和中位数相差甚远，那么这组值就不是正态分布的，这时中位数就是更好的代表。

通过百分位函数查找中位数

跟 Excel 以及其他电子表格程序不一样，PostgreSQL 和其他大多数关系数据库都没有提供内置的 median() 函数，并且这个函数也并没有包含在 ANSI SQL 标准之内。作为替代，我们会使用 SQL 的百分位函数来计算中位数，并通过分位数和割点来将一组数字分成相等的大小。百分位函数是 ANSI SQL 标准的一部分。

在统计学中，百分位数表示在一组有序的数据中，数据低于某个点的百分比。举个例子，如果医生跟你说，你的身高在这个年龄段的成年人中处于第 60 个百分点，那么这意味着你的身高比 60% 的人都要高。

中位数相当于第 50 个百分位数，它比一半的值要高，又比另一半的值要低。有两个版本的百分位函数，它们分别为 percentile_cont(n) 和 percentile_disc(n)。这两个函数都是 ANSI SQL 标准的一部分，并且都存在于 PostgreSQL、Microsoft SQL Server 以及其他数据库中。

percentile_cont(n) 函数以连续值的方式计算百分位数，这就意味着它的结果不一定是数据集中的某个数字，而可能是两个数字之间的一个小数值。这遵循了对偶数数量的值计算中位数的方法，即中位数是中间两个数字的平均数。另一方面，只返回离散值的 percentile_disc(n) 函数在同样情况下会将结果四舍五入为集合中的某个数字。

在代码清单 6-10 中，我们制作了一个有六个数字的测试表，并找出其中的百分位数。

```
CREATE TABLE percentile_test (
    numbers integer
);

INSERT INTO percentile_test (numbers) VALUES
    (1), (2), (3), (4), (5), (6);


SELECT
```

---

❶ 伪豪宅，原文 McMansions，指那些廉价建造但是却高价销售、有名无实的大型住宅。——译者注。

```
❶ percentile_cont(.5)
    WITHIN GROUP (ORDER BY numbers),
❷ percentile_disc(.5)
    WITHIN GROUP (ORDER BY numbers)
FROM percentile_test;
```

代码清单 6-10：测试 SQL 的百分位函数

在连续和离散的百分位函数中，我们输入 .5 以代表第 50 个百分位数，相当于中位数。代码的运行结果如下：

```
percentile_cont percentile_disc
--------------- ---------------
            3.5               3
```

percentile_cont() 函数返回了我们预期中的中位数：3.5。但由于 percentile_disc() 计算的是离散值，它返回的却是 3，即前 50% 数字中的最后一个值。由于在偶数数量的集合中取两数的平均数作为中位数已经是公认的做法，因此我们将使用 percentile_cont(.5) 来查找中位数。

查找人口普查数据的中位数以及百分位数

人口普查数据可以再一次说明中位数和平均数的不同。代码清单 6-11 在已有的 sum() 和 avg() 这两个聚合函数的基础上加上了 percentile_cont() 函数，以此来计算各县人口的总数、平均数和中位数。

```
SELECT sum(pop_est_2019) AS county_sum,
       round(avg(pop_est_2019), 0) AS county_average,
       percentile_cont(.5)
         WITHIN GROUP (ORDER BY pop_est_2019) AS county_median
FROM us_counties_pop_est_2019;
```

代码清单 6-11：使用聚合函数 sum()、avg() 和 percentile_cont()

以上查询将得到以下结果：

```
county_sum      county_avg      county_median
----------      ----------      -------------
328239523          104468              25726
```

从结果可见，中位数和平均数相差甚远，在这种情况下平均数很可能会造成误导。正如 2019 年估算值的中位数显示，美国有一半县的人口少于 25726 人，而另一半则多于这个数。如果你在做一个关于美国人口统计的演讲，并告诉听众"美国平均每个县的人口为 104468 人"，那么你将给他们留下一个歪曲的印象。根据估算，2019 年共有 40 多个县的人口达到或者超过 100 万，而洛杉矶县的人口甚至超过了 1000 万，这导致平均数被推高了。

使用百分位函数查找其他分位数

我们有时候需要把数据切分为更小的相等分组（equal group）以便进行分析。其中最常见的是四分位数（四组相等）、五分位数（五组相等）和十分位数（十组相等）。无论我们想要查找的是什么分位数，只需要将它填入百分位函数中即可。举个例子，如果你想要查找第一个四分位数或是位于底部 25% 的数据，那么你需要将参数设置为 .25：

```
percentile_cont(.25)
```

但是，如果你想要生成多个割点，那么一次输入一个值将是相当费时费力的。与此相反，你可以使用数组，也即是一个由多个项（item）组成的列表，一次将多个值传递给 percentile_cont() 函数。

代码清单 6-12 展示了如何一次计算所有四个四分位数。

```
SELECT percentile_cont(❶ARRAY[.25, .5, .75])
       WITHIN GROUP (ORDER BY pop_est_2019) AS quartiles
FROM us_counties_pop_est_2019;
```

代码清单 6-12：向 percentile_cont() 传递一个由值组成的数组

在这个例子中，我们通过在数组构造器 ARRAY[] 中包围值来创建割点。数组构造器❶是一个表达式，它们会用包含在方括号内的元素来构建数组。方括号内部的值由逗号分隔，它们是用于创建四个四分位数的三个割点。运行这个查询，你应该会得到以下输出：

```
quartiles
-----------------------
{10902.5, 25726, 68072.75}
```

因为查询传入的是数组，所以 PostgreSQL 也返回了一个数组，并通过在结果中使用大括号来表示这一点。每个四分位数都使用逗号隔开。第一个四分位数为 10902.5，这意味着有 25% 的县人口等于或者低于这个数。第二个四分位数与中位数相等：25726。第三个四分位数为 68072.75，这意味着人口最多的那 25% 的县，其人口将不会低于这个数（因为讨论人口的时候通常不使用分数，所以在报告这些数字的时候可能需要对它们进行四舍五入）。

ANSI SQL 标准定义了数组，并且除了上例中展示的数组用法之外，PostgreSQL 还提供了其他几种使用数组的方式。比方说，你可以把表的列定义为特定数据类型的数组。当你在处理类似博客文章标签集合这样的数据，但是又想把它们储存在同一列而不是独立的表里面时，这种功能就会非常有用。关于声明、搜索和修改数组的更多例子，可以参考 PostgreSQL 官网上 SQL 语言 8.15 数组文档。

数组还带有大量函数，它们允许你执行诸如添加值、移除值又或者统计元素数量等任务，详细信息请见 PostgreSQL 官网上 SQL 语言 9.19 数组函数和运算符文档。对于代码清单 6-12 返回的结果，有一个非常方便的函数 unnest()，它通过将数组转变为行来让数组变得更易读。代码清单 6-13 展示了这个函数的具体用法。

```
SELECT unnest(
          percentile_cont(ARRAY[.25, .5, .75])
          WITHIN GROUP (ORDER BY pop_est_2019)
          ) AS quartiles
FROM us_counties_pop_est_2019;
```

代码清单 6-13：使用 `unnest()` 将数组转变为行

现在输出将以多行的形式展示：

```
quartiles
---------
  10902.5
    25726
 68072.75
```

当我们在计算十分位数时，这种拉取结果数组中的每个数字并逐行展示的做法将会相当有用。

发现模式

通过使用 PostgreSQL 的 `mode()` 函数，我们可以找出最常出现的值，以便发现数据中的模式。这个函数并非标准 SQL 的一部分，它的语法跟百分位函数类似。代码清单 6-14 展示了对 `births_2019` 列执行 `mode()` 计算的结果，该列记录了各县的出生婴儿数量。

```
SELECT mode() WITHIN GROUP (ORDER BY births_2019)
FROM us_counties_pop_est_2019;
```

代码清单 6-14：使用 `mode()` 查找最常出现的值

查询结果为 86，有 16 个县的出生人数都是这个数字。

小结

与数字打交道是从数据中获取意义的重要一环，有了本章介绍的数学技能，你就可以用 SQL 完成基本的数值分析了。到目前为止，我们已经掌握了关于求和、平均数和百分位数的基本知识，在稍后的章节中，我们还会学习更深层次的统计学概念，包括回归和相关。此外，我们还知道了如何通过中位数而不是平均数来更公平地评估一组数值，这一点能够帮助我们避免不准确的结论。

在接下来的一章，我们将要开始探索如何连接两个或多个表，以及如何通过这种强大的力量来增加我们在数据分析中的可选项。其中将会用到已经加载至 analysis 数据库中的 2019 年美国人口普查数据，此外还会用到额外的数据集。

实战演练

这里有三个练习来测试你的 SQL 数学技能：

1. 编写一条 SQL 语句来计算半径为 5 英寸❶的圆形面积（如果你不记得公式的话那么可以上网搜索一下）。你的语句中是否需要用到括号？原因是什么？

2. 使用 2019 年美国人口普查的县级估算数据，计算出纽约州每个县的出生率和死亡率。2019 年该州哪个地区的出生人数和死亡人数的比率普遍较高？

3. 加利福尼亚州和纽约州两者中，谁的 2019 年县人口估算值中位数更高？

---

❶ 1 英寸 =0.0254 米。

第 7 章
在关系数据库中连接表

 第 2 章介绍了关系数据库的概念，这种程序能够把数据储存在多个相关的表中。在关系模型中，每个表通常保存着某种实体的数据，比如学生、汽车、消费、房屋，而表中的每个行则描述了这些实体的其中一个。通过一种名为表连接的过程，我们可以把一个表中的行和其他表中的行关联起来。

关系数据库的概念来源于英国计算机科学家 Edgar F. Codd。他在 1970 年为 IBM 工作时，发表了一篇名为 "A Relational Model of Data for Large Shared Data Banks（大型共享数据库的数据关系模型）" 的论文。他的想法彻底改变了数据库设计，并由此导致了 SQL 的开发。通过关系模型，我们构建的表不仅不会包含重复的数据，还会变得更容易维护，并且在编写查询以获取数据时也能够变得更加灵活。

使用 JOIN 连接表

为了在查询中连接表，我们需要用到 JOIN ... ON 结构（或者本章稍后要介绍的其他 JOIN 变体）。JOIN 是 ANSI SQL 标准的一部分，它通过 ON 子句中的布尔值表达式将数据库中的一个表和另一个表连接起来。一种常见的做法就是测试相等性，其形式通常如下：

```
SELECT *
FROM table_a JOIN table_b
ON table_a.key_column = table_b.foreign_key_column
```

这个查询跟我们之前学习的基础 SELECT 语句很相似，但它的 FROM 子句后面并非只有一个表的名字，而是由一个表名、JOIN 关键字还有另一个表名组成，再之后的 ON 子句则放置了一个包含相等比较操作符的表达式。当这个查询运行时，它将从两个表中返回行，这些行对 ON 子句中表达式的求值结果为 true，这意味着它们的指定列拥有相等的值。

任何求值结果为布尔值 true 或者 false 的表达式都可以用于 ON 子句。比如说，你可以在匹配中要求一列的值大于另一列的值：

```
ON table_a.key_column >= table_b.foreign_key_column
```

这种做法并不常见，但如果你的分析需要，这也是一种选择。

使用键列关联表

考虑以下这个通过键列关联表的例子：假设你是一位数据分析师，任务是检查某个公共机构各部门的工资支出。你提交了一份《信息自由法案》申请，要求获得该机构的工资数据，并希望收到一份简单的电子表格，该表格会像这样列出每位雇员以及他们的工资：

```
dept        location      first_name      last_name       salary
----        --------      ----------      ---------       ------
IT          Boston        Julia           Reyes           115300
IT          Boston        Janet           King            98000
Tax         Atlanta       Arthur          Pappas          72700
Tax         Atlanta       Michael         Taylor          89500
```

但我们实际收到的东西并不是这样子的。相反，该机构通过其工资系统向你发送了一份数据转储（data dump）——一打 CSV 文件，其中每个文件都代表该机构数据库中的一个表。在向该机构索取并阅读了解释数据布局的文档之后，你开始了解每个表中的列。这时有两个表会吸引你的注意，它们分别是 employees 表和 departments 表。

通过使用代码清单 7-1 中的代码，我们将重建该机构的表，向其插入一些行，并在最后试验如何连接两个表中的数据。请使用我们之前为练习而创建的 analysis 表，运行所有代码，然后通过使用基本的 SELECT 语句或者在 pgAdmin 中点击表名并选择**查看 / 编辑数据 ▶ 所有行**来查看这些数据。

```
CREATE TABLE departments (
    dept_id integer,
    dept text,
    city text,
  ❶ CONSTRAINT dept_key PRIMARY KEY (dept_id),
  ❷ CONSTRAINT dept_city_unique UNIQUE (dept, city)
);

CREATE TABLE employees (
    emp_id integer,
    first_name text,
    last_name text,
    salary numeric(10, 2),
  ❸ dept_id integer REFERENCES departments (dept_id),
  ❹ CONSTRAINT emp_key PRIMARY KEY (emp_id)
);
```

```
INSERT INTO departments
VALUES
    (1, 'Tax', 'Atlanta'),
    (2, 'IT', 'Boston');

INSERT INTO employees
VALUES
    (1, 'Julia', 'Reyes', 115300, 1),
    (2, 'Janet', 'King', 98000, 1),
    (3, 'Arthur', 'Pappas', 72700, 2),
    (4, 'Michael', 'Taylor', 89500, 2);
```

代码清单 7-1：创建 departments 表和 employees 表

这两个表都遵循 Codd 的关系模型，它们分别描述了机构的部门以及雇员这两种实体的各项属性。在 departments 表中，你将看到以下内容：

```
dept_id    dept    city
-------    ----    -------
      1    Tax     Atlanta
      2    IT      Boston
```

dept_id 列是该表的主键（primary key）。主键可以是单个列又或者多个列，它们的值唯一地标识了表中的每一行。一个合法的主键列会强制执行某些约束：

- 这个列或者这些列的每一行必须拥有各不相同的值。
- 这个列或者这些列的值必须存在，不能缺失。

通过 CONSTRAINT 关键字，上述代码为 departments 表❶和 employees 表❹定义了主键，稍后的第 8 章将对这个关键字以及其他约束类型做更深入的介绍。dept_id 列中的值唯一地标识了 departments 表中的每一行，尽管目前这个表只包含了部门的名字和所在城市，但它还可以按需添加其他信息，比如地址以及联系信息。

至于 employees 表，它应该包含以下信息：

```
emp_id    first_name    last_name    salary        dept_id
------    ----------    ---------    ----------    -------
     1    Julia         Reyes        115300.00          1
     2    Janet         King          98000.00          1
     3    Arthur        Pappas        72700.00          2
     4    Michael       Taylor        89500.00          2
```

emp_id 列中的值唯一地标识了 employees 表中的每一行。为了确定每个雇员在哪个部门工作，这个表包含一个 dept_id 列，该列的值指向 departments 表主键列的值。像 dept_id 这样的列被称为外键（foreign key），这种约束可以在创建表的时候添加❸。外键约束要求该列的值必须已经存在于被引用的列中。通常情况下，被引用的值都是另一个表的主键，不过引用其他列也是可行的，只要这些列的每一行都拥有独一无二的值即可。以上述的表为例，employees 表 dept_id 列的值必须存在于 departments 表的 dept_id 列中，否则你就无法向前者的 dept_id 列添加值。这种约束有助于保障数据的完整性。跟主键不一样的是，外键列可以为空，并且允许包含重复的值。

在这个例子中，与雇员 Julia Reyes 相关联的 dept_id 为 1，它指向 departments 表 dept_id 主键列的值 1，这就意味着 Julia Reyes 是 Atlanta（亚特兰大）Tax（税务）部门的一员。

> **注意**
>
> 主键值只需要在一个表中是唯一的即可。这也是 employees 表和 departments 表可以使用相同数字作为主键值的原因。

departments 表还包含一个 UNIQUE 约束，下一章的"UNIQUE 约束"小节将对该约束做更深入的介绍。简单来说，该约束要求一列中的值或者多个列中的值组合必须是唯一的。在 departments 表中，它要求每一行的 dept 列和 city 列组成的一对值必须是唯一的❷，这有助于避免重复数据——比如说，你不会在亚特兰大发现两个名为 Tax 的部门。通常情况下，我们也可以使用这种唯一组合来创建自然键（natural key）以充当主键，接下来的一章也会讨论这个问题。

你可能会问：将数据分割成多个部分有什么好处呢？请考虑这样一个场景，如果你当初接收到的数据就跟你预想的一样，全部都放在同一个表里面，那么它应该会是这个样子的：

```
dept            location        first_name      last_name       salary
----            --------        ----------       ---------       ------
IT              Boston          Julia           Reyes           115300
IT              Boston          Janet           King            98000
Tax             Atlanta         Arthur          Pappas          72700
Tax             Atlanta         Michael         Taylor          89500
```

首先，把来自不同实体的数据合并到同一个表，不可避免地就会出现重复信息。在这个例子中，各个雇员之间的部门名称和地点就出现了重复。如果一个表只包含 4 个甚至 4000 个这样的行，那可能还不算什么大问题。但是当一个表包含数百万行时，不断重复冗长的字符串无疑是多余的，并且会浪费宝贵的空间。

其次，把所有数据都塞到同一个表里面，会让数据管理变得更困难。如果某天营销部门需要把他们的名称改成品牌营销部门，那么表中涉及该部门的所有行都需要更新，如果更新过程中遗漏了某些行，那么就会造成错误。但如果数据是按模型进行分割的，那么更新部门的名称就会变得简单得多——只需要修改表的其中一行就可以了。

最后，即使信息被组织起来，或者说被标准化了，分散在好几个表里面，这一事实也并不妨碍我们将其作为一个整体来看待。只要通过 JOIN，我们就可以在查询数据时将各个表的列放到一起。

在了解了表之间的基本关系之后，接下来让我们看看如何在查询中连接它们。

使用 JOIN 查询多个表

在查询中连接表时，如果连接列的值能够让 ON 子句表达式返回 true，那么数据库就会把两个表中相应的行合并在一起。在查询请求中出现过的两个表中的列都将出现在查询结果中。此外，我们还可以使用 WHERE 子句过滤连接表的列。

连接表的查询在语法上跟基本的 SELECT 语句相差不大，主要区别在于连接表查询需要指定以下内容：

- 通过 SQL 的 JOIN ... ON 结构指定被连接的表和列
- 通过 JOIN 关键字的变体指定被执行的连接类型

让我们首先来了解一下 JOIN ... ON 结构的语法，然后再探索其他类型的连接。为了连接上述例子中的 employees 和 departments 两个表并获取它们之间的所有相关数据，我们需要编写代码清单 7-2 所示的查询。

```
❶ SELECT *
❷ FROM employees JOIN departments
❸ ON employees.dept_id = departments.dept_id
   ORDER BY employees.dept_id;
```

代码清单 7-2：连接 employees 和 departments 两个表

在这段代码中，查询首先在 SELECT 语句中使用了星号匹配符以包含所有表中的所有列 ❶。之后在 FROM 语句，查询将 JOIN 关键字放置到它想要连接的两个表中间 ❷。最后，查询使用 ON 子句指定想要求值的表达式 ❸。对于被连接的每个表，我们需要向查询提供表的名字、一个句号以及包含键值的列，并且在两个表和列的名字之间有一个等号。

运行这个查询，它将返回两表中 dept_id 列值相等的所有数据。事实上，由于查询选择的是两个表的所有列，所以 dept_id 列将出现两次：

```
emp_id    first_name    last_name    salary       dept_id    dept_id    dept    city
------    ----------    ---------    --------     -------    ------    ----    ----
     1    Julia         Reyes        115300.00          1         1    Tax     Atlanta
     2    Janet         King          98000.00          1         1    Tax     Atlanta
     3    Arthur        Pappas        72700.00          2         2    IT      Boston
     4    Michael       Taylor        89500.00          2         2    IT      Boston
```

由此可见，即便数据分散在两个不同的表，并且各表都有自己关切的列，你也可以通过查询将这些表相关的数据拉回到一起。本章稍后的"在连接中选择特定列"一节将会介绍如何在两个表中只检索我们想要的列。

了解 JOIN 的类型

SQL 提供了多种连接表的方式，至于使用何种连接则取决于我们想要如何检索数据。下面的列表描述了不同类型的连接。在审视每种连接类型的时候，把位于 JOIN 关键字左右两边的两个表并列在一起进行思考将会有所帮助。列表的后面还会对每种连接给出实际的数据示例：

JOIN（连接） 在两个表的连接列中找到匹配的值时，返回两个表中的行。这种连接等同于 INNER JOIN（内连接）。

LEFT JOIN（左连接） 返回左表中的每一行，并且当查询在右表的行中找到匹配值时，将该行的值也包含在结果中；反之，如果没能找到匹配值，那么不显示右表的任何值。

RIGHT JOIN（右连接） 返回右表中的每一行，并且当查询在左表的行中找到匹配值时，将该行的值也包含在结果中；反之，如果没能找到匹配值，那么不显示左表的任何值。

FULL OUTER JOIN（全外连接） 返回两个表中的每一行，再加上连接列中包含匹配值的所有行。如果左表或者右表两者中的任意一个没有包含任何匹配值，那么该表的值将不会出现在查询结果中。

CROSS JOIN（交叉连接） 返回两个表可能出现的所有行组合。

让我们通过数据来看看这些连接在实际中的作用。假设现在有两个表 district_2020 和 district_2035，它们记录了将来打算在指定地区开展招生的学校名称。其中 district_2020 表拥有以下四行：

```
id school_2020
-- ----------------------
 1 Oak Street School
 2 Roosevelt High School
 5 Dover Middle School
 6 Webutuck High School
```

而 district_2035 表则拥有以下五行：

```
id school_2035
-- --------------------
 1 Oak Street School
 2 Roosevelt High School
 3 Morrison Elementary
 4 Chase Magnet Academy
 6 Webutuck High School
```

注意，随着时间变化，该地区的招生预期也在改变。只有 id 为 1、2、6 的学校同时存在于两个表，而其他学校只存在于其中一个表。这种情况很常见，对于数据分析师来说，一个常见的首要任务就是使用 SQL 找出同时存在于两个表中的学校（当需要处理的行数量比这里更多时，更是如此）。使用不同的连接可以帮助我们找到这些学校，并得到一些其他细节信息。

现在，再次使用 analysis 数据库，运行代码清单 7-3 以构建并填充上面提到的两个表。

```
CREATE TABLE district_2020 (
❶ id integer CONSTRAINT id_key_2020 PRIMARY KEY,
    school_2020 text
);
```

```
CREATE TABLE district_2035 (
❷ id integer CONSTRAINT id_key_2035 PRIMARY KEY,
    school_2035 text
);

❸ INSERT INTO district_2020 VALUES
    (1, 'Oak Street School'),
    (2, 'Roosevelt High School'),
    (5, 'Dover Middle School'),
    (6, 'Webutuck High School');

INSERT INTO district_2035 VALUES
    (1, 'Oak Street School'),
    (2, 'Roosevelt High School'),
    (3, 'Morrison Elementary'),
    (4, 'Chase Magnet Academy'),
    (6, 'Webutuck High School');
```

代码清单 7-3：创建两个表以探索 JOIN 的类型

这段代码创建并填充了两个表，其中用到的大部分都是我们现在已经熟悉的声明，唯一的新元素就是我们为每张表添加了一个主键：在声明 district_2020 表和 district_2035 表的 id 列❶❷之后，代码用关键字 CONSTRAINT *key_name* PRIMARY KEY 表明了该列将被用作该表的主键。这意味着这两个表的 id 列必须被填充，并且它包含的值对于同一个表的其他行来说必须是独一无二的。最后，代码使用了熟悉的 INSERT 语句❸将数据添加至表。

连接

当我们想要从两个表中只返回那些与连接列匹配的行时，可以使用 JOIN 或者它的别名 INNER JOIN。为了查看这种连接的一个例子，我们可以运行代码清单 7-4，它会把之前创建的两个表连接到一起。

```
SELECT *
FROM district_2020 JOIN district_2035
ON district_2020.id = district_2035.id
ORDER BY district_2020.id;
```

代码清单 7-4：使用 JOIN

跟代码清单 7-2 使用的方法类似，这段代码在 JOIN 关键字的两边指出待连接的两个表。然后，代码在 ON 子句中指定用于连接的表达式，在本例中，表达式将检查两个 id 列是否相等。因为只有三间学校的 ID 同时存在于两个表中，所以查询只会返回 ID 匹配的三个行，而那些只存在于其中一个表的学校则不会出现在结果中。另外请注意，来自 JOIN 关键字左边表中的列也会显示在结果表的左边：

```
id        school_2020        id    school_2035
-- --------------------  --  --------------------
 1 Oak Street School       1 Oak Street School
 2 Roosevelt High School   2 Roosevelt High School
 6 Webutuck High School    6 Webutuck High School
```

　　一般来说，如果你正在处理的是结构良好并且被妥善维护的数据集，而你又想要找出同时存在于所有连接表中的行，那么就可以使用 JOIN。但由于 JOIN 并不提供那些只存在于其中一个表的行，因此如果你想要看到一个或者多个表中的所有数据，那么请使用其他类型的连接。

使用 USING 进行连接

　　正如代码清单 7-5 所示，如果连接时 ON 子句使用的是相同的列名，那么可以通过使用 USING 子句代替 ON 子句来减少多余的输出并简化查询语法。

```
SELECT *
FROM district_2020 JOIN district_2035
❶ USING (id)
ORDER BY district_2020.id;
```

　　代码清单 7-5：使用 USING 进行连接

　　在指定待连接的两个表之后，我们用 USING ❶ 以及一对括号，把本例中连接两个表的 id 列包围了起来。如果被连接的列有不止一个，那么我们需要在括号里面使用逗号把它们分隔开。运行这个查询将得出以下结果：

```
id        school_2020          school_2035
-- --------------------  --------------------
 1 Oak Street School Oak Street School
 2 Roosevelt High School Roosevelt High School
 6 Webutuck High School  Webutuck High School
```

　　请注意结果中的 id 列，它同时存在于被连接的两个表，并且拥有相同的值，但是却只显示了一次。这种简化输出的方式非常简单且方便。

左连接和右连接

　　跟 JOIN 相反，LEFT JOIN 和 RIGHT JOIN 这两个关键字在默认情况下只会返回一个表的所有行，只有当另一个表中存在与之匹配的行时，该行的值才会被添加到结果当中。反之，如果没有发生匹配，那么另一个表的值则不会被展示。

　　首先，让我们来实际地看一下 LEFT JOIN 的操作。请执行代码清单 7-6 中的代码。

```
SELECT *
FROM district_2020 LEFT JOIN district_2035
ON district_2020.id = district_2035.id
ORDER BY district_2020.id;
```

代码清单 7-6：使用 LEFT JOIN

查询结果展示了位于连接左边的 district_2020 表的全部四行，还有与 id 列值匹配的来自 district_2035 表的其中三行。因为 district_2035 没有在它的 id 列中包含值 5，所以它没有与左表中 id 为 5 的行发生匹配，于是 LEFT JOIN 在右边返回了一个空行，而不是像 JOIN 那样直接从左表中忽略整个行。最后，district_2035 表中所有与 district_2020 表没有发生匹配的行都将从结果中略去：

```
id    school_2020          id    school_2035
--  --------------------   --  --------------------
 1  Oak Street School        1  Oak Street School
 2  Roosevelt High School    2  Roosevelt High School
 5  Dover Middle School
 6  Webutuck High School     6  Webutuck High School
```

正如代码清单 7-7 所示，通过 RIGHT JOIN，我们可以看到与上例相似的反向操作。

```
SELECT *
FROM district_2020 RIGHT JOIN district_2035
ON district_2020.id = district_2035.id
ORDER BY district_2035.id;
```

代码清单 7-7：使用 RIGHT JOIN

这一次，查询会返回来自连接右边的 district_2035 表的所有行，以及 district_2020 表中所有 id 列拥有匹配值的行，而 district_2020 表中没有与 district_2025 表发生匹配的行则会被忽略：

```
id    school_2020          id    school_2035
--  --------------------   --  --------------------
 1  Oak Street School        1  Oak Street School
 2  Roosevelt High School    2  Roosevelt High School
                             3  Morrison Elementary
                             4  Chase Magnet Academy
 6  Webutuck High School     6  Webutuck High School
```

LEFT JOIN 和 RIGHT JOIN 通常在以下情况中使用：

● 你希望查询结果包含其中一个表的所有行。

● 你希望查找其中一个表缺失的值。一个例子就是当你需要对代表两个不同时间段的实体进行数据对比的时候。

● 你知道其中一个连接表的某些行不会被匹配。

跟 JOIN 一样，只要表符合条件，我们就可以使用 USING 子句代替 ON 子句。

全外连接

当你想要在连接中看到两个表的所有行而不管它们是否匹配时，就需要用到 FULL

OUTER JOIN 选项。代码清单 7-8 展示了这种连接的一个例子。

```
SELECT *
FROM district_2020 FULL OUTER JOIN district_2035
ON district_2020.id = district_2035.id
ORDER BY district_2020.id;
```

代码清单 7-8：使用 FULL OUTER JOIN

这个查询的结果包含了左表的每一行，还有来自右表的匹配行以及缺失导致的空白行，最后是右表剩余的所有未被匹配的行：

```
id    school_2020          id    school_2035
--  --------------------   --  --------------------
1   Oak Street School      1   Oak Street School
2   Roosevelt High School  2   Roosevelt High School
5   Dover Middle School
6   Webutuck High School   6   Webutuck High School
                           3   Morrison Elementary
                           4   Chase Magnet Academy
```

全外连接在实际中的用处不大，并且它的使用频率也低于内连接和左/右连接。但它对于某些任务来说还是有用的，比如将两个部分重叠的数据源结合在一起，或者以可视化的方式展示两个表共享匹配值的程度。

交叉连接

在 CROSS JOIN 查询中，结果会排列左表中的每一行和右表中的每一行，以此来呈现所有可能出现的行组合（这也被称为笛卡尔乘积）。因为 CROSS JOIN 不需要在键列之间寻找匹配，所以它不需要提供 ON 子句，代码清单 7-9 展示了一个这种连接的例子。

```
SELECT *
FROM district_2020 CROSS JOIN district_2035
ORDER BY district_2020.id, district_2035.id;
```

代码清单 7-9：使用 CROSS JOIN

结果共有 20 行——正好是左表 4 行乘以右表 5 行的乘积：

```
id    school_2020          id    school_2035
--  --------------------   --  --------------------
1   Oak Street School      1   Oak Street School
1   Oak Street School      2   Roosevelt High School
1   Oak Street School      3   Morrison Elementary
1   Oak Street School      4   Chase Magnet Academy
1   Oak Street School      6   Webutuck High School
```

```
2 Roosevelt High School   1 Oak Street School
2 Roosevelt High School   2 Roosevelt High School
2 Roosevelt High School   3 Morrison Elementary
2 Roosevelt High School   4 Chase Magnet Academy
2 Roosevelt High School   6 Webutuck High School
5 Dover Middle School     1 Oak Street School
5 Dover Middle School     2 Roosevelt High School
5 Dover Middle School     3 Morrison Elementary
5 Dover Middle School     4 Chase Magnet Academy
5 Dover Middle School     6 Webutuck High School
6 Webutuck High School    1 Oak Street School
6 Webutuck High School    2 Roosevelt High School
6 Webutuck High School    3 Morrison Elementary
6 Webutuck High School    4 Chase Magnet Academy
6 Webutuck High School    6 Webutuck High School
```

除非你想给自己放个短假，否则我建议你还是避免在大型表中执行 CROSS JOIN 查询。两个各拥有 25 万行的表执行这种连接将产生 625 亿行的结果集，这对于最先进的服务器都是一种考验。这种连接更实际的用途是生成数据以创建检查表，比如列举你在商店里面可以为少量几种衬衫款色提供的所有颜色。

使用 NULL 查找包含缺失值的行

无论何时，当你在连接表的时候，最好能够调查一下一个表中的键值是否也出现在了另一个表中，或者是否出现了值缺失的情况。有各种各样的原因可能会导致数据不一致。某些数据可能已经随着时间的推移产生了变化。比如说，记录新产品的表可能会包含一些编号，它们并不存在于记录旧产品的表中。或者出现了一些问题，比如笔误或者数据库的输出不完整。所有这些情形都会对数据的正确性产生重要影响。

当行的数量较少时，一个比较简单的方法是直接用肉眼检视数据以查找其中出现数据缺失的行，我们在前面的例子中就是这样做的。但是对于更大的表，我们就需要一种更好的策略：通过过滤来展示所有未被匹配的行。为此，我们需要用到 NULL 关键字。

在 SQL 中，NULL 是一个特殊值，它代表数据不存在又或者由于没有包含数据而导致数据未知的状况。举个例子，如果一个人在填写地址表格的时候略过了"中间名"字段，那么比起在数据库里面储存一个空字符串，更合理的做法是使用 NULL 来表示未知的值。有一点需要牢记，NULL 跟 0 还有在文本列里面通过两个引号（''）放置的空字符串不一样。后两个值都有一些不确定的含义，它们容易被误解，因此我们才需要使用 NULL 来表示未知的值。此外，跟限定类型的 0 和空字符串不一样，NULL 可以在多种类型中使用。

SQL 连接在返回其中一个表的空行时，行中的列并非为空，而是填充了 NULL 作为值。代码清单 7-10 通过使用 WHERE 子句和 IS NULL 短语来查找 district_2035 表 id

列中的 NULL。与此相反，如果我们想要查找的是带有数据的列，那么可以使用 IS NOT NULL。

```
SELECT *
FROM district_2020 LEFT JOIN district_2035
ON district_2020.id = district_2035.id
WHERE district_2035.id IS NULL;
```

代码清单 7-10：通过 IS NULL 进行过滤以展示缺失的值

这个连接的结果只有一行，它是连接中左表唯一一个没有在右表找到匹配的行。这种操作通常被称为反连接（anti-join）。

```
id     school_2020        id       school_2035
--  ------------------- ------ ----------------------
 5 Dover Middle School
```

执行这个查询的反向操作并不难。为了查看连接右边的表和左边的表有哪些不匹配的行，我们可以修改查询，让它使用 RIGHT JOIN 进行连接，并将 WHERE 子句的过滤条件改为 district_2020.id IS NULL。

注意

pgAdmin 在结果表格中以 [null] 的形式显示 NULL 值。但如果你使用的是本书将在第 18 章介绍的 psql 命令行工具，那么该工具在默认情况下将把 NULL 值显示为空白。如果你想让 psql 也模仿 pgAdmin 的输出，那么可以在 psql 的命令行中输入命令 \pset null '[null]'。

了解表的三种关系

连接表的科学（或者如某些人所说的艺术）的其中一环，就是要弄清楚数据库设计者打算怎样将表关联起来，这也被称为数据库的关系模型。表的关系可以分为三种类型：一对一、一对多和多对多。

一对一关系

在代码清单 7-4 的 JOIN 例子中，两个表都不包含重复的 id 值：在 district_2020 表中只存在一个 id 为 1 的行，而在 district_2035 表中也是如此。这意味着对于任意给定 id，这两个表在另一个表中最多只能找到一个匹配行。这在数据库术语中被称为一对一关系。考虑另一个例子：连接两个包含各州人口普查数据的表，其中一个表可能包含了家庭收入数据，而另一个表则包含了与受教育程度有关的数据。这两张表都有 51 行（每个州对应一行，再加上华盛顿特区的一行），如果把它们连接至诸如州名、州缩写或是标准地理代码这样的键上，那么每张表的每个键值都只有一个匹配行。

一对多关系

在一对多关系中，一个表中的键值在另一个表的连接列中会有多个匹配值。考虑一个追踪汽车信息的数据库，其中一个表记录的是制造商数据，福特、本田、特斯拉等在其中各占一行，而另一个表记录的则是车型名称，比如野马、思域、Model 3 和雅阁，前者的每一行都会与后者的多个行相匹配。

多对多关系

当一个表中的多个项可以跟另一个表的多个项关联，并且反之亦然的时候，这两个表之间就存在多对多关系。比如说，在一个棒球联盟中，每个球员可以被分配至多个位置，而每个位置又可以由多名球员担任。由于这种复杂性，多对多关系通常会在两个表之间使用第三个表作为中间表。在棒球联盟的例子中，数据库可能会包含一个 players 表、一个 positions 表，还有第三个名为 players_positions 的表，它包含两个列以支持多对多关系：其中一列储存来自 players 表的 id，而另一列则储存来自 positions 表的 id。

了解这些关系非常重要，因为它们能帮助我们辨别查询结果是否准确地反映了数据库的结构。

在连接中选择特定列

到目前为止，我们一直使用星号通配符来选择两个表中的所有列。这种做法在快速检查数据时并无大碍，但是大部分情况下，我们通常只想要获取其中一部分列。这样一来，我们就可以只关注自己想要的数据，也可以避免因为有其他人在表中添加新列而导致查询结果发生意料之外的变化。

正如前面在执行单表查询时所展示的那样，为了选择特定的列，我们需要使用 SELECT 关键字，并在其后给出所需的列名。在连接表的时候，最好的做法是把表名和列名一并给出。这是因为可能有不止一个表包含了同样的列名，起码我们直到目前为止的连接表就属于这种情况。

考虑下面的查询，它尝试在没有指定表的情况下获取一个 id 列：

```
SELECT id
FROM district_2020 LEFT JOIN district_2035
ON district_2020.id = district_2035.id;
```

因为 district_2020 和 district_2035 两个表都包含了 id 列，服务器不知道我们真正想要的是哪个表的 id 列，所以它抛出了一个错误，该错误将出现在 pgAdmin 的结果面板中：column reference "id" is ambiguous。

为了解决这个问题，我们需要在被查询的每一列前面加上表的名字，就像我们在 ON 子句中所做的那样。代码清单 7-11 展示了具体的语法，它指定了我们想要从 district_2020 表中获取 id 列，还有从两个表中获取学校的名字。

```
SELECT district_2020.id,
       district_2020.school_2020,
       district_2035.school_2035
FROM district_2020 LEFT JOIN district_2035
ON district_2020.id = district_2035.id
ORDER BY district_2020.id;
```

代码清单 7-11：在连接中查询指定列

我们唯一要做的就是在列名前面加上它们所属的表，其余的语法跟之前一样，最后结果会从各表中返回被请求的列：

```
id       school_2020            school_2035
--  --------------------  ----------------------
 1 Oak Street School      Oak Street School
 2 Roosevelt High School  Roosevelt High School
 5 Dover Middle School
 6 Webutuck High School   Webutuck High School
```

我们还可以像前面的人口普查数据那样，通过添加 AS 关键字表明结果中的 id 列来自 district_2020 表，其语法如下：

```
SELECT district_2020.id AS d20_id, ...
```

这个查询会在结果中把 district_2020 表 id 列的名字显示为 d20_id。

通过表别名简化 JOIN 语法

为一两个列指定表并不是一件难事，但是反复地为多个列指定冗长的表名却会让你的代码变得混乱。写出可读的代码能够让你的同事获益匪浅，相反，用 25 个具有相同表名的列来拖他们的后腿可不是一件好事！解决这个问题并写出更简洁的代码的其中一个方法，就是使用一种名为表别名的速记方法。

为了创建表的别名，我们需要在 FROM 子句声明表名的时候，在表名的后面放置一两个字符（使用更长的名字作为别名也是可以的，但既然我们的目标是简化代码，那么就没有必要使用过长的别名）。这些字符将被用作别名，在代码中所有需要引用表的地方，我们都可以使用别名来代替完整的表名。代码清单 7-12 展示了别名的这一具体用法。

```
SELECT d20.id,
       d20.school_2020,
```

```
        d35.school_2035
❶ FROM district_2020 AS d20 LEFT JOIN district_2035 AS d35
  ON d20.id = d35.id
  ORDER BY d20.id;
```

代码清单 7-12：通过表别名简化代码

这个查询在 FROM 子句中通过 AS 关键字分别声明 d20 和 d35 作为 district_2020 和 district_2035 的别名❶。这两个别名都比表名简短，但仍然具有意义。在此之后，我们就可以在代码的任何其他地方使用别名来代替完整的表名。这个细小的改动会立即让我们的 SQL 变得更紧凑，这是非常理想的。需要注意的是，此处的 AS 关键字实际上是可选的；在为表和列声明别名的时候，可以省略这一关键字。

连接多个表

当然，SQL 连接并不局限于两个表。只要有包含匹配值的列可供连接，我们就可以继续往查询中添加表。假设我们现在又拥有了两个与学校有关的表，并且想把它们与 district_2020 表一起构成一个三表连接。其中 district_2020_enrollment 表拥有每间学校的学生人数：

```
id enrollment
-- ----------
 1        360
 2       1001
 5        450
 6        927
```

而 district_2020_grades 表则记录了安置在每栋建筑中的年级：

```
id grades
-- ------
 1 K-3
 2 9-12
 5 6-8
 6 9-12
```

为了编写查询，我们需要使用代码清单 7-13 以创建表并载入数据，然后运行查询将它们与 district_2020 进行连接。

```
CREATE TABLE district_2020_enrollment (
    id integer,
```

```
        enrollment integer
);

CREATE TABLE district_2020_grades (
     id integer,
     grades varchar(10)
   );

INSERT INTO district_2020_enrollment
VALUES
     (1, 360),
     (2, 1001),
     (5, 450),
     (6, 927);

INSERT INTO district_2020_grades
VALUES
     (1, 'K-3'),
     (2, '9-12'),
     (5, '6-8'),
     (6, '9-12');

  SELECT d20.id,
          d20.school_2020,
          en.enrollment,
          gr.grades
❶ FROM district_2020 AS d20 JOIN district_2020_enrollment AS en
      ON d20.id = en.id
❷ JOIN district_2020_grades AS gr
      ON d20.id = gr.id
  ORDER BY d20.id;
```

代码清单 7-13：连接多个表

在运行脚本的 CREATE TABLE 部分和 INSERT 部分之后，我们就拥有了新的 district_2020_enrollment 表和 district_2020_grades 表，并且这两个表中的行都与本章前面引入的 district_2020 表相关联，我们接下来就可以把这三个表连接起来。

在 SELECT 查询中，我们通过 id 列连接 district_2020 表和 district_2020_enrollment 表❶，并通过为表声明别名保证代码的紧凑性。之后，查询会再次通过 id 列，连接 district_2020 表和 district_2020_grades 表❷。

现在，查询结果将包含来自所有三个表的列：

```
id           school_2020   enrollment   grades
-- -------------------   ----------  -------
 1 Oak Street School         360       K-3
```

```
2 Roosevelt High School                    1001 9-12
5 Dover Middle School                       450 6-8
6 Webutuck High School                      927 9-12
```

在有需要的情况下，我们还可以通过额外的连接将更多表添加到查询里面，又或者根据表的不同关系连接不同的列。尽管 SQL 并没有硬性限制在单个查询中能够连接的表数量，但一些数据库系统可能会对此有所限制，请在有需要的情况下查看相应的文档。

通过集合操作符合并查询结果

在某些情况下，我们可能需要重新排列数据，使得来自不同表的列可以汇集成单个结果，而不是像普通的连接那样产生并排输出。这样做可能是为了满足基于 JavaScript 数据可视化要求的输入格式，或者是为了使用 R 和 Python 等编程语言中的库进行分析。以这种方式操作数据的其中一种方法，就是使用 ANSI 标准 SQL 的集合运算符，比如 UNION、INTERSECT 和 EXCEPT。这些运算符能够合并来自多个 SELECT 的查询，以下是对它们的简单介绍：

UNION　给定两个查询，它会将第二个查询结果中的行追加到第一个查询返回的行中，然后移除重复的记录，产生一个由各不相同的行合并而成的集合。将语法修改为 UNION ALL 将返回包括重复行在内的所有行。

INTERSECT　只返回同时存在于两个查询结果中的行，并移除重复的行。

EXCEPT　返回存在于第一个查询结果中但并不存在于第二个查询结果中的行。重复的行会被删除。

对于以上每种操作，两个查询都必须产生相同数量的列，并且这些列必须拥有兼容的数据类型。让我们继续使用前面的学区表来简单说明它们是如何工作的。

UNION 和 UNION ALL

代码清单 7-14 使用 UNION 合并了两个查询，它们分别从 district_2020 表和 district_2035 表中检索所有行。

```
  SELECT * FROM district_2020
❶ UNION
  SELECT * FROM district_2035
❷ ORDER BY id;
```

代码清单 7-14：通过 UNION 合并查询结果

这个查询由两个完整的 SELECT 语句组成，中间放置了一个 UNION 关键字❶。因为针对 id 列的 ORDER BY ❷操作发生在集合操作之后，所以它不能作为这两个 SELECT 语句的一部分出现。根据我们之前处理这些数据的经验，你肯定知道这些查询会从两个表中返回一些相同的行。但是通过使用 UNION 合并查询，结果中的重复行将被消除：

```
id      school_2020
-- --------------------
 1 Oak Street School
 2 Roosevelt High School
 3 Morrison Elementary
 4 Chase Magnet Academy
 5 Dover Middle School
 6 Webutuck High School
```

注意，学校的名称都被放到了 school_2020 列中，因为它是第一个查询结果的一部分，而在第二个查询中，来自 district_2035 表 school_2035 列的学校名称则被追加到了第一个查询的结果中。出于这个原因，第二个查询的列必须与第一个查询中的列相匹配，并且拥有兼容的数据类型。

另一方面，如果我们想让结果包含重复的行，那么可以在查询中使用 UNION ALL 代替 UNION，就像代码清单 7-15 所做的那样。

```
SELECT * FROM district_2020
UNION ALL
SELECT * FROM district_2035
ORDER BY id;
```

代码清单 7-15：通过 UNION ALL 合并查询结果

这个查询将返回包括重复行在内的所有行：

```
id      school_2020
-- --------------------
 1 Oak Street School
 1 Oak Street School
 2 Roosevelt High School
 2 Roosevelt High School
 3 Morrison Elementary
 4 Chase Magnet Academy
 5 Dover Middle School
 6 Webutuck High School
 6 Webutuck High School
```

最后，自定义合并后的结果往往会很有帮助。举个例子，你可能会想要知道每行的值来自哪个表，或者想要包含或是排除某些列。代码清单 7-16 通过 UNION ALL 展示了一个这样的例子。

```
❶ SELECT '2020' AS year,
   ❷ school_2020 AS school
   FROM district_2020
```

```
UNION ALL

SELECT '2035' AS year,
       school_2035
FROM district_2035
ORDER BY school, year;
```

代码清单 7-16：自定义一个 UNION 查询

在第一个查询的 SELECT 语句❶中，我们指定字符串 2020 作为填充 year 列的值。第二个查询也做了类似的动作，只是填充值换成了 2035。这跟我们在第 5 章 "在导入过程中向列添加值" 一节使用的技术类似。之后，我们将 school_2020 列❷改名为 school，因为它在结果中实际代表的是两个年份的学校。

执行这个查询将得到以下结果：

```
year      school
---- --------------------
2035 Chase Magnet Academy
2020 Dover Middle School
2035 Morrison Elementary
2020 Oak Street School
2035 Oak Street School
2020 Roosevelt High School
2035 Roosevelt High School
2020 Webutuck High School
2035 Webutuck High School
```

正如结果所示，现在查询会为每所学校给出相应的年份。比如说，我们可以看到，Dover Middle School 就来源于 district_2020 表的查询结果。

INTERSECT 和 EXCEPT

在了解了 UNION 之后，我们可以把相同的概念应用在 INTERSECT 和 EXCEPT 上面。代码清单 7-17 展示了这两个操作符的使用示例，你可以分别运行它们并观察两者之间的区别。

```
SELECT * FROM district_2020
❶ INTERSECT
SELECT * FROM district_2035
ORDER BY id;


SELECT * FROM district_2020
❷ EXCEPT
SELECT * FROM district_2035
ORDER BY id;
```

代码清单 7-17：通过 INTERSECT 和 EXCEPT 合并查询结果

使用 INTERSECT 的查询只会返回在两个查询中都存在的行，并消除其中的重复行：

```
id  school_2020
-- --------------
 1 Oak Street School
 2 Roosevelt High School
 6 Webutuck High School
```

使用 EXCEPT 的查询只会返回存在于第一个查询但并不存在于第二个查询的行，并且其中的重复行也会被消除：

```
id      school_2020
-- -------------------
 5 Dover Middle School
```

跟 UNION 一道，使用 INTERSECT 和 EXCEPT 的查询给予了我们足够的能力来安排和检验数据。

最后，让我们短暂地回归到连接相关的问题上，看看如何在不同的表中对数字进行计算。

在连接表的列中执行数学计算

第 6 章中介绍的数学函数同样可以在连接表的时候使用。跟选择表的列一样，我们在操作中引用列的时候同样需要包含表的名称。如果你正在处理的数据每隔一段时间就会发布一个新版本，那么这个概念将对你有所帮助，因为它可以通过连接新发布的表和旧表来展示值是如何变化的。

这也是我和很多记者在每次发布新的人口普查数据时所做的工作。我们会载入新数据，并尝试从人口、收入、教育以及其他指标的增长或下降中发现模式。为了展示是如何做到这一点的，我们需要回顾第 5 章中创建的 us_counties_pop_est_2019 表，并将类似的展示 2010 年县级人口估算值的县级数据载入到新表中。为了创建新表、导入数据并将其与 2019 年的估算数据进行连接，我们需要运行代码清单 7-18 中的代码。

```
❶ CREATE TABLE us_counties_pop_est_2010 (
    state_fips text,
    county_fips text,
    region smallint,
    state_name text,
    county_name text,
    estimates_base_2010 integer,
    CONSTRAINT counties_2010_key PRIMARY KEY (state_fips, county_fips)
);
```

```
❷ COPY us_counties_pop_est_2010
  FROM 'C:\YourDirectory\us_counties_pop_est_2010.csv'
  WITH (FORMAT CSV, HEADER);

❸ SELECT c2019.county_name,
         c2019.state_name,
         c2019.pop_est_2019 AS pop_2019,
         c2010.estimates_base_2010 AS pop_2010,
         c2019.pop_est_2019 - c2010.estimates_base_2010 AS raw_change,
    ❹ round( (c2019.pop_est_2019: : numeric - c2010.estimates_base_2010)
           / c2010.estimates_base_2010 * 100, 1 ) AS pct_change
  FROM us_counties_pop_est_2019 AS c2019
      JOIN us_counties_pop_est_2010 AS c2010
❺ ON c2019.state_fips = c2010.state_fips
      AND c2019.county_fips = c2010.county_fips
❻ ORDER BY pct_change DESC;
```

代码清单 7-18：对连接的人口普查表执行计算

这段代码用到了很多我们前面学习过的知识。比如我们熟悉的 CREATE TABLE 语句 ❶，它创建的表包含了州、县和地区的代码，还有记录州和县名字的列。此外它还包含一个 estimates_base_2010 列，其中记录了人口普查局对每个县在 2010 年的估算人口（人口普查局每隔 10 年就会对它的完整计数做一次修改，创建出一个基数，用于与 10 年之后的估算数字进行比较）。我们的另一个老朋友 COPY 语句 ❷ 则导入了一个包含人口普查数据的 CSV 文件 *us_counties_pop_est_2010.csv*，该文件可以在本书的资源库中找到。另外别忘了在下载文件之后，将代码中的文件路径修改为你保存文件的位置。

导入完成之后，我们应该会拥有一个名为 us_counties_pop_est_2010 的表，其中包含 3142 行。既然手上拥有了 2010 年和 2019 年的人口估算表，那么我们就可以计算各个县这些年间的人口变化百分比了：哪些县在增长方面领跑全国？而哪些县的人口又出现了下降？

我们将使用第 6 章中的百分比变化公式计算答案。SELECT 语句 ❸ 包含了来自 2019 年的县和州的名称，并为该表设置了别名 c2019。接下来，我们同样使用了 AS 关键字为 2019 年和 2010 年表中的人口估算列设置别名，以简化它们在结果中的名称。为了计算人口的原始变化，我们用 2019 年的估算值减去 2010 年的估算基数，然后又通过公式计算出变化的百分比，并将其四舍五入至小数点后一位 ❹。

连接通过匹配两表中的 state_fips 列和 county_fips 列完成 ❺。之所以选择连接两个列而不是一个列，是因为在两表中，州代码和县代码的组合才能够唯一地表示一个县。代码使用了逻辑操作符 AND 来合并两个条件，使得行只有在同时满足两个条件的情况下才会被连接。最后，我们将结果按照百分比进行降序排列 ❻，这样就可以在结果的最上方看到增长最快的县。

这个查询涉及相当多工作，但这是值得的。以下展示的是结果前 5 行的内容：

county_name	state_name	pop_2019	pop_2010	raw_change	pct_change
McKenzie County	North Dakota	15024	6359	8665	136.3
Loving County	Texas	169	82	87	106.1
Williams County	North Dakota	37589	22399	15190	67.8
Hays County	Texas	230191	157103	73088	46.5
Wasatch County	Utah	34091	23525	10566	44.9

North Dakota 州的 McKenzie 县和 Texas 州的 Loving 县，它们的人口从 2010 年到 2019 年增加了超过一倍，并且 North Dakota 州和 Texas 州其他县的人口也出现了大幅增长，这些地方都有它们自己的故事。对于 McKenzie 以及 North Dakota 州的其他县来说，巴肯地质层石油和天然气勘探的蓬勃发展，无疑与人口激增息息相关。对这次分析来说，这只是其中一个有价值的见解，不过它不失为了解美国全国人口趋势的一个起点。

小结

考虑到表的关系是数据库架构的基础，学会在查询中连接表，能够让你在将来处理更复杂的数据集时更加得心应手。尝试对表实施不同类型的连接，可以更好地了解数据的收集方式，并揭示可能存在的质量问题。在探索新数据集时，不妨把尝试不同类型的连接看作是你的例行公事。

今后，我们将继续在这些重要概念的基础上，深入研究如何在数据集中查找信息，处理数据类型的细微差异，并确保拥有高质量的数据。但是在此之前，让我们先来学习另一个基础要素：通过最佳实践，使用 SQL 建立快速、可靠的数据库。

实战演练

请通过以下练习进一步探索连接和集合操作符：

1. 根据人口普查的估算数据，哪个县在 2010 年至 2019 年之间的人口损失比例最大？请试着在网上搜索一下看看发生了什么事（提示：减少的人口跟某种类型的设施有关）。

2. 应用你学到的关于 UNION 的概念，将 2010 年和 2019 年的人口普查县级人口估算数据的查询结果合并起来以形成新的查询结果。

3. 使用第 6 章中的 percentile_cont() 函数，计算出 2010 年和 2019 年之间，县级人口估算变化百分比的中位数。

第8章
按需设计表

沉迷于秩序和细节并不是一件坏事。当你赶着要出门的时候，看见钥匙一如既往地出现在你习惯摆放它的位置上，这能够给你一种安心感。数据库的设计也是如此。当你需要从数十张表和数百万行里面挖掘出一小块信息的时候，你也会欣赏这种对细节的执着。通过将数据组织至一组经过精心调整并且巧妙命名的表中，分析体验将变得更加可控。

本章将在第 7 章的基础上，介绍组织和加速 SQL 数据库的最佳实践，它们既可以用于你自有的数据库，也可以用于你从别人那里继承来进行分析的数据库。我们将通过探索命名规则和惯例、维护数据完整性的方法、为表添加索引以加速查询等手段深入探索表的设计。

遵循命名惯例

编程语言往往都有自己的风格模式，甚至不同流派的 SQL 编码人员也喜欢使用不同的约定来命名表、列和其他对象（也称标识符）。有些人喜欢驼峰命名法（camel case），就像 berrySmoothie 那样，把单词连在一起，除了第一个单词是小写以外，其他所有单词的首字母都是大写的。帕斯卡命名法（Pascal case），例如 BerrySmoothie，除了第一个单词的首字母也是大写之外，它跟驼峰命名法没有区别。至于蛇形命名法（snake case），例如 berry_smoothie，则把所有单词都小写，并且在单词和单词之间使用下划线进行分隔。

每个命名惯例都有它们各自的拥趸，其中某些偏好与个别数据库应用或编程语言有关。比如微软就在它的 SQL Server 数据库文档中使用帕斯卡命名法。具体到本书，由于一些之后将会介绍的 PostgreSQL 相关原因，我们将使用蛇形命名法，比如 us_counties_pop_est_2019。无论你喜欢哪种命名法，或者被要求使用哪种命名法，最重要的是持之以恒地使用它。请务必检查你的组织是否提供了相应的风格指南或是协作需求，然后严格地遵守它。

混合使用多种命名法又或者不遵循任何命名法，通常都会引发混乱。举个例子，如果你连接到一个数据库并发现以下这些表：

```
Customers
customers
custBackup
customer_analysis
```

```
customer_test2
customer_testMarch2012
customeranalysis
```

这可能会引发你的一些疑问。首先，哪张表实际上保存着当前的客户数据？一个杂乱无章且混乱不堪的命名方案，将导致其他人难以深入研究你的数据，也会让你自己在继续开展工作的时候遇上困难。

接下来，让我们探索一下与命名标识符有关的考虑因素，并了解一些实施最佳实践的建议。

用引号包围标识符以启用混合大小写

无论你提供的是大写还是小写，PostgreSQL 默认总是把标识符当作小写字母，除非你在标识符两边加上双引号。请考虑以下这两条提供给 PostgreSQL 的 CREATE TABLE 语句：

```
CREATE TABLE customers (
    customer_id text,
    --snip--
);

CREATE TABLE Customers (
    customer_id text,
    --snip--
);
```

在按顺序执行这些语句的时候，第一条命令将创建名为 customers 的表。至于第二条语句，它并不会创建名为 Customers 的表，而是会抛出一个错误：relation "customers" already exists（关系 "customers" 已经存在）。这是因为该语句并没有使用引号包围标识符，所以默认不区分大小写的 PostgreSQL 将把 customers 和 Customers 当作同一个标识符。为了保留大小写字母并创建名为 Customers 的独立表，你必须在标识符上加上引号，就像这样：

```
CREATE TABLE "Customers" (
    customer_id serial,
     --snip--
);
```

与此同时，当你需要查询 Customers 表而不是 customers 表的时候，你也需要在 SELECT 语句中用引号包围相应的表名：

```
SELECT * FROM "Customers";
```

这种做法很难记住，并且还很容易导致用户混淆。在有可能的情况下，还是应该尽量让表名清晰明了，并且跟数据库中的其他表截然不同。

用引号包围标识符的隐患

用引号包围标识符允许我们使用一些除此之外无法使用的字符，包括空格。这对于一些人来说可能是挺有吸引力的，但这并不是没有缺陷的。比如说，你可能会想要把带有引号的 "trees planted" 用作人工造林数据库的列名，但这样一来，所有用户都必须在每次引用该列时提供引号。如果不小心在查询时遗漏了引号，那么数据库将返回一个错误：它会把 trees 和 planted 识别为独立的列，然后回答说 trees 列并不存在。相比之下，更可读、更可靠的选择是使用蛇形命名法，比如 trees_planted。

引号还允许我们使用 SQL 保留关键字，它们是 SQL 中具有特殊意义的一些单词。我们已经遇到了其中的几个，比如 TABLE、WHERE 和 SELECT。大多数数据库开发者都不赞成使用保留关键字作为标识符。这不仅容易造成混乱，而且更糟糕的情况是，如果忽略或者忘记在之后给关键字加上引号，那么数据库就会由于将该单词看作是命令而不是标识符而引发错误。

> **注意**
>
> 对于 PostgreSQL，你可以在 PostgreSQL 官网文件的第 8 部分附录 C SQL 语言关键字文档中找到所有的关键字。此外，许多代码编辑器以及数据库工具，包括 pgAdmin，都会自动用特定的颜色突出关键字。

命名标识符的准则

考虑到引号带来的额外负担以及潜在问题，我们最好还是让标识符名称保持简单、没有引号，并且始终如一。以下是我的一些建议：

使用蛇形命名法。正如前面的 trees_planted 例子所示，蛇形命名法更可读且更可靠。这种命名法在整个 PostgreSQL 官方文档中都有使用，它们能够让多个单词组成的名字更易于理解：比起 videoondemand，video_on_demand 更能够让人一目了然。

让名字更易于理解，并且避免使用隐晦的缩写。如果你正在建立一个关于旅行的数据库，那么 arrival_time 将是一个比 arv_tm 更清晰的列名。

对表名使用复数。因为表持有行，而每个行则代表实体的一个实例，所以我们可以对表使用复数名称，比如 teachers、vehicles 或者 departments。不过有时候也会出现例外。比如为了保留被导入 CSV 文件的名称，我会直接把文件名用作表名，特别是在进行一次性导入的时候。

注意长度。标识符名称允许使用的最大字符数因数据库应用而异：SQL 标准是 128 个字符，但 PostgreSQL 只允许最多 63 个，而较旧的 Oracle 系统只允许最多 30 个。如果你编写的代码可能还会用在别的数据库系统中，那么请尽量使用较短的标识符名称。

在创建表的副本时，使用有助于以后管理它们的名称。一种方法是在创建表的副本时，在表名上附加一个 _YYYY_MM_DD 格式的日期，比如：vehicle_parts_2021_04_08。这样做的另一个好处是表名将会按照日期进行排序。

通过约束控制列值

通过使用某些约束条件，我们可以进一步控制列将要接受的数据。一个列的数据类型概括地定义了它将要接受的数据种类，比如整数或者字符串，而额外的约束则能够让我们在规则和逻辑测试的基础上进一步指定可接受的数值。有了约束，我们就可以避免"垃圾进，垃圾出"的现象，也就是由于劣质数据而导致不完整或是不准确的分析。精心设计的约束有助于维持数据的质量，并确保表之间关系的完整性。

在第 7 章，我们了解了主键和外键，这是最常用的两个约束。除此之外，SQL 还拥有以下约束：

CHECK 只允许对给定的布尔表达式求值为 true 的行

UNIQUE 确保一列或者一组列的值在表中的每一行都是唯一的

NOT NULL 防止在列中出现 NULL 值

添加约束可以通过列约束或者表约束两种方式来完成。列约束只对单个列有效，这种约束在 CREATE TABLE 语句中跟列的名称以及数据类型一并声明，并在之后列每次发生变化时进行检查。至于表约束，它可以提供应用于一个或多个列的过滤标准，这种约束将在 CREATE TABLE 语句定义完所有表列之后声明，并在之后每次表中的行发生变化时进行检查。

接下来，让我们探讨一下这些约束，包括它们的语法以及它们在表设计中的作用。

主键：自然键和代理键

正如第 7 章所言，主键是一个列或者一组列，它们的值唯一地标识了表中的每一行。主键是一个约束条件，它对构成键的一列或者多列施加以下两条规则：

● 每一行的值必须是唯一的。

● 任何一列都不能缺少值。

如果一个表记录的是储存在仓库中的产品，那么它的主键可以是由唯一产品代码组成的列。在第 7 章"使用键列关联表"一节的简单主键示例中，表的主键就是由单独的一个 ID 列组成，并且这个 ID 是由我们（也就是用户）插入的一个整数。通常情况下，数据都会给我们指出一条明路，帮助我们决定应该使用自然键还是代理键作为主键。

使用现有的列作为自然键

自然键需要用到表中一个或多个符合主键标准的列：这些列在每一行的值都必须是唯一的，并且永不为空。列中的值可以发生变化，只要新值不违反约束条件即可。

由当地机动车管理局颁发的驾驶执照识别号码可以用作自然键。在指定的政府辖区内，比如美国的一个州，我们有理由相信所有司机都会在他们的执照上收到一个唯一的 ID，我们可以把该 ID 储存为 driver_id。然而，如果我们要编制一个全国性的驾照数据库，我们可能无法做出上述假设；因为不同的州可能会独立地颁发相同的 ID 编码。在这种情况下，driver_id 列可能会包含重复的值，并因此无法成为自然键。为了解决这个问题，我们可以把 driver_id 和持有州名的列结合起来，形成一个复合主键（composite primary key），从而得到一个对于每一行来说都独一无二的组合。比如说，下表中的两个行都由 driver_id 列和 st 列组成了独一无二的组合：

```
driver_id    st    first_name    last_name
----------   --    ----------    ----------
10302019     NY    Patrick       Corbin
10302019     FL    Howard        Kendrick
```

本章我们将会同时看到使用单主键和复合主键的情况，当你在处理数据的时候，也请务必关注那些适合作为自然键的值。比如零件号码、序列号和书本的 ISBN 都是很好的例子。

将列用作代理键

代理键是使用人工值填充的单个列；当一个表的数据不支持创建自然主键的时候，我们就可以使用它。这种代理键可以是一串由数据库自动生成的序列号。在第 4 章介绍"自动递增整数"的时候，我们已经通过 IDENTITY 语法实现过这种序列数据类型了。一个使用自动生成的整数作为代理键的表看上去可能会是这个样子的：

```
id   first_name   last_name
--   ----------   ---------
1    Patrick      Corbin
2    Howard       Kendrick
3    David        Martinez
```

还有些开发者喜欢使用通用唯一标识符（UUID），它们是由 32 个十六进制数字组合而成的代号，其中每组数字之间使用连字符分隔。这种标识符一般用于识别计算机硬件或者软件，它们看起来就像这样：

```
2911d8a8-6dea-4a46-af23-d64175a08237
```

PostgreSQL 提 供 了 UUID 数 据 类 型 以 及 两 个 生 成 UUID 的 模 块：uuid-ossp 和 pgcrypto。PostgreSQL 官网文件的 8.12 UUID 类型文档是深入了解这些信息的一个很好的起点。

> **注意**
>
> 　　如果你考虑使用 UUID 作为代理键，那么请格外小心。跟 bigint 等其他选项相比，这种数据类型由于体积原因效率并不高。

评估键类型的优点与缺点

无论是自然键还是代理键，都各有其优势及缺点。关于自然键，需要考虑的问题主要包括以下几点：
- 数据已经存在于表中，不需要为了创建键而添加额外的列。
- 带有意义的自然键数据可以减少查询时连接表的需要。
- 如果数据变化违反了对键的要求（比如突然出现了重复的值），那么你将被迫改变表的设置。

以下是关于代理键需要考虑的一些问题：
- 因为代理键本身没有任何意义，而且它的值与表中的数据无关，所以即使数据在之后发生变化，也不会受到键结构的限制。
- 键值是唯一的，这一点是有保证的。
- 为代理键增加一列需要耗费额外的空间。

在理想的世界中，表应该存在一个或多个能够作为自然键的列，比如产品表中的唯一产品代码。但现实世界往往却充斥着各种限制。在一个雇员表中，可能无法找到在每一行都是唯一的一个或多个列，从而将其用作主键。在这种情况下，除非重新考虑表的结构，否则可能就需要用到代理键。

创建单列主键

让我们来看几个主键相关的例子。在第 7 章的"了解 JOIN 的类型"一节中，我们在 district_2020 表和 district_2035 表中创建了主键来尝试不同类型的 JOIN。实际上，它们就是代理键：在那两个表中，我们创建了名为 id 列的键，并使用关键字 CONSTRAINT *key_name* PRIMARY KEY 将其声明为主键。

有两种方式可以声明约束：作为列约束和作为表约束。代码清单 8-1 分别以这两种方式，在一个类似前面提到过的驾照示例表中声明了一个主键。因为我们预期驾照的 ID 总是唯一的，所以将使用该列作为自然键。

```
CREATE TABLE natural_key_example (
❶ license_id text CONSTRAINT license_key PRIMARY KEY,
    first_name text,
    last_name text
);

❷ DROP TABLE natural_key_example;

CREATE TABLE natural_key_example (
    license_id text,
    first_name text,
    last_name text,
❸ CONSTRAINT license_key PRIMARY KEY (license_id)
);
```

代码清单 8-1：将一个单列自然键声明为主键

这段代码首先创建了一个名为 natural_key_example 的表，并使用列约束语法 CONSTRAINT 将 license_id 声明为主键❶，再后面跟着的则是约束的名称以及关键字 PRIMARY KEY。这种语法能够让人们一目了然地了解到被指定为主键的是哪一列。注意，这里可以省略 CONSTRAINT 关键字以及键的名称，仅仅使用 PRIMARY KEY 即可：

```
license_id text PRIMARY KEY
```

在省略主键名称的情况下，PostgreSQL 将按照在表名之后追加 _pkey 后缀的惯例自行命名主键。

之后，示例代码使用 DROP TABLE 从数据库中删除表❷，以便为接下来的表约束示例做准备。

为了添加表约束，示例代码在列出所有列之后声明 CONSTRAINT，并使用括号包围我们想要用作主键的列（跟行约束的情况一样，这里也可以省略 CONSTRAINT 关键字以及键名）。在这个例子中，我们同样使用了 license_id 列作为主键。当我们需要使用两个或以上数量的列创建主键时，就必须用到表约束语法；在这种情况下，我们必须在括号中列出各个列，并使用逗号分隔它们。这种情况将在稍后进行讨论。

在创建约束之后，接下来，让我们首先来看看主键的特性——每行都是唯一的，并且没有 NULL 值——是如何保护数据完整性不被侵害的。代码清单 8-2 展示了两条 INSERT 语句。

```
INSERT INTO natural_key_example (license_id, first_name, last_name)
VALUES ('T229901', 'Gem', 'Godfrey');

INSERT INTO natural_key_example (license_id, first_name, last_name)
VALUES ('T229901', 'John', 'Mitchell');
```

代码清单 8-2：一个违反主键约束的例子

当我们单独执行第一条 INSERT 语句时，服务器将向 natural_key_example 表载入一条记录，这不会引起任何问题。但是当我们尝试执行第二条 INSERT 语句的时候，服务器将返回一个错误：

```
ERROR:  duplicate key value violates unique constraint "license_key"
DETAIL:  Key (license_id)=(T229901) already exists.
```

在再次向表中添加行之前，服务器发现值为 T229901 的 license_id 已经存在于表中，并且根据定义，主键的每一行都必须是唯一的，因此服务器拒绝了这一操作。虚构车管所的规则规定，两个不同的司机不能够拥有相同的执照 ID，所以检查并拒绝重复数据是数据库执行这一规定的一种方式。

创建复合主键

当单个列不符合主键的要求时，我们可以创建复合主键。

我们将创建一个记录学生出勤情况的表，其中 student_id 列和 school_day 列的组合为每一行提供了一个唯一值，而 present 列则记录了学生当天的出勤情况。正如代码清单 8-3 所示，为了创建复合主键，我们必须使用表约束语法进行声明。

```
CREATE TABLE natural_key_composite_example (
    student_id text,
    school_day date,
    present boolean,
    CONSTRAINT student_key PRIMARY KEY (student_id, school_day)
);
```

代码清单 8-3：将复合主键声明为自然键

注意，这段代码传递了两个（或更多个）列而不是一个列作为 PRIMARY KEY 关键字的参数。接下来的代码将尝试插入一些行，并通过向 student_id 和 school_day 这两个键列提供在表中并不唯一的值组合来模拟键冲突。请逐条运行代码清单 8-4 中的 INSERT 语句（如果你使用的是 pgAdmin，那么请先高亮选中其中某条语句，然后再点击**执行/刷新**）。

```
INSERT INTO natural_key_composite_example (student_id, school_day, present)
VALUES(775, '2022-01-22', 'Y');

INSERT INTO natural_key_composite_example (student_id, school_day, present)
```

```
VALUES(775, '2022-01-23', 'Y');

INSERT INTO natural_key_composite_example (student_id, school_day, present)
VALUES(775, '2022-01-23', 'N');
```

代码清单 8-4： 违反复合主键的例子

前两条 INSERT 语句都能够正常执行，因为它们在关键列的组合中没有重复的值。但第三条语句却会导致错误，因为它包含的 student_id 值和 school_day 值与表中已经存在的组合匹配：

```
ERROR:  duplicate key value violates unique constraint "student_key"
DETAIL:  Key (student_id, school_day)=(775, 2022-01-23) already exists.
```

构成复合主键的列数量可以不止两个，具体能够使用的列数量限制取决于所使用的数据库。

创建自动递增的代理键

正如第 4 章"自动递增整数"小节中所言，有两种方法可以让 PostgreSQL 数据库为列添加自动递增的唯一值。第一种是将列设置为 PostgreSQL 特有的序列数据类型，比如 smallserial、serial 和 bigserial，而第二种则是使用 IDENTITY 语法。因为后者是 ANSI SQL 标准的一部分，所以接下来的例子将会使用这一方法。

IDENTITY 需要与 smallint、integer 和 bigint 这三种整数类型的其中一种一同使用。因为 integer 类型最大能够处理的数字为 2147483647，所以使用该类型作为主键以节约磁盘空间的想法可谓相当具有诱惑力。但是很多数据库开发者都有过这样的经历，用户在半夜三更打来电话，发疯似的询问为什么他们的应用无法运作了，最后却发现原因在于数据库正试图生成一个比数据类型最大值还大的数字。因此，如果你的表有可能增长至 21.47 亿行以上，那么明智的做法是使用 bigint 类型，它最高可以接受的数字为 920 亿亿。你只需要像代码清单 8-5 那样把它设置好，然后就可以高枕无忧了。

```
CREATE TABLE surrogate_key_example (
 ❶ order_number bigint GENERATED ALWAYS AS IDENTITY,
   product_name text,
   order_time timestamp with time zone,
 ❷ CONSTRAINT order_number_key PRIMARY KEY (order_number)
);

❸ INSERT INTO surrogate_key_example (product_name, order_time)
   VALUES ('Beachball Polish', '2020-03-15 09:21-07'),
          ('Wrinkle De-Atomizer', '2017-05-22 14:00-07'),
          ('Flux Capacitor', '1985-10-26 01:18:00-07');
   SELECT * FROM surrogate_key_example;
```

代码清单 8-5：使用 IDENTITY 声明 bigint 列作为代理键

这段代码展示了如何通过 IDENTITY 语法，将名为 order_number 的自动递增 bigint 列❶声明为主键❷。在向表中插入数据时，我们无需指明 order_number 列，也无需为该列提供值。相反地，数据库将在插入每个行的时候，自动为该列创建一个新值，并且这个新值将大于这个列创建过的最大值。

通过运行 SELECT * FROM surrogate_key_example，我们可以看到 order_number 列是如何被自动填充的：

```
order_number            product_name               order_time
--------------          ----------------           ---------------------
           1            Beachball Polish           2020-03-15 09: 21: 00-07
           2            Wrinkle De-Atomizer        2017-05-22 14: 00: 00-07
           3            Flux Capacitor             1985-10-26 01: 18: 00-07
```

在日常的购物收据上，我们经常会看到类似的自动递增订单号。现在你知道它们是如何实现的了。

> **注意**
>
> 正如第 4 章所言，查询结果中 order_time 一列的时间戳将按照你安装 PostgreSQL 时的时区配置而变化。

有几个细节值得注意：在删除某个行之后，数据库不会填充 order_number 序列中的空白，也不会改变该列中的任何现有值。它在通常情况下要做的就是为序列中最大的现有值加上 1（不过有一些与操作相关的例外情况，比如从备份中恢复数据库）。此外，这段代码还使用了语法 GENERATED ALWAYS AS IDENTITY。正如第 4 章所言，这种语法可以防止用户在没有手动覆盖设置的情况下向 order_number 插入值。一般来说，我们都希望防止这种干涉以避免问题。假设现在有用户手动将值 4 插入到已有的 surrogate_key_example 表中。但是 order_number 列的 IDENTITY 序列只会在数据库产生新值的时候递增，而手动插入则不会。因此，在插入下一个行的时候，数据库同样会尝试插入 4，因为它是序列中的下一个数字。这样做的最终结果就是引发错误，因为重复的值违反了主键约束。

然而我们还是可以通过重新启动 IDENTITY 序列进行手动插入。当我们需要插入一个被误删的行时，可能就会这么做。代码清单 8-6 演示了如何向表中插入一个 order_number 为 4 的行，这个数字是序列的下一个值。

```
  INSERT INTO surrogate_key_example
❶ OVERRIDING SYSTEM VALUE
  VALUES (4, 'Chicken Coop', '2021-09-03 10: 33-07');

❷ ALTER TABLE surrogate_key_example ALTER COLUMN order_number RESTART WITH 5;

❸ INSERT INTO surrogate_key_example (product_name, order_time)
  VALUES ('Aloe Plant', '2020-03-15 10: 09-07');
```

代码清单 8-6：重新启动 IDENTITY 序列

代码首先使用了一条带有 OVERRIDING SYSTEM VALUE 关键字❶的 INSERT 语句，语句中包含了一条 VALUES 子句，并在子句的参数列表中将整数 4 指定给了表的首个列 order_number，以此来覆盖 IDENTITY 的限制。虽然这里使用的是 4，但它也可以是尚未在列中出现过的任意数字。

在执行上述插入之后，我们需要重置 IDENTITY 序列，使得它可以从一个比刚刚插入的数字 4 更大的数字开始。为此需要用到一条 ALTER TABLE ... ALTER COLUMN 语句❷，并在其中包含关键字 RESTART WITH 5。ALTER TABLE 语句可以对表和列进行多种修改，在第 10 章"检查并修改数据"中将会对这方面做更多的介绍。具体到这段代码，这一语句将修改 IDENTITY 序列的起始数字，使得表在添加下个行的时候，order_number 的值为 5。这段代码最后的语句会插入一个新行❸，但是不会再向 order_number 提供值，就像代码清单 8-5 所做的那样。

再次从 surrogate_key_example 表中选择所有行，我们将会看到 order_number 列正按照预期的方式被填充：

```
order_number    product_name          order_time
------------    ------------------    ---------------------
           1    Beachball Polish      2020-03-15 09:21:00-07
           2    Wrinkle De-Atomizer   2017-05-22 14:00:00-07
           3    Flux Capacitor        1985-10-26 01:18:00-07
           4    Chicken Coop          2021-09-03 10:33:00-07
           5    Aloe Plant            2020-03-15 10:09:00-07
```

你很少会需要处理这种任务，但是在有需要的时候，知道该怎么做总是不错的。

外键

我们使用外键建立表之间的关系。外键是一个或多个列，它们的值跟另一个表的主键或者唯一键匹配。外键的值必须已经存在于被引用表的主键或者其他唯一键中，否则值就会被拒绝。SQL 通过这一约束保证引用完整性，从而确保相关表中的数据不会被取消关联或是被孤立。也就是，在连接表的时候，不会出现一个表的行跟另一个表的行毫无瓜葛的情形。

代码清单 8-7 展示了两个虚构的追踪汽车活动的数据库表。

```
CREATE TABLE licenses (
    license_id text,
    first_name text,
    last_name text,
  ❶ CONSTRAINT licenses_key PRIMARY KEY (license_id)
);

CREATE TABLE registrations (
    registration_id text,
    registration_date timestamp with time zone,
  ❷ license_id text REFERENCES licenses (license_id),
    CONSTRAINT registration_key PRIMARY KEY (registration_id, license_id)
```

```
);

❸ INSERT INTO licenses (license_id, first_name, last_name)
  VALUES ('T229901', 'Steve', 'Rothery');

❹ INSERT INTO registrations (registration_id, registration_date,
  license_id)
  VALUES ('A203391', '2022-03-17', 'T229901');

❺ INSERT INTO registrations (registration_id, registration_date,
  license_id)
  VALUES ('A75772', '2022-03-17', 'T000001');
```

代码清单 8-7： 外键示例

第一个表 licenses（执照）使用驾驶员的唯一 license_id 作为自然键，而第二个表 registrations（登记）则用于追踪车辆的登记信息。因为每个有执照的驾驶员都可以登记多辆车，所以单个驾照 ID 可能会与多架车辆的登记信息相关联，这也就是第 7 章中所说的一对多关系。

为了表示这种关系，SQL 需要在 registrations 表中使用 REFERENCES 关键字并给定想要引用的表和列，以此来将 license_id 列指定为外键。

现在，每当我们向 registrations 表中插入行的时候，数据库都会检查插入至 license_id 的值是否已经存在于 licenses 表的主键列 license_id 当中。如果不存在的话，那么数据库将返回一个错误，这是非常重要的。假如 registrations 表的行无法在 licenses 表中找到与之对应的行，我们将无法通过编写查询找到车辆的登记者。

为了了解约束的实际效果，代码创建了两个表并逐一执行了多条 INSERT 语句。第一条给 licenses 表添加了一个行❸，该行的 license_id 为 T229901。第二条也为 registrations 表添加了一个行❹，其中该行的外键也包含相同的值。因为这个值同时存在于两个表，所以到这里为止一切正常。但是代码在尝试执行第三条插入语句的时候将遇到错误，因为它尝试向 registrations 表添加的行包含了一个不存在于 licenses 表的 licenses_id❺：

```
ERROR: insert or update on table "registrations" violates foreign key
constraint "registrations_license_id_fkey"
DETAIL: Key (license_id)=(T000001) is not present in table "licenses".
```

这里产生的错误是非常有帮助的：通过阻止为不存在的驾照持有者进行登记，数据库保证了引用的完整性。除此之外它也具有一些实际的影响。

首先，它影响了插入数据的顺序。我们不能向一个包含外键的表添加数据，除非被引用的键在其所在的表中已经拥有相关的行，否则就会出现错误。在这个代码示例中，我们在插入相关的登记信息之前必须先创建相应的驾照记录（如果你仔细思考一下，就会发现这很可能就是当地车管所的做法）。

其次，在删除数据的时候，情况正好相反。为了保证引用完整性，在删除 registrations 表中所有与之相关的行之前，外键约束会阻止我们从 licenses 表中删除一个行，因为这样会留下孤立的行。必须先删除 registrations 中的相关行，然后再删除 licenses 中的行。不过 ANSI SQL 提供了一种方法，允许通过 ON DELETE CASCADE 关键字自动处理这种操作顺序。

使用 CASCADE 自动删除相关记录

通过在定义外键约束的时候添加 ON DELETE CASCADE，我们可以让数据库在删除 licenses 中的某个行时，自动删除 registrations 中所有与之相关的行。

以下代码修改了代码清单 8-7 中 registrations 相关的 CREATE TABLE 语句，它在 license_id 列定义的末尾添加了相应的关键字：

```
CREATE TABLE registrations (
    registration_id text,
    registration_date date,
    license_id text REFERENCES licenses (license_id) ON DELETE CASCADE,
     CONSTRAINT registration_key PRIMARY KEY (registration_id, license_id)
);
```

删除 licenses 中的一行将导致 registrations 中所有与之相关的行被删除。这使得我们在删除驾驶员执照的时候，不必先行手动移除所有与之相关的登记信息。此外，它还通过确保删除执照时不会在 registrations 中留下孤立的行来维护数据的完整性。

CHECK 约束

CHECK 约束会根据给定的逻辑测试，判断添加至列的数据是否符合预期条件，并在不符合的时候返回一个错误。因为这种约束可以防止无意义的数据被加载至列，所以它是非常有价值的。比如说，因为棒球运动员的总击球数量不可能为负数，所以我们可以把数据限制为大于等于零的值。又比如说，虽然我感觉自己勉强达标的代数评分好像只有 Z，但是在绝大多数学校，Z 并不是一门课程的有效评分字母，所以我们可能会插入一个约束，使得它只接受 A 至 F 的评分。

跟主键约束一样，CHECK 约束也可以在列或者表的层级上实现。作为列约束时，我们需要在 CREATE TABLE 语句中的列名和数据类型之后使用 CHECK(*logical expression*) 进行声明。作为表约束时，则需要将语法 CONSTRAINT *constraint_name* CHECK (*logical expression*) 放置在所有列的定义之后。

代码清单 8-8 展示了如何将 CHECK 约束应用于表中的两个列，它们分别用于记录组织内雇员的用户角色以及薪酬。这段代码通过表约束的方式声明了主键约束和 CHECK 约束。

```
CREATE TABLE check_constraint_example (
    user_id bigint GENERATED ALWAYS AS IDENTITY,
    user_role text,
    salary numeric(10, 2),
    CONSTRAINT user_id_key PRIMARY KEY (user_id),
  ❶ CONSTRAINT check_role_in_list CHECK (user_role IN('Admin', 'Staff')),
```

```
❷   CONSTRAINT check_salary_not_below_zero CHECK (salary >= 0)
);
```

代码清单 8-8： CHECK 约束示例

这段代码创建了一个表，并将 user_id 列设置为自动递增的代理主键。第一个
CHECK ❶ 通过 SQL 的 IN 操作符，测试输入至 user_role 列的值是否匹配 Admin 或者
Staff 这两个预定义字符的其中一个。第二个 CHECK ❷ 测试输入至 salary 列的值是否大于
或等于 0，因为负数将是毫无意义的。这种求值结果要么为真要么为假的语句被称为布尔表达
式，上述两个测试都属于这一类型。如果约束在对值进行测试之后得出的结果为 true，那么
测试通过。

> **注意**
>
> 不同开发者可能会对放置检查逻辑的地方产生不同的想法，有些可能会认为它们属于数
> 据库，而另一些则可能会认为它们属于人力资源系统等位于数据库前端的应用，还有一些可
> 能会认为两边都应该兼顾。在数据库中进行检查的一个好处是，在应用程序发生变化、有新
> 应用使用数据库或者用户直接访问数据库的情况下，数据库都能保持数据的完整性。

在每次插入或者更新值的时候，数据库都会根据约束条件对其进行检查。如果这两列中
的某个值违反了 CHECK 约束，或者违反了主键约束，那么数据库将拒绝进行修改。

通过表约束语法可以将多个测试合并到单个 CHECK 语句里面。假如我们现在有一个学生
成绩表，那么可能会添加以下检查：

```
CONSTRAINT grad_check CHECK (credits >= 120 AND tuition = 'Paid')
```

注意，这里将两个逻辑测试合并在了一起，其中使用了括号进行包围，并使用了 AND 进
行连接。在这种情况下，两个布尔表达式都必须求值为 true，整个测试才能通过。我们还可
以测试不同的列值，比如说，在拥有销售价格和原始价格两个列的情况下，我们可以通过以
下方式确保商品的销售价格为折后价：

```
CONSTRAINT sale_check CHECK (sale_price < retail_price)
```

括号中的逻辑表达式会检查销售价格是否低于零售价格。

UNIQUE 约束

UNIQUE 约束用于确保每一行的同一个列都拥有唯一的值。保证唯一值听上去跟主键有
点像，但 UNIQUE 有一个重要的区别，那就是主键的值不能为 NULL，而 UNIQUE 约束则允
许在列中出现重复的 NULL 值。这在列并非总是有值，但是又想确保值是唯一的情况下非常
有用。

为了展示 UNIQUE 的用途，请看代码清单 8-9 中的代码，这是一个追踪联系信息的表。

```
CREATE TABLE unique_constraint_example (
    contact_id bigint GENERATED ALWAYS AS IDENTITY,
```

```
    first_name text,
    last_name text,
    email text,
     CONSTRAINT contact_id_key PRIMARY KEY (contact_id),
  ❶ CONSTRAINT email_unique UNIQUE (email)
);

INSERT INTO unique_constraint_example (first_name, last_name, email)
VALUES ('Samantha', 'Lee', 'slee@example.org');

INSERT INTO unique_constraint_example (first_name, last_name, email)
VALUES ('Betty', 'Diaz', 'bdiaz@example.org');

INSERT INTO unique_constraint_example (first_name, last_name, email)
❷ VALUES ('Sasha', 'Lee', 'slee@example.org');
```

代码清单 8-9：UNIQUE 约束示例

在这个表中，contact_id 作为代理主键唯一地识别每一行。此外它还有一个 email 列，作为每个人的主要联系方式。我们希望这一列只包含唯一的邮件地址，并且它们能够随时进行更改。因此这里使用了 UNIQUE ❶来确保不论何时，添加或者更新的联系人邮件都不会是已经存在的。如果我们尝试插入一个已经存在的邮件地址，那么数据库将返回一个错误：

```
ERROR:  duplicate key value violates unique constraint "email_unique"
DETAIL:  Key (email)=(slee@example.org) already exists.
```

跟之前一样，这个错误说明数据库正如我们所期望的那样运行。

NOT NULL 约束

第 7 章介绍了 NULL 这个特殊的 SQL 值，它代表缺失的数据或是未知的值。正如之前所说，因为主键的值需要能够唯一地识别表中的每一行，所以 NULL 不能用作主键的值。除此之外，你有时候也会想要禁止列中出现空值。比如说，在一个列举学校所有学生的表中，要求每一行都要填写名字列和姓氏列是有意义的。为了要求列中必须有值，SQL 提供了 NOT NULL 约束，它可以阻止列接受空值。

代码清单 8-10 演示了 NOT NULL 语法。

```
CREATE TABLE not_null_example (
    student_id bigint GENERATED ALWAYS AS IDENTITY,
    first_name text NOT NULL,
    last_name text NOT NULL,
    CONSTRAINT student_id_key PRIMARY KEY (student_id)
);
```

代码清单 8-10：一个 NOT NULL 约束的例子

这里把 first_name 和 last_name 两个列声明为 NOT NULL，因为在追踪学生信息的表中，这些信息很可能会被用到。如果我们尝试向表中插入一个不包括这些列的行，那么数据库将提醒我们有违规行为。

如何删除限制条件或者在之后添加它们

通过 ALTER TABLE，我们可以从现有的表中移除约束或是添加约束，本章前面的"创建自动递增的代理键"部分使用了这个命令重置 IDENTITY 序列。

为了移除主键、外键或是 UNIQUE 约束，我们需要编写一个以下格式的 ALTER TABLE 语句：

```
ALTER TABLE table_name DROP CONSTRAINT constraint_name;
```

移除 NOT NULL 约束需要用到针对列的操作语句，因此必须使用额外的 ALTER COLUMN 关键字，就像这样：

```
ALTER TABLE table_name ALTER COLUMN column_name DROP NOT NULL;
```

让我们用这些语句来修改刚刚创建的 not_null_example 表，就像代码清单 8-11 展示的那样。

```
ALTER TABLE not_null_example DROP CONSTRAINT student_id_key;
ALTER TABLE not_null_example ADD CONSTRAINT student_id_key PRIMARY KEY
(student_id);
ALTER TABLE not_null_example ALTER COLUMN first_name DROP NOT NULL;
ALTER TABLE not_null_example ALTER COLUMN first_name SET NOT NULL;
```

代码清单 8-11：移除/添加主键和 NOT NULL 约束

请逐条执行这些语句。每执行完一条，你都可以在 pgAdmin 中通过点击表名然后点击查询窗口上方的 SQL 标签来查看表定义的变化（注意，这里展示的表定义语法会比我们在创建表时所使用的语法更为冗长）。

在第一个 ALTER TABLE 语句中，我们使用 DROP CONSTRAINT 移除名为 student_id_key 的主键，接着在之后的语句中又使用 ADD CONSTRAINT 将主键重新加上。同样的语法可以用于向任何已存在的表添加约束或是移除约束。

> **注意**
> 只有当目标列中的数据服从约束的限制时，你才能向已有的表添加约束。举个例子，你不能向一个包含重复值或是空值的列设置主键约束。

在第三条语句中，ALTER COLUMN 和 DROP NOT NULL 移除了 first_name 列中的 NOT NULL 约束。最后 SET NOT NULL 又重新增加了这个约束。

通过索引加快查询速度

正如书本的索引可以帮助我们更快地找到信息一样，通过为表的一个或多个列添加索引同样可以加快查询的速度（索引是一种由数据库管理的独立数据结构）。数据库可以将索引用作捷径，而不必再通过扫描每一行来查找数据。当然，这只是对 SQL 数据库中一个复杂话题的简单概述。我们可以花好几章的时间研究 SQL 索引的工作原理并调整数据库的性能，但更好的做法是提供关于使用索引的概括指引，并通过 PostgreSQL 特有的例子来展示它们的好处。

> **注意**
>
> ANSI 标准并没有规定创建索引的语法，也没有规定数据库系统应该如何实现它们。然而包括微软 SQL Server、MySQL、Oracle 和 SQLite 在内的所有主要数据库系统都提供了这一特性，并且它们的语法和行为都跟这里描述的类似。

B 树：PostgreSQL 的默认索引

尽管你可能并未察觉，但实际上我们已经创建了好几个索引。每当我们添加主键或是 UNIQUE 约束的时候，PostgreSQL（以及大多数数据库系统）都会为约束包含的一个或多个列创建索引。索引与表的数据分开储存，并在运行查询时按需自动进行访问，然后在每次添加、删除或者更新行的时候进行更新。

PostgreSQL 的默认索引类型为 B 树索引（B-tree index）。被指定为主键或是 UNIQUE 约束的列会自动创建这种索引，CREATE INDEX 语句默认创建的也是这种索引。B 树是平衡树（balanced tree）的简称，之所以这样命名，是因为在搜索值的时候，这种结构会从树的顶部向下方分支探索，直到找到值为止。（当然，实际的过程可能会复杂得多。）B 树对于有序并且能够通过相等和范围操作符（比如 <、<=、=、>=、> 和 BETWEEN）进行搜索的数据是非常有用的。如果在搜索字符串的时候，没有在字符串模式的开头使用通配符，那么它还能作用于 LIKE，就像这样：WHERE chips LIKE 'Dorito%'。

PostgreSQL 还支持额外的索引类型，比如通用倒排索引（GIN）和通用搜索树（GiST）。每种类型都有其独特的用途，本书稍后将在全文搜索以及使用几何类型进行查询的章节中引入它们。

现在，让我们先来看看如何使用 B 树索引加速一个简单的搜索查询。这个练习将用到一个由 OpenAddresses 项目编制的大型数据库，它包含了 90 多万个纽约市的街道地址。数据文件 *city_of_new_york.csv* 以及本书的所有资源都可以通过位于 No Starch Press 网站上的本书主页获得。

取得数据文件之后，请使用代码清单 8-12 中的代码创建 new_york_addresses 表并导入地址数据。跟之前导入的小型数据集相比，由于这个 CSV 文件约有 50MB 大，所以它的导入时间会更长一些。

```
CREATE TABLE new_york_addresses (
    longitude numeric(9, 6),
```

```
    latitude numeric(9, 6),
    street_number text,
    street text,
    unit text,
    postcode text,
    id integer CONSTRAINT new_york_key PRIMARY KEY
);

COPY new_york_addresses
FROM 'C: \YourDirectory\city_of_new_york.csv'
WITH (FORMAT CSV, HEADER);
```

代码清单 8-12：导入纽约市的地址数据

数据加载完毕之后，请执行一个简单的 SELECT 查询以确保我们成功导入了 940374 行，并且每行都包含 7 列。考虑到这一数据的常见用途之一就是搜索 street 列的匹配结果，我们将通过这个例子探索索引性能。

使用 EXPLAIN 对查询性能进行基准测试

我们将通过使用 PostgreSQL 特有的 EXPLAIN 命令测量添加索引前后的性能，该命令列出了特定数据库查询的查询计划。查询计划可能包括数据库计划如何扫描表以及是否会使用索引等。通过添加 ANALYZE 关键字，我们可以让 EXPLAIN 执行查询并显示实际的执行时长。

记录控制语句的执行时间

我们将使用代码清单 8-13 中的三个查询来分析添加索引前后的查询性能。这些查询是典型的带有 WHERE 子句的 SELECT 查询，并且在查询的前面包含了 EXPLAIN ANALYZE。这一关键字命令数据库执行查询并显示查询过程的统计数据以及执行时长，而不是显示查询结果。

```
EXPLAIN ANALYZE SELECT * FROM new_york_addresses
WHERE street = 'BROADWAY';

EXPLAIN ANALYZE SELECT * FROM new_york_addresses
WHERE street = '52 STREET';

EXPLAIN ANALYZE SELECT * FROM new_york_addresses
WHERE street = 'ZWICKY AVENUE';
```

代码清单 8-13：对索引性能进行基准测试的查询

在我的系统中，第一个查询将向 pgAdmin 的输出方框返回以下统计信息：

```
Gather  (cost=1000.00..15184.08  rows=3103  width=46)(actual
time=9.000..388.448 rows=3336 loops=1)
```

```
  Workers Planned:  2
  Workers Launched:  2
  -> Parallel Seq Scan on new_york_addresses (cost=0.00..13873.78 ❶
    rows=1293 width=46) (actual time=2.362..367.258 rows=1112 loops=3)
      Filter: (street = 'BROADWAY': : text)
      Rows Removed by Filter:  312346
Planning Time:  0.401 ms
Execution Time:  389.232 ms ❷
```

因为并非所有输出都和我们讨论的主题有关，所以我不会对它们一一进行解释，但其中有两行是需要我们关注的。行❶指出，为了找到所有 street='BROADWAY' 的行，数据库需要对表实施一次顺序扫描。这是全表扫描的同义词：数据库将检查每一行并删除其中 street 不匹配 BROADWAY 的行，而行❷中的执行时间（execution time）就是运行查询所需的时长。在我的电脑上，运行该查询需要约 389 毫秒，至于你的执行时间则取决于包括你的计算机硬件在内的各种因素。

为了进行测试，请重复运行代码清单 8-13 中的每个查询，并记录它们各自最快的执行时间。你会注意到，相同查询的执行时间在每次运行时都会略有不同。有几个因素可能会导致这一结果，比如服务器上可能运行着其他进程，又或者内存里面保留了之前查询的数据。

添加索引

接下来，让我们来看看添加索引是如何改变查询的搜索方法和执行时间的。代码清单 8-14 展示了使用 PostgreSQL 创建索引的 SQL 语句。

```
CREATE INDEX street_idx ON new_york_addresses (street);
```

代码清单 8-14：在 new_york_addresses 表中创建 B 树索引

这个命令跟创建约束的命令有些类似。我们首先给出 CREATE INDEX 关键字，接着是索引的名字（在这个例子中为 street_idx），然后是 ON 以及将要添加索引的表和列。

执行这个 CREATE INDEX 命令，PostgreSQL 将扫描 street 列中的值并基于它们构建索引，这种动作只需要执行一次。任务完成之后，请重新运行代码清单 8-13 中的三个查询，并记录由 EXPLAIN ANALYZE 报告的执行时间。以下是其中一个例子：

```
Bitmap Heap Scan on new_york_addresses(cost=76.47..6389.39 rows=3103
width=46) (actual time=1.355..4.802 rows=3336 loops=1)
  Recheck Cond: (street = 'BROADWAY': : text)
  Heap Blocks: exact=2157
  -> Bitmap Index Scan on street_idx (cost=0.00..75.70 rows=3103 width=0) ❶
     (actual time=0.950..0.950 rows=3336 loops=1)
      Index Cond: (street = 'BROADWAY': : text)
Planning Time: 0.109 ms
Execution Time: 5.113 ms ❷
```

你注意到其中发生的变化了吗？首先，数据库现在对 street_idx 使用了索引扫描❶，而不是在顺序扫描中访问每一行，并且现在的查询速度也明显变快了❷。表 8-1 显示了我的电脑在加入索引前后的最快执行时间（经过四舍五入之后）。

表 8-1　测量索引性能

查询过滤器	添加索引前	添加索引后
WHERE street = 'BROADWAY'	92ms	5ms
WHERE street = '52 STREET'	94ms	1ms
WHERE street = 'ZWICKY AVENUE'	93ms	<1ms

从这个结果可以看出，添加索引能够大幅减少执行时间，使得每次查询能够快上 0.1 秒甚至更多。初看上去，0.1 秒的加速可能并不多，但别忘了，当你反复使用查询在数据中寻找答案时，或者当你的数据库系统有成千上万的用户时，积少成多的加速将变得相当可观。

最后，如果你正在测试不同索引类型的性能，并且想要从表中移除索引，那么请使用 DROP INDEX 命令，并在命令的后面给出想要移除的索引名称。

使用索引时需要考虑的因素

既然索引能够带来明显的性能提升，那么我们是否应该为表的每一列都添加索引呢？且慢！索引虽然有价值，但它并不是必不可少的。此外，索引还会增大数据库的体积，并给数据写入带来额外的维护成本。以下是一些判断何时应该使用索引的提示：

● 查阅你所使用的数据库系统文档，了解可用的索引类型以及特定的数据类型应该使用何种索引。以 PostgreSQL 为例，它除了 B 树之外还提供了其他五种索引类型，其中的 GiST 就特别适用于本书后面讨论的地理数据类型，而第 14 章介绍的全文搜索也同样能够从索引中受益。

● 考虑为表连接中用到的列添加索引。在 PostgreSQL 中，主键默认都带有索引，但关联表中的外键列却不是，所以它非常适合作为索引的目标。

● 外键的索引有助于避免在级联删除期间进行昂贵的顺序扫描。

● 为那些经常出现在 WHERE 查询子句中的列添加索引。正如前文所述，索引可以显著地提升这类语句的搜索性能。

● 使用 EXPLAIN ANALYZE 测试各种不同配置下的性能。优化是一个过程！如果一个索引没有被数据库使用，并且它对主键或者其他约束毫无帮助，那么我们人可以把它移除掉，从而减小数据库的大小并加快插入、更新和删除的速度。

小结

通过将本章介绍的工具添加到工具箱中，我们能够确保自行构建或是继承自他人的数据库能够更好地满足我们收集和探索数据的需求。约束条件的定义必须与数据以及用户的期望相匹配，它们能够阻止不合理的值、确保值被填入，并在表之间建立正确的关系。此外，我们还学习了如何提高查询的速度以及如何持续地组织数据库对象。这对于我们自己以及使用我们数据的人来说都是有益的。

　　本章是本书第一部分的结尾，其重点是为你提供挖掘 SQL 数据库的基本知识。在此基础之上，我们将继续探索更复杂的查询和数据分析策略。接下来的一章，我们将使用 SQL 聚合函数来评估数据集的质量并从中获取有用的信息。

实战演练

　　你准备好检验自己在本章学到的概念了吗？考虑以下两个表，它们是你为追踪个人收藏的黑胶唱片而制作的数据库。首先回顾一下以下这些 CREATE TABLE 语句：

```
CREATE TABLE albums (
    album_id bigint GENERATED ALWAYS AS IDENTITY,
    catalog_code text,
    title text,
    artist text,
    release_date date,
    genre text,
    description text
);

CREATE TABLE songs (
    song_id bigint GENERATED ALWAYS AS IDENTITY,
    title text,
    composers text,
    album_id bigint
);
```

　　albums 表包含了光盘上所有歌曲的总体信息，而 songs 表则用于记录专辑中的每一首歌曲。每首歌曲都有它们各自的标题和作曲家，他们可能跟专辑的艺术家不一样。

　　请基于这些表回答以下问题：

　　1. 修改这些 CREATE TABLE 语句，使得这两个表能够包含相应的主键、外键以及额外的约束，然后解释下你对各项修改的理由。

　　2. 除了使用 album_id 作为代理主键之外，albums 中是否存在能够作为自然键使用的列？这样做的前提条件又是什么？

　　3. 为了加快查询速度，哪些键适合添加索引？

第9章
通过分组和汇总提取信息

每个数据集都有它们自己的故事，而数据分析师的工作就是找出这些故事。在第 3 章，我们学习了如何通过 SELECT 语句考察数据，包括对列进行排序、查找不同值以及对结果进行过滤。此外，我们还学习了 SQL 数学运算、数据类型、表设计以及表连接等基础知识。有了这些工具，我们就可以通过分组和聚合函数来汇总数据，从而增强我们对数据的洞察能力。

通过汇总数据，我们可以识别出更多有用的信息，这些信息仅靠扫描表中的行是无法看到的。为此，本章将使用图书馆这个广为人知的机构作为例子。

时至今日，图书馆仍然是全世界社区的重要组成部分，但网络和藏书技术的进步已经改变了我们使用图书馆的方式。比如说，除了书籍和期刊之外，电子书以及在线访问的数字资料现在在图书馆也有了一席之地。

在美国，博物馆和图书馆服务协会（IMLS）会监测图书馆的活动情况，并将其用作年度公共图书馆调查的一部分。这份调查的数据源自大约 9000 个图书馆行政实体，调查对它们的定义为"向特定地区提供图书馆服务的机构"。有些机构属于县级图书系统，而另一些则属于学区。每个机构的数据包含部门数量、工作人员、书籍、每年的开放时间等。自 1988 年以来，IMLS 每年都会收集所有公共图书馆机构的数据，范围囊括 50 个州、哥伦比亚特区以及诸如美属萨摩亚等地区（要了解更多关于该计划的信息，请阅读 IMLS 官网上的 Data 中 Data Catalog 信息中的 Public Libraries Survey 内容）。

在这个练习中，我们将扮演分析师的角色，为刚刚收到的图书馆数据集制作报告以描述数据的趋势。首先，我们需要创建三个表以保存 2018 年、2017 年和 2016 年的调查数据（通常情况下，评估多年的数据对于辨别趋势是有帮助的）。之后，我们将汇总每张表中的重要数据，并通过连接表观察测量数据是如何随时间变化的。

创建图书馆调查表

在这一节，我们需要创建三个表来记录图书馆的调查信息，并为表中的每个列使用适当的数据类型和约束，然后酌情为它们添加索引。创建表所需的代码和三个 CSV 文件均可在本书的资源库中找到。

创建 2018 年的图书馆数据表

首先，让我们来为 2018 年的图书馆数据创建表。通过 CREATE TABLE 语句，代码清单 9-1 构建了 pls_fy2018_libraries，该表记录了公共图书馆调查在 2018 财政年度的公共图书馆系统数据文件。这份文件汇总了机构层面的数据，统计了所有机构网点的活动，其中包括中央图书馆、分馆和流动图书馆。年度调查还生成了两个我们不会用到的文件：其中一个汇总了州一级的数据，而另一个则是个体网点的数据。这些文件对于这个练习是多余的，但你可以在以下地址阅读它们包含的数据：https://www.imls.gov/sites/default/files/2018_pls_data_file_documentation.pdf。

为了方便，我为这些表定制了一个命名方案：pls 指代的是调查的标题，fy2018 是数据覆盖的财政年度，而 libraries 则是调查中特定文件的名称。为了保持简单，我从原始调查文件的 166 个列中选择了 47 个较为相关的列来填充 pls_fy2018_libraries 表，而解释个体答复来源的代码等数据则被排除在外。当一个图书馆没有主动提供数据时，该机构就会通过其他渠道来获取数据，但我们的这个练习并不需要这些信息。

为了方便展示，代码清单 9-1 被截断了，截断的部分在代码中通过 *--snip--* 注明，不过在本书的资源库可以找到代码的完整版本。

```
CREATE TABLE pls_fy2018_libraries (
    stabr text NOT NULL,
❶  fscskey text CONSTRAINT fscskey_2018_pkey PRIMARY KEY,
    libid text NOT NULL,
    libname text NOT NULL,
    address text NOT NULL,
    city text NOT NULL,
    zip text NOT NULL,
    --snip--
    longitude numeric(10, 7) NOT NULL,
    latitude numeric(10, 7) NOT NULL
);

❷  COPY pls_fy2018_libraries
    FROM 'C: \YourDirectory\pls_fy2018_libraries.csv'
    WITH (FORMAT CSV, HEADER);

❸  CREATE INDEX libname_2018_idx ON pls_fy2018_libraries (libname);
```

代码清单 9-1：创建并填充 2018 年公共图书馆调查表

找到代码清单 9-1 中的代码和数据之后，请将其中的 *C:\YourDirectory* 修改成你保存 *pls_fy2018_libraries.csv* 文件的路径，然后使用 pgAdmin 连接你的 analysis 数据库并运行上述代码。

首先，这段代码通过 CREATE TABLE 创建表，并为 fscskey 列指派了主键约束❶，因为数据字典说它是分配给每个图书馆的唯一代码。既然它独一无二、出现在每一行并且不太可能会发生变化，那么将它用作自然主键是再合适不过了。

表中每一列的定义都包含了适当的数据类型，并且不能缺少值的列还会带有相应的 NOT

NULL 约束。虽然 startdate 列和 enddate 列储存的都是日期，但我们在代码中却把它们的数据类型设置成了 text：这是因为这些列在 CSV 文件中包含了不符合日期格式的数据，这里如果使用 date 数据类型的话，那么导入操作就会失败。本书第 10 章会指导我们如何处理这种情况，但就目前来讲，让这些列保持原样就可以了。

在创建表之后，COPY 语句❷会通过我们指定的文件路径，从名为 *pls_fy2018_libraries.csv* 的 CSV 文件中导入数据。之后，为了能够在搜索特定图书馆的时候更快地取得结果，我们为 libname 列添加了索引❸。

创建 2017 年和 2016 年图书馆数据表

为 2017 年和 2016 年的图书馆调查创建表的步骤跟前面类似。代码清单 9-2 合并了创建和填充两个表的代码。再次提醒，这里展示的代码是被截断过的，完整的代码可以在书本的资源库中找到。

请修改导入数据的两个 COPY 语句中的路径，然后运行这段代码。

```
CREATE TABLE pls_fy2017_libraries (
    stabr text NOT NULL,
  ❶ fscskey text CONSTRAINT fscskey_17_pkey PRIMARY KEY,
    libid text NOT NULL,
    libname text NOT NULL,
    address text NOT NULL,
    city text NOT NULL,
    zip text NOT NULL,
    --snip--
    longitude numeric(10, 7) NOT NULL,
    latitude numeric(10, 7) NOT NULL
);

CREATE TABLE pls_fy2016_libraries (
    stabr text NOT NULL,
    fscskey text CONSTRAINT fscskey_16_pkey PRIMARY KEY,
    libid text NOT NULL,
    libname text NOT NULL,
    address text NOT NULL,
    city text NOT NULL,
    zip text NOT NULL,
    --snip--
    longitude numeric(10, 7) NOT NULL,
    latitude numeric(10, 7) NOT NULL
);

❷ COPY pls_fy2017_libraries
  FROM 'C:\YourDirectory\pls_fy2017_libraries.csv'
  WITH (FORMAT CSV, HEADER);
```

```
COPY pls_fy2016_libraries
FROM 'C:\YourDirectory\pls_fy2016_libraries.csv'
WITH (FORMAT CSV, HEADER);

❸ CREATE INDEX libname_2017_idx ON pls_fy2017_libraries (libname);
  CREATE INDEX libname_2016_idx ON pls_fy2016_libraries (libname);
```

代码清单 9-2：创建并填充 2017 年和 2016 年公共图书馆调查表

这段代码首先创建了两个表，并在表中继续使用 `fscskey` 作为主键❶。之后，它运行 `COPY` 命令❷将 CSV 文件导入至表中，并在最后为两个表的 `libname` 列创建索引❸。

在阅读代码的过程中，你可能会发现三个表拥有相同的结构。大多数持续进行的调查每年都会发生少量变化，因为调查人员可能会发现新的问题，又或者对已有问题进行修改，但我为这三个表格选择的列是一致的。记录调查每年变化的文档可以在 IMLS 官网中找到。现在，让我们通过挖掘这些数据来发现它们的故事。

使用聚合函数探索图书馆数据

聚合函数可以合并多个行的值，对它们进行操作，然后返回单个结果。比如说，正如我们在第 6 章中所见，通过 `avg()` 聚合函数可以返回平均值。有些聚合函数属于 SQL 标准，而另一些则是 PostgreSQL 或者某个数据库管理器特有的，本章用到的大多数聚合函数都属于前者（PostgreSQL 聚合函数的完整列表请见：PostgreSQL 官网文件 9.21 聚合函数文档）。

本节将使用针对单列和多列的聚合函数来处理图书馆数据，并在之后探索如何通过归类它们返回的结果以及其他列的值来扩展它们的用途。

使用 count() 统计行和值

导入数据之后，合乎情理的第一步就是确保表中拥有预期数量的行。IMLS 的文档说我们导入的 2018 年数据文件有 9261 行，2017 年有 9245 行，而 2016 年则有 9252 行。其中的差异通常是由于图书馆的开张、关张或合并造成的。当我们统计这些表中的行数时，它们应该与上述总数保持一致。

`count()` 聚合函数是 ANSI SQL 标准的一部分，它能够轻松地执行检查行数或是其他计数任务。当执行 `count(*)` 时，输入的星号将被用作通配符，使得函数能够返回表的行数而不论它们是否包含了 NULL 值。代码清单 9-3 里的三个语句都是这样做的。

```
SELECT count(*)
FROM pls_fy2018_libraries;

SELECT count(*)
FROM pls_fy2017_libraries;
```

```
SELECT count(*)
FROM pls_fy2016_libraries;
```

代码清单 9-3：使用 count() 统计表的行数

逐一运行清单中的每一行代码，以此来查看每个表的行数。对于 pls_fy2018_libraries，结果应该是这样的：

```
count
-----
 9261
```

对于 pls_fy2017_libraries，你应该会看到以下结果：

```
count
-----
 9245
```

最后，对于 pls_fy2016_libraries 应该会是这样：

```
count
-----
 9252
```

这三个结果都与我们预期的行数相符。这是个好的开始，因为不符合预期的行数会提醒我们注意一些问题，比如有某些行丢失了，又或者导入了错误的文件。

> **注意**
>
> 使用 pgAdmin 的界面也能够检查行数，只是过程相当繁琐。在 pgAdmin 的对象浏览器里面用右键点击表名，选择**查看/编辑数据▸所有行**，这样 pgAdmin 就会执行一个针对所有行的 SQL 查询。之后，在结果方框就会出现一条显示行数的弹出信息，该信息将在几秒之后消失。

统计列中出现的值数量

如果我们将列名而不是星号传递给 count()，那么它将返回不为 NULL 的行数量。比如说，通过代码清单 9-4，我们可以使用 count() 来统计 pls_fy2018_libraries 表中非空 phone 列的数量。

```
SELECT count(phone)
FROM pls_fy2018_libraries;
```

代码清单 9-4：使用 count() 统计列中的值数量

根据结果显示，共有 9261 行的 phone 列有值，这个数字跟我们之前统计的行总数一致。

```
count
-----
 9261
```

这意味着所有行的 phone 列都有值。考虑到这个列在 CREATE TABLE 语句里面有一个 NOT NULL 约束，所以你可能早就猜到了这一点。但执行这个检查仍然是值得的，因为值是否存在可能会对你是否继续进行分析的决定产生影响。为了全面审查数据，向专题专家核实并深入挖掘数据通常是个不错的想法，我建议将寻求专家建议作为更广泛的分析方法的一部分（关于这个主题的更多信息，请参见第 20 章）。

统计列中出现的不同值

前面的第 3 章介绍了 SQL 标准中的 DISTINCT 关键字，它配合 SELECT 一起使用能够返回一组唯一值。使用它可以查看单个列的唯一值，也可以查看多个列的唯一值组合。此外还可以将 DISTINCT 添加到 count() 函数中，以此来返回列中唯一值的数量。

代码清单 9-5 展示了两个查询。第一个统计了 2018 表中 libname 列的所有值，第二个查询也做了同样的事情，只是在列名的前面加上了 DISTINCT。请逐一运行这两个查询。

```
SELECT count(libname)
FROM pls_fy2018_libraries;

SELECT count(DISTINCT libname)
FROM pls_fy2018_libraries;
```

代码清单 9-5：使用 count() 统计列中不同值的数量

第一个查询返回的行数跟代码清单 9-3 在表中找到的行数量一致：

```
count
-----
 9261
```

这很好。因为我们预期的就是每一行都会有相应的图书馆机构名字。但第二个查询返回的则是一个更小的数字：

```
count
-----
 8478
```

通过使用 DISTINCT 移除重复值，图书馆名称的数量被减少到了各不相同的 8478 个。仔细检查数据可以发现，在 2018 年的调查中，共有 526 家图书馆机构跟一个或多个其他机构使用了相同的名称。光是叫 OXFORD PUBLIC LIBRARY（牛津公共图书馆）的图书馆机构就有 10 家，它们分别位于不同州中名为 Oxford 的城市或城镇，其中包括亚拉巴马州、康涅狄格州、堪萨斯州和宾夕法尼亚州等。在稍后的"使用 GROUP BY 聚合数据"小节，我们将编写查询以查看这些值的不同组合。

使用 max() 和 min() 寻找最大值和最小值

max() 函数和 min() 函数能够为我们提供列中的最大值和最小值，出于以下几个原因，它们非常有用。首先，它们能帮助我们了解被报告值的范围。其次，正如我们接下来将要看到的，这些函数还能够揭示数据中未被发现的问题。

max() 和 min() 的工作方式相同，它们都接受列的名字作为输入。代码清单 9-6 对 2018 表使用了这两个函数，并将 visits 列用作它们的参数，该列记录了图书馆机构及其所有分支机构全年的访问次数。请运行这段代码以查看结果。

```
SELECT max(visits), min(visits)
FROM pls_fy2018_libraries;
```

代码清单 9-6：使用 max() 和 min() 来查找最大和最小访问次数

这个查询将返回以下结果：

```
max        min
--------   ---
16686945   -3
```

这个结果相当有趣。对于大型城市的图书馆系统来说，超过 1660 万的最大值是合理的，但最小值 -3 又是怎么一回事？初看上去，这个结果似乎是个错误，然而事实是图书馆调查的制作人员采用了一个在数据收集中经常会看到但是却存在潜在问题的惯例，也就是，在列中使用负数或是特殊的高值来表示某种情形。

在这个例子中，数字列中的负值表示以下情形：

值为 -1 表示这个问题"未获回复"（nonresponse）。

值为 -3 表示"不适用"（not applicable），该值在图书馆机构临时或者永久关闭时使用。

为了避免在对列进行求和时因为包含负值而产生不正确的总和，我们需要在探索数据的过程中考虑并排除负值（使用 WHERE 子句可以过滤它们）。这是一个很好的提醒，告诉我们应该经常阅读数据文档，防患于未然，而不是在花费大量时间深入分析之后再想办法亡羊补牢。

> **注意**
>
> 处理这种负值场景的一种更好的办法，是在行的 visits 列缺失回复数据时使用 NULL，然后创建一个独立的 visits_flag 列用于保存解释缺失原因的代码。

使用 GROUP BY 聚合数据

通过组合使用 GROUP BY 子句和聚合函数，我们可以根据一个或多个列的值对结果进行分组。这使得我们能够对表中的每个州或是每种类型的图书馆机构执行诸如 sum() 或 count() 之类的操作。

让我们来探讨一下如何使用 GROUP BY 与聚合函数一起工作。GROUP BY 本身也是 SQL

标准的一部分，它跟 DISTINCT 很像，都能够从结果中消除重复的值。代码清单 9-7 展示了 GROUP BY 子句的实际用法。

```
   SELECT stabr
   FROM pls_fy2018_libraries
❶ GROUP BY stabr
   ORDER BY stabr;
```

代码清单 9-7：对 stabr 列执行 GROUP BY

GROUP BY 子句❶跟在 FROM 子句后面，并在其中包含想要分组的列名。这段代码选取了保存州缩写的 stabr 列，并对这个列进行分组，再使用 ORDER BY stabr 让分组后的结果按字母进行排序，最终得到的结果是 2018 表的所有独一无二的州缩写。下面展示的是其中一部分结果：

```
stabr
-----
AK
AL
AR
AS
AZ
CA
--snip--
WV
WY
```

注意，这里返回的 55 行都是不重复的。这些标准的两字母邮政缩写包含 50 个州和华盛顿特区，还有一些美国领土。

分组并不局限于单个列。作为例子，代码清单 9-8 就使用 GROUP BY 子句，基于 city 列和 stabr 列对 2018 表数据进行分组。

```
SELECT city, stabr
FROM pls_fy2018_libraries
GROUP BY city, stabr
ORDER BY city, stabr;
```

代码清单 9-8：对 city 列和 stabr 列使用 GROUP BY

这个查询的结果首先按城市排序，然后再按州排序，最后再按照这一顺序输出展示独一无二的组合。

```
city         stabr
----------   -----
ABBEVILLE    AL
ABBEVILLE    LA
```

```
ABBEVILLE      SC
ABBOTSFORD     WI
ABERDEEN       ID
ABERDEEN       SD
ABERNATHY      TX
--snip-
```

这个分组返回 9013 行，比表的总行数少了 248 行。这个结果说明在调查中，特定城市和州出现同名图书馆机构的情况发生了很多次。

同时使用 GROUP BY 和 count()

通过组合 GROUP BY 和聚合函数，比如 count()，我们可以从数据中提取更多描述性信息。比如说，我们知道 2018 表中包含 9261 家图书馆机构。我们可以统计各州的机构数量，然后通过对结果进行排序来找出包含最多机构的州。代码清单 9-9 展示了如何做到这一点。

```
❶ SELECT stabr, count(*)
   FROM pls_fy2018_libraries
❷ GROUP BY stabr
❸ ORDER BY count(*) DESC;
```

代码清单 9-9： 对 stabr 列使用 GROUP BY 和 count()

这个查询会取出 stabr 列的值，并统计有多少 stabr 列拥有指定的值。在给定待查询列的列表中❶，我们指定了 stabr 和使用星号作为输入的 count()，后者会导致 count() 在计数时将 NULL 值也包含在内。此外，如果在选择单个列的同时还使用了聚合函数，那么就必须在 GROUP BY 子句❷中包含该列。否则数据库就会返回一个错误告知我们必须这么做，因为在同一个查询里面，你不能既使用聚合函数对列值进行分组，又在其中包含未分组的列值。

为了对结果进行排序，并将机构数量最多的州放在顶部，查询使用了一个包含 count() 函数和 DESC 关键字的 ORDER BY 子句❸。

运行代码清单 9-9 中的代码，结果显示纽约、伊利诺伊和得克萨斯是 2018 年图书馆机构数量最多的州：

```
stabr       count
-----       -----
NY          756
IL          623
TX          560
IA          544
PA          451
MI          398
WI          381
MA          369
--snip--
```

记住，这个表描述的是服务于地方的图书馆机构。虽然纽约、伊利诺伊和得克萨斯拥有最大数量的图书馆机构，但这并不意味着它们拥有最大数量的网点，让你能够走进去并浏览书架。一个机构可能只拥有一个中心图书馆，或者它没有中心图书馆，但是却有 23 个分馆遍布在一个县里。为了统计网点数量，表中的每一行都有 centlib 和 branlib 两个列，它们的值分别记录了中央图书馆和分支图书馆的数量。我们也可以通过对这两个列使用 sum() 聚合函数计算出它们的总和。

对多个列使用 GROUP BY 和 count()

通过把 GROUP BY、count() 和多个列结合起来，我们能够从数据里面收集更多信息。比如说，三个表中的 stataddr 列都包含了一个代码，用于表明机构的地址在过去一年是否发生了变化。这个列可能出现的值如下：

00　与去年相比没有变化

07　搬迁至新地点

15　地址发生细微变化

代码清单 9-10 展示的代码对 stabr 和 stataddr 使用了 GROUP BY 和 count()，用于统计各州中搬家了、地址发生细微变化以及维持原址的机构数量。

```
❶ SELECT stabr, stataddr, count(*)
   FROM pls_fy2018_libraries
❷ GROUP BY stabr, stataddr
❸ ORDER BY stabr, stataddr;
```

代码清单 9-10：对 stabr 列和 stataddr 列使用 GROUP BY 和 count()

查询的关键部分在于列名以及 SELECT 后面的 count() 函数❶，并且需要保证两个列都出现在 GROUP BY 子句中❷，以此来确保 count() 能够展示 stabr 和 stataddr 唯一组合的数量。

为了让输出结果更易于阅读，查询在返回结果之前按升序对州和地址状态代码进行了排序❸。以下是查询的执行结果：

```
stabr        stataddr            count
-----        --------            -----
AK           00                  82
AL           00                  220
AL           07                  3
AL           15                  1
AR           00                  58
AR           07                  1
AR           15                  1
AS           00                  1
--snip--
```

前面的几行说明，代表维持原址的代码 00 是每个州最常见的值。我们之所以这样预期，是因为维持原址的图书馆机构通常都会比搬迁了的图书馆机构要多。这个结果有助于确保我们正在以合理的方式分析数据。反之，如果在每个州里最常见的是代表搬迁新址的代码 07，那么说明我们可能没有正确地编写查询，又或者数据出现了问题。

重新审视 sum() 以检查图书馆活动

现在，我们需要将分组和聚合技术扩展至由 2018 年、2017 年和 2016 年图书馆数据组成的连接表，以此来鉴定图书馆在这三年间的访问量趋势。为此，我们需要使用 sum() 聚合函数来计算总数。

在深入研究相关查询之前，让我们先来解决代表"不适用"和"未获回复"的 -3 和 -1。为了防止这些负值对分析产生影响，查询将使用 WHERE 子句来过滤它们，从而将查询的范围限制在 visits 值大于或等于零的行。

首先，让我们计算出每个表各自的年度图书馆访问量。请分别运行代码清单 9-11 中的每条 SELECT 语句。

```
SELECT sum(visits) AS visits_2018
FROM pls_fy2018_libraries
WHERE visits >= 0;

SELECT sum(visits) AS visits_2017
FROM pls_fy2017_libraries
WHERE visits >= 0;

SELECT sum(visits) AS visits_2016
FROM pls_fy2016_libraries
WHERE visits >= 0;
```

代码清单 9-11：使用 sum() 聚合函数以计算 2016 年、2017 年和 2018 年图书馆的访问总数

2018 年的总访问量大约 12.9 亿次：

```
visits_2018
-----------
 1292348697
```

2017 年的总访问量接近 13.2 亿次：

```
visits_2017
-----------
 1319803999
```

2016 年的总访问量接近 13.6 亿次：

```
visits_2016
-----------
 1355648987
```

这些数字揭示了一些信息，但它们对于图书馆来说并不是什么好消息：趋势似乎一直在向下延伸，2016 年至 2018 年的访问量每年都有约 5% 的下跌。

让我们进一步改进统计的方法。上述查询对表中记录的访问量进行了汇总。但从本章前面进行的行统计中，我们知道每个表包含的图书馆机构数量是不同的：2018 年是 9261 家，2017 年是 9245 家，而 2016 年则是 9252 家。这些差异是由于不同机构的开张、关张和合并造成的。因此，让我们来看一下，如果分析只限于同时存在于三个表中并且 visits 值为非负数的图书馆机构，那么它们的访问总量是否会有所不同。这一工作可以通过连接表来完成，正如代码清单 9-12 所示。

```
❶ SELECT sum(pls18.visits) AS visits_2018,
         sum(pls17.visits) AS visits_2017,
         sum(pls16.visits) AS visits_2016
❷ FROM pls_fy2018_libraries pls18
   JOIN pls_fy2017_libraries pls17 ON pls18.fscskey = pls17.fscskey
   JOIN pls_fy2016_libraries pls16 ON pls18.fscskey = pls16.fscskey
❸ WHERE pls18.visits >= 0
   AND pls17.visits >= 0
   A ND pls16.visits >= 0;
```

代码清单 9-12：使用 sum() 统计 2018 年、2017 年和 2016 年连接表的总访问量

这个查询将包括表连接在内的前面章节提到过的好几个概念结合在了一起。查询最开头使用了 sum() 聚合函数❶来计算每个表 visits 列的总和。在基于表的主键连接表的时候，查询使用了第 7 章介绍的表别名技术❷，并在每个别名的前面省略了可选的 AS 关键字。比如说，为了避免在查询过程中使用 2018 表那啰嗦的全名，查询声明了 pls18 作为该表的别名。

注意，这里使用的是标准的 JOIN，也就是 INNER JOIN，这意味着查询结果只会包含在三个表中都匹配 fscskey 主键的行。

正如代码清单 9-11 中所做的那样，为了避免人为的负值对计数产生影响，这个查询也通过 WHERE 子句❸指定结果只能包含 visits 大于或等于 0 的行。

运行该查询将产生以下结果：

```
visits_2018  visits_2017  visits_2016
-----------  -----------  -----------
 1278148838  1319325387   1355078384
```

虽然 2018 年的总数比之前少了 1400 万，但这个结果跟之前单独统计每个表时的结果类似，并且下降的趋势仍然存在。

为了全面了解图书馆使用情况的变化，我们想要对所有包含业绩指标的列进行类似的查询，以此来记录每个列的趋势。比如说，wifisess 列就展示了用户连接图书馆无线网络的次数。使用 wifisess 代替代码清单 9-11 中的 visits 将得到以下结果：

```
wifi_2018   wifi_2017   wifi_2016
---------   ---------   ---------
349767271   311336231   234926102
```

因此，尽管访问量下降了，但图书馆 Wi-Fi 网络的使用量却急剧上升，这对图书馆作用的变化提供了深刻的见解。

> **注意**
>
> 尽管我们基于 `fscskey` 把三个表连接了起来，但出现在这些表里面的一些图书馆机构在这三年中仍然可能出现合并或者拆分。在使用这些数据之前，最好还是向 IMLS 询问一下相关的注意事项。

按州对访问量进行分组

现在，我们知道了在 2016 年至 2018 年期间，美国的图书馆访问量在整体上出现了下降，你可能会问自己："是美国的所有地方都出现了下降，还是不同地区的趋势变化不同？"为了回答这个问题，我们需要修改前面的查询，让它按州代码进行分组。此外我们还可以用百分比变化计算来比较各州的趋势。代码清单 9-13 展示了执行上述操作的完整代码。

```
❶ SELECT pls18.stabr,
        sum(pls18.visits) AS visits_2018,
        sum(pls17.visits) AS visits_2017,
        sum(pls16.visits) AS visits_2016,
        round( (sum(pls18.visits: : numeric) - sum(pls17.visits)) /
           ❷ sum(pls17.visits) * 100, 1 ) AS chg_2018_17,
        round( (sum(pls17.visits: : numeric) - sum(pls16.visits)) /
             sum(pls16.visits) * 100, 1 ) AS chg_2017_16
  FROM pls_fy2018_libraries pls18
      JOIN pls_fy2017_libraries pls17 ON pls18.fscskey = pls17.fscskey
      JOIN pls_fy2016_libraries pls16 ON pls18.fscskey = pls16.fscskey
  WHERE pls18.visits >= 0
      AND pls17.visits >= 0
      AND pls16.visits >= 0
❸ GROUP BY pls18.stabr
❹ ORDER BY chg_2018_17 DESC;
```

代码清单 9-13：使用 GROUP BY 追踪各州图书馆访问量的百分比变化

这个查询在 SELECT 关键字后面给出了 2018 表中的 stabr 列❶；除此之外，这个列还会出现在 GROUP BY 子句❸中。因为这个查询只针对同时出现在三个表中的机构，所以使用哪个表的 stabr 列并不重要。在 visits 列之后，查询使用了第 6 章介绍的百分比变化计算方法，你现在对这个方法应该不再陌生了。这样的计算一共执行了两次，并且为了清晰起见，查询还分别为它们指定了 chg_2018_17 ❷和 chg_2017_16 两个别名。查询最后以一个 ORDER BY 子句❹结束，它会按照 chg_2018_17 列别名进行排序。

运行这个查询，结果的顶部将显示 2017 年至 2018 年期间，访问量提升百分比最大的 10 个州。其余剩下的州则出现了不同程度的访问量下降，其中垫底的美属萨摩亚甚至出现了 28% 的暴跌！

stabr	visits_2018	visits_2017	visits_2016	chg_2018_17	chg_2017_16
SD	3824804	3699212	3722376	3.4	-0.6
MT	4332900	4215484	4298268	2.8	-1.9
FL	68423689	66697122	70991029	2.6	-6.0
ND	2216377	2162189	2201730	2.5	-1.8
ID	8179077	8029503	8597955	1.9	-6.6
DC	3632539	3593201	3930763	1.1	-8.6
ME	6746380	6731768	6811441	0.2	-1.2
NH	7045010	7028800	7236567	0.2	-2.9
UT	15326963	15295494	16096911	0.2	-5.0
DE	4122181	4117904	4125899	0.1	-0.2
OK	13399265	13491194	13112511	-0.7	2.9
WY	3338772	3367413	3536788	-0.9	-4.8
MA	39926583	40453003	40427356	-1.3	0.1
WA	37338635	37916034	38634499	-1.5	-1.9
MN	22952388	23326303	24033731	-1.6	-2.9
--snip--					
GA	26835701	28816233	27987249	-6.9	3.0
AR	9551686	10358181	10596035	-7.8	-2.2
GU	75119	81572	71813	-7.9	13.6
MS	7602710	8581994	8915406	-11.4	-3.7
HI	3456131	4135229	4490320	-16.4	-7.9
AS	48828	67848	63166	-28.0	7.4

为了更好地了解来龙去脉，查看 2016 年至 2017 年 visits 的百分比变化也是有帮助的。包括明尼苏达在内的很多州都出现了连续的下降，而其他一些州，包括名列前茅的那几个州，都在大幅下降一年之后出现了增长。

这时最好去调查一下引起这些变化的原因。数据分析在回答问题的同时常常也会引出很多问题，这也是分析过程中的一部分。你可以联系一下跟数据关系密切的人，让他们评价一下你的发现，这将会大有裨益。有时候，他们会给你一个很棒的解释。但有时候，专家们也会向你提出疑问。这时你就需要回到数据或文档的保管者那里，看看你是否忽略了代码或者数据中的某些细微问题。

使用 HAVING 过滤聚合查询

为了细化分析，我们可以对具有相似特征的一部分州和地区进行研究。在考虑访问量的百分比变化时，将不同大小的州分开处理是很有意义的。在罗德岛这样的小州，一间图书馆闭馆 6 个月进行维护可能会产生明显的影响，而同样的事情发生在加利福尼亚州，几乎不会在整个州产生任何影响。为了查看访问量相近的州，我们只需要排序任意一个 visits 列即可，但通过对查询做进一步的过滤，我们能够得到一个更清晰且更小的结果集。

虽然我们很熟悉如何使用 WHERE 进行过滤，但因为 WHERE 是在行一级进行操作，而聚合函数需要跨行进行处理，所以像 sum() 这样的聚合函数是无法在 WHERE 子句中使用的。

过滤聚合函数的结果需要用到 SQL 标准中的 HAVING 子句，它可以对聚合产生的分组实施条件过滤。代码清单 9-14 修改了代码清单 9-13 中的查询，在 GROUP BY 的后面插入了 HAVING 子句。

```
SELECT pls18.stabr,
    sum(pls18.visits) AS visits_2018,
    sum(pls17.visits) AS visits_2017,
    sum(pls16.visits) AS visits_2016,
    round( (sum(pls18.visits::numeric) - sum(pls17.visits)) /
        sum(pls17.visits) * 100, 1 ) AS chg_2018_17,
    round( (sum(pls17.visits::numeric) - sum(pls16.visits)) /
        sum(pls16.visits) * 100, 1 ) AS chg_2017_16
FROM pls_fy2018_libraries pls18
    JOIN pls_fy2017_libraries pls17 ON pls18.fscskey = pls17.fscskey
    JOIN pls_fy2016_libraries pls16 ON pls18.fscskey = pls16.fscskey
WHERE pls18.visits >= 0
    AND pls17.visits >= 0
    AND pls16.visits >= 0
GROUP BY pls18.stabr
❶ HAVING sum(pls18.visits) > 50000000
ORDER BY chg_2018_17 DESC;
```

代码清单 9-14： 使用 HAVING 子句过滤聚合查询的结果

在这个例子中，为了只展示非常大的州，我将查询结果设置为只包含 2018 年访问总量大于 5000 万的行。在添加了这个 HAVING 子句之后，输出将减少至只有 6 行。查询中的 5000 万是我随意选择的值，在实践中，你可以尝试使用不同的值。以下是代码的执行结果：

stabr	visits_2018	visits_2017	visits_2016	chg_2018_17	chg_2017_16
FL	68423689	66697122	70991029	2.6	-6.0
NY	97921323	100012193	103081304	-2.1	-3.0
CA	146656984	151056672	155613529	-2.9	-2.9
IL	63466887	66166082	67336230	-4.1	-1.7
OH	68176967	71895854	74119719	-5.2	-3.0
TX	66168387	70514138	70975901	-6.2	-0.7

这六个州中除了一个州之外，其他州的访问量都有所下降，但需要注意的是，百分比变化的差异并没有像全部州和地区那么大。根据我们从图书馆专家那里了解到的情况，将最活跃的州作为一个分组来看待对于描述趋势是有帮助的，它的情况和其他分组的情况相去不远。比如说，你可能会写下这么一个句子："在图书馆访问量最大的州中，佛罗里达州是 2017 年至 2018 年间唯一一个访问量上升的州，而其他州的访问量都下降了 2%～6%。"对于中等规模和较小的州，你可能也会写下类似的句子。

小结

如果你现在产生了去当地图书馆借阅几本书的想法，那么可以去问问图书管理员，他们的部门在过去几年的访问量是上升还是下降，看看具体的结果跟你猜测的是否一样。在这一章，我们学习了如何通过标准的 SQL 技术，对值实施分组并使用少量的聚合函数来汇总表中的数据。通过连接数据集，我们还能够识别出其中一些有趣的趋势。

我们还知道了数据的包装并不总是完美无缺的。列中作为指示器而不是实际数值出现的负值迫使我们过滤掉这些行。遗憾的是，这类挑战在数据分析师的日常工作中是无法避免的，所以我们将在接下来的一章学习如何清理一个有多种问题的数据集。本书之后的章节还会介绍更多聚合函数以便我们寻找数据中的故事。

实战演练

用以下挑战验证你的分组和汇总技能：

1. 正如我们所见，图书馆的访问量在大多数地方都呈下降趋势。但图书馆的就业情况又如何呢？所有三个图书馆调查表都在 totstaff 一栏记录了全职雇员的数量。请修改代码清单 9-13 和代码清单 9-14 中的代码，计算该列总和随时间变化的百分比，检查所有州以及读者最多的州。别忘了注意其中的负值！

2. 图书馆调查表中有一栏叫做 obereg，它是经济分析局的一个两位数的代码，根据美国的地区归类每个图书馆机构，比如新英格兰地区的图书馆、落基山脉的图书馆，诸如此类。正如我们可以按州分组计算访问量变化的百分比一样，使用 obereg 按美国地区分组计算访问量变化的百分比也是可行的。请查阅调查文档以了解各地区代码的含义。作为一个额外的挑战，你还可以创建一个表，将 obereg 用作主键，并将地区名称储存为 text，然后在查询中加入这个表，使得查询可以根据地区名称而不是代码实施分组。

3. 回想一下我们在第 7 章学过的连接类型，哪种类型可以显示全部三个表中的所有行，包括那些未被匹配的行？写一个这样的查询，并在 WHERE 子句中添加一个 IS NULL 过滤器，以此来显示那些未被包含在一个或多个表中的机构。

第10章
检查并修改数据

　　如果要我为新晋的一群数据分析师敬酒，我会举起酒杯并说："希望你们收到的数据都是完全结构化的，并且不会出现任何错误！"但是在现实中，有时候我们会收到状态非常糟糕的数据，以至于如果不对其进行修改就很难对其进行分析。我们把这种数据称为脏数据，指代那些有错误、缺失值又或者组织得一塌糊涂的数据。在这一章，我们将使用 SQL 清理一组脏数据，并执行其他有用的维护任务，从而让数据变得可用。

　　脏数据的产生原因是多种多样的。将数据从一种文件类型转换到另一种文件类型，或者给列指定了错误的数据类型，都可能导致信息丢失。人们在输入或者编辑数据的时候可能会粗心大意，留下错别字或者不一致的拼写。但无论原因如何，脏数据都是数据分析师的心腹大患。

　　我们将要学习如何检查数据以评估其质量，还有如何修改数据和表从而让分析能够更容易进行。但这里学到的技术并不仅仅适用于清理数据。修改数据和表的能力，让我们能够第一时间将新信息更新或者添加至数据库，将数据库从静态集合提升为活动记录。

　　首先，让我们从导入数据开始。

导入肉类、家禽和蛋类生产商数据

　　本节展示的例子将会用到一个美国肉类、家禽和蛋类生产商的目录。食品安全和检验署（FSIS）是美国农业部的一个机构，它会定期汇编和更新这个数据库。FSIS 需要对超过 6000 家肉类加工厂、屠宰场和农场的动物和食品进行检验。如果检疫人员发现问题，比如细菌污染或者错误的食品标签，那么该机构可以宣布召回。任何对农业企业、食品供应链或食源性疾病暴发感兴趣的人，都可以通过这个目录获得有用的信息。更多信息可以在该机构的网页上看到。

　　我们将要用到的数据来源于一个由美国联邦政府运营的网站，该网站会对来自各个联邦机构的数千个数据集进行编目。我已经把该网站上发布的 Excel 文件转换成了 CSV 格式，名字为 *MPI_Directory_by_Establishment_Name.csv*，你可以在本书的资源库中找到这个文件。

由于 FSIS 会定期更新数据，所以如果你直接从 https://www.data.gov/ 下载数据，那么你看到的结果将会与本章展示的不一样。

为了把文件导入到 PostgreSQL，我们需要用代码清单 10-1 中的代码创建一个名为 meat_poultry_establishments 的表，并使用 COPY 将 CSV 文件添加至表。跟之前的例子一样，请先使用 pgAdmin 连接至 analysis 数据库，然后打开查询工具以运行这段代码（别忘了把代码中 COPY 语句的路径修改成你实际保存 CSV 文件的位置）。

```
CREATE TABLE meat_poultry_egg_establishments (
❶ establishment_number text CONSTRAINT est_number_key PRIMARY KEY,
   company text,
   street text,
   city text,
   st text,
   zip text,
   phone text,
   grant_date date,
❷ activities text,
   dbas text
);

❸ COPY meat_poultry_egg_establishments
   FROM 'C: \YourDirectory\MPI_Directory_by_Establishment_Name.csv'
   WITH (FORMAT CSV, HEADER);

❹ CREATE INDEX company_idx ON meat_poultry_egg_establishments (company);
```

代码清单 10-1：载入 FSIS 的肉类、家禽和蛋类检验目录

这张表有 10 个列。其中 establishment_number 列❶被添加了自然主键约束，该列保存的是标识每个机构的唯一值。其余的大部分列则和机构的名字以及位置有关。在本章末尾的"实战演练"环节，我们还会用到 activities 列❷，它描述了公司的活动情况。表中的大部分列都被设置成了 text 类型，在 PostgreSQL 中，这种可变长度数据类型最大能够容纳 1GB 的数据（详见第 4 章）。比如其中的 dbas 列就会在它的行中包含超过 1000 个字符的字符串，所以我们必须为此做好准备。在载入 CSV 文件❸之后，代码还为 company 列❹创建了索引以便加快对特定公司的搜索速度。

作为练习，让我们使用上一章引入的 count() 聚合函数来统计 meat_poultry_egg_establishments 表中的行数量：

```
SELECT count(*) FROM meat_poultry_egg_establishments;
```

结果应该会显示 6287 行。现在，让我们来看看数据包含的内容，并确定能否从中收集到有用的信息，又或者是否需要以某种方式修改它。

访问数据集

访问数据是我最喜欢的分析环节，它能够发现数据集的细节——它拥有什么，它能够回答什么问题，还有它是否符合我们的设想——就像通过面试揭示求职者是否具备所需的技能一样。

上一章介绍的聚合查询是一种有用的访问工具，因为它们经常会暴露数据集的局限性，或者在得出结论并且检验发现的有效性之前引出你想要提出的问题。

举个例子，meat_poultry_egg_establishments 表描述了食品生产商的相关信息。刚开始，我们可能会先入为主地认为每一行的每家公司都在不同的地址运营。但是在数据分析中，假设永远是不可靠的，所以让我们使用代码清单 10-2 中的代码验证这一假设。

```
SELECT company,
    street,
    city,
    st,
     count(*) AS address_count
FROM meat_poultry_egg_establishments
GROUP BY company, street, city, st
HAVING count(*) > 1
ORDER BY company, street, city, st;
```

代码清单 10-2： 查找具有相同地址的多家公司

这段代码使用 company、street、city 和 st 列的唯一组合对公司进行分组。然后使用 count(*) 返回上述每种列组合的行数量，并为之设置别名 address_count。之后，代码使用上一章引入的 HAVING 子句对结果进行过滤，只保留相同值组合中出现复数行的案例，最终使得查询返回所有具有相同地址的公司。

执行这个查询将获得 23 行，这意味着有接近两打公司在同一个地址被列出了不止一次：

```
company                  street                   city         st   address_count
---------------------    ---------------------    ----------   --   -------------
Acre Station Meat Farm    17076 Hwy 32 N           Pinetown     NC               2
Beltex Corporation       3801 North Grove Street   Fort Worth   TX               2
Cloverleaf Cold Storage  111 Imperial Drive        Sanford      NC               2
--snip--
```

同一家公司在同一个地址多次出现可能是事出有因，这并不一定是个问题。比如说，两种类型的加工厂可能使用了相同的名字。当然，这也可能是一个数据输入错误。无论如何，在对数据集开展工作之前，明智的做法是先消除它在有效性方面的问题，并且这种做法也会促使我们在得出结论之前调查那些与众不同的案例。除了上面提到的一点之外，这个数据集还有其他问题，我们必须先解决这些问题，然后才能从数据集里面获取有意义的信息。下面让我们通过例子逐一分析这些问题。

检查缺失值

接下来，我们将通过询问一个基本的问题来检查是否每个州都拥有相应的值，还有是否有任何行缺失了州代码：每个州有多少家肉类、家禽和蛋类加工公司？正如代码清单 10-3 所示，使用聚合函数 count() 和 GROUP BY 可以确认这一点。

```
SELECT st,
       count(*) AS st_count
FROM meat_poultry_egg_establishments
GROUP BY st
ORDER BY st;
```

代码清单 10-3：对州实施分组和计数

这个查询是一个简单的计数，它统计每个州的邮政编码（st）在表中出现的次数。查询的执行结果应该会包含 57 行，并按 st 列中保存的州邮政编码进行分组。这里统计的数量之所以会超过美国的 50 个州，是因为这些数据包含了波多黎各和其他未合并的美国属地，比如关岛和美属萨摩亚。从结果可以看到阿拉斯加州（AK）以 17 家机构的数量位居榜首：

```
st            st_count
--            --------
AK                  17
AL                  93
AR                  87
AS                   1
--snip--
WA                 139
WI                 184
WV                  23
WY                   1
                     3
```

需要注意的是，在结果列表最后的行中，st 列出现了 NULL 值，而 st_count 列的值则为 3。这意味着有三个行的 st 列为 NULL。为了更好地了解这些工厂的细节，我们将对相应的行进行查询。

> **注意**
>
> 根据数据库实现的不同，NULL 值可能会出现在有序列的第一位或是最后一位。在 PostgreSQL 中，它们默认会出现在最后。ANSI SQL 标准并未明确指定应该执行何种排列方式，但是它允许你在 ORDER BY 子句中添加 NULLS FIRST 或者 NULLS LAST 来指定一种偏好。比如说，通过将上述查询的子句修改为 ORDER BY st NULLS FIRST，我们可以将 NULL 值放到结果的第一位。

在代码清单 10-4 中，我们添加了一个带有 st 列和 IS NULL 关键字的 WHERE 子句来查找那些缺少州代码的行。

```
SELECT establishment_number,
       company,
       city,
       st,
       zip
FROM meat_poultry_egg_establishments
WHERE st IS NULL;
```

代码清单 10-4：使用 IS NULL 在 st 列中查找缺失的值

这个查询将返回在 st 列中没有值的三行：

```
est_number            company                              city      st    zip
----------------      --------------------------------     ------    --    -----
V18677A               Atlas Inspection, Inc.               Blaine          55449
M45319+P45319         Hall-Namie Packing Company, Inc                      36671
M263A+P263A+V263A     Jones Dairy Farm                                     53538
```

    这是一个问题，因为它会导致所有包含 st 列的计数结果都不正确，比如在计算每个州的机构数量的时候。当你发现这样的错误时，就需要考虑对下载得来的原始文件进行一次快速的目视检查。只要正在处理的文件体积不是非常大，你通常都可以使用第 1 章介绍的文本编辑器来打开 CSV 文件，并在其中搜索出现问题的行。如果你正在处理巨大的文件，那么可能需要诸如 grep（在 Linux 和 macOS 上）或者 findstr（在 Windows 上）这样的工具来检查源数据。在这个例子中，通过目视检查来自数据网站的文件，发现文件中的那些行的确没有列出相应的州，可见数据中的错误是与生俱来的，而不是在导入过程中引入的。

    在目前为止对数据的访问中，我们发现自己需要在 st 列中添加缺失值来清理这个表。接下来，让我们继续看看在数据集中还存在什么问题，并列出一个清理任务的清单。

检查不一致的数据值

    不一致的数据是阻碍分析的另一个因素。通过使用 GROUP BY 和 count()，我们可以从列中发现不一致的输入数据。在扫描结果中的不重复值时，你可能会发现名字或其他属性中的拼写差异。

    举个例子，我们表中的 6200 家公司，大部分都拥有多个地址，而这些地址又属于嘉吉公司或泰森食品公司等少数几家跨国食品公司。为了计算出每家公司拥有多少个地址，我们需要统计 company 列的值。为了看清楚这样做的时候会发生什么，我们需要用到代码清单 10-5 中的查询。

```
SELECT company,
       count(*) AS company_count
FROM meat_poultry_egg_establishments
GROUP BY company
ORDER BY company ASC;
```

代码清单 10-5：使用 GROUP BY 和 count() 查找不一致的公司名字

滚动搜索结果可以发现，相同公司的名字以不同方式拼写的情况出现了若干次。举个例子，请注意 Armour-Eckrich 品牌的条目：

```
company                            company_count
---------------------------        --------------
--snip--
Armour - Eckrich Meats, LLC                     1
Armour-Eckrich Meats LLC                        3
Armour-Eckrich Meats, Inc.                      1
Armour-Eckrich Meats, LLC                       2
--snip--
```

正如结果所示，有七家机构出现了至少四种不同的拼法，并且这些机构很可能同属于一家公司。如果我们之后想要基于公司进行聚合，那么就需要先规范各个公司的名字，这样统计或是汇总的所有项目才会被正确地分组。让我们把这一点添加到待修正项目的清单中。

使用 length() 检查畸形值

在应该保持一致格式的列里面检查出乎意料的值是一个不错的主意。比如说，meat_poultry_egg_establishments 表 zip 列中的每个条目都应该以美国五位数字邮政编码的风格进行格式化。然而我们的数据集并不是这样做的。

为了达成这个例子的目的，我复现了自己以前曾经犯过的一个常见的错误。在将原始的 Excel 文件转换为 CSV 文件的时候，我把邮政编码储存成了默认的"通用"数字格式而不是文本值，但是因为整数不能以 0 为开头，所以所有以 0 开头的邮政编码都失去了它们前面的 0。这样导致的结果是，原本的 07502 在表中变成了 7502。有好几种方式可能会导致这个错误，包括将数据复制并粘贴到设置为"通用"的 Excel 列中。在被这个错误伤害了好几次之后，我学会了格外小心地处理那些需要被格式化为文本的数字。

执行代码清单 10-6，我们蓄意制造的错误就会出现。这个例子引入了 length()，一个统计字符串中字符数量的字符串函数。通过将 length()、count() 和 GROUP BY 组合起来，这段代码能够查明有多少个行在 zip 字段中包含了五个字符，而没有包含五个字符的行又有多少。为了方便扫描结果，这段代码还在 ORDER BY 子句中使用了 length()。

```
SELECT length(zip),
       count(*) AS length_count
FROM meat_poultry_egg_establishments
GROUP BY length(zip)
ORDER BY length(zip) ASC;
```

代码清单 10-6：使用 length() 和 count() 测试 zip 列

从结果可以看出数据确实出现了格式化错误。正如结果所示，有 496 个邮政编码只有四个字符长，甚至还有 86 个邮政编码只有三个字符长，这意味着这些编码原本前面带有的一个或两个零在转换过程中被错误地清除了：

```
length        length_count
------        ------------
     3        86
     4        496
     5        5705
```

正如代码清单 10-7 所示，通过使用 WHERE 子句，我们可以看到那些被缩短的邮政编码所对应的州。

```
  SELECT st,
         count(*) AS st_count
  FROM meat_poultry_egg_establishments
❶ WHERE length(zip) < 5
  GROUP BY st
  ORDER BY st ASC;
```

代码清单 10-7：通过 length() 查找被缩短的邮政编码

这段代码在 WHERE 子句❶中使用 length() 函数，以此来统计有多少个州的邮政编码少于五个字符。其结果正如我们预期的那样——结果显示的大部分州都位于美国东北部地区，那里的邮政编码通常以零开头：

```
st        st_count
--        --------
CT        55
MA        101
ME        24
NH        18
NJ        244
PR        84
RI        27
VI         2
VT        27
```

很明显，我们不希望这样的错误继续存在，所以我们将把它添加到待修正的项目清单中。到目前为止，我们需要修正数据集中的以下问题：
- 有三行的 st 列缺失了值
- 有至少一家公司的名字出现了不一致的拼写
- 文件转换造成的不正确邮政编码

接下来，让我们来看看如何通过使用 SQL 修改数据来解决这些问题。

修改表、列和数据

从表到列，从列的数据类型到它们包含的值，数据库的绝大多数东西并不是在创建之后就一成不变的。当你的需求发生变化时，你可以使用 SQL 为表添加列、修改已有列的数据类型或者值。考虑到我们在 meat_poultry_egg_establishments 表中发现的种种问题，修改数据库的能力将变得至关重要。

执行上述操作需要用到两条 SQL 命令。第一条是 ALTER TABLE，它是 ANSI SQL 标准的一部分，并且提供了 ADD COLUMN、ALTER COLUMN 和 DROP COLUMN 等多种选项。

注意

通常来说，PostgreSQL 和其他数据库的 ALTER TABLE 都会包含特定于实现的扩展，以便通过一系列选项来管理数据库对象（详见 PostSQL 官网文件 SQLCommands 中 ALTER TABLE 文档。在本次练习中，我们只使用核心选项。

第二条命令，UPDATE，也包含在 SQL 标准中，它能够让我们修改表中的列值，并通过向 WHERE 提供条件来决定需要更新的行。

让我们先来探讨一下这两个命令的基本语法和选项，然后再使用它们修复数据集中的问题。

> 在什么情况下应该丢掉你的数据？
>
> 如果你在访问数据的时候发现太多缺失值又或者违背常理的数值——比如说，你预期的数值范围是数千，但实际遇到的却是数十亿——那么就应该重新评估数据。这些数据也许不够可靠，不足以作为分析的基础。
>
> 当你对数据有所怀疑的时候，首先要做的就是重新审视原始数据文件。确保你导入的数据是正确的，并且所有来源列的值均已放置到了表的对应列中。你可能需要打开原始电子表格或者 CSV 文件进行视觉比对。其次，你可以联系产生数据的机构或公司，确认你看到的情况并寻求提示。你也可以向其他使用过相同数据的人寻求帮助。
>
> 我曾经不止一次把被确定为良莠不齐或者根本不完整的数据集丢掉。在某些情况下，修复数据集使其可用的工作量跟数据集能够带来的意义是不成正比的。这些情况需要你做出艰难的判断。但与其使用可能会导致错误结论的不良数据，不如从头再来，又或者另寻替代。

使用 ALTER TABLE 修改表

使用 ALTER TABLE 语句可以修改表的结构。下面的例子展示了常用操作的 ANSI SQL 语法，首先是将列添加至表的代码：

```
ALTER TABLE table ADD COLUMN column data_type;
```

以下语法可以移除一个列：

```
ALTER TABLE table DROP COLUMN column;
```

以下代码可以改变列的数据类型：

```
ALTER TABLE table ALTER COLUMN column SET DATA TYPE data_type;
```

可以像这样，将 NOT NULL 约束添加至列：

```
ALTER TABLE table ALTER COLUMN column SET NOT NULL;
```

需要注意的是，在 PostgreSQL 和其他一些系统中，将约束添加至表会导致所有行被检查，以此来确认它们是否符合约束条件。如果被检查的表拥有上百万个行，那么这个过程可能会需要一些时间。

还可以像这样，移除 NOT NULL 约束：

```
ALTER TABLE table ALTER COLUMN column DROP NOT NULL;
```

当你填充了上述 ALTER TABLE 命令的占位符并运行它们的时候，pgAdmin 将在输出屏幕上打印一条读入 ALTER TABLE 命令的消息。如果某个操作违反了约束，又或者你尝试改变列的数据类型但是列中已有的值却无法适应新的数据类型，那么 PostgreSQL 将返回一个错误。但是在删除列的时候，PostgreSQL 不会给出任何关于删除数据的警告，所以在删除列之前请格外小心。

使用 UPDATE 修改值

UPDATE 语句是 ANSI SQL 标准的一部分，它能够修改列中符合条件的数据，并且它既可以应用于所有行，也可以只应用于一部分行。这个命令的基本语法用于更新指定列在表中每一行的数据，其形式如下：

```
UPDATE table
SET column = value;
```

这条命令首先通过 UPDATE 指定待更新表的名字，然后再使用 SET 指定待更新的列。将要放置到列中的新值 value 可以是字符串、数字、另一个列的名字，甚至是一个能够生成值的查询或表达式，并且这个新值必须兼容列的数据类型。

通过给定更多列和新值，并在每对新值的后面添加逗号进行分隔，我们可以同时更新多个列的值：

```
UPDATE table
SET column_a = value,
    column_b = value;
```

为了将更新限制在特定的行之上，我们可以添加一个 WHERE 子句，它带有一些触发更新所必须满足的条件，比如行中的值等于某个日期，又或者行中的值与某个字符串相匹配：

```
UPDATE table
SET column = value
WHERE criteria;
```

我们还可以使用另一个表的值来更新表。标准 ANSI SQL 要求这种操作使用子查询，也即是查询中的查询，以此来指定将要被更新的行和值：

```
UPDATE table
SET column = (SELECT column
             FROM table_b
             WHERE table.column = table_b.column)
WHERE EXISTS (SELECT column
             FROM table_b
             WHERE table.column = table_b.column);
```

SET 的值部分是一个被圆括号包围的子查询，这个 SELECT 查询基于匹配的行值将两个表的列连接起来，以此来生成用于更新的值。与此类似，WHERE EXISTS 子句也使用了 SELECT 语句来确保我们只会对两个表中拥有匹配值的行进行更新。如果不使用 WHERE EXISTS 的话，那么这个查询可能会意外地将某些值设置为 NULL，这并不是我们想要的（如果你觉得这个查询看上去有些复杂，别太担心，本书第 13 章将对子查询做进一步的介绍）。

某些数据库管理器为跨表更新提供了额外的语法。PostgreSQL 不仅支持 ANSI 标准，它还支持使用更简洁的 FROM 子句语法：

```
UPDATE table
SET column = table_b.column
FROM table_b
WHERE table.column = table_b.column;
```

在执行 UPDATE 语句的时候，你将收到一条消息，它会声明被 UPDATE 影响的行数量。

使用 RETURNING 查看被修改的数据

通过给 UPDATE 加上可选的 RETURNING 子句，我们可以直接查看被修改的值，而不需要用到另一条独立的查询。这个子句的语法需要用到 RETURNING 关键字，它的后面跟着一些列或者一个通配符，就像我们在 SELECT 后面指定列名时一样。以下是一个例子：

```
UPDATE table
SET column_a = value
RETURNING column_a, column_b, column_c;
```

RETURNING 使得数据库不再只是返回被修改的行数量，而是展示被修改行中你所指定的列。这是一个 PostgreSQL 特有的实现，并且它还可以应用于 INSERT 和 DELETE FROM。之后的某些例子将会用到这个特性。

创建备份表

在修改一个表之前，创建一个副本以供参考，并作为意外损坏某些数据时的备份，这是一个非常好的做法。代码清单 10-8 展示了如何使用熟悉的 CREATE TABLE 语句的变体，通过一个我们想要复制的表创建出一个新表。

```
CREATE TABLE meat_poultry_egg_establishments_backup AS
SELECT * FROM meat_poultry_egg_establishments;
```

代码清单 10-8：备份一个表

这个查询将产生一个表的原始副本，并为其指定新的名字。通过同时统计这两张表的条目数量可以确认这一点：

```
SELECT
    (SELECT count(*) FROM meat_poultry_egg_establishments) AS original,
    (SELECT count(*) FROM meat_poultry_egg_establishments_backup) AS
backup;
```

这个查询应该会对两个表产生相同的计数，就像这样：

```
original    backup
--------    ------
   6287       6287
```

如果计数一致，那么说明备份表和原始表具有完全相同的结构和内容。作为额外的措施并且为了便于对照，我们将使用 ALTER TABLE 来复制被更新表中的列数据。

> **注意**
> 使用 CREATE TABLE 创建备份表时并不会复制原表的索引。如果你需要对备份表执行查询，那么请务必为该表创建单独的索引。

修复缺失的列值

正如前面的代码清单 10-4 所示，表 meat_poultry_egg_establishments 里面有三行的 st 列是没有值的：

```
est_number          company                         city       st   zip
-----------------   -----------------------------   ------     --   -----
V18677A             Atlas Inspection, Inc.          Blaine          55449
M45319+P45319       Hall-Namie Packing Company, Inc                 36671
M263A+P263A+V263A   Jones Dairy Farm                                53538
```

为了正确地统计每个州的机构数量，我们需要通过 UPDATE 语句填充上述缺失值。

创建列的副本

尽管我们已经备份了这个表，但还是可以更谨慎一些，在表里面再为 st 列创建一个备份。这样一来，就算不小心在某些地方犯下了可怕的错误，我们也还有原始数据可用。代码清单 10-9 展示了如何创建 st 列的副本，并使用该列现有的值去填充副本列。

```
❶ ALTER TABLE meat_poultry_egg_establishments ADD COLUMN st_copy text;

  UPDATE meat_poultry_egg_establishments
❷ SET st_copy = st;
```

代码清单 10-9：通过 ALTER TABLE 和 UPDATE 创建并填充 st_copy 列

ALTER TABLE 语句❶添加了一个名为 st_copy 的列，这个列和原始的 st 列一样，使用的都是 text 数据类型。之后，UPDATE 中的 SET 子句❷将使用 st 列中的值去填充新的 st_copy 列。因为这个 UPDATE 语句没有使用 WHERE 指定任何条件，所以 st_copy 列中的所有行都会被更新，PostgreSQL 也会因此返回消息 UPDATE 6287。再次提醒，在体积非常大的表上执行这个操作可能会需要一些时间，并且还会进一步增加表的体积。在备份表的基础上创建额外的副本列并非完全必要，不过小心驶得万年船，有时候谨慎一点也是值得的。

我们可以通过对两列执行一个简单的 SELECT 查询来确认值是否已经被正确地复制，正如代码清单 10-10 所示。

```
SELECT st,
       st_copy
FROM meat_poultry_egg_establishments
WHERE st IS DISTINCT FROM st_copy
ORDER BY st;
```

代码清单 10-10：检查 st 列和 st_copy 列中的值

为了找出列中的不同值，我们在 WHERE 子句中使用了 IS DISTINCT FROM。之前的第 3 章曾经使用过 DISTINCT 来查找列中的唯一值，但是在这次的上下文中，IS DISTINCT FROM 测试的是 st 和 st_copy 的值是否不同。这样一来我们就不需要自行去扫描每一行。运行这个查询将返回零行，这意味着两个表的值是完全相同的。

> **注意**
>
> 因为 IS DISTINCT FROM 把 NULL 当作是一个已知值，所以值之间的比较最后总是会求值为 true 或者 false。这跟 <> 操作符的做法不一样，它对包含 NULL 的比较总是会返回 NULL。运行 SELECT 'a' <> NULL 可以观察这种行为。

在将原始数据安全地储存好了之后，我们就可以对缺少州代码的三行进行更新了。通过在表内创建备份，即使后面在更新原始列的时候出现严重问题，我们也可以很容易地把原始数据复制回来。在执行完第一批更新之后，我们就会看到这样的操作。

更新缺失值的行

为了对缺失值的行进行更新，我们首先需要在网上搜索出它们真实的值：Atlas Inspection

位于明尼苏达州（Minnesota）；Hall-Namie Packing 位于亚拉巴马州（Alabama）；而 Jones Dairy 则位于威斯康星州（Wisconsin）。代码清单 10-11 将这些州添加到了对应的行里面。

```
   UPDATE meat_poultry_egg_establishments
   SET st = 'MN'
❶ WHERE establishment_number = 'V18677A';

   UPDATE meat_poultry_egg_establishments
   SET st = 'AL'
   WHERE establishment_number = 'M45319+P45319';

   UPDATE meat_poultry_egg_establishments
   SET st = 'WI'
   WHERE establishment_number = 'M263A+P263A+V263A'
❷ RETURNING establishment_number, company, city, st, zip;
```

代码清单 10-11：更新三家机构的 st 列

因为我们想要让每个 UPDATE 语句只影响单行，所以它们每个都包含了一个 WHERE 子句❶以指定公司唯一的 establishment_number，也就是表的主键。在运行前两个查询时，PostgreSQL 将返回消息 UPDATE 1，说明每个查询只有一个行被更新。但是在运行第三个查询时，RETURNING 子句❷将指示数据库展示被更新行的数个列：

```
establishment_number      company             city        st      zip
--------------------      ----------------    --------    --      -----
M263A+P263A+V263A         Jones Dairy Farm                WI      53538
```

现在，如果再次运行代码清单 10-4 中的查询以查找 st 为 NULL 的行，那么查询将不会返回任何行。这说明我们的操作成功了！现在可以正确地统计各州的机构数量了。

恢复原始值

如果我们在更新的时候不小心提供了错误的值或者更新了错误的行，那么只需要从全表备份或者列备份中重新复制数据即可。代码清单 10-12 展示了这两种选项。

```
❶ UPDATE meat_poultry_egg_establishments
   SET st = st_copy;

❷ UPDATE meat_poultry_egg_establishments original
   SET st = backup.st
   FROM meat_poultry_egg_establishments_backup backup
   WHERE original.establishment_number = backup.establishment_number;
```

代码清单 10-12：将 st 列的值恢复原样

为了从 meat_poultry_egg_establishments 表的备份列中恢复值，我们需要运行 UPDATE 查询将 st_copy 的值都赋给 st。这样一来两列的值又会变得完全相同了。又或者通过另一个 UPDATE 语句，将代码清单 10-8 创建的备份表 meat_poultry_egg_establishments_backup 中 st 列的值赋给原始表的 st 列。这两个操作会令我们之前为缺失州代码所做的修复失效，所以如果你想要尝试这些查询，那么就需要重做一遍代码清单 10-11 中的修复。

更新值以保持一致性

正如前面的代码清单 10-5 所示，某些公司的名字出现了几种不同的拼写方式。在按公司名字聚合数据的时候，这些不一致的地方将会产生阻碍，所以我们需要修复这个问题。

以下是代码清单 10-5 中出现的 Armour-Eckrich Meats 拼写变体：

```
--snip--
Armour - Eckrich Meats, LLC
Armour-Eckrich Meats LLC
Armour-Eckrich Meats, Inc.
Armour-Eckrich Meats, LLC
--snip--
```

我们可以使用 UPDATE 语句统一这些拼写。为了保护数据，我们会创建一个新列以容纳统一后的拼写：首先将 company 中的公司名字复制到新列，然后再对新列中的数据进行处理。代码清单 10-13 展示了执行这两个动作的代码。

```
ALTER TABLE meat_poultry_egg_establishments ADD COLUMN company_standard
text;

UPDATE meat_poultry_egg_establishments
SET company_standard = company;
```

代码清单 10-13：创建并填充 company_standard 列

现在，假设我们已经检查过所有 Armour 相关的条目，并且打算将它们统一为同一个，那么我们要做的就是把 company 中所有以字符串 Armour 开头的名字在 company_standard 中修改为 Armour-Eckrich Meats。通过代码清单 10-14，我们可以使用 WHERE 对所有匹配字符串 Armour 的行进行更新。

```
  UPDATE meat_poultry_egg_establishments
  SET company_standard = 'Armour-Eckrich Meats'
❶ WHERE company LIKE 'Armour%'
❷ RETURNING company, company_standard;
```

代码清单 10-14：使用 UPDATE 语句修改那些与字符串匹配的列值

WHERE 子句是这个查询的重点，它使用了第 3 章引入的 LIKE 关键字❶进行大小写敏感的模式匹配。在字符串 Armour 的后面包含通配符语法 % 会使所有以这些字符开头的行都进行更新，无论它们后续的内容是什么。这个子句会瞄准该公司名称的所有不同拼写方式。RETURNING 子句❷则会让语句在结果中提供更新之后的 company_standard 列，并在旁边给出原始的 company 列：

company	company_standard
Armour-Eckrich Meats LLC	Armour-Eckrich Meats
Armour - Eckrich Meats, LLC	Armour-Eckrich Meats
Armour-Eckrich Meats LLC	Armour-Eckrich Meats
Armour-Eckrich Meats LLC	Armour-Eckrich Meats
Armour-Eckrich Meats, Inc.	Armour-Eckrich Meats
Armour-Eckrich Meats, LLC	Armour-Eckrich Meats
Armour-Eckrich Meats, LLC	Armour-Eckrich Meats

在 company_standard 中与 Armour-Eckrich 相关的值现在已经被统一为相同的拼写。为了统一表中的其他公司名称，我们可以为每种情况分别创建一个 UPDATE 语句，并将原始的 company 列用作对照参考。

通过串联修复邮政编码

我们最后要修复的是 zip 列中那些丢失前缀零的值。因为波多黎各和美属维尔京群岛的邮政编码都以两个零为开头，所以我们需要为 zip 列中对应的值补上前面缺少的两个零。至于其他需要修复的州，它们大多位于新英格兰地区，则需要为其补上前面缺少的一个零。

我们将组合使用 UPDATE 和双竖线字符串串联操作符（||）。通过串联可以把两个字符串值合二为一（也可以把一个字符串和一个数字合并为单个字符串）。比如说，在字符串 abc 和 xyz 之间插入 || 将得到结果 abcxyz。PostgreSQL 实现的这个双竖线操作符属于 SQL 标准的串联操作。你可以在诸如 UPDATE 查询或 SELECT 等多种情况下使用它，以便为现有的数据或是新数据提供定制输出。

首先，使用代码清单 10-15 的代码，跟之前一样为 zip 列创建副本。

```
ALTER TABLE meat_poultry_egg_establishments ADD COLUMN zip_copy text;
UPDATE meat_poultry_egg_establishments
SET zip_copy = zip;
```

代码清单 10-15： 创建并填充 zip_copy 列

接下来，使用代码清单 10-16 中的代码执行首次更新。

```
  UPDATE meat_poultry_egg_establishments
❶ SET zip = '00' || zip
❷ WHERE st IN('PR', 'VI') AND length(zip) = 3;
```

代码清单 10-16： 对 zip 列中缺少两个前缀零的邮政编码进行修改

使用 SET 将 zip 列❶的值设置为 00 和现有值的串联结果。通过使用第 3 章引入的 IN 比较操作符和一个测试条件，使得只有 st 列的州代码为 PR 或者 VI ❷，并且 zip 的长度等于 3 的行才会被 UPDATE 影响。综上所述，这个语句将对波多黎各和维尔京群岛的 zip 值进行更新。运行这个查询，PostgreSQL 将返回消息 UPDATE 86，这也是之前代码清单 10-6 进行统计时，我们预期需要修改的行数量。

我们还可以继续使用类似的查询去修复剩余的邮政编码，正如代码清单 10-17 所示。

```
UPDATE meat_poultry_egg_establishments
SET zip = '0' || zip
WHERE st IN('CT', 'MA', 'ME', 'NH', 'NJ', 'RI', 'VT') AND length(zip) = 4;
```

代码清单 10-17：对 zip 列中缺少一个前缀零的邮政编码进行修改

对于这个查询，PostgreSQL 将返回消息 UPDATE 496。现在，让我们检查一下邮政编码问题的修复进展。前面的代码清单 10-6 在基于 zip 列的长度对行进行聚合的时候，找到了 86 个只有三个字符的行和 496 个只有四个字符的行。

现在再次执行相同的查询，我们将得到一个更符合预期的结果：所有行都拥有五位数的邮政编码。

```
length    count
------    -----
     5    6287
```

本书第 14 章在介绍高级的文本处理技术时，会讨论更多的字符串函数。

跨表更新值

本章前面的"使用 UPDATE 修改值"小节展示了如何使用标准的 ANSI SQL 和 PostgreSQL 特有的语法，基于一个表中的值来更新另一个表中的值。在一个主键和外键建立了表关系的关系数据库中，这种语法是相当有价值的。因为在这种情况下，我们就可以通过一个表中的信息来更新另一个表中的值。

比方说，如果我们要为表中的每家公司设定一个检查期限，并根据美国的地区进行检查，比如东北地区、太平洋地区等，但这些地区目前在表中并不存在。不过这些地区确实存在于本书资源库的 *state_regions.csv* 文件中，并且文件里面还包含了与之匹配的 st 州代码。只要把这个文件载入到表中，我们就可以通过一个 UPDATE 语句使用这些数据。让我们从新英格兰地区开始，看看如何执行这一操作。

请输入代码清单 10-18 中的代码，里面包含了用于创建 state_regions 表并且填充表数据的 SQL 语句：

```
CREATE TABLE state_regions (
    st text CONSTRAINT st_key PRIMARY KEY,
    region text NOT NULL
);

COPY state_regions
FROM 'C: \YourDirectory\state_regions.csv'
WITH (FORMAT CSV, HEADER);
```

代码清单 10-18：创建并填充 state_regions 表

这段代码在 state_regions 表中创建了两个列：一列包含两个字符的州代码 st，另一列包含区域名称 region。st 列被附加了主键约束 st_key，它通过持有唯一值来标识每个州。在被导入的数据中，每个出现的州都会被指派至某个人口普查区域，而美国以外的领土则被标记为边远地区。我们将按照区域逐一更新这个表。

代码清单 10-19 展示了向 meat_poultry_egg_establishments 表添加记录检查日期的新列，并使用新英格兰地区各州的数据来填充该列的详细代码。

```
ALTER TABLE meat_poultry_egg_establishments
    ADD COLUMN inspection_deadline timestamp with time zone;

❶ UPDATE meat_poultry_egg_establishments establishments
❷ SET inspection_deadline = '2022-12-01 00: 00 EST'
❸ WHERE EXISTS (SELECT state_regions.region
               FROM state_regions
               WHERE establishments.st = state_regions.st
                   AND state_regions.region = 'New England');
```

代码清单 10-19：添加并更新 inspection_deadline 列

ALTER TABLE 语句在 meat_poultry_egg_establishments 表中创建了 inspection_deadline 列。在 UPDATE 语句中，我们为该表设置了别名 establishments 并且省略了可选的 AS 关键字以便让代码更易于阅读❶。之后，SET 指派时间戳 2022-12-01 00:00 EST 作为新列 inspection_deadline 的值❷。最后，WHERE EXISTS 包含了一个子查询，它将 meat_poultry_egg_establishments 表和代码清单 10-18 创建的 state_regions 表连接起来，以此来指定需要更新的行❸。这个以 SELECT 开头、被括号包围的子查询会从 state_regions 表中找出 region 列的值为字符串 New England 的所有行。与此同时，这个子查询还会通过 meat_poultry_egg_establishments 表和 state_regions 表的 st 列来连接这两个表。从效果上看，这个查询就是让数据库找出新英格兰地区对应的所有 st 代码，并使用这些代码进行过滤和更新。

运行上述代码将接收到消息 UPDATE 252，也即是在新英格兰各州的公司数量。使用代码清单 10-20 中的代码可以查看修改带来的效果。

```
SELECT st, inspection_deadline
FROM meat_poultry_egg_establishments
GROUP BY st, inspection_deadline
ORDER BY st;
```

代码清单 10-20：查看更新后的 inspection_date 值

结果应该会显示新英格兰地区所有公司在更新之后的检查截止日期。从输出结果可以看到，康涅狄格州（Connecticut）已经接收到了最后期限的时间戳，但是新英格兰以外的州由于尚未被更新，所以它们仍然是 NULL：

```
st    inspection_deadline
--    --------------------
--snip--
CA
CO
CT    2022-12-01 00: 00: 00-05
DC
--snip--
```

为了填充其他地区的截止日期，我们可以使用不同的地区代替代码清单 10-19 中的 New England 并执行查询。

删除不需要的数据

修改数据最不可撤销的方式就是完全删除它们。SQL 既包含删除行和列的选项，也包含删除整个表和数据库的选项。我们必须谨慎地执行这些操作，只删除不需要的数据或者表。在没有备份的情况下，数据将一去不复返。

> **注意**
>
> 我们可以很容易地在查询中通过 WHERE 子句排除不需要的数据，所以你需要决定是否真的需要删除某些数据，又或者只是想要过滤它们。对于带有错误的数据、不正确导入的数据，又或者在磁盘空间快要消耗殆尽等情况下，删除可能是最好的解决方案。

本节将使用各种不同的 SQL 语句来删除数据。如果你还没有使用代码清单 10-8 对 meat_poultry_egg_establishments 表进行备份，那么现在是时候了。

编写和执行删除语句并不困难，但是在使用这些语句的时候有一个需要当心的地方。如果删除行、列或者表会违反某个约束，比如第 8 章介绍过的外键约束，那么我们就必须先处理那个约束。这可能涉及删除约束、删除其他表中的数据，又或者删除其他表。每种情况都是独一无二的，并且都需要不同的方式去处理约束。

从表中删除行

为了从表中删除行，我们需要用到 DELETE FROM 或者 TRUNCATE，它们都属于 ANSI SQL 标准。这两个命令可以为不同的目标提供不同的有用选项。

DELETE FROM 可以用于删除表中的所有行，又或者通过添加 WHERE 子句，只删除与给定表达式相匹配的部分行。为了删除表中的所有行，需要用到以下语法：

```
DELETE FROM table_name;
```

如果只想删除指定的行，那么就需要添加一个 WHERE 子句，并通过匹配值或者模式来指定想要删除的行：

```
DELETE FROM table_name WHERE expression;
```

比如说，为了从生产商表中移除某些美国地区，我们可以使用代码清单 10-21 中的代码来移除那些地方的公司。

```
DELETE FROM meat_poultry_egg_establishments
WHERE st IN('AS', 'GU', 'MP', 'PR', 'VI');
```

代码清单 10-21：删除匹配表达式的行

运行这段代码，PostgreSQL 将返回消息 DELETE 105。这意味着有 105 行由于在 st 列中包含了通过 IN 关键字提供的某个领土代码而被移除了。

对于大表，使用 DELETE FROM 移除所有行的效率并不高，因为它在这个过程中会扫描整个表。在这种情况下，可以使用 TRUNCATE 来代替 DELETE FROM 以跳过扫描操作。为了使用 TRUNCATE 清空整个表，你需要用到以下语法：

```
TRUNCATE table_name;
```

TRUNCATE 的一个方便的特性是能够重置 IDENTITY 序列，比如你可能创建了一个序列作为代理主键，那么 TRUNCATE 就可以在清空表的同时重置它。为此，我们只需要将 RESTART IDENTITY 关键字添加到语句即可：

```
TRUNCATE table_name RESTART IDENTITY;
```

不过由于本章后续还需要用到相关的表数据，因此我们暂时还不会真正地截断任何表。

从表中删除列

稍早之前，我们为 zip 列创建了一个名为 zip_copy 的备份。在修复了 zip 列的问题之后，zip_copy 就没有必要再保留了。我们可以通过在 ALTER TABLE 语句中使用 DROP 关键字，从表中移除备份列以及列中包含的所有数据。

移除列的语法跟其他 ALTER TABLE 语句很相像：

```
ALTER TABLE table_name DROP COLUMN column_name;
```

代码清单 10-22 中的代码将移除 zip_copy 列：

```
ALTER TABLE meat_poultry_egg_establishments DROP COLUMN zip_copy;
```

代码清单 10-22：使用 DROP 从表中移除列

PostgreSQL 将返回消息 ALTER TABLE 并删除 zip_copy 列。数据库实际上并不会重写表以移除该列；它只是在内部目录中将该列标记为"已删除"并且不再展示该列，也不会在添加新行时向它添加数据。

从数据库中删除表

DROP TABLE 语句是一个标准的 ANSI SQL 特性，它能够从数据库中删除一个表。当你有一些失去了作用的备份表或者临时表需要处理时，这个命令就能够派上用场。

在你需要显著地修改表结构的时候，这个命令也能够派上用场：与其使用大量 ALTER TABLE，不如使用 CREATE TABLE 创建一个新表，将数据导入到新表，然后再移除旧表。

DROP TABLE 的语法非常简单：

```
DROP TABLE table_name;
```

作为例子，代码清单 10-23 展示了如何删除 meat_poultry_egg_establishments 表的备份版本。

```
DROP TABLE meat_poultry_egg_establishments_backup;
```

代码清单 10-23：使用 DROP 从数据库中移除一个表

运行这个查询，PostgreSQL 将返回消息 DROP TABLE，以此来表示该表已经被移除。

使用事务来保存或是撤销修改

到目前为止，本章中所做的改动都是确定性的。这也就是说，在运行 DELETE 查询、UPDATE 查询或是任何修改数据 / 数据库结构的其他查询之后，撤销修改的唯一方法就是从备份中恢复。但是，有一种方法可以在最终确定之前对修改进行检查，并在出现意外时取消修改。为此，我们需要将 SQL 包围在事务里面：事务包含一系列关键字，它们可以让我们提交成功的修改，又或者回滚失败的修改。你需要在查询的开始和结尾，通过以下关键字来定义事务：

START TRANSACTION　示意事务块的开始。在 PostgreSQL 中，我们还可以使用非 ANSI SQL 标准的 BEGIN 关键字。

COMMIT　示意块的结束并保存所有修改。

ROLLBACK　示意块的结束并撤销所有修改。

你可以在 BEGIN 和 COMMIT 之间放置多条语句，以此来定义在数据库中执行一项单元工作的操作序列。以购买音乐门票为例子，它可能包含两个步骤：从信用卡上扣款并保留选中的座位以免被其他人捷足先登。数据库程序员希望事务中的这两个步骤要么都发生（在信用卡成功付款的情况下），要么都不发生（在取消付款的情况下）。通过将这两个步骤定义为一个事务——也可以称之为事务块——能够把它们维持在同一个单元：如果其中一个步骤取消或者出错，那么其他步骤也会被取消。关于 PostgreSQL 和事务的详细信息请看 PostgreSQL 官网文件 Advanced Features 中的 3.4 Transactions 文档。

我们可以使用事务块检查查询所做的修改，然后决定是保留还是丢弃它们。假设现在我们正在清理表中与 AGRO Merchants Oakland LLC 公司有关的脏数据。这家公司在表中有三个相关的行，但其中一个行在公司名称里面多了一个逗号：

```
Company
--------------------------
AGRO Merchants Oakland LLC
AGRO Merchants Oakland LLC
AGRO Merchants Oakland, LLC
```

就像之前一样，为了让这家公司的名称能够保持一致，我们需要使用 UPDATE 查询移除第三行中的逗号。但这一次我们会先检查更新的结果，判断里面是否出现了需要放弃的错误，然后再决定是否最终确定这个更新。代码清单 10-24 展示了如何使用事务块实现这一操作。

```
❶ START TRANSACTION;

   UPDATE meat_poultry_egg_establishments
❷ SET company = 'AGRO Merchantss Oakland LLC'
   WHERE company = 'AGRO Merchants Oakland, LLC';

❸ SELECT company
   FROM meat_poultry_egg_establishments
   WHERE company LIKE 'AGRO%'
   ORDER BY company;

❹ ROLLBACK;
```

代码清单 10-24：事务块演示

请以 START TRANSACTION 为开始❶，逐一运行这段代码中的每个语句。数据库首先会返回消息 START TRANSACTION，告知你，除非发出 COMMIT 命令，否则后续对数据所做的所有修改都不是永久的。之后，代码会运行 UPDATE 语句，对公司名称中包含额外逗号的行进行修改。在修改名字的 SET 子句中❷，我故意添加了额外的 s 以引入错误。

之后，当我们使用 SELECT 语句❸查看以 ARGO 开头的公司名字的时候，我们会注意到其中一个公司的名称出现了拼写错误。

```
Company
--------------------------
AGRO Merchants Oakland LLC
AGRO Merchants Oakland LLC
AGRO Merchantss Oakland LLC
```

不过这一次，我们不需要重新运行 UPDATE 语句来修复这个拼写错误，只需要简单地运行 ROLLBACK 命令❹就可以撤销修改了。现在，再次运行 SELECT 语句以查看公司名称，我们将回到最初的时候：

```
Company
--------------------------
AGRO Merchants Oakland LLC
AGRO Merchants Oakland LLC
AGRO Merchants Oakland, LLC
```

现在，我们可以通过移除多余的 s 来修正 UPDATE 语句，然后重新运行它，执行会再次从 START TRANSACTION 语句开始。在确定修改无误之后，我们可以通过执行 COMMIT 将修改变为永久的。

> **注意**
>
> 当你在 PostgreSQL 中启动一个事务时，你对数据所做的任何改动在执行 COMMIT 之前都不会被其他数据库用户观察到。取决于具体的设置，其他数据库的行为可能会有所不同。

事务块通常会用在更为复杂的情况，而不仅仅是检查修改那么简单。这里通过事务来测试查询的行为是否符合预期，帮助我们节约了时间，并且减少了麻烦。接下来，让我们来看看在更新大量数据时节约时间的另一种方法。

提高更新大表时的性能

在 PostgreSQL 中，为表增加一个列并向其填充值，可能会导致表的体积迅速增大。因为每次更新值的时候，数据库都会为现有的行创建一个新版本，但是却不会删除旧版的行。这实质上使得表的体积增大了一倍。（本书第 19 章"通过 VACUUM 移除未使用空间"一节在讨论数据库维护时，会介绍清理旧行的方法。）对于小数据集，增加的体积可以忽略不计，但是对于包含数十万行甚至数百万行的表，更新行所需的时间以及由此产生的额外磁盘占用可能会非常大。

为了节约磁盘空间，我们可以复制整个表并在这个过程中将一个已被填充的列添加至表，而不是新添加一个列然后再慢慢填充它。之后，只需要修改两个表的名称，就可以让副本代替原有的表，并让原有的表成为备份。这样一来，我们最终得到的就是一个不包含旧行的新表。

代码清单 10-25 展示了如何将 meat_poultry_egg_establishments 复制至新表并在这个过程中添加一个填充列。为了做到这一点，如果你还没有删除前面代码清单 10-23 创建的 meat_poultry_egg_establishments_backup 表，那么请先删除它，然后再执行这里的 CREATE TABLE 语句。

```
CREATE TABLE meat_poultry_egg_establishments_backup AS
❶ SELECT *,
     ❷ '2023-02-14 00: 00 EST': : timestamp with time zone AS reviewed_date
  FROM meat_poultry_egg_establishments;
```

代码清单 10-25：在备份表的同时新增并填充一个列

这个查询修改自代码清单 10-8 的备份脚本。这里除了使用星号通配符❶选择所有列之外，还添加了一个填充了 timestamp 数据类型❷值的列，并通过 AS 关键字将其命名为 reviewed_date 列，该列可用于追踪每间工厂最后一次进行状态检查的时间。

之后，我们使用代码清单 10-26 来交换表的名字。

```
❶ ALTER TABLE meat_poultry_egg_establishments
   RENAME TO meat_poultry_egg_establishments_temp;
❷ ALTER TABLE meat_poultry_egg_establishments_backup
   RENAME TO meat_poultry_egg_establishments;
❸ ALTER TABLE meat_poultry_egg_establishments_temp
   RENAME TO meat_poultry_egg_establishments_backup;
```

代码清单 10-26：使用 ALTER TABLE 交换表的名字

这里使用了带有 RENAME TO 子句的 ALTER TABLE 来修改表的名字。第一条语句把原始表的名字改成了以 _temp 结尾的名字。第二条语句把代码清单 10-25 创建的副本改成了原始表的名字。最后，第三条语句则把以 _temp 结尾的表改成了以 _backup 结尾的名字。原始表现在被命名为 meat_poultry_egg_establishments_backup，而添加了新列的副本则被命名为 meat_poultry_egg_establishments。这个过程避免了行更新以及由此带来的表膨胀问题。

小结

从数据中收集有用的信息有时候需要对数据进行修改，以消除不一致的地方并修正错误，使得它能够更适用于支持准确的分析。在这一章，我们学习了一些有用的工具，它们有助于评估脏数据并对其实施清理。在完美的世界中，我们获得的所有数据集应该都是洁净无瑕并且完美无缺的。然而完美的世界并不存在，所以改变、更新和删除数据的能力是不可或缺的。

请允许我重申一下安全生产的重要守则。在修改开始之前，请务必备份你的表。也请为列创建副本，以获得额外的保护。本书稍后在讨论数据库维护的时候，将会介绍如何备份整个数据库。这几个预防措施能够让你尽可能地避免陷入困境。

在接下来的一章，我们将回归数学领域，探索 SQL 的一些高级的统计函数和分析技术。

实战演练

本练习要求你把 meat_poultry_egg_establishments 表变成有用的信息。你需要回答两个问题：表中有多少肉类加工工厂？又有多少家禽加工工厂？

这两个问题的答案就隐藏在 activities 列。遗憾的是，这个列包含了各式各样带有不一致输入的文本。以下是一个例子，展示了你将在 activities 列中看到的文本：

```
Poultry Processing, Poultry Slaughter
Meat Processing, Poultry Processing
Poultry Processing, Poultry Slaughter
```

这种杂乱无章的文字无法进行典型的计数，它不允许根据活动对工厂进行分组。不过还是有一些修改方法可以修复这些数据，需要做的事情包括以下几件：

1. 在表中创建两个列，分别名为 meat_processing 和 poultry_processing，并将它们的类型设置为 boolean。

2. 使用 UPDATE 将 activities 列中包含文本 *Meat Processing* 的所有行都设置为 meat_processing = TRUE。对 poultry_processing 列执行同样的更新，但这次需要在 activities 列中查找文本 *Poultry Processing*。

3. 使用上述两个新列的数据，统计进行不同活动的工厂数量。作为一项额外的挑战，你可以试试统计有多少工厂同时进行两种活动。

第 11 章
SQL 中的统计函数

在这一章,我们将探索 SQL 的统计函数,并学习如何使用它们。当数据分析师需要做更多事情而不仅仅是计算总和和平均数时,他们的首选工具往往并不是 SQL 数据库。一般来说,他们通常会选择 SPSS 或者 SAS 这样的全功能统计软件包,R 或者 Python 这样的编程语言,甚至是 Excel。不过数据库在这方面也并非一无是处。标准 ANSI SQL,包括 PostgreSQL 实现,提供了强大的统计功能和能力,让我们无需将数据集导出至其他程序,就能够揭示与数据有关的大量信息。

统计学是一个庞大的主题,需要由专门的书进行讲述,所以这里只会浅尝辄止地进行介绍。尽管如此,本章我们还是会学习如何应用高级统计概念,以便从美国人口普查局的新数据集中获取相关信息。我们还会学习如何使用 SQL 创建排行榜,使用商业机构的数据计算比率,还有通过滚动的平均数以及总和以平滑时间序列数据。

创建人口普查统计表

让我们回到我最喜欢的一个数据来源,美国人口普查局。这次我们将要使用的是来自 2014 年至 2018 年美国社区调查(ACS)5 年估算值的县级数据,该调查是人口普查局的另一项产品。请使用代码清单 11-1 中的代码创建表 *acs_2014_2018_stats*,并导入 CSV 文件 *acs_2014_2018_stats.csv*。本章涉及的代码和数据都可以在本书的资源库找到。别忘了把其中的 *C: \YourDirectory* 修改为你存放 CSV 文件的位置。

```
CREATE TABLE acs_2014_2018_stats (
  ❶ geoid text CONSTRAINT geoid_key PRIMARY KEY,
     county text NOT NULL,
     st text NOT NULL,
  ❷ pct_travel_60_min numeric(5, 2),
     pct_bachelors_higher numeric(5, 2),
     pct_masters_higher numeric(5, 2),
     median_hh_income integer,
  ❸ CHECK (pct_masters_higher <= pct_bachelors_higher)
);
```

```
COPY acs_2014_2018_stats
FROM 'C:\YourDirectory\acs_2014_2018_stats.csv'
WITH (FORMAT CSV, HEADER);

❹ SELECT * FROM acs_2014_2018_stats;
```

代码清单 11-1：创建 2014~2018 ACS 5 年估算值表并导入数据

acs_2014_2018_stats 表包含 7 列。前三列❶包括一个作为主键的唯一地理坐标 geoid，县的名称 county 还有州的名称 st。因为每行的县和州必须有值，所以 county 和 st 都带有 NOT NULL 约束。接下来的四列❷包含特定的百分比以及一个经济指标，这些百分比需要根据 ACS 发布的各县估算值计算得出：

pct_travel_60_min

16 岁及以上年龄的工人里面，通勤时间超过 60 分钟的百分比。

pct_bachelors_higher

25 岁及以上年龄的人里面，教育程度为学士或以上的百分比（在美国，学士学位通常是在完成四年制大学教育之后获得）。

pct_masters_higher

25 岁及以上年龄的人里面，教育程度为硕士或以上的百分比（在美国，硕士学位是完成学士学位后获得的第一个高级学位）。

median_hh_income

扣除通货膨胀因素之后，2018 年各县的家庭收入中位数。正如第 6 章所言，中位数是有序数字集合的中点，集合中有一半值大于中点，而另一半值则小于中点。由于平均数可能会被几个非常大或者非常小的数值所歪曲，因此政府在报告诸如收入这样的经济数据时，更倾向于使用中位数。

因为美国的学士学位可以在硕士学位之前获得，又或者与硕士学位一同获得，所以表的定义还包含了一个 CHECK 约束❸，以确保学士学位的数量等于或大于硕士学位的数量。如果一个县出现了情况与之相反的数据，那么可能说明数据导入出错了，又或者某个列被标记错了。我们的数据通过了这一测试：在导入时没有出现任何违反 CHECK 约束的错误。

最后，代码使用了 SELECT 语句❹来查看被导入的全部 3142 行，其中每行都对应本次人口普查中一个被调查的县。

接下来，我们将使用 SQL 中的统计函数来更好地理解上述百分比之间的关系。

> 美国人口普查：估算与完整统计
> 美国人口普查局的每项数据产品都有它们各自的统计方法。最著名的十年一次的人口普查，就是通过向全国每个家庭邮寄表格以及人口普查工作人员上门访问，每十年一次对美国

人口进行全面统计。其主要目的之一就是确定每个州在美国众议院的席位数量。我们所使用的人口普查估算值建立在十年一次的统计基础上，并通过出生、死亡、迁移和其他因素来估算两次统计之间各年的人口总数。

另一方面，美国社区调查（ACS）则是年复一年地对大约 350 万个美国家庭进行调查，其询问的主题包括收入、教育、就业、血统和住房。私人和公共组织使用 ACS 的数据来追踪趋势以推动决策。目前，美国人口普查局将 ACS 数据打包成两个版本：一个是人口 6.5 万以上地区一年的估算数据集，而另一个则是所有地区五年的估算数据集。因为 ACS 是一项调查，所以它的结果为估算值，会包含一定的误差。为了简洁起见，这里省略了误差，但完整的 ACS 数据集是包含误差的。

使用 corr(Y, X) 测量相关性

相关性描述了两个变量之间的统计关系，用于衡量两个变量在发生变化时的相关程度。本节将使用 SQL 的 corr(Y, X) 函数来测量一个县获得学士学位的人口百分比与该县家庭收入中位数之间是否存在关系。根据数据，我们还会进一步查明更好的教育是否通常就等同于更好的收入，如果是的话，那这一关系的强度又如何。

首先介绍一些背景知识。皮尔逊相关系数（一般表示为 r）用于衡量两个变量之间线性关系的强度和方向。当在散点图作图时，具有强线性关系的变量会沿着一条线聚集。皮尔逊值 r 介于 -1 和 1 之间：该区间的两端都表示完全相关，而接近零的值则表示几乎没有相关性的随机分布。r 值为正数表示具有直接关系：当一个变量增加时，另一个变量也会增加。在作图时，直接关系中代表每一对值的数据点将从左往右向上倾斜。r 值为负数表示具有相反关系：当一个变量增加时，另一个变量则会减少。在散点图中，代表相反关系的点将从左往右向下倾斜。

表 11-1 提供了解释正负 r 值的一般准则，不过不同的统计学家对此可能会有不同的解释。

表 11-1　相关系数说明

相关系数（+/-）	可能意味的关系
0	无关联
0.01 ～ 0.29	弱关联
0.3 ～ 0.59	中等关联
0.6 ～ 0.99	接近完美的强关联
1	完美关联

在标准的 ANSI SQL 和 PostgreSQL 中，我们使用 corr(Y, X) 计算皮尔逊相关系数。SQL 把接受两个输入的聚合函数称为二元聚合函数，而 corr() 函数就是其中之一。该函数的输入 Y 是因变量，其变化取决于另一个变量的值，而 X 则是自变量，其值不受另一个变量影响。

注意

尽管 SQL 为 corr() 函数指定了输入 Y 和 X，但相关性计算并不区分因变量和自变量。调换 corr() 的输入顺序并不会产生不一样的结果。不过为了方便和可读性，这里展示的例子仍然会按照先因变量后自变量的顺序排列输入。

为了使用 corr(Y, X) 以探索教育程度和收入之间的关系，我们将使用收入作为因变量，而教育则作为自变量。请键入代码清单 11-2 中的代码，使用 median_hh_income 和 pct_bachelors_higher 作为输入调用 corr(Y, X) 函数。

```
SELECT corr(median_hh_income, pct_bachelors_higher)
    AS bachelors_income_r
FROM acs_2014_2018_stats;
```

代码清单 11-2：使用 corr(Y, X) 测量教育和收入之间的关系

运行该查询将获得一个略低于 0.70 的 r 值，其类型为双精度浮点数：

```
bachelors_income_r
-------------------
0.6999086502599159
```

这个正数 r 值表明，随着一个县教育程度的提高，该县的家庭收入往往也会增加。这种关系并不完美，但 r 值表明这种关系是相当强的。通过 Excel 在散点图上绘制这些变量可以直观地了解这一模式，如图 11-1 所示。每个数据点代表美国的一个县；数据点在 x 轴上的位置展示了 25 岁及以上人口中拥有学士学位或以上学历的百分比，而数据点在 y 轴上的位置则代表该县的家庭收入中位数。

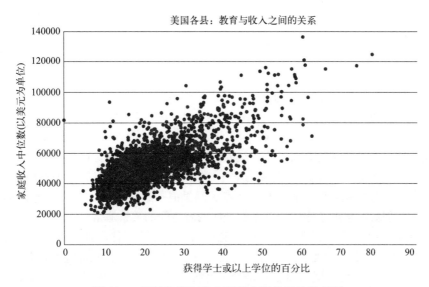

图 11-1　展示教育与收入两者之间关系的散点图

注意，尽管大多数数据点都集中在图表的左下角，但它们总体而言都从左往右向上倾斜。

除此之外，这些点呈分散状，而不是严格地遵循一条直线。如果所有点都在一条直线上从左往右向上倾斜，那么 r 的值将是1，表示完美的正线性关系。

检查其他相关关系

现在，让我们使用代码清单11-3中的代码来计算剩余变量对的相关系数。

```
SELECT
❶ round(
       corr(median_hh_income, pct_bachelors_higher)::numeric, 2
       ) AS bachelors_income_r,
  round(
       corr(pct_travel_60_min, median_hh_income)::numeric, 2
       ) AS income_travel_r,
  round(
       corr(pct_travel_60_min, pct_bachelors_higher)::numeric, 2
       ) AS bachelors_travel_r
FROM acs_2014_2018_stats;
```

代码清单 11-3：对其余变量使用 corr(Y, X) 函数

为了让输出更易于阅读，这段代码把 corr(Y, X) 函数包裹在 round() 函数里面，后者有两个输入参数：一个是将要被四舍五入的数字值，而另一个则是指示四舍五入时保留多少位小数的整数。在省略第二个参数的情况下，值将被四舍五入至最接近的整数。因为 corr(Y, X) 默认返回浮点值，所以这段代码使用了第4章介绍的 :: 符号将其转换为 numeric 类型。以下是代码的输出结果：

```
bachelors_income_r     income_travel_r   bachelors_travel_r
------------------     ---------------   ------------------
             0.70               0.06                -0.14
```

bachelors_income_r 的值为 0.70，跟之前第一次运行时一样，只是这里把它四舍五入到了小数点后两位。跟 bachelors_income_r 不一样，其他两个相关性都很弱。

income_travel_r 的值显示，收入和通勤时间超过一小时的人口比例之间的相关性几乎为零。这表明一个县的家庭收入中位数跟人们通勤所需的时长并无联系。

bachelors_travel_r 的值也说明学士学位与通勤时长之间的相关性也低至 -0.14。负值表明了一种相反关系：随着教育程度提高，通勤时长超过一小时的人口比例也有所减少。尽管这很有趣，但如此接近于零的相关系数表明两者之间的关系非常弱。

在测试相关性时，我们需要记住一些注意事项。首先，即使是强关系也不意味着因果关系。我们不能说一个变量的变化导致了另一个变量的变化，只能说这些变化是同时发生的。其次，相关关系应该接受测试以确定其是否具有统计学意义。这些测试并不在本书的范围之内，但它们值得你进一步研究。

无论如何，SQL 的 corr(Y, X) 函数都是一个快速检查变量之间相关关系的趁手工具。

通过回归分析预测数值

研究人员还想利用现有的数据去预测数值。举个例子，如果一个县有 30% 的人口拥有学士或以上学历，那么基于前述数据的趋势，我们预期该县的家庭收入中位数将是多少呢？同样地，教育程度每上升一个百分点，我们预期的平均收入会增加多少？

使用线性回归可以回答上述两个问题。简单来说，回归方法能够找出描述自变量（如教育程度）和因变量（如收入）之间关系的最佳线性方程，又或者直线。然后我们就可以通过查看这条线上的点来预测尚未被观察到的值。标准 ANSI SQL 和 PostgreSQL 都包含了执行线性回归的函数。图 11-2 展示了上一个散点图添加回归线之后的样子。

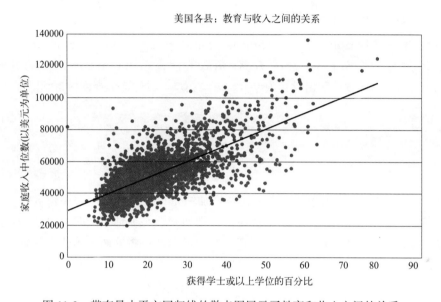

图 11-2　带有最小平方回归线的散点图展示了教育和收入之间的关系

贯穿所有数据点中间的直线被称为最小平方回归线，近似于描述变量之间关系的最佳直线的"最佳拟合"。回归线的方程式跟高中数学的斜截距公式一样，只是使用了不同名字的变量：$Y = bX + a$。以下是该公式的组成部分：

Y 是预测值，也是 y 轴上的值，称为因变量。

b 是直线的斜率，可以是正数也可以是负数。它测量每单位的 x 轴值会导致增加或减少多少单位的 y 轴值。

X 代表 x 轴上的一个值，也称自变量。

a 是 y 轴的截距，也即是当 X 值为零时，直线与 y 轴相交的值。

让我们将这一公式应用至 SQL。前面我们曾经提出过一个问题，想要知道县人口的 30% 都拥有学士或以上学位时，人们的家庭收入中位数。在前面展示的散点图中，学士学位的百分比沿着 x 轴落下，并在计算中表示为 X。让我们把这个值插入至回归线公式以代替 X：

$$Y = b(30) + a$$

为了计算 Y，也就是预测的家庭收入中位数，我们需要直线的斜率 b 和 y 轴截距 a。为了得到这些值，需要用到 SQL 函数 `regr_slope(Y, X)` 和 `regr_intercept(Y, X)`，正如代码清单 11-4 所示。

```
SELECT
    round(
        regr_slope(median_hh_income, pct_bachelors_higher)::numeric, 2
        ) AS slope,
    round(
        regr_intercept(median_hh_income, pct_bachelors_higher)::numeric, 2
        ) AS y_intercept
FROM acs_2014_2018_stats;
```

代码清单 11-4: 回归斜率和截距函数

这段代码通过将 median_hh_income 变量和 pct_bachelors_higher 变量作为两个函数的输入，将 regr_slope(Y, X) 函数的计算结果设置为 slope，并将 regr_intercept(Y, X) 函数的输出设置为 y_intercept。运行这个查询将得到以下结果：

```
slope           y_intercept
-------         -----------
1016.55           29651.42
```

根据 slope 的值，学士学位的百分比每增加一个单位，县的家庭中位数收入预计就会增加 1016.55 美元。y_intercept 的值显示，当回归线与 y 轴相交时，也就是学士学位的百分比为零时，y 轴的值为 29651.42。现在，我们可以通过将这两个值代入到方程里面来得到预计的值 Y：

$$Y=1016.55(30)+29651.42$$

$$Y=60147.92$$

基于这一计算，我们预期当一个县 25 岁以上的人口拥有学士或以上学位的百分比达到 30% 时，家庭收入中位数将达到约 60148 美元。当然，我们的数据包含了一些收入中位数超过或者低于这一预期值的县，但这是意料之中的，因为我们散点图中的数据点并不是完美地沿着回归线排列的。如前所述，我们计算得出的相关系数为 0.70，它表明教育和收入之间存在很强的关系，但这一关系并不完美。其他因素可能促成了收入的变化，比如每个县可选的工作类型等。

通过 r-Squaredc 查找自变量的影响

除了确定两个变量之间关系的方向和强度之外，我们还可以计算 x 变量（自变量）的变化在多大程度上影响了 y 变量（因变量）的变化。为此，我们需要计算 r 值的平方以查找决定系数，也即是所谓的 r 平方。r 平方表明了自变量对变化解释的百分比，它是一个介于零和一之间的值。举个例子，如果 r 平方等于 0.1，那么说明自变量解释了因变量变化的 10%，也可以说它对变化影响甚少。

查找 r 平方需要用到 SQL 中的 regr_r2(Y, X) 函数。通过代码清单 11-5，我们可以将函数应用至前面提到的教育和收入的变量中。

```
SELECT round(
        regr_r2(median_hh_income, pct_bachelors_higher): : numeric, 3
        ) AS r_squared
FROM acs_2014_2018_stats;
```

代码清单 11-5：计算决定系数，也就是 *r* 平方

这段代码会将输出结果四舍五入至最接近的千位数，并将结果命名为 r_squared。这个查询应该会返回以下结果：

```
r_squared
---------
    0.490
```

r 平方的值为 0.490，这意味着各县家庭收入中位数大约 **49%** 的变动都可以由县中具有学士或以上学位的人口百分比来解释。其余的 **51%** 可以用任何数量的因素来解释，统计学家通常会测试多种变量的组合以确定这些因素。

在将这些数字应用到头条或者演讲之前，我们需要重新审视以下几点：

● 相关性并不能证明因果关系。出于验证目的，你可以在 Google 上搜索"相关性和因果关系"。许多变量也许具有非常好的相关性，但它们并无特殊意义（比如说，缅因州的离婚率和人造黄油消费之间的相关性就是一个例子，你可以查看以下链接以获取更多无法用相关性证明因果关系的例子：https://www.tylervigen.com/spurious-correlations）。

● 在接受回归分析的结果之前，统计学家还会对数据进行额外的测试，包括变量是否遵循标准的钟形曲线分布，还有是否满足有效结果所需的条件。

在结束对统计函数的研究之前，让我们再来探讨两个额外的概念。

寻找方差和标准差

方差和标准差描述了一组数值与其平均数之间的差异程度。方差通常用于金融领域，它计算的是一组数值与其平均数之间的距离。一组数值越是分散，它们的方差就越大。股市交易员可以通过方差来衡量某只股票是否稳定：根据一只股票每日收盘的价值和它的平均价值的变化程度，我们可以知道投资这只股票的风险有多大。

标准差是方差的平方根，它对于评估哪些数值形成正态分布的数据时最为有用，它们通常会被可视化为对称的钟形曲线。在正态分布中，大约有三分之二的数值会落在平均数的一个标准差之内，而 95% 的数值则会落在两个标准差之内。因此一组数值的标准差能够帮助我们了解这些值中的绝大部分与平均值有多接近。举个例子，一项研究表明美国成年女性的平均身高为 65.5 英寸，其中标准差为 2.5 英寸。因为身高是正态分布的，这意味着有三分之二的女性身高平均相差只有 2.5 英寸，也就是身高介于 63 英寸到 68 英寸之间。

计算方差和标准差时需要注意它们报告的单位不同。标准差与值使用相同的单位表示，而方差则不然——它会基于自身的刻度报告一个比单位更大的数字。

以下是计算方差的函数：

var_pop(numeric) 计算输入值的总体方差。在这一上下文中，总体指的是包含所有可能值的数据集，而不是只包含其中一部分可能值的样本。

var_samp(numeric)　　计算输入值的样本方差。对于取样自总体中的数据，比如随机的取样调查，可以使用这种方法。

计算标准差，可以使用以下函数：

stddev_pop(numeric)　　计算总体标准差。
stddev_samp(numeric)　　计算样本标准差。

拥有了涵盖相关性、回归和其他描述性统计的函数，我们就拥有了基本的工具包，可以在进行更严格的分析之前对数据实施初步调查。所有这些主题都值得深入学习，这样才能够更好地理解应该在何时使用它们，以及它们测量的内容是什么。我推荐的一项资源是由 David Freedman、Robert Pisani 和 Roger Purves 所著的《统计学》（*Statistics*）一书，它既经典又易于理解。

使用 SQL 创建排行榜

排行榜经常在新闻中出现。从周末的票房排行到运动队伍的联赛排名，排行榜可谓无处不在。SQL 允许我们在查询结果中创建带编号的排行榜，这对于追踪长年累月的变化等任务会非常有用。你也可以直接在报告中把排行榜当作一项事实使用。下面就让我们来探讨一下如何使用 SQL 来创建排行榜。

使用 rank() 和 dense_rank() 构建排名

标准的 ANSI SQL 包含好几个排名函数，但我们只关注其中两个：rank() 和 dense_rank()。这两个函数都是窗口函数，这类函数会对与当前行有关的一系列行进行计算。跟通过合并多个行来计算值的聚合函数不一样，使用窗口函数的查询会先生成一个行集合，然后再在这个集合之上运行窗口函数以计算它将要返回的值。

rank() 和 dense_rank() 的区别在于它们在遇到一次得分相同的平局之后，对下一排名值的处理方式：rank() 会在排列顺序中保留一个间隙，而 dense_rank() 则不会。这个概念在实际中会更容易理解，让我们来看一个具体的例子。假设现在有一个华尔街分析师，他的业务涉及竞争激烈的小部件制造市场，并且他想要按年产量对公司进行排名。代码清单 11-6 中的 SQL 语句会创建并填充一个包含相关数据的表，并根据小部件的年产量对公司进行排名。

```
CREATE TABLE widget_companies (
    id integer PRIMARY KEY GENERATED ALWAYS AS IDENTITY,
    company text NOT NULL,
    widget_output integer NOT NULL
);

INSERT INTO widget_companies (company, widget_output)
VALUES
    ('Dom Widgets', 125000),
```

```
    ('Ariadne Widget Masters', 143000),
    ('Saito Widget Co.', 201000),
    ('Mal Inc.', 133000),
    ('Dream Widget Inc.', 196000),
    ('Miles Amalgamated', 620000),
    ('Arthur Industries', 244000),
    ('Fischer Worldwide', 201000);

SELECT
    company,
    widget_output,
  ❶ rank() OVER (ORDER BY widget_output DESC),
  ❷ dense_rank() OVER (ORDER BY widget_output DESC)
FROM widget_companies
ORDER BY widget_output DESC;
```

代码清单 11-6：使用窗口函数 rank() 和 dense_rank()

注意 SELECT 语句的语法中包含了 rank() ❶ 和 dense_rank() ❷。在函数名字的后面，代码使用 OVER 子句在括号里面放置了一个表达式，该表达式指定了函数应该操作的行的"窗口"。窗口是与当前行有关的行集合，具体到这段代码，它要做的就是让这两个函数对所有行的 widget_output 列实施操作，然后按照降序对其进行排序。下面是这段代码的输出结果：

company	widget_output	rank	dense_rank
Miles Amalgamated	620000	1	1
Arthur Industries	244000	2	2
Fischer Worldwide	201000	3	3
Saito Widget Co.	201000	3	3
Dream Widget Inc.	196000	5	4
Ariadne Widget Masters	143000	6	5
Mal Inc.	133000	7	6
Dom Widgets	125000	8	7

rank() 和 dense_rank() 产生的列显示了每家公司基于 widget_output 值从高到低的排名，其中 Miles Amalgamated 公司排在第一位。为了了解 rank() 和 dense_rank() 的不同，请注意看排在第五位的 Dream Widget Inc.。

在使用 rank() 时，Dream Widget Inc. 是排名第五高的公司。因为 rank() 允许在发生平局的时候在顺序中留下间隔，所以把 Dream 公司排在第五位表明有四家公司具有更高的产出。相反，由于 denst_rank() 不允许在排名顺序中留下间隙，所以它把 Dream Widget Inc. 放在了第四位。这反映了一个事实：无论有多少家公司生产了更多的小部件，Dream 公司的产出都是第四高的。

这两种处理并列关系的方法各有优点，但在实践中 rank() 往往会更常用一些。我也推荐使用这个函数，因为它更准确地反映了被排名公司的总数：它展示了一个事实，有四家公司的总产出超过了 Dream Widget Inc.，而不是三家。

让我们来看一个更复杂的排名示例。

使用 PARTITION BY 在子分组中进行排名

我们刚刚完成的是一个简单的基于小部件产量的全局排名。但有的时候，你可能只想对表中的某一组行进行排名。举个例子，你可能会想要根据不同的部门对政府雇员的工资进行排名，又或者基于不同的电影类型对电影的票房收入进行排名。

为了用窗口函数解决这类问题，我们需要在 OVER 子句中加入 PARTITION BY。PARTITION BY 子句可以根据我们指定的列值划分表中的行。

作为例子，下面将虚构一份杂货铺相关的数据。请键入代码清单 11-7 中的代码以填充名为 store_sales 的表。

```
CREATE TABLE store_sales (
    store text NOT NULL,
    category text NOT NULL,
    unit_sales bigint NOT NULL,
    CONSTRAINT store_category_key PRIMARY KEY (store, category)
);

INSERT INTO store_sales (store, category, unit_sales)
VALUES
('Broders', 'Cereal', 1104),
('Wallace', 'Ice Cream', 1863),
('Broders', 'Ice Cream', 2517),
('Cramers', 'Ice Cream', 2112),
('Broders', 'Beer', 641),
('Cramers', 'Cereal', 1003),
('Cramers', 'Beer', 640),
('Wallace', 'Cereal', 980),
('Wallace', 'Beer', 988);

  SELECT
     category,
     store,
     unit_sales,
   ❶ rank() OVER (PARTITION BY category ORDER BY unit_sales DESC)
   FROM store_sales
❷ ORDER BY category, rank() OVER (PARTITION BY category
       ORDER BY unit_sales DESC);
```

代码清单 11-7：通过 PARTITION BY 在分组的行中应用 rank()

在这张表里面，每个行都包含了商店商品的种类和该种类的销量。代码最后的 SELECT 语句将创建一个结果集，展示该商店商品的销量排行榜。代码中的新元素就是添加到 OVER 子句❶中的 PARTITION BY。这个子句的实际作用就是基于商店的单位销量，让程序为不同种类的商品分别创建排行榜，并让其中的商品按照降序进行排列。

为了按照类型和排名显示结果，代码添加了 ORDER BY 子句❷，并在其中包含了 category 列以及与此前相同的 rank() 函数语法。以下是上述代码的输出结果：

```
category    store      unit_sales   rank
---------   -------    ----------   ----
Beer        Wallace          988    1
Beer        Broders          641    2
Beer        Cramers          640    3
Cereal      Broders         1104    1
Cereal      Cramers         1003    2
Cereal      Wallace          980    3
Ice Cream   Broders         2517    1
Ice Cream   Cramers         2112    2
Ice Cream   Wallace         1863    3
```

每种商品的行都按照该类型的单位商品销量进行排序，并在其中的 rank 列中显示排名。

通过这个表格可以一目了然地看到每家商店在食品分类中的排名。比如说，布罗德斯（Broders）在麦片（Cereal）和冰淇淋（Ice Cream）方面的销量名列前茅，而华莱士（Wallace）则在啤酒（Beer）方面更胜一筹。这一概念可以应用于很多其他场景：找出每家汽车制造商被消费者投诉最多的车型；找出过去 20 年降雨量最大的月份；找出战胜左手投手最多的队伍；诸如此类。

为有意义的比较计算比率

基于原始计数的排名并不总是有意义的，实际上，它们有些时候甚至还会产生误导。以出生统计数据为例：根据美国国家卫生统计中心（NCHS）2019 年的报告，得克萨斯州有 377599 名婴儿出生，犹他州有 46826 名婴儿出生。初看上去，似乎得克萨斯州的女性更喜欢生育孩子，但实际上真的是这样吗？事实上，2019 年，得克萨斯州的人口是犹他州人口的 9 倍。在这种情况下，单纯对比两个州的出生人口意义不大。

为了进行更准确的比较，可以把这些数字转换为比率。分析师通常会计算每千人的比率，又或者该数字的某个倍数，以便进行同一水平的对比。比如说，根据 NCHS 在 2019 年的数据，得克萨斯州的生育率为 62.5，犹他州为 66.7（生育率指的是每 1000 名 15 至 44 岁女性生育的数量）。因此，尽管出生人数较少，但如果按照每 1000 人的比率计算，犹他州的女性实际上拥有更多孩子。

这背后的数学原理非常简单。如果一个镇子拥有 115 个孩子，年龄 15 至 44 的女性人口为 2200。那么我们就可以通过以下方式计算每 1000 人的生育率：

$$（115/2200）×1000=52.3$$

根据结果可知，这个镇子每 1000 名 15 至 44 岁的女性会生育 52.3 个孩子，这个数字可以与其他地区进行对比，而不必考虑它们的规模。

寻找旅游相关企业的比率

接下来，我们将尝试使用 SQL 和人口普查数据来计算比率。这需要连接两张表：我们在第 5 章中导入的人口普查估算数据，还有我从人口普查的县商业模式程序中汇编的旅游相关企业的数据（请访问美国人口普查数据网站以了解该程序的方法学）。

代码清单 11-8 包含了创建并填充商业模式表的代码。别忘了把脚本指向你保存 *cbp_naics_72_establishments.csv* 文件的位置，这个文件可以从本书资源库中下载。

```
CREATE TABLE cbp_naics_72_establishments (
    state_fips text,
    county_fips text,
    county text NOT NULL,
    st text NOT NULL,
    naics_2017 text NOT NULL,
    naics_2017_label text NOT NULL,
    year smallint NOT NULL,
    establishments integer NOT NULL,
    CONSTRAINT cbp_fips_key PRIMARY KEY (state_fips, county_fips)
);

COPY cbp_naics_72_establishments
FROM 'C:\YourDirectory\cbp_naics_72_establishments.csv'
WITH (FORMAT CSV, HEADER);

SELECT *
FROM cbp_naics_72_establishments
ORDER BY state_fips, county_fips
LIMIT 5;
```

代码清单 11-8：创建并填充表以记录人口普查县的商业模式数据

导入数据之后，请运行最后的 SELECT 语句以查看表的前面几行。每行都包含了与某个县相关的描述性信息，还有该县属于北美产业分类系统（NAICS）代码 72 的商业机构数量。代码 72 覆盖了"住宿和餐饮服务"机构，主要有酒店、旅馆、酒吧和餐馆。这类企业在县中的数量可以很好地代表该地区旅游和娱乐活动的数量。

让我们使用代码清单 11-9 中的代码，看看在每 1000 人口中，哪个县的此类企业最为集中。

```
SELECT
    cbp.county,
    cbp.st,
    cbp.establishments,
    pop.pop_est_2018,
❶ round( (cbp.establishments: : numeric / pop.pop_est_2018) * 1000, 1 )
        AS estabs_per_1000
```

```
 FROM cbp_naics_72_establishments cbp JOIN us_counties_pop_est_2019 pop
 ON cbp.state_fips = pop.state_fips
 AND cbp.county_fips = pop.county_fips
❷ WHERE pop.pop_est_2018 >= 50000
 ORDER BY cbp.establishments: : numeric / pop.pop_est_2018 DESC;
```

代码清单 11-9：在 5 万或以上人口的县中计算每千人的商业率

这里展示的语法对于我们来说并不陌生。正如第 5 章所言，在两数相除的情况下，只有至少一个数是 numeric 或者 decimal 的时候，结果才会包含小数位数。为了满足这一条件，代码在计算比率时❶使用了 PostgreSQL 的双冒号速记法。此外，为了限制结果的小数位数，代码使用了 round() 函数来包围计算语句，以便将输出结果四舍五入至最接近的十分位。最后，为了方便引用，代码为计算得出的列设置了别名 estabs_per_1000。

另外，为了观察和对比人口较多并且知名度较高的县之间的比率，代码使用了 WHERE 子句❷让结果只包含人口数量超过 5 万的县。以下是查询的其中一部分结果，位于顶部的是比率最高的县：

```
      county          st      establishments   pop_est_2018   estabs_per_1000
----------------   ---------  ----------------  ------------  ----------------
Cape May County    New Jersey            925          92446              10.0
Worcester County   Maryland              453          51960               8.7
Monroe County      Florida              540          74757               7.2
Warren County      New York             427          64215               6.6
New York County    New York           10428        1629055               6.4
Hancock County     Maine                337          54734               6.2
Sevier County      Tennessee            570          97895               5.8
Eagle County       Colorado             309          54943               5.6
--snip--
```

榜上有名的县每个都大有来头。新泽西州的开普梅县（Cape May County）是大西洋和特拉华湾上众多海滩度假城镇的所在地。马里兰州的伍斯特县（Worcester County）拥有大洋城以及其他海滩景点。佛罗里达州的门罗县（Monroe County）因其度假热点佛罗里达群岛而闻名。你发现其中的规律了吗？

平滑不均匀的数据

滚动平均数就是每次使用一个移动的行窗口作为输入，为数据集中的每个时间段计算出的平均数。以一家五金店为例，它可能会在周一卖出 20 把锤子，周二卖出 15 把锤子，并在当周余下的时间只卖出几把锤子。但是等到下周周五，锤子的销量又可能会出现激增。为了在这种不均匀的数据中发掘全局故事，我们可以通过计算滚动平均数来平滑数字（滚动平均数有时候也被称为移动平均数）。

以下是虚构的五金店在两周中的锤子销量：

```
       Date              Hammer sales        Seven-day average
    ----------        ------------        ------------------
    2022-05-01        0
    2022-05-02        20
    2022-05-03        15
    2022-05-04        3
    2022-05-05        6
    2022-05-06        1
❶   2022-05-07        1                   6.6
❷   2022-05-08        2                   6.9
    2022-05-09        18                  6.6
    2022-05-10        13                  6.3
    2022-05-11        2                   6.1
    2022-05-12        4                   5.9
    2022-05-13        12                  7.4
    2022-05-14        2                   7.6
```

假设对于每一天，我们都想知道过去七天的平均销售额（时间长度可以任意选择，不过一周是个直观的单位）。每当积累了七天的数据之后❶，我们就可以以七天为时间段，计算包括当天在内的平均销量。从 2022 年 5 月 1 日到 7 日期间，锤子每天的平均销量为 6.6 个。

之后❷，我们再次从 2022 年 5 月 2 日开始，计算直到 5 月 8 日为止的七天的平均销量。这次的结果是每天 6.9 个。随着每天不断地进行同样的计算，尽管单日的销量可能会上升或者下降，但七天的平均销量仍然是相当稳定的。随着时间的推移，我们将能够更好地识别趋势。

为了执行这一计算，代码清单 11-10 再次使用了窗口函数语法。清单中用到的代码和数据，还有本书中提及的所有 GitHub 中的资源，都可以在本书资源库中找到。请记得把代码中的 *C: \YourDirectory* 修改为你保存 CSV 文件的位置。

```sql
❶ CREATE TABLE us_exports (
      year smallint,
      month smallint,
      citrus_export_value bigint,
      soybeans_export_value bigint
);

❷ COPY us_exports
   FROM 'C: \YourDirectory\us_exports.csv'
   WITH (FORMAT CSV, HEADER);

❸ SELECT year, month, citrus_export_value
   FROM us_exports
   ORDER BY year, month;
```

```
❹ SELECT year, month, citrus_export_value,
    round(
      ❺ avg(citrus_export_value)
        ❻ OVER(ORDER BY year, month
          ❼ ROWS BETWEEN 11 PRECEDING AND CURRENT ROW), 0)
            AS twelve_month_avg
  FROM us_exports
  ORDER BY year, month;
```

代码清单 11-10：为出口数据创建滚动平均数

这段代码创建了一个表❶并使用 COPY ❷插入来自 *us_exports.csv* 的数据。这个文件包含的数据展示了美国每个月出口的柑橘类水果以及大豆的美元价值，这两种商品的销售都与生长季节有关。这些数据来自美国人口普查局的国际贸易部门。

代码中的第一个 SELECT 语句❸用于查看每个月的柑橘出口数据，它涵盖了 2002 年至 2020 年夏天的每一个月。这个查询的最后十几行看上去将是这样的：

```
year      month        citrus_export_value
----      -----        --------------------
--snip--
2019      9                      14012305
2019      10                     26308151
2019      11                     60885676
2019      12                     84873954
2020      1                     110924836
2020      2                     171767821
2020      3                     201231998
2020      4                     122708243
2020      5                      75644260
2020      6                      36090558
2020      7                      20561815
2020      8                      15510692
```

请注意其中出现的模式：在美国的冬季月份，由于北半球的生长季节暂停，各国需要通过进口满足需求，因此柑橘类水果的出口价格在这段时间是最高的。之后，代码使用第二个 SELECT 语句❹计算 12 个月的滚动平均数，以此来获得每个月的出口数据年度趋势。

在 SELECT 语句的参数列表中，代码放置了一个 avg() ❺函数以计算 citrus_export_value 列中数据的平均值。函数的后面是一个 OVER 子句❻，它用括号包裹了两个元素：一个是 ORDER BY 子句，用于排序待计算平均数的时间段数据；而另一个则是关键字 ROWS BETWEEN 11 PRECEDING AND CURRENT ROW ❼，用于指定待计算平均数的行数量。后面这些关键字的作用就是告诉 PostgreSQL，将窗口限制在当前行和它前面的 11 行，总共 12 行。

最后，代码把从 avg() 函数到 OVER 子句的整个语句用 round() 函数包裹起来，以此来把输出限制为整数。查询结果的最后十几行看上去应该是这样的：

```
year    month  citrus_export_value  twelve_month_avg
----    -----  -------------------  ----------------
--snip--
2019      9           14012305           74465440
2019     10           26308151           74756757
2019     11           60885676           74853312
2019     12           84873954           74871644
2020      1          110924836           75099275
2020      2          171767821           78874520
2020      3          201231998           79593712
2020      4          122708243           78278945
2020      5           75644260           77999174
2020      6           36090558           78045059
2020      7           20561815           78343206
2020      8           15510692           78376692
```

注意，这些 12 个月的平均值都非常一致。在观察趋势的时候，使用 Excel 或者统计程序绘制结果图通常是很有帮助的。图 11-3 使用条状图展示了从 2015 年到 2020 年 8 月的月度总数，并用线展示了 12 个月的平均值。

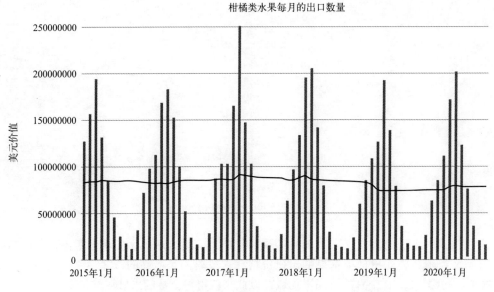

图 11-3　柑橘类水果每个月的出口量以及 12 个月的滚动平均数

从图 11-3 中的滚动平均数可见，柑橘类水果的出口在 2019 年之前基本稳定，然后呈现下降趋势，直到 2020 年才略有回升。单单依靠月度数据是很难看出这种变化的，但滚动平均数却能够很好地展示这一点。

窗口函数语法为分析提供了多种选项。比如说，我们可以将计算滚动平均数的公式替换为 sum() 函数，以此来找出特定时间段的滚动总和。如果我们计算的是七天的滚动总和，那么就可以知道数据集中任意一天为止的每周总和。

> **注意**
>
> 当数据中的时间段是连续无中断的时候，计算滚动平均数及总和的效果是最好的。举个例子，一个缺失的月份，会让 12 个月的滚动总和变成 13 个月的滚动总和，因为窗口函数关注的是行而不是日期。

SQL 还提供了很多其他的窗口函数。你可以通过查看 PostgreSQL 网站的 3.5 Windows Functions 官方文档来了解窗口函数的概述，又或者查看文档 9.22 中介绍的窗口函数的清单。

小结

在本章中，我们学习了更多 SQL 分析工具，其中包括：通过统计函数查找变量之间的关系，通过有序数据创建排名，平滑不均匀的数据以发现趋势，还有通过将原始数字转换为比率以实施正确的比较。这些工具开始变得越来越让人印象深刻。在下一章，我们将深入研究日期和时间数据，并使用 SQL 函数提取所需的信息。

实战演练

请使用以下问题测试你的新技能：

1. 在代码清单 11-2 中，变量 pct_bachelors_higher 和 median_hh_income 的相关系数（也就是 r 值）约为 0.70。请编写一个使用相同数据集的查询，展示 pct_masters_higher 和 median_hh_income 之间的相关性。这一结果的 r 值会更高还是更低？如何解释这种差异？

2. 使用本章正文中提到的出口数据，使用 soybeans_export_value 的列值和代码清单 11-8 中的查询模式，创建一个 12 个月的滚动总和。复制 pgAdmin 输出方框中的结果，将其粘贴至 Excel 中并基于值进行绘图。你将看到什么趋势？

3. 作为额外的挑战，请重新审视第 9 章中 pls_fy2018_libraries 表的图书馆数据。基于每千人的访问率（popu_lsa 列）对图书馆机构进行排名，并将查询限制在为 25 万或以上人口服务的机构。

第 12 章
处理日期与时间

 记录日期和时间的列可以指明事件发生的时间和时长，这是调查数据时非常有趣的线索。时间线上的时刻存在什么模式？时长最短和最长的都是什么事件？一项特定活动和它发生的时间或季节之间存在什么关系？

在本章，我们将使用 SQL 的日期和时间数据类型及其相关函数来探讨上述问题。首先，我们会仔细研究与日期和时间有关的数据类型及函数。之后，我们会探索纽约出租车的行程数据集，寻找模式并尝试发现可能存在的数据故事。我们还会使用美铁（Amtrak）的数据探索时区，并计算列车旅行跨越美国所需的时长。

了解日期和时间的数据类型及函数

第 4 章曾经介绍过 SQL 的主要数据类型，但这里不妨回顾一下其中与日期和时间有关的四种数据类型：

timestamp（时间戳）记录日期和时间。一般来说，为了能够对全球各地记录的时间进行比较，我们通常会给这种类型的时间加上 with time zone 关键字，使其包含时区信息。timestamp with time zone 格式是 SQL 标准的一部分，而 PostgreSQL 则允许我们通过使用 timestamptz 来指定相同的数据类型。有三种不同的方法可以指定时区：UTC 偏移量、地区 / 位置偏移量或者标准缩写。当我们向 timestamptz 列提供不带时区的时间值时，数据库将使用服务器默认的设置来添加时区信息。

date（日期）只记录日期，SQL 标准的一部分。PostgreSQL 能够接受几种不同的日期格式。举个例子，添加 2022 年 9 月 21 日的合法格式为 September 21, 2022 或 9/21/2022。本人推荐使用 *YYYY-MM-DD*（或者 2022-09-21），这是 ISO 8601 国际标准格式，也是 PostgreSQL 默认的日期输出格式。在国际间分享数据时，使用 ISO 格式能够有助于避免产生混淆。

time（时间）只记录时间，SQL 标准的一部分。这种类型能够通过添加 with time zone 实现时区感知，但如果没有日期的话，那么时区将毫无意义。鉴于此，强烈建议不要使用 time with time zone 以及它的 PostgreSQL 简写 timetz。ISO 8601 的格式为 *HH: MM: SS*，其中 *HH* 代表小时，*MM* 代表分钟，而 *SS* 则代表秒。

interval（间隔）以 quantity unit 格式，保存一个代表单位时间的值。它不记录时间段的开始或结束，只记录其持续时长。例子包括 12 days 或者 8 hours。这种类型也是 SQL 标准的一部分，不过 PostgreSQL 特有的语法能够为其提供更多选项。

前面的三种数据类型，date、time 和 timestamp with time zone（或称 timestamptz），被称为日期时间类型，它们的值被称为日期时间。interval 被称为间隔类型，而值则被称为间隔。以上四种数据类型都能够跟踪系统时钟以及日历的细微变化。举个例子，date 和 timestamp with time zone 能够意识到六月有 30 天。如果你试图使用 6 月 31 日，那么 PostgreSQL 将显示一个错误：date/time field value out of range（日期、时间字段值越界）。与此类似，2 月 29 日这个日期只在 2024 年这样的闰年才是有效的。

操作日期和时间

使用 SQL 函数可以对日期和时间进行计算，又或者提取它们的组成部分。比如说，通过时间戳可以检索出它属于一周中的第几天，从日期里面也能够提取出它所属的月份。ANSI SQL 为此提供了一系列函数，但包括 MySQL 和 Microsoft SQL Server 在内的很多数据库管理器都偏离了标准，以实现它们自己的日期和时间类型、语法还有函数名称。如果你使用的是 PostgreSQL 以外的数据库，那么请查看相应的数据库文档。

接下来，让我们回顾一下如何使用 PostgreSQL 的函数操作日期和时间。

提取 timestamp 值的组成部分

在分析过程中，只需要日期或时间的某个部分的情形并不少见，尤其是当你在按年、月甚至分钟聚合结果的时候。使用 PostgreSQL 的 date_part() 函数可以提取相应的组成部分。它的格式如下所示：

```
date_part(text, value)
```

这个函数有两个输入。第一个是 text 格式的字符串，用于指定想要提取的日期或时间部分，比如 hour、minute 或者 week。第二个是 date、time 或者 timestamp 值。为了查看 date_part() 函数的实际运行情况，我们将在代码清单 12-1 中对同一个值多次执行这个函数。

```
SELECT
  date_part('year', '2022-12-01 18:37:12 EST'::timestamptz) AS year,
  date_part('month', '2022-12-01 18:37:12 EST'::timestamptz) AS month,
  date_part('day', '2022-12-01 18:37:12 EST'::timestamptz) AS day,
  date_part('hour', '2022-12-01 18:37:12 EST'::timestamptz) AS hour,
  date_part('minute', '2022-12-01 18:37:12 EST'::timestamptz) AS minute,
  date_part('seconds', '2022-12-01 18:37:12 EST'::timestamptz) AS
seconds,
  date_part('timezone_hour', '2022-12-01 18:37:12 EST'::timestamptz) AS
tz,
  date_part('week', '2022-12-01 18:37:12 EST'::timestamptz) AS week,
```

```
  date_part('quarter', '2022-12-01 18: 37: 12 EST': : timestamptz) AS
quarter,
  date_part('epoch', '2022-12-01 18: 37: 12 EST': : timestamptz) AS epoch;
```

代码清单 12-1：使用 date_part() 提取 timestamp 值的组成部分

这个 SELECT 查询中的每个列语句都在最前面使用了一个字符串来命名它们想要提取的组件：year、month、day，诸如此类。第二个输入通过 PostgreSQL 的双冒号语法和 timestamptz 速记法，将字符串 2022-12-01 18: 37: 12 EST 转换成了一个 timestamp with time zone 类型的值。这里使用了东部标准时间（EST）来指定这个出现在东部时区的时间戳。

以下是上述代码在我电脑上的输出结果。因为数据库会根据你的 PostgreSQL 时区设置对值进行转换，所以你看到的输出可能会和这里不一样，比如说，如果你设置的是美国的太平洋时区，那么小时数将被设置为 15：

year	month	day	hour	minute	seconds	tz	week	quarter	epoch
2022	12	1	18	37	12	-5	48	4	1669937832

这里的每个列都包含了代表 2022 年 12 月 1 日下午 6 点 37 分 12 秒这一时间戳的其中一个部分。要从原本的时间戳里面识别出前六个值并不难，需要进一步解释的是后面四个值。

在 tz 列，PostgreSQL 报告的是时间戳和世界标准时间协调世界时（UTC）之间的小时差异（也即是偏移量）。UTC 的值为 +/ − 00:00，而 −5 则代表比 UTC 晚 5 个小时的时区。在 11 月到 3 月初这段时间，东部时区可以使用 UTC-5 表示。但是当东部时区在 3 月份进入夏令时之后，它的时钟将"提前"1 个小时，UTC 偏移量也将变为 -4。

> **注意**
>
> 通过时区可以推导出 UTC 偏移量，但反之却不然。每个 UTC 偏移量都可以指向多个不同的时区，包括它们的标准时间和夏令时变体。

week（周）列显示 2022 年 12 月 1 日是当年的第 48 周。这个数字由 ISO 8601 标准决定，该标准使用星期一作为一周的开始。年末的一周可以从 12 月延伸至下一年的 1 月。

quarter（季度）列显示测试指定的日期属于当年的第 4 季度。epoch（纪元）列展示了一个用于计算机系统和编程语言的测量值，代表 UTC 0 时区 1970 年 1 月 1 日 0 时 0 分之前或者之后经过的秒数：整数表示时间点之后的时间，而负数则表示时间点之前的时间。在这个例子中，时间戳和 1970 年 1 月 1 日之间相差了 1669937832 秒。在以数学方式对两个时间戳进行绝对比较时，纪元会非常有用。

> **注意**
>
> 处理纪元时间需要小心。PostgreSQL 的 date_part() 以双精度类型返回纪元时间，这可能会产生浮点计算错误（参见第 4 章）。当纪元值变得太大而无法储存在某些计算机系统上时，纪元时间还会遇到所谓的 2038 年问题。

PostgreSQL 还支持 SQL 标准的 extract() 函数,它解释日期时间的方式跟 date_part() 函数相同。本书在这里着重介绍 date_part() 有两个原因:首先,它的名字能够帮助我们记忆它的作用;其次,extract() 并未得到其他数据库管理器的广泛支持。特别需要注意的是,这个函数在 Microsoft SQL Server 中并不存在。无论如何,如果你想要使用 extract(),那么请使用以下形式的语法:

```
extract(text from value)
```

为了代替代码清单 12-1 中从时间戳里面提取年份的首个 date_part() 例子,我们可以像下面这样使用 extract() 函数(正如这个例子中的 year 所示,这个函数在提取组成部分的时候不需要使用单引号包围时间单位):

```
extract(year from '2022-12-01 18: 37: 12 EST': : timestamptz)
```

PostgreSQL 的日期和时间里面还有其他可供提取或是计算的组件,与其相关的完整函数清单可以在 PostgreSQL 官网文件 9.9 Data/Time Functions and Operators 文档里面找到。

根据 timestamp 组件创建日期时间值

年、月、日在数据集里面分别保存在不同列的情况并不少见,而我们可能有需要通过这些组件创建出相应的日期时间值。在计算日期的时候,将这些部分正确地组合并格式化为一列将会很有帮助。

以下 PostgreSQL 函数可以用于创建日期时间对象:

make_date(year, month, day) 返回一个 date 类型的值。

make_time(hour, minute, seconds) 返回一个不带时区的 time 类型的值。

make_timestamptz(year, month, day, hour, minute, second, time zone) 返回一个带时区的时间戳。

这三个函数的变量基本上都接受整数类型作为输入,只有两个例外:秒数的类型被设置成了 double precision 以便能够提供秒数的小数部分,并且指定时区时必须使用 text 类型的字符串。

代码清单 12-2 展示了这三个函数的运行示例,其中使用了 2022 年 2 月 22 日作为日期组件,葡萄牙里斯本下午的 6 点 04 分 30.3 秒作为时间组件。

```
SELECT make_date(2022, 2, 22);
SELECT make_time(18, 4, 30.3);
SELECT make_timestamptz(2022, 2, 22, 18, 4, 30.3, 'Europe/Lisbon');
```

代码清单 12-2:通过组件生成日期时间的三个函数

在按顺序运行上述查询之后,我的计算机产生了以下输出。再次提醒,根据 PostgreSQL 的时区设置,你在运行这些查询的时候可能会看到不同的结果:

```
2022-02-22
18：04：30.3
2022-02-22 13：04：30.3-05
```

注意，在我的计算机上，第三行中的时间戳显示为 13：04：30.3，这比函数输入的时间 18：04：30.3 晚了 5 个小时。这一输出是正确的，因为里斯本的时区为 UTC 0，而我的 PostgreSQL 被设置成了东部时区，在冬季中即是 UTC-5。下面，我们将更详细地探讨如何使用时区，并在"处理时区"一节中学会如何调整时区的显示方式。

检索当前日期和时间

如果你需要在查询的过程中记录当前的日期或时间（比如在更新行的时候），那么可以使用 SQL 标准提供的一系列函数。以下函数可以记录查询开始时的时间：

current_timestamp　返回带时区的当前时间戳。这个函数的 PostgreSQL 特有速记版本为 now()。

localtimestamp　返回不带时区的当前时间戳。不推荐使用这个函数，因为不带时区的时间戳无法在全球位置中使用，所以它的意义不大。

current_date　返回当前日期。

current_time　返回带时区的当前时间。需要注意的是，如果没有日期，那么单独带时区的时间是没有多大用处的。

localtime　返回不带时区的当前时间。

因为这些函数记录的是查询（或者是第 10 章展示的那种由事务包围的一系列查询）开始时的时间，所以无论查询运行多久，它们在整个查询的执行过程中提供的都是相同的时间。因此，如果你的查询更新了 100000 行并且运行了 15 秒，那么查询开始时记录的时间戳将会被应用到每个行中，这样一来每个行接收到的都是相同的时间戳。

相反，如果你希望日期和时间反映查询执行期间时钟的变化情况，那么可以使用 PostgreSQL 特有的 clock_timestamp() 函数来记录不断消逝的当前时间。这样一来，在更新 100000 行并且每次都插入时间戳的情况下，每个行接收到的将是行更新时的时间，而不是查询开始时的时间。需要注意的是，clock_timestamp() 会拖慢大型查询的执行速度并且可能会受到系统限制。

代码清单 12-3 展示了向表中插入行时如何使用 current_timestamp 和 clock_timestamp()。

```
CREATE TABLE current_time_example (
    time_id integer GENERATED ALWAYS AS IDENTITY,
❶ current_timestamp_col timestamptz,
❷ clock_timestamp_col timestamptz
);


INSERT INTO current_time_example
            (current_timestamp_col, clock_timestamp_col)
❸ (SELECT current_timestamp,
```

```
        clock_timestamp()
    FROM generate_series(1, 1000));

SELECT * FROM current_time_example;
```

代码清单 12-3： 对比 `current_timestamp` 和 `clock_timestamp()` 在插入行时的表现

这段代码创建的表包含了两个 `timestamptz` 列（这是 PostgreSQL 中 `timestamp with time zone` 的缩写）。第一列保存的是 `current_timestamp` 函数的结果❶，这个函数记录的是 INSERT 语句开始向表中添加 1000 行时的时间。为了完成这一添加操作，代码使用了 `generate_series()` 函数，这个函数会返回一组从 1 开始并以 1000 结尾的整数。第二列保存的是 `clock_timestamp()` 函数的结果❷，这个函数记录的是每个行的插入时间。这两个函数都由 INSERT 语句负责调用❸。运行这个查询，从最后 SELECT 语句的执行结果可以看到，所有行的 `current_timestamp_col` 列记录的都是相同的时间，而 `clock_timestamp_col` 列中的时间则会随着插入的每一行而增加。

处理时区

无论是亚洲、东欧还是南极洲的 12 个时区之一，当我们知道时间发生的地点时，记录的时间戳才是最有用的。

尽管如此，有时候数据集的日期时间列还是会不包含时区数据。对于数据分析来说，这一般不是特别大的问题。如果你知道所有事件都发生在相同的地点——比如说，它们都是来自缅因州巴港的温度传感器读数——那么你就可以在分析中把这一因素考虑进去。不过在导入数据的时候，更好的做法是设置会话的时区以反映数据的时区，并将日期时间载入至 `timestamptz` 列。这种策略可以有效避免之后由于误解数据带来的风险。

让我们来了解一些如何处理时区的管理策略。

查找时区设置

在使用带时区的时间戳时，了解当前的时区设置非常重要。如果你在自己的电脑上安装了 PostgreSQL，那么服务器默认将使用本地时区。但如果你连接的是别的地方的 PostgreSQL 数据库，比如亚马逊网络服务（AWS）等云供应商，那么它的时区设置可能会跟你的电脑有所不同。为了避免混淆，数据库管理员通常会把共享服务器的时区设置为 UTC。

代码清单 12-4 展示了查看当前时区设置的两种方法：使用带有 `timezone` 关键字的 SHOW 命令，或者使用带有 `timezone` 参数的 `current_setting()` 函数。

```
SHOW timezone;
SELECT current_setting('timezone');
```

代码清单 12-4： 查看当前的时区设置

运行这两个语句的任意一个都能够看到你的时区设置，具体的结果会根据操作系统和本地设置而有所不同。在我的 macOS 和 Linux 机器上，将代码清单 12-4 中的语句输入至 pgAdmin 然后运行，结果将返回 America/New_York（美国 / 纽约），这是落在东部时区的其中一个地名，这个时区还包括加拿大和美国东部、加勒比海以及墨西哥部分地区。在我的 Windows 机器上，该设置显示为 US/Eastern（美国 / 东部）。

> **注意**
>
> 通过 SHOW ALL 可以查看 PostgreSQL 服务器所有设置的参数。

尽管这两个语句都能够提供相同的信息，但 current_setting() 更适合用作其他函数的输入，比如 make_timestamptz()：

```
SELECT make_timestamptz(2022, 2, 22, 18, 4, 30.3, current_
setting('timezone'));
```

代码清单 12-5 展示了如何获取所有时区名称、缩写以及它们的 UTC 偏移量。

```
SELECT * FROM pg_timezone_abbrevs ORDER BY abbrev;
SELECT * FROM pg_timezone_names ORDER BY name;
```

代码清单 12-5：展示时区的缩写及名称

使用 WHERE 子句可以轻而易举地对这些 SELECT 语句进行过滤，从而找出指定的位置名称或时区：

```
SELECT * FROM pg_timezone_names
WHERE name LIKE 'Europe%'
ORDER BY name;
```

这段代码将返回一个表，其中列出了各个时区的名字、缩写、UTC 偏移量，还有说明时区是否正处于夏令时的 boolean 列 is_dst：

```
name                abbrev      utc_offset      is_dst
----------------    ------      ----------      ------
Europe/Amsterdam    CEST        02:00:00        true
Europe/Andorra      CEST        02:00:00        true
Europe/Astrakhan    +04         04:00:00        false
Europe/Athens       EEST        03:00:00        true
Europe/Belfast      BST         01:00:00        true
--snip--
```

这种查找时区的方法比查看维基百科更快。下面让我们来看看如何将时区设置为特定的值。

设置时区

在安装 PostgreSQL 的时候，服务器默认的时区将被设置为 *postgresql.conf* 中的一个参数，PostgreSQL 每次启动的时候都会读取这个文件，它包含了数十个值。*postgresql.conf* 在文件系统中的位置因操作系统而异，有时候还取决于 PostgreSQL 的安装方式。为了对 *postgresql.conf* 进行永久性的修改，比如改变时区，你需要编辑该文件并重启服务器，如果你不是机器的所有者，那么这也许是无法做到的。修改配置还有可能会对其他用户或者应用产生意想不到的后果。作为替代，我们将着眼于设置基于单个会话的时区，这种设置在你连接服务器的过程中将一直持续，等到后面的第 19 章再深入探索如何处理 *postgresql.conf*。当你想要以特定方式查看某个表，又或者想要在查询中处理时间戳的时候，这种基于会话的解决方案会非常方便。

为了在使用 pgAdmin 的时候为当前会话设置时区，我们需要用到 SET TIME ZONE 命令，正如代码清单 12-6 所示。

```
❶ SET TIME ZONE 'US/Pacific';

❷ CREATE TABLE time_zone_test (
       test_date timestamptz
  );
❸ INSERT INTO time_zone_test VALUES ('2023-01-01 4: 00');

❹ SELECT test_date
  FROM time_zone_test;

❺ SET TIME ZONE 'US/Eastern';

❻ SELECT test_date
  FROM time_zone_test;

❼ SELECT test_date AT TIME ZONE 'Asia/Seoul'
  FROM time_zone_test;
```

代码清单 12-6：为客户端会话设置时区

这段代码首先将时区设置为 US/Pacific（美国 / 太平洋）❶以指定太平洋时区，该时区涵盖了加拿大西部和美国，还有墨西哥的加利福尼亚半岛。语法 SET TIME ZONE 是 ANSI SQL 标准的一部分。PostgreSQL 还支持非标准的 SET timezone TO 语法。

之后，代码创建了一个表❷，表中只有一个 timestamptz 数据类型的列，并向表中插入了一个行以显示测试结果。注意被插入的值 2023-01-01 4: 00，它是一个不带时区的时间戳❸。我们会经常遇到不带时区的时间戳，尤其是在获取特定位置的数据集时。

在执行上述代码时，第一个 SELECT 语句❹将返回 2023-01-01 4: 00 作为时间戳，其中还包含时区数据：

```
test_date
---------------------
2023-01-01 04: 00: 00-08
```

这里的 -08 表示在标准时间生效的 7 月份，太平洋时区将比 UTC 晚 8 个小时。由于代码将 pgAdmin 客户端会话的时区设置成了 US/Pacific，所以在时区感知列中输入的所有不带时区的值，都将自动被设置为太平洋时间。如果输入值的日期正好属于夏令时，那么它的 UTC 偏移量将为 -7。

> **注意**
>
> 在服务器上，timestamp with time zone（或者其缩写 timestamptz）数据类型在内部始终以 UTC 形式储存数据，而时区设置则决定其显示方式。

现在有趣的来了。代码使用 SET 命令❺和 US/Eastern（美国 / 东部）名称，将会话的时区设置成了东部时区。之后，代码再次执行 SELECT 命令❻，它将得到以下结果：

```
test_date
------------------------
2023-01-01 07: 00: 00-05
```

在这个结果中，时间戳的两个组件发生了变化：时间现在是 07: 00，而 UTC 偏移量则是 -05。这是由于我们现在是从东部时区的角度去看时间戳，所以原来的太平洋上午 4 点就变成了东部上午 7 点。数据库将原来的太平洋时间值转换成了我们所设置的时区❺。

更方便的是，我们还可以在不改变会话设置的情况下，以任意时区的视角查看时间戳。最后的 SELECT 语句通过使用 AT TIME ZONE 关键字❼指定 Asia/Seoul（亚洲 / 首尔），让会话以韩国标准时间（KST）区域的方式显示时间戳：

```
timezone
---------------------
2023-01-01 21: 00: 00
```

现在我们知道，US/Pacific（美国 / 太平洋）地区的 2023 年 1 月 1 日的早上 4 点，相当于 Asia/Seoul（亚洲 / 首尔）地区同一天的早上 9 点。再次提醒，这一语法只修改输出数据，它不会改变服务器上的任何数据。在使用 AT TIME ZONE 关键字时，还需要注意以下怪癖：如果原来的值是一个带时区的时间戳，那么输出将是一个不带时区的时间戳。与此相反，如果原来的值没有时区，那么输出的则是带时区的时间戳。

正如下文所示，数据库追踪时区的能力对于准确计算间隔非常重要。

使用日期和时间进行计算

我们可以像处理数字一样，对日期时间和间隔类型执行简单的算术。针对这些类型的加、减、乘、除在 PostgreSQL 里面都可以通过数学运算符 +、-、*、/ 来完成。举个例子，你可以将一个日期减去另一个日期，以此来得到一个整数，它代表着两个日期之间相差的天数。比如以下代码就会返回数字 3：

```
SELECT '1929-09-30'::date - '1929-09-27'::date;
```

结果表明，这两个日期之间正好相差三天。

与此类似，我们可以通过向一个日期添加时间间隔来获得一个新的日期：

```
SELECT '1929-09-30'::date + '5 years'::interval;
```

这行代码通过给 1929-09-30 加上五年来获得一个 1934-09-30 的时间戳。

在 PostgreSQL 官网文件中的 9.9 Data/Time Functions and Operators 文档里面可以找到更多将数学函数应用于日期和时间的例子。接下来，让我们使用实际的运输数据来探索一些更真实的例子。

在纽约市的出租车数据中寻找模式

在访问纽约市的时候，我通常至少会乘坐一次它们那标志性的黄色出租车。每天，数千辆这样的出租车运送数十万名乘客来回穿梭于该市的五个行政区。纽约市出租车和豪华轿车委员会每月都会发布黄色出租车以及其他出租车辆的旅行数据。我们将通过这一庞大且丰富的数据集将日期函数投入实践。

访问本书的资源库，从 GitHub 页面可以找到 *nyc_yellow_taxi_trips.csv* 文件，它包含了 2016 年 6 月 1 日当天的黄色出租车旅行记录。请将这个文件保存至电脑，然后执行代码清单 12-7 中的代码以构建 nyc_yellow_taxi_trips 表。别忘了把 COPY 命令中的文件路径修改为你保存文件的位置，并且调整路径的格式以反映你正在使用的是 Windows、macOS 还是 Linux。

```
❶ CREATE TABLE nyc_yellow_taxi_trips (
    trip_id bigint GENERATED ALWAYS AS IDENTITY PRIMARY KEY,
    vendor_id text NOT NULL,
    tpep_pickup_datetime timestamptz NOT NULL,
    tpep_dropoff_datetime timestamptz NOT NULL,
    passenger_count integer NOT NULL,
    trip_distance numeric(8, 2) NOT NULL,
    pickup_longitude numeric(18, 15) NOT NULL,
    pickup_latitude numeric(18, 15) NOT NULL,
    rate_code_id text NOT NULL,
    store_and_fwd_flag text NOT NULL,
    dropoff_longitude numeric(18, 15) NOT NULL,
    dropoff_latitude numeric(18, 15) NOT NULL,
    payment_type text NOT NULL,
    fare_amount numeric(9, 2) NOT NULL,
    extra numeric(9, 2) NOT NULL,
    mta_tax numeric(5, 2) NOT NULL,
    tip_amount numeric(9, 2) NOT NULL,
    tolls_amount numeric(9, 2) NOT NULL,
```

```
        improvement_surcharge numeric(9, 2) NOT NULL,
        total_amount numeric(9, 2) NOT NULL
    );

❷ COPY nyc_yellow_taxi_trips (
        vendor_id,
        tpep_pickup_datetime,
        tpep_dropoff_datetime,
        passenger_count,
        trip_distance,
        pickup_longitude,
        pickup_latitude,
        rate_code_id,
        store_and_fwd_flag,
        dropoff_longitude,
        dropoff_latitude,
        payment_type,
        fare_amount,
        extra,
        mta_tax,
        tip_amount,
        tolls_amount,
        improvement_surcharge,
        total_amount
    )
    FROM 'C:\YourDirectory\nyc_yellow_taxi_trips.csv'
    WITH (FORMAT CSV, HEADER);

❸ CREATE INDEX tpep_pickup_idx
    ON nyc_yellow_taxi_trips (tpep_pickup_datetime);
```

代码清单 12-7：创建表并导入纽约市黄色出租车数据

代码清单 12-7 中的代码会创建表❶、导入行❷并且创建索引❸。由于输入的 CSV 文件并不包含目标表中的 trip_id 列，所以 COPY 命令为各列分别提供了名字。trip_id 列的类型为 bigint，并且被设置成了自动递增的代理主键。在导入完毕之后，整个表将包含 368774 行，每行代表黄色出租车在 2016 年 6 月 1 日的一次行程。执行以下代码可以统计表中的行数量：

```
SELECT count(*) FROM nyc_yellow_taxi_trips;
```

每行包含的数据有乘客数量、接送地点的经纬度，还有以美元为单位的票价和小费。描述所有列和代码的数据字典可以在这里找到：https://www.nyc.gov/assets/tlc/downloads/pdf/data_dictionary_trip_records_yellow.pdf。对于本章涉及的练习来说，我们最感兴趣的是 tpep_pickup_datetime 和 tpep_dropoff_datetime 这两个时间戳列，它们记录了行程开始和结束的时间（技术乘客增强项目【TPEP】的其中一部分就包括自动收集出租车行程的相关数据）。

这两个时间戳列中的值都包含时区：-4。这是在遵守夏令时的情况下，东部时区在夏季时的 UTC 偏移量。如果你的 PostgreSQL 服务器并未将东部时区设置为默认值，那么我建议你使用以下代码来设置时区，以便让你我的结果保持一致：

```
SET TIME ZONE 'US/Eastern';
```

现在，让我们来发掘隐藏在这些时间戳里面的模式。

一天里最繁忙的时候

对于这些数据，我们可能要问的一个问题就是：什么时候出租车业务最繁忙？是早高峰还是晚高峰，还是说存在其他客流量高峰时段？为了找到这个问题的答案，我们需要使用 date_part() 进行一次简单的聚合查询。

代码清单 12-8 中的查询使用乘客上车时间作为输入，按小时统计出租车的行程数据。

```
SELECT
❶ date_part('hour', tpep_pickup_datetime) AS trip_hour,
❷ count(*)
FROM nyc_yellow_taxi_trips
GROUP BY trip_hour
ORDER BY trip_hour;
```

代码清单 12-8：按小时统计出租车行程

在查询的第一列，date_part() 从 tpep_pickup_datetime 中提取出小时数，以便在之后按照小时对行程数量进行分组。之后，查询在第二列通过 count() 函数聚合行程数量。至于查询的剩余部分，则按照标准模式对结果进行分组和排序，并最终返回 24 行，每行对应一天中的一个小时：

```
trip_hour     count
---------     -----
        0      8182
        1      5003
        2      3070
        3      2275
        4      2229
        5      3925
        6     10825
        7     18287
        8     21062
        9     18975
       10     17367
       11     17383
```

```
12        18031
13        17998
14        19125
15        18053
16        15069
17        18513
18        22689
19        23190
20        23098
21        24106
22        22554
23        17765
```

目视这些数字可以看出，在 2016 年 6 月 1 日，纽约市出租车在下午 6 点至晚上 10 点之间乘客最多，这可能是通勤回家和夏日晚上缤纷多彩的城市活动导致的结果。但为了了解整体模式，我们最好还是将这些数据可视化。下面就来看看如何做到这一点。

导出 CSV 以便在 Excel 中实施可视化

使用微软 Excel 等工具绘制数据图表可以更容易理解模式，因此我经常会把查询结果导出至 CSV 文件并制作简易图表。代码清单 12-9 在 COPY ... TO 语句里面使用了上一个示例中的查询，正如第 5 章中代码清单 5-9 所做的那样。

```
COPY
    (SELECT
        date_part('hour', tpep_pickup_datetime) AS trip_hour,
        count(*)
    FROM nyc_yellow_taxi_trips
    GROUP BY trip_hour
    ORDER BY trip_hour
    )
TO 'C: \YourDirectory\hourly_taxi_pickups.csv'
WITH (FORMAT CSV, HEADER);
```

代码清单 12-9：将出租车每小时的乘客上车数据导出至 CSV 文件

将数据载入 Excel 并构建折线图之后，数据的模式将变得更加明显，也更加让人印象深刻，如图 12-1 所示。

乘车次数在凌晨降至最低，然后又在早上 5 点至 8 点之间急剧上升。白天剩余的时段乘车次数相对稳定，直到下午 5 点晚高峰时段才会再次上升。值得注意的是，下午 3 点和 4 点之间数据下降了，这是为什么？

为了回答这个问题，我们需要更加深入地分析跨越数天甚至数月的数据，以此来判断 2016 年 6 月 1 日的数据是否具有代表性。我们可以通过 date_part() 函数提取日期属于星期几，然后对比工作日和周末的乘车次数。如果我们还想要在此之上更进一步的话，那么还可以查询天气报告并对比雨天和晴天的乘车状况。通过多种方式切分数据集能够帮助我们找出结论。

图 12-1 纽约市黄色出租车每小时的乘客上车次数

什么时候的行程是最长的？

我们接下来要调查的是另一个有趣的问题：出租车什么时候的行程时间最长？回答这个问题的其中一种方法是计算每小时的行程时间中位数。中位数是一组有序值里面位于中间的值；在进行比较的时候，中位数通常会比平均数更准确，这是因为前者不会像后者那样由于集合中某些非常大或者非常小的值而导致结果出现偏差。

第 6 章曾经使用过 percentile_cont() 函数来查找中位数，代码清单 12-10 将再次使用这个函数来计算行程时间的中位数。

```
SELECT
  ❶ date_part('hour', tpep_pickup_datetime) AS trip_hour,
  ❷ percentile_cont(.5)
    ❸ WITHIN GROUP (ORDER BY
            tpep_dropoff_datetime - tpep_pickup_datetime) AS median_trip
FROM nyc_yellow_taxi_trips
GROUP BY trip_hour
ORDER BY trip_hour;
```

代码清单 12-10：按小时计算行程时间的中位数

和之前类似，这段代码再次使用 date_part() ❶提取时间戳列 tpep_pickup_datetime 的小时部分，并对这些数据进行聚合。之后，程序在 WITHIN GROUP 子句❸中使用下车时间减去上车时间作为 percentile_cont() 函数❷的输入。正如结果所示，下午 1 点拥有最高的行程时间中位数，为 15 分钟：

```
date_part    median_trip
---------    -----------
      0      00: 10: 04
      1      00: 09: 27
```

```
        2          00: 08: 59
        3          00: 09: 57
        4          00: 10: 06
        5          00: 07: 37
        6          00: 07: 54
        7          00: 10: 23
        8          00: 12: 28
        9          00: 13: 11
       10          00: 13: 46
       11          00: 14: 20
       12          00: 14: 49
       13          00: 15: 00
       14          00: 14: 35
       15          00: 14: 43
       16          00: 14: 42
       17          00: 14: 15
       18          00: 13: 19
       19          00: 12: 25
       20          00: 11: 46
       21          00: 11: 54
       22          00: 11: 37
       23          00: 11: 14
```

正如我们所料，清晨的行程时间是最短的。这是有道理的，因为早晨的交通往往更畅通，乘客也能够更快地到达目的地。

现在，我们已经探索了如何提取时间戳的组成部分以便进行分析，是时候更进一步，学习与时间间隔有关的分析了。

在美铁数据中寻找模式

美铁（Amtrak）是美国的全国性铁路服务公司，它提供好几种横跨美国的行程套餐。以全美（The All American）列车为例，它从芝加哥出发，并在纽约、新奥尔良、洛杉矶和丹佛停靠，最后再返回芝加哥。通过美铁网站上的数据，我们可以构建一个表，其中包含每个行程段的相关信息。因为这一行程会跨越四个时区，所以我们将跟踪每次到站和离站的时区。与此同时我们还会计算行程中每个路段的时长以及整个行程的长度。

计算列车行程时长

通过代码清单 12-11，我们可以创建出跟踪全美列车路线六个路段的表。

```
CREATE TABLE train_rides (
    trip_id bigint GENERATED ALWAYS AS IDENTITY PRIMARY KEY,
    segment text NOT NULL,
    departure timestamptz NOT NULL, ❶
    arrival timestamptz NOT NULL
```

```
);

INSERT INTO train_rides (segment, departure, arrival)  ❷
VALUES
    ('Chicago to New York', '2020-11-13 21: 30 CST', '2020-11-14 18: 23
EST'),
    ('New York to New Orleans', '2020-11-15 14: 15 EST', '2020-11-16 19: 32
CST'),
    ('New Orleans to Los Angeles', '2020-11-17 13: 45 CST', '2020-11-18 9: 00
PST'),
    ('Los Angeles to San Francisco', '2020-11-19 10: 10 PST', '2020-11-19
21: 24 PST'),
    ('San Francisco to Denver', '2020-11-20 9: 10 PST', '2020-11-21 18: 38
MST'),
    ('Denver to Chicago', '2020-11-22 19: 10 MST', '2020-11-23 14: 50 CST');

SET TIME ZONE 'US/Central';  ❸

SELECT * FROM train_rides;
```

代码清单 12-11：创建表以保存列车行程数据

这段代码首先使用了标准的 CREATE TABLE 语句。注意用于记录离站时间和到站时间的列都被设置成了 timestamptz 类型❶。之后，程序插入代表行程六个路段的行❷。行中的每个时间戳输入都反映了离站或到站城市的时区。指定城市的时区是准确计算行程时长和处理时区变化的关键。如果给定的时间跨度涉及夏令时，那么它还能够处理每年夏令时产生的变化。

之后，程序使用 US/Central（美国 / 中部）指示符将会话的时区设置成中部时区❸，也即是芝加哥所在的时区。在查看时间戳的时候，我们将使用中部时间作为参考，这样无论你我的计算机使用的是什么默认时区，我们都会看到同样的数据。

程序最后的 SELECT 语句将从表中返回以下内容：

```
trip_id  segment                departure              arrival
-------  --------------------   --------------------   --------------------
      1  Chicago to New York    2020-11-13 21: 30: 00-06  2020-11-14 17: 23: 00-06
      2  New York to New Orleans 2020-11-15 13: 15: 00-06  2020-11-16 19: 32: 00-06
      3  New Orleans to Los Angeles 2020-11-17 13: 45: 00-06  2020-11-18 11: 00: 00-06
      4  Los Angeles to San Francisco 2020-11-19 12: 10: 00-06  2020-11-19 23: 24: 00-06
      5  San Francisco to Denver 2020-11-20 11: 10: 00-06  2020-11-21 19: 38: 00-06
      6  Denver to Chicago      2020-11-22 20: 10: 00-06  2020-11-23 14: 50: 00-06
```

现在，所有时间戳都将带有 -06 的 UTC 偏移量，以此来反映标准时间生效的 11 月期间，美国中部时区的时间。所有时间值都将显示为它们在中部时间的等值。

在将行程分割为一段接一段的路程之后，我们就可以使用代码清单 12-12 计算每段路程的时长了。

```
SELECT segment,
    ❶ to_char(departure, 'YYYY-MM-DD HH12: MI a.m. TZ') AS departure,
    ❷ arrival - departure AS segment_duration
FROM train_rides;
```

代码清单 12-12：计算每段路程的时长

这个查询列出了行程的路段、离站时间还有每段路程的时长。在观察计算公式之前，请注意围绕在 departure 列周围的额外代码❶，它们是 PostgreSQL 特有的格式化函数，用于指定如何格式化时间戳的不同部分。在这个例子中，to_char() 函数会把 departure 时间戳列转换为 YYYY-MM-DD HH12: MI a.m.TZ 格式的字符串。其中 YYYY-MM-DD 部分指定 ISO 格式的日期，而 HH12: MI a.m. 部分则以小时和分钟形式展示时间。HH12 部分指定使用 12 小时制而不是 24 小时制。a.m. 部分指定使用句点分隔的小写字母说明时间是早晨还是夜晚，而 TZ 部分则表示要展示时间所在的时区。

你可以通过访问 PostgreSQL 官网文件 9.8 Data Type Formatting Functions 文档查看格式化函数的完整清单。

最后，程序通过将到达时间减去离站时间计算出路段时长 segment_duration ❷。当我们执行上述查询时，它将返回以下结果：

```
segment                       departure                   segment_duration
---------------------------   -------------------------   -----------------
Chicago to New York           2020-11-13 09: 30 p.m. CST   19: 53: 00
New York to New Orleans       2020-11-15 01: 15 p.m. CST   1 day 06: 17: 00
New Orleans to Los Angeles    2020-11-17 01: 45 p.m. CST   21: 15: 00
Los Angeles to San Francisco  2020-11-19 12: 10 p.m. CST   11: 14: 00
San Francisco to Denver       2020-11-20 11: 10 a.m. CST   1 day 08: 28: 00
Denver to Chicago             2020-11-22 08: 10 p.m. CST   18: 40: 00
```

正如第 4 章所说，两个时间戳相减将产生 interval 数据类型的值。当间隔值少于 24 小时的时候，PostgreSQL 将以 HH:MM:SS 格式展示间隔。与此相反，如果间隔大于 24 小时，就如 San Francisco to Denver 路段所示，它将以 1 day 08: 28: 00 格式返回间隔。

PostgreSQL 在每次计算中都会考虑时区带来的变化，所以程序在执行减法的过程中不会意外地得到或者失去时间。但如果我们使用的是 timestamp without time zone 数据类型，那么当路段跨越多个时区的时候，我们最终得到的将是错误的行程时长。

计算累计行程时间

正如结果所示，旧金山到丹佛是全美列车行程中最长的一段。但是整个行程一共需要多长时间呢？为了回答这个问题，我们将回顾在第 11 章"使用 rank() 和 dense_rank() 构建排名"小节中首次接触到的窗口函数。如前所述，前面的查询将产生一个被标记为 segment_duration 的间隔。很自然地，我们接下来要做的就是编写查询将这些间隔值相加起来，从而计算出所有路段的累计间隔。实际上，我们可以把 sum() 用作窗口函数，加上第 11 章使用的 OVER 子句来创建持续增长的总计时长。可惜的是，当我们把这个想法付诸实践的时候，得到的却是一个奇怪的结果。为了说明这一点，请运行代码清单 12-13。

```
SELECT segment,
       arrival - departure AS segment_duration,
       sum(arrival - departure) OVER (ORDER BY trip_id) AS cume_duration
FROM train_rides;
```

代码清单 12-13：使用 OVER 计算累计间隔

查询的第三列会用 arrival（到站时间）减去 departure（离站时间）得出间隔，并将这些间隔相加起来。cume_duration 列中记录的行程总时长虽然是精确的，但它的格式却不太有用。

```
segment                           segment_duration   cume_duration
---------------------------       ----------------   ----------------
Chicago to New York               19：53：00          19：53：00
New York to New Orleans           1 day 06：17：00     1 day 26：10：00
New Orleans to Los Angeles        21：15：00          1 day 47：25：00
Los Angeles to San Francisco      11：14：00          1 day 58：39：00
San Francisco to Denver           1 day 08：28：00     2 days 67：07：00
Denver to Chicago                 18：40：00          2 days 85：47：00
```

导致这个问题的原因在于 PostgreSQL 会为间隔的天数部分创建一个总和，与此同时又会为间隔的小时和分钟部分创建另一个总和，因此它返回的是 2 days 85：47：00，而不是更易于理解的 5 days 13：47：00。虽然这两个结果反映的都是相同长度的时间，但是 2 days 85：47：00 明显更难解读。在使用这种语法计算数据库时间间隔的总和时，这是一个令人遗憾的限制。

为了绕开这个限制，我们需要把计算累计时长的窗口函数用 justify_interval() 函数包裹起来，正如代码清单 12-14 所示。

```
SELECT segment,
       arrival - departure AS segment_duration,
    ❶ justify_interval(sum(arrival - departure)
                       OVER (ORDER BY trip_id)) AS cume_duration
FROM train_rides;
```

代码清单 12-14：使用 justify_interval() 以便更好地格式化累计的行程时长

justify_interval() 函数会标准化间隔计算的输出，将 24 小时集合汇总成天，而 30 天则集合汇总成月。这样一来，比起像代码清单 12-13 那样返回 2 days 85：47：00 作为总计时长，justify_interval() 会将 85 小时中的 72 小时转换为 3 天，然后将其添加到天数值之上。经过修改之后的输出将变得易懂很多：

```
          segment                 segment_duration   cume_duration
---------------------------       ----------------   --------------
Chicago to New York               19：53：00          19：53：00
New York to New Orleans           1 day 06：17：00     2 days 02：10：00
```

New Orleans to Los Angeles	21:15:00	2 days 23:25:00
Los Angeles to San Francisco	11:14:00	3 days 10:39:00
San Francisco to Denver	1 day 08:28:00	4 days 19:07:00
Denver to Chicago	18:40:00	5 days 13:47:00

最后的 cume_duration 会把所有路段相加，然后返回整个行程的时长 5 days 13:47:00。虽然在列车上度过这么长一段时间并不容易，但我想沿途的风光绝对会让你觉得不虚此行。

小结

处理 SQL 数据库中的时间和日期为分析增加了一个有趣的维度，使得我们可以知悉事件发生的时间，还有数据中其他与时间有关的事情。通过牢牢掌握时间和日期的格式、时区还有剖析时间戳各个部分的函数，我们将足以分析自己遇到的任何数据集。

在下一章，我们将要学习高级查询技术从而回答更复杂的问题。

实战演练

请尝试以下练习以测试你对日期和时间技能的掌握程度：

1.使用纽约市出租车数据，通过上下车的时间戳计算每次行程的时长，并按照时间从长到短排序查询结果。你对最长和最短的行程有什么想法？对此你是否有什么想要向市政府官员了解的？

2.使用 AT TIME ZONE 关键字编写一个查询，显示当纽约市到达 2100 年 1 月 1 日的时候，伦敦、约翰内斯堡、莫斯科和墨尔本的日期和时间。请使用代码清单 12-5 中的代码以查找时区名称。

3.作为额外的挑战，请使用第 11 章中的统计函数，用行程时长和纽约市出租车数据中代表乘客支付总金额的 total_amount 列计算相关系数和 r 平方值。请对 trip_distance 列和 total_amount 列执行相同的计算。请将查询涉及的行程限制在三小时或以下。

第13章
高级查询技术

数据分析有时候需要更高级的 SQL 技术，而不仅仅是表连接或者基本的 SELECT 查询。包括编写使用其他查询的结果作为输入的查询，还有在统计数值之前重新对数值分门别类的技术。

本章展示的例子会用到部分美国城市的温度记录数据集，并回顾之前章节创建的数据集。相关的全部代码都可以在本书的资源库中找到。我们还会用到之前构建的 analysis 数据库。事不宜迟，让我们开始吧！

使用子查询

子查询是嵌套在另一个查询里面的查询。通常来说，它执行的是计算或者逻辑测试，又或者生成一些行以传递给外部主查询。子查询是标准 ANSI SQL 的一部分，它的语法并不独特：只需要把查询包围在圆括号里面就可以了。比如说，我们可以编写一个返回多个行的子查询，然后把这些结果看作表，并将其用在外部主查询的 FROM 子句中。又或者创建一个返回单个值的标量子查询，并将其用作表达式的一部分，在 WHERE、IN 和 HAVING 子句中过滤行。关联子查询在执行时依赖于外部查询的值或者表名，而无关联子查询则与此相反，它们不会引用主查询中的对象。

通过处理数据可以更好地理解这些概念。为此，我们将重新访问前面章节中的几个数据集，包括人口普查县级人口估算表 us_counties_pop_est_2019 以及商业模式表 cbp_naics_72_establishments。

在 WHERE 子句中使用子查询进行筛选

WHERE 子句允许你通过提供诸如 WHERE quantity>1000 这样的条件表达式来过滤查询结果。但这样做的前提是你已经知道用于比较的值。在不具备这种前提的情况下，子查询正好就能派上用场：它允许你编写查询以生成一个或多个值，然后将其用作 WHERE 子句中表达式的一部分。

为查询表达式生成值

假设我们现在想要编写查询，找出那些人口等于或者多于第 90 个百分位数的县，也就是美国人口前 10% 的县。为此，我们可以编写一个查询以计算县人口的第 90 个百分位数，然后再用另一个查询寻找人口等于或高于这一数量的县。但比起编写两个独立的查询，更好的办法是将两个查询合二为一，把子查询用作 WHERE 子句的一部分，就像代码清单 13-1 所示的那样。

```
  SELECT county_name,
         state_name,
         pop_est_2019
  FROM us_counties_pop_est_2019
❶ WHERE pop_est_2019 >= (
      SELECT percentile_cont(.9) WITHIN GROUP (ORDER BY pop_est_2019)
      FROM us_counties_pop_est_2019
      )
  ORDER BY pop_est_2019 DESC;
```

代码清单 13-1： 在 WHERE 子句中使用子查询

筛选总人口列 pop_est_2019 的 WHERE 子句 ❶ 并没有像往常那样包含值。相反地，代码在 >= 比较操作符的后面提供了一个用圆括号包围的子查询。这个子查询使用 percentile_cont() 函数生成一个值：分割 pop_est_2019 列的第 90 个百分位数。

注意

正如前面的代码所示，只有在传入单个输入的情况下，才能在子查询中用 percentile_cont() 实施筛选。如果传入的是数组，就像代码清单 6-12 展示的那样，那么 percentile_cont() 将返回一个数组，而查询则会由于无法对数组类型求值 >= 而失败。

这是一个无关联子查询的例子。它不依赖外部查询中的任何值，并且只需要执行一次就能够生成所需的值。如果你在 pgAdmin 中通过高亮选中单独运行这个子查询，那么它将在执行之后返回结果 213707.3。但如果直接运行代码清单 13-1 中的整个查询，那么我们将不会看到这个数字，因为子查询的结果将直接传递至外部查询的 WHERE 子句中。

执行整个查询，它将返回 315 行，约占 us_counties_pop_est_2019 表 3142 行中的 10%。

county_name	state_name	pop_est_2019
Los Angeles County	California	10039107
Cook County	Illinois	5150233
Harris County	Texas	4713325
Maricopa County	Arizona	4485414
San Diego County	California	3338330
--snip--		
Cabarrus County	North Carolina	216453
Yuma County	Arizona	213787

查询的结果包含了人口等于或大于 213707.3 的所有县，这个数字是由子查询生成的。

使用子查询标识将要删除的行

相同的子查询可以用于在 DELETE 语句中指定想要从表中删除的行。代码清单 13-2 首先使用第 10 章中介绍的方法，为人口普查表创建了一个副本，然后只保留备份表中人口前 10 的 315 个县，并删除其他所有数据。

```
CREATE TABLE us_counties_2019_top10 AS
SELECT * FROM us_counties_pop_est_2019;

DELETE FROM us_counties_2019_top10
WHERE pop_est_2019 < (
    SELECT percentile_cont(.9) WITHIN GROUP (ORDER BY pop_est_2019)
    FROM us_counties_2019_top10
    );
```

代码清单 13-2：在 DELETE 中通过 WHERE 子句使用子查询

运行代码清单 13-2，然后执行 SELECT count(*) FROM us_counties_2019_top10; 以查看剩余的行数量。结果应该为 315 行，这也是原始的 3142 行在减去 2827 行之后的结果，其中 2827 为低于子查询标识值的行数量。

使用子查询创建派生表

可以把子查询返回的行和列放置在 FROM 子句中以创建新表，这种表被称为派生表，它可以像常规表一样执行查询或者与其他表进行连接。这是无关联子查询的另一个例子。

让我们来看一个简单的例子。在第 6 章，我们学习了平均数和中位数的区别。中位数通常能够更好地指示数据集的中心值，因为它不会由于少量很大、很小又或者异常的值导致平均出现偏差。出于上述原因，我们会经常比较平均数和中位数。如果它们很接近，那么数据很可能落在正态分布（也就是我们熟悉的钟形曲线）中，并且平均数能够很好地代表中心值。反之，如果平均数和中位数相距甚远，那么说明可能某些异常值产生了影响，又或者说分布是偏态而不是正态的。

寻找美国各县人口的平均数和中位数之间的差异是一个包含两个步骤的过程：首先需要计算平均数和中位数，然后再将两者相减。正如代码清单 13-3 所示，通过在 FROM 子句中使用子查询，我们只需要一个查询就能够完成上述两个步骤。

```
SELECT round(calcs.average, 0) AS average,
       calcs.median,
       round(calcs.average - calcs.median, 0) AS median_average_diff
FROM (
  ❶ SELECT avg(pop_est_2019) AS average,
          percentile_cont(.5)
              WITHIN GROUP (ORDER BY pop_est_2019)::numeric AS median
      FROM us_counties_pop_est_2019
      )
❷ AS calcs;
```

代码清单 13-3：在 FROM 子句中把子查询用作派生表

生成派生表的子查询❶非常直观。代码首先使用 avg() 和 percentile_cont() 两个函数，分别查找人口普查表 pop_est_2019 列的平均数和中位数，然后再为两个结果列分别设置别名。之后再将派生表命名为 calcs ❷，以便在主查询中引用它。

从子查询中获得平均数和中位数之后，主查询会把两个数相减，然后四舍五入结果并将其标记为别名 median_average_diff。运行整个查询，我们将看到以下结果：

```
average      median       median_average_diff
-------      -------      --------------------
104468       25726                       78742
```

从结果可见，平均数和中位数之间相差 78742，几乎达到了中位数的 3 倍。这意味着某些人口稠密的州夸大了平均水平。

连接派生表

在主查询执行最终计算之前，我们可以通过连接多个派生表来执行多个预处理步骤。比如说，在第 11 章，我们计算了每个县每 1000 人中与旅游企业有关的比率。如果我们现在想要在州一级进行相同的计算，那么在计算比率之前，我们需要先知道每个州的人口以及旅游企业数量。代码清单 13-4 展示了如何编写子查询以完成上述两个任务，还有如何将它们连接起来以计算总体比率。

```sql
SELECT census.state_name AS st,
       census.pop_est_2018,
       est.establishment_count,
    ❶ round((est.establishment_count/census.pop_est_2018::numeric) *
1000, 1)
           AS estabs_per_thousand
FROM
    (
    ❷ SELECT st,
             sum(establishments) AS establishment_count
      FROM cbp_naics_72_establishments
      GROUP BY st
    )
    AS est
JOIN
    (
    ❸ SELECT state_name,
             sum(pop_est_2018) AS pop_est_2018
      FROM us_counties_pop_est_2019
      GROUP BY state_name
    )
    AS census
```

```
❹ ON est.st = census.state_name
  ORDER BY estabs_per_thousand DESC;
```

代码清单 13-4：连接两个派生表

考虑到之前的第 11 章已经介绍过计算比率的方法，所以外部查询中用于计算 estabs_per_thousand ❶ 的数学和语法对你来说应该不会陌生。这段代码使用两个派生表生成的值作为输入，首先将企业的数量除以人口，再将所得的商乘以一千。

第一个子查询 ❷ 使用 sum() 聚合函数，找出每个州的企业数量。代码为这个派生表设置了别名 est 以便在主查询中引用它。第二个子查询 ❸ 通过对 pop_est_2018 列执行 sum() 函数，计算出 2018 年各州的人口估算值。这个派生表也被赋予了别名 census。

之后，代码通过关联 est 表中的 st 列和 census 表中的 state_name 列来连接派生表 ❹，然后再基于比率按降序列出结果。以下展示的是结果的 51 行中，比率最高和最低的一部分行：

```
              st    pop_est_2018    establishment_count    estabs_per_thousand
--------------------  ------------  ---------------------  --------------------
District of Columbia       701547                   2754                   3.9
Montana                   1060665                   3569                   3.4
Vermont                    624358                   1991                   3.2
Maine                     1339057                   4282                   3.2
Wyoming                    577601                   1808                   3.1
--snip--
Arizona                   7158024                  13288                   1.9
Alabama                   4887681                   9140                   1.9
Utah                      3153550                   6062                   1.9
Mississippi               2981020                   5645                   1.9
Kentucky                  4461153                   8251                   1.8
```

位于顶部的是华盛顿特区，考虑到首都中的博物馆、纪念碑和其他景点产生的旅游活动，这个结果并不让人感到意外。蒙大拿州排在第二位可以算得上是一个惊喜，但实际上这个州人口并不多，并且大部分旅游的目的地都包括冰川和黄石国家公园。最后，密西西比州和肯塔基州是每 1000 人中旅游相关业务最少的州之一。

使用子查询生成列

我们还可以将子查询用作 SELECT 语句中的列，并将其执行结果用作列的值。但这种子查询只能生成单个行。比如说，代码清单 13-5 的查询就会从 us_counties_pop_est_2019 表中选取地理和人口信息，然后通过一个无关联子查询，将所有县的中位数添加至每一行新增的 us_median 列里面。

```
SELECT county_name,
       state_name AS st,
       pop_est_2019,
```

```
    (SELECT percentile_cont(.5) WITHIN GROUP (ORDER BY pop_est_2019)
     FROM us_counties_pop_est_2019) AS us_median
FROM us_counties_pop_est_2019;
```

代码清单 13-5：放置一个子查询作为列

以下是结果集前面的一些行：

```
    county_name                  st              pop_est_2019      us_median
--------------------          -------------    --------------     ---------
Autauga County                Alabama                  55869         25726
Baldwin County                Alabama                 223234         25726
Barbour County                Alabama                  24686         25726
Bibb County                   Alabama                  22394         25726
Blount County                 Alabama                  57826         25726
--snip--
```

就其本身而言，一直重复 us_median 并没什么用。但如果我们能够生成并展示每个县的人口偏离中位数的程度，那么就会有趣并且有用得多。使用相同的子查询技术足以做到这一点。代码清单 13-6 以代码清单 13-5 为基础，替换了 SELECT 语句中的子查询，以此来计算每个县的人口和中位数之间的差异。

```
SELECT county_name,
       state_name AS st,
       pop_est_2019,
        pop_est_2019 - (SELECT percentile_cont(.5) WITHIN GROUP (ORDER BY
pop_est_2019) ❶
                       FROM us_counties_pop_est_2019) AS diff_from_median
FROM us_counties_pop_est_2019
WHERE (pop_est_2019 - (SELECT percentile_cont(.5) WITHIN GROUP (ORDER BY
pop_est_2019) ❷
                      FROM us_counties_pop_est_2019))
     BETWEEN -1000 AND 1000;
```

代码清单 13-6：在计算中使用子查询

这个子查询❶现在是计算的一部分，它的查询结果会被总人口 pop_est_2019 减去，然后该列会获得一个 diff_from_median 别名。为了让查询变得更有用，我们可以筛选结果，让它展示那些人口接近中位数的县。为此，我们需要在 WHERE 子句❷中再次使用子查询重复这一计算，然后使用表达式 BETWEEN -1000 AND 1000 对结果进行筛选。

结果应该会展示 78 个县。以下是最开始的 5 行：

```
    county_name                  st           pop_est_2019      diff_from_median
--------------------          -------------   ------------     ----------------
Cherokee County               Alabama              26196                   470
Geneva County                 Alabama              26271                   545
```

```
Cleburne County          Arkansas                24919                 -807
Johnson County           Arkansas                26578                  852
St. Francis County       Arkansas                24994                 -732
--snip--
```

注意，子查询会增加总体查询的执行时间。代码清单 13-6 移除了代码清单 13-5 中用于展示 us_median 列的子查询以避免重复执行第三个子查询。对于我们的数据集来说，这种修改不会带来什么影响；但如果我们正在处理数百万个行，剔除某些不必要的子查询可能会带来明显的速度提升。

了解子查询表达式

子查询还可以根据条件求值的结果是 true 还是 false 来筛选行。为此需要用到子查询表达式，这种表达式由关键字和子查询组合而成，通常用在 WHERE 子句中，根据另一个表中的值是否存在来筛选行。

PostgreSQL 官网文件中 9.23 Subquery Expressions 文档列出了所有可用的子查询表达式，但这里只会介绍最常用的两种语法：IN 和 EXISTS。在开始之前，请先运行代码清单 13-7 以创建简单的 retirees（退休人员）表，我们将对这个表和第 7 章中的 employees（员工）表一起进行查询。

```
CREATE TABLE retirees (
    id int,
    first_name text,
    last_name text
);

INSERT INTO retirees
VALUES (2, 'Janet', 'King'),
       (4, 'Michael', 'Taylor');
```

代码清单 13-7：创建并填充 retirees 表

接下来展示的子查询表达式将用到这个表。

为 IN 操作符生成值

子查询表达式 IN(*subquery*) 的运作方式和第 3 章介绍的 IN 操作符例子很相似，不同之处在于现在是由子查询提供被检查的值列表，而不必手动输入它们。代码清单 13-8 使用了一个无关联子查询，它将被执行一次，以便从 retirees 表中生成 id 值，而这些值又将成为 WHERE 子句中 IN 操作符的输入。这个查询能够让我们找出同时存在于 employees 表和 retirees 表中的员工。

```
SELECT first_name, last_name
FROM employees
WHERE emp_id IN (
```

```
    SELECT id
    FROM retirees)
ORDER BY emp_id;
```

代码清单 13-8：为 IN 操作符生成值

运行查询，输出结果显示 employees 表中有两个人的 emp_id 匹配了 retirees 表的 id：

```
first_name    last_name
----------    ---------
Janet         King
Michael       Taylor
```

> **注意**
>
> 避免使用 NOT IN。如果子查询结果集中存在 NULL 值，那么带有 NOT IN 表达式的查询将不返回任何行。PostgreSQL 的维基推荐使用接下来一节将要介绍的 NOT EXISTS 作为替代。

检查值是否存在

子查询表达式 EXISTS(*subquery*) 在圆括号中的子查询返回至少一个行时返回值 true，并在子查询不返回任何行时返回值 false。

代码清单 13-9 展示了一个关联子查询的例子——它在自己的 WHERE 子句中包含了一个表达式，该表达式需要来自外部查询的数据。此外，由于这是一个关联子查询，所以它在外部查询每返回一个行的时候都会执行一次，并在每次执行的过程中检查 retirees 表中的 id 是否与 employees 表中的 emp_id 匹配。如果匹配成功，那么 EXISTS 表达式将返回 true。

```
SELECT first_name, last_name
FROM employees
WHERE EXISTS (
    SELECT id
    FROM retirees
    WHERE id = employees.emp_id);
```

代码清单 13-9：配合使用关联子查询和 WHERE EXISTS

运行上述代码，它将返回与代码清单 13-8 相同的结果。当我们需要连接多个列的时候，这个方法将会非常有用，因为 IN 表达式是无法做到这一点的。我们还可以给 EXISTS 添加 NOT 关键字以执行反向操作，找出 employees 表中与 retirees 表中互不相关的行，就像代码清单 13-10 展示的那样。

```
SELECT first_name, last_name
FROM employees
WHERE NOT EXISTS (
    SELECT id
    FROM retirees
    WHERE id = employees.emp_id);
```

代码清单 13-10：配合使用关联子查询和 `WHERE NOT EXISTS`

这个查询将产生以下结果：

```
first_name    last_name
----------    ---------
Julia         Reyes
Arthur        Pappas
```

同时使用 `NOT` 和 `EXISTS` 有助于查找缺失值或者评估数据是否完整。

配合使用 Subqueries 和 LATERAL

将 `LATERAL` 关键字放置在 `FROM` 子句的子查询前面，可以增加一些功能，有助于简化原本复杂的查询。

LATERAL 和 FROM

首先，在 `FROM` 子句中，如果一个子查询带有 `LATERAL` 前缀，那么它就能够引用出现在它前面的表和其他子查询，从而通过简化计算复用来达到减少冗余代码的目的。

代码清单 13-11 以两种方式计算了 2018 年至 2019 年的县人口变化，其中包括数字的原始变化和百分比变化。

```
SELECT county_name,
    state_name,
    pop_est_2018,
    pop_est_2019,
    raw_chg,
    round(pct_chg * 100, 2) AS pct_chg
FROM us_counties_pop_est_2019,
    ❶ LATERAL (SELECT pop_est_2019 - pop_est_2018 AS raw_chg) rc,
    ❷ LATERAL (SELECT raw_chg / pop_est_2018::numeric AS pct_chg) pc
ORDER BY pct_chg DESC;
```

代码清单 13-11：在 `FROM` 子句中使用 `LATERAL` 子查询

`FROM` 子句在指定 us_counties_pop_est_2019 表之后，添加了第一个 `LATERAL` 子查询❶。在圆括号里面，我们放置了一个查询，它会用 2019 年的估算人口减去 2018 年的估算人口，并为结果设置别名 raw_chg。因为 `LATERAL` 子查询可以在不指定表名的情况下，引用出现在 `FROM` 子句之前的表，所以这里不需要再指定 us_counties_pop_ est_2019 表名。另外由于 FROM 子句中的子查询必须有别名，所以我们将这个子查询标记为 rc。

第二个 LATERAL 子查询❷计算 2018 年至 2019 年的人口变化百分比。为了找出百分比，我们必须知道原始变化。但这个子查询没有重新进行计算，而是直接引用了上一个子查询的 raw_chg 值。这可以让代码变得更简单并且更易读。

查询结果如下所示：

```
county_name       state_name     pop_est_2018  pop_est_2019  raw_chg  pct_chg
---------------   ------------   ------------  ------------  -------  -------
Loving County     Texas                  148           169       21    14.19
McKenzie County   North Dakota         13594         15024     1430    10.52
Loup County       Nebraska               617           664       47     7.62
Kaufman County    Texas               128279        136154     7875     6.14
Williams County   North Dakota         35469         37589     2120     5.98
--snip--
```

LATERAL 和 JOIN

将 LATERAL 和 JOIN 结合可以产生类似编程语言中 for 循环的功能：对于 LATERAL 连接之前的查询所产生的每个行，LATERAL 连接之后的子查询或者函数都会被求值一次。我们将重用第 2 章的 teachers 表，并创建一个新表以记录教师每次刷卡解锁实验室大门的时间。我们的任务是找到教师最近两次访问实验室的时间。代码清单 13-12 展示了具体的代码。

```
❶ ALTER TABLE teachers ADD CONSTRAINT id_key PRIMARY KEY (id);

❷ CREATE TABLE teachers_lab_access (
      access_id bigint PRIMARY KEY GENERATED ALWAYS AS IDENTITY,
      access_time timestamp with time zone,
      lab_name text,
      teacher_id bigint REFERENCES teachers (id)
  );

❸ INSERT INTO teachers_lab_access (access_time, lab_name, teacher_id)
  VALUES ('2022-11-30 08: 59: 00-05', 'Science A', 2),
         ('2022-12-01 08: 58: 00-05', 'Chemistry B', 2),
         ('2022-12-21 09: 01: 00-05', 'Chemistry A', 2),
         ('2022-12-02 11: 01: 00-05', 'Science B', 6),
         ('2022-12-07 10: 02: 00-05', 'Science A', 6),
         ('2022-12-17 16: 00: 00-05', 'Science B', 6);

  SELECT t.first_name, t.last_name, a.access_time, a.lab_name
  FROM teachers t
```

```
❹ LEFT JOIN LATERAL (SELECT *
                    FROM teachers_lab_access
              ❺ WHERE teacher_id = t.id
                    ORDER BY access_time DESC
                    LIMIT 2)❻ a
❼ ON true
   ORDER BY t.id;
```

代码清单 13-12：同时使用子查询和 LATERAL 连接

这段代码首先使用 ALTER TABLE 给 teachers 表增加了主键❶（第 2 章之所以没有施加这一约束是因为当时只介绍了关于创建表的基本知识）。之后，代码创建了 teachers_lab_access 表❷，并在表中包含了记录实验室名字和访问时间戳的列。除此之外，该表还包含了代理主键 access_id，还有引用 teachers 表中 id 列的 teacher_id 外键。最后，代码通过 INSERT 语句❸向表中插入了六行。

一切准备就绪之后，接下来要做的就是查询数据了。在查询的 SELECT 语句中，我们通过 LEFT JOIN 与子查询中的 teachers 表进行连接，并且在连接时使用了 LATERAL 关键字❹：这意味着从 teachers 表中返回的每一行都会导致子查询被执行，并因此返回特定教师最近访问的两个实验室以及访问它们的时间。使用 LEFT JOIN 将返回 teachers 表的所有行，无论子查询在 teachers_lab_access 表是否找到了匹配的教师。

在 WHERE 子句❺中，子查询通过 teacher_lab_access 表的外键引用外部查询。LATERAL 连接语法要求子查询拥有别名❻，也即是例子中的 a，而 JOIN 子句 ON 部分❼的值则为 true。在这个例子中，true 可以让我们在无需指定特定列名的情况下创建连接。

运行查询将得到以下结果：

```
first_name    last_name        access_time              lab_name
----------    ---------        ----------------------   -----------
Janet         Smith
Lee           Reynolds         2022-12-21 09: 01: 00-05  Chemistry A
Lee           Reynolds         2022-12-01 08: 58: 00-05  Chemistry B
Samuel        Cole
Samantha      Bush
Betty         Diaz
Kathleen      Roush            2022-12-17 16: 00: 00-05  Science B
Kathleen      Roush            2022-12-07 10: 02: 00-05  Science A
```

在访问表中拥有 ID 的两位教师将展示其最近两次访问实验室的时间。未访问实验室的教师将显示 NULL 值；如果我们想要从结果中移除这些记录，那么可以用 INNER JOIN（或者其简写 JOIN）来代替 LEFT JOIN。

接下来，让我们继续探索使用子查询的另一种语法。

使用公共表表达式

公共表表达式（common table expression，简称 CTE）是标准 SQL 中比较新的功能，它允许我们通过一个或多个 SELECT 查询来预定义临时表，并按需在主查询中引用它们。因为公共表表达式通过 WITH ... AS 语句定义，所以它被非正式地称为 WITH 查询。接下来的例子展示了使用公共表表达式的一些优点，包括更简洁的代码和更少的冗余。

代码清单 13-13 展示了基于人口普查估算数据的简单公共表表达式。这段代码用于查找每个州有多少个县，其人口等于或者超过 100000。让我们来看看这个例子。

```
❶ WITH large_counties (county_name, state_name, pop_est_2019)
   AS (
     ❷ SELECT county_name, state_name, pop_est_2019
        FROM us_counties_pop_est_2019
        WHERE pop_est_2019 >= 100000
     )
❸ SELECT state_name, count(*)
   FROM large_counties
   GROUP BY state_name
   ORDER BY count(*) DESC;
```

代码清单 13-13：使用简单的公共表表达式统计大型县的数量

WITH ... AS 语句❶定义了临时表 large_counties。在 WITH 后面，我们为表设置了名字，并用圆括号包围了一组列名。跟 CREATE TABLE 语句中的列定义不一样，这里不需要提供数据类型，因为临时表会通过子查询继承它们❷，而子查询则在 AS 之后被圆括号包围。子查询返回的列数量必须与临时表中定义的一致，而列名则不需要匹配。在不需要修改列名的情况下，可以省略列名列表；这里包含它们只是为了展示语法。

主查询❸会根据 state_name 对 large_counties 进行统计和分组，然后按统计结果降序排序。以下是执行结果的前六行：

```
state_name              count
---------------------   -----
Texas                    40
Florida                  36
California               35
Pennsylvania             31
New York                 28
North Carolina           28
--snip--
```

正如结果所示，2019 年，得克萨斯、佛罗里达和加利福尼亚等州拥有最多的人口达到或超过 100000 人的县。

前面的代码清单 13-4 曾经计算过各州每 1000 人的旅游企业相关比率，而代码清单 13-14

则通过公共表表达式重写了其中对派生表的连接，使整个查询变得更易读。

```
WITH
 ❶ counties (st, pop_est_2018) AS
    (SELECT state_name, sum(pop_est_2018)
    FROM us_counties_pop_est_2019
    GROUP BY state_name),

 ❷ establishments (st, establishment_count) AS
   (SELECT st, sum(establishments) AS establishment_count
   FROM cbp_naics_72_establishments
   GROUP BY st)

 SELECT counties.st,
        pop_est_2018,
        establishment_count,
        round((establishments.establishment_count /
               counties.pop_est_2018: : numeric(10, 1)) * 1000, 1)
           AS estabs_per_thousand
 ❸ FROM counties JOIN establishments
   ON counties.st = establishments.st
   ORDER BY estabs_per_thousand DESC;
```

代码清单 13-14： 在表连接中使用公共表表达式

代码在 WITH 关键字的后面使用子查询定义了两个表。第一个子查询 counties ❶会返回 2018 年每个州的人口，而第二个子查询 establishments ❷则会返回每个州旅游相关企业的数量。在定义这些表之后，代码会连接❸两表中的 st 列并计算每千人的比率。这段代码的执行结果跟连接派生表的代码清单 13-4 是一样的，只是现在的代码清单 13-14 会更易于理解。

再举一个例子，公共表表达式还可以用于简化带有冗余代码的查询。比如说，在代码清单 13-6 中，我们在两个地方使用了带有 percentile_cont() 函数的子查询以查找县人口的中位数。但是在代码清单 13-15 中，我们只需要以公共表表达式的形式编写那个子查询一次。

```
 ❶ WITH us_median AS
     (SELECT percentile_cont(.5)
     WITHIN GROUP (ORDER BY pop_est_2019) AS us_median_pop
     FROM us_counties_pop_est_2019)

 SELECT county_name,
        state_name AS st,
        pop_est_2019,
     ❷ us_median_pop,
     ❸ pop_est_2019 - us_median_pop AS diff_from_median
 ❹ FROM us_counties_pop_est_2019 CROSS JOIN us_median
 ❺ WHERE (pop_est_2019 - us_median_pop)
        BETWEEN -1000 AND 1000;
```

代码清单 13-15：使用公共表表达式以便尽可能地减少冗余代码

正如之前所示，代码清单 13-6 中的子查询会使用 `percentile_cont()` 查找人口中位数，而代码清单 13-15 则会在 `WITH` 关键字后面，把相同子查询的执行结果定义为 us_median ❶。接着，查询将单独引用 `us_median_pop` 列 ❷ 作为计算列的一部分 ❸，并在之后的 `WHERE` 子句 ❺ 中再次引用它。为了使这个值在 `SELECT` 过程中对 us_counties_pop_est_2019 表的每个行都可用，代码使用了第 7 章介绍过的 `CROSS JOIN` ❹。

这个查询提供的结果跟代码清单 13-6 完全相同，但它只需要编写寻找中位数的子查询一次。这个查询的另一个好处是更易于修改。举个例子，如果我们想要找出人口接近第 90 个百分位数的县，那么只需要在一个地方将 `percentile_cont()` 的输入从 .5 改成 .9 即可。

可读代码、更少的冗余和更易于修改是使用公共表表达式的常见原因。它的另一个超出本书范围的能力是添加 `RECURSIVE` 关键字，这个关键字能够让公共表表达式遍历自身内部的查询结果——这种能力在处理分层组织的数据时非常有用。比如公司的人事列表就是一个例子，你可能会想要找到向特定领导报告的所有人员。递归公共表表达式会从领导开始，一直向下遍历行以查找他的下属，还有这些下属的下属。关于递归查询语法的更多信息可以在 PostgreSQL 官网文件中的 7.8With Queries(Common Table Expressions) 文档里找到。

制作交叉表

交叉表通过在表格或矩阵中展示变量，为总结和比较变量提供了一种简单的防范。矩阵中的行代表一个变量，而列则代表另一个变量，行和列相交的每个单元格都保存着一个值，比如计数或者百分比。

交叉表也叫枢轴表或透视表，它们非常常见，一般用于报告调查结果摘要或者比较成对的变量。一个常见的例子是在选举期间，候选人会按地域统计选票：

```
candidate     ward 1     ward 2     ward 3
---------     ------     ------     ------
Collins          602      1, 799     2, 112
Banks            599      1, 398     1, 616
Rutherford       911        902      1, 114
```

在这种情况下，候选人的名字是一个变量，选区（或者说城区）是另一个变量，而两者相交的单元格保存的则是候选人在选区获得的投票数量。接下来让我们看看如何生成交叉表。

安装 crosstab() 函数

标准 ANSI SQL 并不包含交叉表功能，但我们可以通过 PostgreSQL 模块的方式轻而易举地安装它。模块并不是 PostgreSQL 核心应用的一部分，它们是 PostgreSQL 的附加功能，其中包含安全、文本搜索等众多功能。PostgreSQL 模块的完整清单可以在 PostgreSQL 官网文件的附录 F 文档中找到。

PostgreSQL 的 `crosstab()` 函数是 `tablefunc` 模块的其中一部分，为了安装这个模块，我们可以在 pgAdmin 中执行以下命令：

```
CREATE EXTENSION tablefunc;
```

PostgreSQL 应该会返回消息 `CREATE EXTENSION`（如果你使用的是其他数据库管理器，那么请检查它的文档以查找类似的功能。比如说，微软的 **SQL Server** 就拥有 `PIVOT` 命令）。

接下来，我们将创建基本的交叉表以学习相应的语法，然后再处理更复杂的情况。

为调查结果制表

假设你的公司为了举办一个有趣的员工活动，需要你在三间办公室分别协调一个冰淇淋社交活动。但问题在于人们对冰淇淋口味的选择总是五花八门的。为了选出每间办公室的口味喜好，你决定发起一次调查。

CSV 文件 *ice_cream_survey.csv* 包含了对调查的 200 份反馈。这份文件以及本书的其他资源，都可以在本书资源库中下载。文件的每一行都包含了 response_id（反馈 ID）、office（办公室）和 flavor（口味）。你需要统计每个办公室选择每种口味的人数，并以可读的方式分享结果。

通过代码清单 13-16，我们可以在之前创建的 analysis 数据库里面创建新的表并载入代码。别忘了把代码中的文件路径修改为你在电脑上保存 CSV 文件的位置。

```
CREATE TABLE ice_cream_survey (
    response_id integer PRIMARY KEY,
    office text,
    flavor text
);

COPY ice_cream_survey
FROM 'C:\YourDirectory\ice_cream_survey.csv'
WITH (FORMAT CSV, HEADER);
```

代码清单 13-16：创建并填充 `ice_cream_survey` 表

为了检查表中数据，我们可以执行以下代码来查看表的前五行：

```
SELECT *
FROM ice_cream_survey
ORDER BY response_id
LIMIT 5;
```

这些数据看上去将是这个样子的：

```
response_id      office        flavor
-----------      --------      ----------
          1      Uptown        Chocolate
```

2	Midtown	Chocolate
3	Downtown	Strawberry
4	Uptown	Chocolate
5	Midtown	Chocolate

看上去巧克力口味似乎处于领先地位！但为了严谨起见，让我们使用代码清单 13-17 中的代码来生成交叉表以便进一步确认大家的选择。

```
    SELECT *
❶ FROM crosstab('SELECT ❷ office,
                        ❸ flavor,
                        ❹ count(*)
            FROM ice_cream_survey
            GROUP BY office, flavor
            ORDER BY office',

            ❺ 'SELECT flavor
            FROM ice_cream_survey
            GROUP BY flavor
            ORDER BY flavor')

❻ AS (office text,
      chocolate bigint,
      strawberry bigint,
      vanilla bigint);
```

代码清单 13-17： 创建冰淇淋调查交叉表

这个以 SELECT * 开头的查询会选取 crosstab() 函数返回的所有内容❶。代码向 crosstab() 函数提供了两个查询作为参数，并且由于这些查询都是参数，所以代码将它们放置在了单引号之内。第一个查询会为交叉表生成所需的数据，并且拥有指定的三列。第一列 office ❷ 为交叉表提供行的名称。第二列 flavor ❸ 提供种类的名称（或者说列的名称），它与第三列提供的值相关联。这些值将显示在表中行和列相交的每个单元格中。具体到这个例子，我们希望相交的单元格展示使用 count() ❹ 统计的每间办公室对每种口味的选择。第一个查询将独立创建出一个简单的聚合列表。

第二个查询参数❺将为列产生相应的种类名称。因为 crosstab() 函数要求第二个子查询只返回单列，所以代码使用了 SELECT 获取口味，并通过 GROUP BY 返回列中各不相同的值。

之后，代码在 AS 关键字❻的后面为交叉表的输出列指定了名称和数据类型。这个列表必须与查询生成行名和列名的顺序保持一致。比如说，由于提供种类列的第二个查询会按字母顺序对口味进行排序，那么输出列的列表也必须如此。

运行上述代码，数据将以整洁、可读的交叉表形式展示：

office	chocolate	strawberry	vanilla
Downtown	23	32	19
Midtown	41		23
Uptown	22	17	23

一眼可以看出，市中心区办公室喜欢巧克力口味，但是对草莓口味却不感兴趣，后者用 NULL 值表示没有收到任何投票。但草莓口味却是闹市区的首选，而住宅区办公室则在三种口味之间分配得更为均匀。

为城市温度读数制表

这次，让我们使用真实的数据来创建新的交叉表。来自本书资源库的 *temperature_readings.csv* 文件包含了来自芝加哥、西雅图和威基基（檀香山南岸的一个社区）这三个美国观察站全年每日的温度读数。这些数据来自美国国家海洋和大气管理局（NOAA）。

CSV 文件的每一行都包含四个值：站点名称、日期、当天的最高温度和最低温度。所有温度的单位都是华氏度。对于每个城市的每个月，我们打算用最高温度的中位数来比较气候。代码清单 13-18 展示了创建 temperature_readings 表和导入 CSV 文件所需的代码。

```
CREATE TABLE temperature_readings (
    station_name text,
    observation_date date,
    max_temp integer,
    min_temp integer,
    CONSTRAINT temp_key PRIMARY KEY (station_name, observation_date)
);

COPY temperature_readings
FROM 'C: \YourDirectory\temperature_readings.csv'
WITH (FORMAT CSV, HEADER);
```

代码清单 13-18：创建并填充 temperature_readings 表

这个表包含了 CSV 文件中的四列，还有一个由站点名称和观察日期组成的自然主键。对该表进行简单的计数将返回 1077 行。接下来，让我们看看代码清单 13-19 如何使用这些数据制作交叉表。

```
SELECT *
FROM crosstab('SELECT
            ❶ station_name,
            ❷ date_part(''month'', observation_date),
            ❸ percentile_cont(.5)
                WITHIN GROUP (ORDER BY max_temp)
            FROM temperature_readings
            GROUP BY station_name,
```

```
                    date_part(''month'', observation_date)
          ORDER BY station_name',

          'SELECT month
          FROM ❹ generate_series(1, 12) month')

AS (station text,
    jan numeric(3, 0),
    feb numeric(3, 0),
    mar numeric(3, 0),
    apr numeric(3, 0),
    may numeric(3, 0),
    jun numeric(3, 0),
    jul numeric(3, 0),
    aug numeric(3, 0),
    sep numeric(3, 0),
    oct numeric(3, 0),
    nov numeric(3, 0),
    dec numeric(3, 0)
);
```

代码清单 13-19：生成代码读数交叉表

交叉表的结构与代码清单 13-17 相同。crosstab() 中的第一个子查询为交叉表生成数据，寻找每个月最高温度的中位数。它提供了三个必要的列。第一个是 station_name ❶，行的名字。第二列使用第 2 章中的 date_part() 函数 ❷，从 observation_date 中提取月份，然后将结果提供给交叉表的各个列。之后，代码使用 percentile_cont(.5) ❸，寻找 max_temp 的第 50 个百分位数，也即是中位数。最后，代码会按站点名称和月份进行分组，从而得到每个站点每个月的 max_temp 中位数。

正如代码清单 13-18 所示，第二个子查询负责为列产生一系列种类名称。代码使用了 generate_series() 函数 ❹，按照 PostgreSQL 官方文档介绍的方式创建了一个由数字 1 至 12 组成的列表，这些数字和使用 date_part() 从 observation_date 中提取的月份数字是一致的。

在 AS 之后，代码为交叉表的输出列提供了名称和数据类型。每个列都是 numeric 类型，跟百分位数函数的输出相匹配。这段代码的输出就像诗歌一样：

```
station                      jan feb mar apr may jun jul aug sep oct nov dec
---------------------------  --- --- --- --- --- --- --- --- --- --- --- ---
CHICAGO NORTHERLY ISLAND IL US 34  36  46  50  66  77  81  80  77  65  57  35
SEATTLE BOEING FIELD WA US     50  54  56  64  66  71  76  77  69  62  55  42
WAIKIKI 717.2 HI US            83  84  84  86  87  87  88  87  87  86  84  82
```

我们将一组原始的每日读数转换为一个紧凑的表格，展示每个站点每个月最高温度的中位数。一眼看过去，可以发现威基基的温度一直都比较温和，而芝加哥的最高温度中位数则从略高于冰点到完全宜人不等，至于西雅图则介于这两者之间。

设置交叉表确实需要时间，但是在查看相同数据的情况下，矩阵往往比垂直列表更易于比较数据。需要注意的是，crosstab() 函数属于资源密集型，所以在查询数百万行或者数十亿行的集合时一定要小心。

使用 CASE 对值重新进行分类

ANSI 标准 SQL 的 CASE 语句是一种条件表达式，它能够将一些"如果这样，那么就……"逻辑添加到查询里面。使用 CASE 的方式多种多样，但对于数据分析来说，它最为方便的用途是将值重新分类。我们可以根据数据中的范围创建种类，然后根据这些种类对值进行分类。

CASE 语法遵循以下模式：

```
❶ CASE WHEN condition THEN result
    ❷ WHEN another_condition THEN result
    ❸ ELSE result
❹ END
```

我们需要给出 CASE 关键字❶，然后提供至少一个 WHEN condition THEN result 子句，其中 condition 可以是数据库能够求值为 true 或者 false 的任意表达式，比如 county = 'Dutchess County' 或者 date > '1995-08-09'。如果条件为 true，那么 CASE 语句将返回 result 并不再检查任何后续条件。结果可以是任意合法的数据类型。如果条件为 false，那么数据库将继续求值下一个条件。

在想要求值更多条件的情况下，我们可以添加更多可选的 WHEN ... THEN 子句❷。此外还可以提供可选的 ELSE 子句❸，以便在所有条件求值都为 false 的情况下返回一个结果。如果没有 ELSE 子句，那么语句将在没有条件为 true 的情况下返回 NULL。整个语句最后以 END 关键字❹结束。

代码清单 13-20 展示了如何使用 CASE 语句将温度读数重新分类为描述性分组（名字的选择取决于我对寒冷天气的偏见）。

```
SELECT max_temp,
       CASE WHEN max_temp >= 90 THEN 'Hot'
            WHEN max_temp >= 70 AND max_temp <    90    THEN    'Warm'
            WHEN max_temp >= 50 AND max_temp <    70    THEN    'Pleasant'
            WHEN max_temp >= 33 AND max_temp <    50    THEN    'Cold'
            WHEN max_temp >= 20 AND max_temp <    33    THEN    'Frigid'
            WHEN max_temp < 20 THEN 'Inhumane'
            ELSE 'No reading'
       END AS temperature_group
FROM temperature_readings
ORDER BY station_name, observation_date;
```

代码清单 13-20：*使用 CASE 重新分类温度数据*

通过使用比较操作符，这段代码为 temperature_readings 表的 max_temp 列定义并创建了六个范围。CASE 语句会一个接一个地求值六个表达式，以便从中找出一个值为 true 的表达式。如果求值的结果为 true，那么语句将输出相应的文本。注意，表达式的取值范围考虑了列中所有可能的值，没有留下任何空隙。如果所有传入表达式的值都为 false，那么 ELSE 子句会将结果设置为 No reading（没有读数）。

运行这段代码，其结果的前五行将如下所示：

```
max_temp    temperature_group
--------    -----------------
31          Frigid
34          Cold
32          Frigid
32          Frigid
34          Cold
--snip--
```

现在，我们将数据集整理成了六种类型，接下来，就让我们用这些类型来比较表中三个城市的气候。

在公共表表达式中使用 CASE

公共表表达式非常适用于执行预处理步骤，比如上一节使用 CASE 对温度数据进行的操作就是一个很好的例子。在将温度分组到不同的类型之后，接下来让我们在公共表表达式里面按照城市进行分组统计，看看每种温度类型在一年中各占多少天。

代码清单 13-21 把重新分类每日最高温度的代码重构成了 temps_collapsed 公共表表达式，并将其用于分析。

```
❶ WITH temps_collapsed (station_name, max_temperature_group)    AS
      (SELECT station_name,
          CASE WHEN max_temp >= 90 THEN 'Hot'
              WHEN max_temp >= 70 AND max_temp < 90 THEN    'Warm'
              WHEN max_temp >= 50 AND max_temp < 70 THEN    'Pleasant'
              WHEN max_temp >= 33 AND max_temp < 50 THEN    'Cold'
              WHEN max_temp >= 20 AND max_temp < 33 THEN    'Frigid'
              WHEN max_temp < 20 THEN 'Inhumane'
              ELSE 'No reading'
          END
      FROM temperature_readings)

❷ SELECT station_name, max_temperature_group, count(*)
```

```
FROM temps_collapsed
GROUP BY station_name, max_temperature_group
ORDER BY station_name, count(*) DESC;
```

代码清单 13-21：在公共表表达式中使用 CASE

这段代码对温度进行重新分类，然后按站点名称进行计数和分组，以此来查找每个城市的一般气候分类。WITH 关键字定义了公共表表达式 temps_collapsed ❶，它拥有两列：station_name 和 max_temperature_group。之后代码在公共表表达式 ❷ 之上运行 SELECT 查询，对两列执行简单的 count(*) 和 GROUP BY 操作。结果如下所示：

station_name	max_temperature_group	count
CHICAGO NORTHERLY ISLAND IL US	Warm	133
CHICAGO NORTHERLY ISLAND IL US	Cold	92
CHICAGO NORTHERLY ISLAND IL US	Pleasant	91
CHICAGO NORTHERLY ISLAND IL US	Frigid	30
CHICAGO NORTHERLY ISLAND IL US	Inhumane	8
CHICAGO NORTHERLY ISLAND IL US	Hot	8
SEATTLE BOEING FIELD WA US	Pleasant	198
SEATTLE BOEING FIELD WA US	Warm	98
SEATTLE BOEING FIELD WA US	Cold	50
SEATTLE BOEING FIELD WA US	Hot	3
WAIKIKI 717.2 HI US	Warm	361
WAIKIKI 717.2 HI US	Hot	5

通过这种分类策略，我们可以看到威基基的天气惊人的一致，一年中有 361 天的最高温度都是 Warm（温暖），说明这个地方作为度假胜地确实是名不虚传的。从温度的角度来看，西雅图看上去也不错，有接近 300 天的最高温度是 Pleasant（宜人）或者 Warm（温暖）（尽管这掩盖了西雅图传奇的降雨）。最后，芝加哥有 30 天的最高气温为 Frigid（寒冷），还有 8 天的 Inhumane（不人道），这个地方可能不适合我。

小结

在这一章，我们学会了如何让查询完成更多工作。现在，我们可以在多个位置添加子查询，以便在主查询分析数据之前，对数据进行更精细的筛选和预处理。此外，我们还可以使用交叉表可视化矩阵中的数据，并对数据实施重新分组。这两项技术都能够提供更多的方法来查找和讲述数据的故事。非常棒！

在接下来的章节中，我们将更深入地探讨更特定于 PostgreSQL 的 SQL 技术。首先从处理和搜索文本以及字符串开始。

实战演练

执行以下两个任务，以便进一步熟悉本章介绍的概念：

1. 修改代码清单 13-21 中的代码，以便更深入地挖掘威基基高温的细微差别。将 temps_collapsed 表限制在威基基每日最高温度观测值上。然后使用 CASE 语句中的 WHEN 子句，将温度重新划分为七组，这将产生以下文本输出：

```
'90 or more'
'88-89'
'86-87'
'84-85'
'82-83'
'80-81'
'79 or less'
```

威基基的每日最高气温最常出现在哪一组中？

2. 将代码清单 13-17 中的冰淇淋调查表翻转。换句话说，将口味设置为行，将办公室设置为列。这需要修改查询的哪些元素？统计结果是否会有所不同？

第14章
挖掘文本以查找有意义的数据

接下来，我们将要学习如何使用 SQL 去转换、搜索和分析文本。我们首先会使用字符串格式化和模式匹配进行简单的文本处理，然后再过渡到更高级的分析。我们将使用两个数据集：华盛顿特区附近一个治安部门的一小部分犯罪报告，还有美国总统的演讲稿集合。

文本为分析提供了大量的可能性。通过将非结构化数据（演讲稿、报告、新闻稿或其他文档中的文字段落）转换为结构化数据（表中的行和列），我们可以从中提取出数据的意义。此外我们还可以使用高级文本分析功能，比如 PostgreSQL 的全文检索。有了这些技术，就算是普通的文本也能够揭示隐藏的事实或趋势。

使用字符串函数格式化文本

PostgreSQL 内置了 50 多个字符串函数，用于处理常规但必要的任务，比如将字母改为大写、合并字符串还有移除不必要的空格等。这些函数有些属于 ANSI SQL 标准，而有些则是 PostgreSQL 特有的。完整的字符串函数清单可以在 PostgreSQL 官网文件 9.4 String Functions and Operators 文档中看到，本节将对其中一些经常会用到的字符串函数进行介绍。

你可以在简单的查询里面逐个尝试这些函数，只需要将它们放到 SELECT 的后面就行了，就像这样：SELECT upper('hello'); 。每个函数的示例代码以及本章的所有代码清单都可以在本书资源库中找到。

大小写格式化

大小写函数用于格式化文本的大小写。upper(*string*) 函数会将传递给它的字符串中的所有字母字符变为大写。至于数字等非字母字符则保持不变。比如说，执行 upper('Neal7') 将返回 NEAL7。lower(*string*) 函数会将所有字母字符小写，而非字母字符则保持不变。比如说，执行 lower('Randy') 将返回 randy。

initcap(*string*) 函数会将每个单词的第一个字母大写。比如说，执行 initcap('at

the end of the day')将返回 At The End Of The Day。这个函数非常适用于格式化书名或者电影标题，但由于它不能识别首字母缩略字，所以它并不总是完美的解决方案。比如说，执行 initcap('Practical SQL')将返回 Practical Sql，这是因为它并不认识 SQL 这个缩写。

upper()和 lower()函数都是 ANSI SQL 标准命令，但 initcap()则是 PostgreSQL 特有的。这些函数为你提供了足够的选择权，让你能够将一列文本重新修改为你想要的大小写。需要注意的是，大写转换并不适用于所有区域设置或语言。

字符信息

有几个函数会返回和字符串有关的数据，这些函数既可以独立使用，也可以跟其他函数组合使用。char_length(*string*)函数会返回字符串中包括空格在内的字符数量。比如说，执行 char_length(' Pat ')将返回结果 5，因为 Pat 包含三个字符，而它两端的空格各占一个字符，加起来总共五个字符。你还可以使用非 ANSI SQL 函数 length(*string*)统计字符串长度，它还拥有一个变体，可以用于统计二进制字符串的长度。

> **注意**
>
> 在使用多字节编码（比如涵盖中文、日文或韩文的字符集）时，length()函数返回的值可能和 char_length()有所不同。

position(*substring* in *string*)函数返回子字符串在字符串中的位置。比如说，position(', ' in 'Tan, Bella')将返回 4，这是因为在第一个参数传递的子字符串中，逗号和空格（, ）出现在了主字符串 Tan, Bella 的第四个索引上。

char_length()和 position()均符合 ANSI SQL 标准。

删除字符

函数 trim(*characters* from *string*)可以从字符串的开头和结尾删除字符。你可以把想要删除的一个或多个字符都添加到函数里面，然后再给出关键字 from 和想要修改的字符串。通过可选项 leading、trailing 和 both，我们可以选择从字符串的开头删除字符、从字符串的末尾删除字符或是从字符串的两端删除字符，使得整个函数非常灵活。

比如说，trim('s' from 'socks')会从开头和末尾移除字符 s，然后返回 ock。如果你只想移除字符串末尾的 s，那么可以在想要修剪的字符前面添加 trailing，这样一来，trim(trailing 's' from 'socks')将返回 sock。

在没有指定待删除字符的情况下，trim()默认将删除字符串两端的空格。比如说，执行 trim(' Pat ')将返回前后两端都不包含空格的 Pat。为了确定修改后的字符串长度，我们可以将 trim()嵌套在 char_length()里面：

```
SELECT char_length(trim(' Pat '));
```

这个查询将返回 3，也即是 trim(' Pat ')的执行结果 Pat 所包含的字母数量。

函数 ltrim(*string*, *characters*)和 rtrim(*string*, *characters*)是 PostgreSQL 特有的 trim()函数变体。它们可以从字符串的左端或是右端删除字符。比如说，

rtrim('socks', 's') 只会删除字符串右端的 s，返回 sock。

提取并替换字符

函数 left(*string*, *number*) 和 right(*string*, *number*) 都属于 ANSI SQL 标准，它们用于从字符串中提取并返回选定的字符。比如说，为了从电话号码 703-555-1212 中只获取区号 703，可以使用 left('703-555-1212', 3) 来指定你想要获取字符串从左边开始的前三个字符。与此类似，使用 right('703-555-1212', 8) 可以返回字符串从右边开始的 8 个字符，也即是：555-1212。

我们还可以使用 replace(*string*, *from*, *to*) 函数替换字符串中的字符。比如说，要将 bat 修改为 cat，你可以使用 replace('bat', 'b', 'c') 指定要将 bat 中的 b 替换为 c。

在知悉了操作字符串的基本函数之后，接下来让我们看看如何在文本中匹配更复杂的模式，并将这些模式转换为可供分析的数据。

使用正则表达式匹配文本模式

正则表达式（或称 regex）是一种描述文本模式的符号语言。如果你的字符串带有明显的模式（比如说，四位数字后面跟着一个连字符，然后再跟着两个数字），那么你就可以编写正则表达式来匹配这一模式。然后我们就可以在 WHERE 子句中使用这一符号并根据模式过滤行，又或者使用正则表达式函数来提取和处理包含相同模式的文本。

因为正则表达式使用的都是不太直观的单字符符号，所以它对于编程初学者来说可能显得高深莫测，需要多加练习才能充分领悟。使用表达式进行模式匹配可能需要反复试验，并且不同编程语言处理正则表达式的方式可能会有细微区别。尽管如此，学习正则表达式仍是一项不错的投资：当你在编程语言、文本编辑器或其他应用程序里面搜索文本的时候，它将使你无往不利。

本节将提供足够的正则表达式基础知识以完成练习。如果你还想进一步了解更多信息，那么可以使用交互式的在线代码测试工具，比如带有符号参考信息的 RegExr 正则表达式在线测试工具或者 RegEx Pal 在线正则验证工具。

正则表达式符号

使用正则表达式符号匹配字母和数字非常简单，因为给出的字母、数字还有某些符号和它们要匹配的内容是完全一样的。比如说，Al 就匹配 Alicia 的前两个字符。

对于更复杂的匹配模式，你可以组合使用表 14-1 中展示的正则表达式元素。

表 14-1 正则表达式符号基础

表达式	描述
•	点是一个通配符，它可以匹配除换行符之外的任何字符
［FGz］	匹配方括号中的任意字符。在这里即为 F、G 和 z

表达式	描述
[a-z]	匹配指定的字符范围。在这里就是小写的 a 到 z
[^a-z]	脱字符表示否定匹配。在这里就是不匹配小写的 a 到 z
\w	匹配所有单词字符和下划线。相当于 [A-Za-z0-9_]
\d	匹配所有数字
\s	匹配空格
\t	匹配制表符
\n	匹配换行符
\r	匹配回车符
^	匹配字符串的开头
$	匹配字符串的末尾
?	前面的匹配可以出现零次或一次
*	前面的匹配可以出现零次或多次
+	前面的匹配可以出现一次或多次
{m}	前面的匹配必须出现 m 次
{m, n}	前面的匹配可以出现 m 至 n 次
a|b	管道代表可互换。在这里表示匹配 a 或者 b
()	创建并报告捕获组，又或者设置优先级
(?:)	否定捕获组的报告

通过这些正则表达式，你可以匹配各种字符并指明匹配的次数和位置。比如说，把字符放在方括号（[]）里面，就可以匹配任何一个字符或是一个范围。因此 [FGz] 将匹配单个 F、G 或 z，而 [A-Za-z] 则会匹配任何大写或小写字母。

反斜线（\）是放置在特殊字符前面的指示符，比如制表符（\t）、数字（\d）或换行符（\n），其中换行符是位于文本文件中行结尾处的字符。

有好几种方法可以指示匹配一个字符的次数。将一个数字放置在花括号里面可以说明想要匹配的次数。比如说，\d{4} 就会匹配连在一起的四位数字，而 \d{1, 4} 则会匹配一至四位数字。

字符 ?、* 和 + 可以为你想要匹配的次数提供速记符号。比如说，在某个字符的后面加上加号（+）表示你想要匹配那个字符一次或多次。因此，表达式 a+ 将找到字符串 aardvark 中的 aa 字符。

此外，括号表示捕获组，它们用于表示整个匹配表达式的其中一部分。举个例子，如果你想要在文本中查找 HH: MM: SS 时间格式，并且只想要报告其中的小时数，那么就可以使用像 (\d{2}): \d{2}: \d{2} 这样的表达式。这个表达式将查找代表小时数的两位数字（\d{2}），它的后面跟着一个冒号，接着是代表分钟数的两位数字和另一个冒号，最后是代表秒数的两位数字。通过将第一个 \d{2} 放置在括号里面，我们可以在整个表达式匹配完整时间的情况下，仍然只提取代表小时数的两位数字。

表 14-2 展示了如何通过组合正则表达式，捕获句子"The game starts at 7 p.m. on May 2, 2024."中的不同部分。

表 14-2　正则表达式匹配示例

表达式	它匹配的内容	结果
.+	匹配任意字符一次或多次	The game starts at 7 p.m. on May 2, 2024.
\d{1,2} (?:a.m.|p.m.)	一个或两个数字，后面跟着一个空格，还有一个在非捕获组中的 a.m. 或 p.m.	7 p.m.
^\w+	开头的一个或多个单词字符	The
\w+.$	一个或多个单词字符，后面跟着单个任意字符作为结束	2024.
May|June	单词 May 或者 June	May
\d{4}	四位数字	2024
May \d, \d{4}	May 后面跟着一个空格，一位数字，一个逗号，一个空格，然后是四位数字	May 2, 2024

正如这些结果所示，正则表达式对于匹配字符串中我们感兴趣的部分非常有用。比如说，为了查找时间，我们使用表达式 \d{1, 2}(?: a.m.|p.m.) 查找一位或者两位数字，因为时间可能就是由一位或者两位数字加上一个空格组成。之后，我们查找 a.m. 或 p.m.，使用管道符号分隔这两个名词表示非此即彼的关系，而把它们放在括号内则表示将其逻辑与表达式的其他部分分开。表达式使用了 ?: 符号表示我们不想将括号内的名词视作捕获组，这意味它们只会报告 a.m. 或 p.m. 的存在。?: 符号将确保返回完整的匹配结果。

你可以通过将文本和正则表达式放在 substring(*string from pattern*) 函数里面来使用上述的任意表达式，而函数将返回匹配的文本。比如说，为了查找代表年份的四位数字，你可以使用以下查询：

```
SELECT substring('The game starts at 7 p.m. on May 2, 2024.' from '\d{4}');
```

这个查询应该会返回 2024，因为我们指定的模式会查找连在一起的四位数字，而 2024 是这个字符串里面唯一符合这个条件的部分。你可以在本书的代码资源库中，找到使用 substring() 查询执行表 14-2 中所有表达式的示例。

在 WHERE 中使用正则表达式

在前面的章节，我们曾经在 WHERE 子句中使用过 LIKE 和 ILIKE 来过滤查询。在这一节，我们将要学习如何在 WHERE 子句中使用正则表达式，以此来执行更复杂的匹配。

在正则表达式中，我们使用波浪号（~）进行大小写敏感匹配，并使用波浪星号（~*）进行大小写不敏感匹配。你还可以通过在这两种表达式前面放置感叹号来否定它们。比如说，!~* 表示不要匹配大小写不敏感的正则表达式。代码清单 14-1 使用了前面介绍过的 2019 年美国人口普查估算表 us_counties_pop_est_2019 来展示这些正则表达式的工作原理。

```
   SELECT county_name
   FROM us_counties_pop_est_2019
❶ WHERE county_name ~* '(lade|lare)'
   ORDER BY county_name;


   SELECT county_name
   FROM us_counties_pop_est_2019
❷ WHERE county_name ~* 'ash' AND county_name !~ 'Wash'
   ORDER BY county_name;
```

代码清单 14-1： 在 WHERE 子句中使用正则表达式

第一个 WHERE 子句❶使用波浪星号（～*）对正则表达式 (lade|lare) 执行大小写不敏感匹配，以查找任何包含字母 lade 或是 lare 的县名。这个查询的结果将是以下 8 行：

```
county_name
------------------
Bladen County
Clare County
Clarendon County
Glades County
Langlade County
Philadelphia County
Talladega County
Tulare County
```

如你所见，结果中的每个县名都包含了字母 lade 或是 lare。

第二个 WHERE 子句❷使用波浪星号（~*）还有否定波浪号（!~），查找包含字母 ash 但是却不包含字母 Wash 的县名。这个查询的结果如下：

```
county_name
--------------
Ashe County
Ashland County
Ashland County
Ashley County
Ashtabula County
Nash County
Wabash County
Wabash County
Wabasha County
```

这个输出中的所有九个县，它们的名字都包含了字母 ash，但是却都不包含 Wash。

尽管这些例子都很简单，但正则表达式允许我们进行更复杂的匹配，而这些匹配只依靠

LIKE 和 ILIKE 提供的通配符是无法完成的。

使用正则表达式函数替换或分割文本

代码清单 14-2 展示了三个用于替换和分割文本的正则表达式函数。

```
❶ SELECT regexp_replace('05/12/2024', '\d{4}', '2023');

❷ SELECT regexp_split_to_table('Four, score, and, seven, years, ago', ', ');

❸ SELECT regexp_split_to_array('Phil Mike Tony Steve', ' ');
```

代码清单 14-2：用于替换和分割文本的正则表达式函数

函数 regexp_replace(*string*, *pattern*, *replacement text*) 可以将匹配的模式替换成指定的替代文本。在示例❶中，我们使用 \d{4}，在日期字符串 05/12/2024 中查找任意一组连续的四位数字，并在找到之后将其替换为替代文本 2023。这个查询将以文本形式返回 05/12/2023 作为结果。

函数 regexp_split_to_table(*string*, *pattern*) 会将被分隔的文本划分至行。代码清单 14-2 使用这个函数，以逗号为界对字符串 'Four, score, and, seven, years, ago' 进行分割❷，由此产生了一组行，其中每行只包含一个单词：

```
regexp_split_to_table
---------------------
Four
score
and
seven
years
ago
```

本章末尾在进行"实战演练"练习的时候还会用到这个函数，别忘了它！

与此类似，函数 regexp_split_to_array(*string*, *pattern*) 则会将被分割的文本划分至数组。示例❸会以空格为界对字符串 Phil Mike Tony Steve 进行分割，并在 pgAdmin 中返回以下文本数组：

```
regexp_split_to_array
---------------------
{Phil, Mike, Tony, Steve}
```

无论是 pgAdmin 列标题中的 text[] 符号，还是被大括号包围的值，都说明了这个结果确实是数组类型，它给我们带来了另一种分析方法。比如说，你可以使用诸如 array_length() 这样的函数来计算单词的数量，正如代码清单 14-3 所示。

```
SELECT array_length(regexp_split_to_array('Phil Mike Tony Steve', ' '), 1 ❶);
```

代码清单 14-3：查找数组长度

因为 `regexp_split_to_array()` 生成的是一维数组，所以上面的查询将产生一列名字作为结果。数组也可以有额外的维度——比如说，一个二维数组就可以表示为一个拥有行和列的矩阵。因此，这个查询传递 1 作为 `array_length()` 的第二个参数❶，表示我们想要知道这个数组的第一个维度（也是唯一一个维度）的长度。因为这个数组包含四个元素，所以查询将返回 4 作为结果。想要知道关于 `array_length()` 以及其他数组函数的更多信息，请查阅 PostgreSQL 官网文件 9.19 Array Functions and Operators 文档。

只要你能够识别文本中的模式，你就可以通过组合正则表达式符号来定位它。当文本中存在重复出现的模式，而你又想把它们转换为数据集合进行分析的时候，这种技术就会非常有用。让我们通过一个实际的例子来展示如何在实践中使用正则表达式函数。

使用正则表达式函数将文本转换为数据

华盛顿特区某个郊区的治安部门每天都会发布报告，详细说明该部门调查事件的日期、时间、地点和描述。尽管这些报告非常适合进行分析，但问题在于它们是以 PDF 文件形式保存的 Microsoft Word 文档，这种格式并不适合导入到数据库。

如果我把 PDF 文件中的事件复制并粘贴到文本编辑器中，结果就会出现类似代码清单 14-4 中的文本块。

```
❶ 4/16/17-4/17/17
❷ 2100-0900 hrs.
❸ 46000 Block Ashmere Sq.
❹ Sterling
❺ Larceny:  ❻ The victim reported that a
   bicycle was stolen from their opened
   garage door during the overnight hours.
❼ C0170006614

   04/10/17
   1605 hrs.
   21800 block Newlin Mill Rd.
   Middleburg
   Larceny:  A license plate was reported
   stolen from a vehicle.
   SO170006250
```

代码清单 14-4：犯罪报告文本

每个文本块都包含日期❶、时间❷、街道地址❸、城市或城镇❹、犯罪类型❺和事件描述❻。信息的最后一部分是一个代号❼，它可能是为了识别事件而设置的唯一 ID，但我们需要跟治安部门核实才能够确定这一点。文本块里面还存在着一些不一致的地方。比如说，第一个文本块拥有两个日期（4/16/17-4/17/17）和两个时间（2100-0900 hrs.），这意味着事件发生的确切时间不详，只是有可能发生在指定的时间段中。至于第二个文本块只有一个日期和时间。

如果你定期汇编这些报告，可能就会发现一些很好的见解，它们足以回答一些重要的问题：哪里是犯罪多发地？哪类犯罪最常发生？犯罪更多发生在周末还是工作日？在开始回答这些问题之前，我们需要先使用正则表达式将文本提取到表列中。

> **注意**
>
> 从文本中提取元素是一项劳动密集型工作，所以最好先询问数据的所有者，文本是否由数据库生成。如果是的话，那么可以尝试从数据库中取得诸如 CSV 文件这样的结构化导出，从而节约大量时间。

为犯罪报告创建表

从本书的资源库中可以下载一个名为 *crime_reports.csv* 的文件，它包含了五起犯罪事件。请下载该文件并将其保存到你的计算机。然后使用代码清单 14-5 中的代码创建一个表，其中每一列的数据元素都可以通过正则表达式从文本中解析出来：

```
CREATE TABLE crime_reports (
    crime_id integer PRIMARY KEY GENERATED ALWAYS AS IDENTITY,
    case_number text,
    date_1 timestamptz,
    date_2 timestamptz,
    street text,
    city text,
    crime_type text,
    description text,
    original_text text NOT NULL
);

COPY crime_reports (original_text)
FROM 'C:\YourDirectory\crime_reports.csv'
WITH (FORMAT CSV, HEADER OFF, QUOTE '"');
```

代码清单 14-5：创建并加载 crime_reports 表

运行代码清单 14-5 中的 CREATE TABLE 语句，然后使用 COPY 将文本加载至 original_text 列。在我们对其进行填充之前，表的其他列将保持为 NULL。

当你在 pgAdmin 中运行 SELECT original_text FROM crime_reports; 时，结果网格应该会显示五个行以及每份报告的前几个单词。当你双击任意一个单元格时，pgAdmin 将显示该行的全部文本，正如图 14-1 所示。

现在我们已经加载好了将要解析的文本，接下来是时候使用 PostgreSQL 的正则表达式函数来探索这些数据了。

匹配犯罪报告日期模式

我们想要从 original_text 中提取的第一项数据是犯罪日期。尽管有一份报告拥有两个日期，但大多数报告都只拥有一个日期。这些报告还拥有关联时间，我们将把提取得到的日期和时间合并为时间戳。我们将使用每份报告的第一个（或者唯一一个）日期和时间填充 date_1，并在第二个日期或时间存在的情况下将其添加至 date_2。

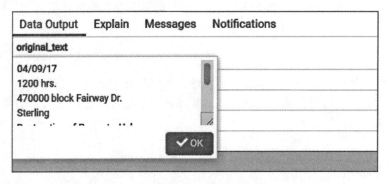

图 14-1　在 pgAdmin 的结果网格中显示更多文本

我们将要用到 regexp_match(*string*, *pattern*) 函数，它和 substring() 有点像，只是有几个地方不同。首先，它将以文本数组的形式返回每个匹配项。其次，它在没有匹配项的情况下将返回 NULL。也许你还记得，我们在第 6 章就曾经使用数组向 percentile_cont() 传递多个值以计算四分位数。在解析犯罪报告的时候，我们会看到该如何处理以数组形式返回的结果。

> **注意**
>
> regexp_match() 函数是在 PostgreSQL 10 中引入的，它不存在于早期的版本。

首先，让我们用 regexp_match() 找出五起事件中的日期。要匹配的模式一般都是 *MM/DD/YY*，并且其中的月份和日期有可能是一位数或者两位数。以下是匹配该模式的正则表达式：

```
\d{1, 2}\/\d{1, 2}\/\d{2}
```

在这个表达式中，第一个 \d{1, 2} 表示月份。大括号内的数字表示我们至少需要一位数字，并且最多需要两位数字。之后，我们想要查找的是正斜线（/），但由于正斜线在正则表达式中具有特殊含义，所以必须在它前面加上反斜线（\）进行转义，就像这样 \/。在这种情况下，转义一个字符表示我们只想把它当作字面量处理，而不想让它拥有特殊含义。因此，组合反斜线和正斜线（\/）将让你得到一个正斜线。

接下来的另一个 \d{1, 2} 表示每月中一位数或两位数的日期。表达式最后以另一个转义正斜线和表示两位数年份的 \d{2} 结束。让我们将表达式 \d{1, 2}\/\d{1, 2}\/\d{2} 传递给 regexp_match()，正如代码清单 14-6 所示。

```
SELECT crime_id,
       regexp_match(original_text, '\d{1, 2}\/\d{1, 2}\/\d{2}')
FROM crime_reports
ORDER BY crime_id;
```

代码清单 14-6： 使用 `regexp_match()` 找出第一个日期

在 pgAdmin 中运行这段代码，它将得到以下结果：

```
crime_id     regexp_match
--------     ------------
       1     {4/16/17}
       2     {4/8/17}
       3     {4/4/17}
       4     {04/10/17}
       5     {04/09/17}
```

注意，由于 `regexp_match()` 默认返回它找到的第一个匹配项，所以每行展示的都是事件的第一个日期。另外需要注意的是，每个日期都包围在大括号里面。这是 PostgreSQL 在表明 `regexp_match()` 返回的每个结果都是数组类型，也即是一组元素。稍后的"从 `regexp_match()` 的结果中提取文本"部分内容将展示如何访问数组中的元素。关于 PostgreSQL 数组的更多信息，请参考 PostgreSQL 官网文件 8.15 Arrays 文档。

匹配可能存在的第二个日期

我们已经成功匹配了每份报告的第一个日期。但是别忘了，五起事件中还有一起事件拥有两个日期。为了找到并显示文本中的所有日期，我们必须使用 `regexp_matches()` 的近亲 `regexp_matches()` 函数，并以标志 g 的形式传入一个可选项，正如代码清单 14-7 所示。

```
SELECT crime_id,
       regexp_matches(original_text, '\d{1, 2}\/\d{1, 2}\/\d{2}', 'g'❶)
FROM crime_reports
ORDER BY crime_id;
```

代码清单 14-7： 使用带有 g 标志的 `regexp_matches()` 函数

这个带有 g 标志❶的 `regexp_matches()` 跟 `regexp_match()` 的区别在于，前者会将表达式找到的每个匹配项都返回为结果中的一行，而不是像后者那样只返回第一个匹配项。

重新运行修改后的代码，你现在应该会看到 `crime_id` 为 1 的事件的两个日期，就像下面这样：

```
crime_id     regexp_matches
--------     --------------
       1     {4/16/17}
       1     {4/17/17}
       2     {4/8/17}
       3     {4/4/17}
       4     {04/10/17}
       5     {04/09/17}
```

每当犯罪报告拥有第二个日期的时候，我们会把它以及关联的时间加载到 date_2 列中。尽管添加 g 标志可以展示所有日期，但如果只是为了提取报告中的第二个日期，我们完全可以在两个日期同时存在的情况下继续使用之前的匹配模式。在代码清单 14-4 中，犯罪报告的第一个文本块展示了一个由连字符分隔的两个日期，如下所示：

```
4/16/17-4/17/17
```

这意味着我们可以回归 regexp_match()，并编写一个表达式来查找跟在连字符后面的日期，就像代码清单 14-8 所示。

```
SELECT crime_id,
       regexp_match(original_text, '-\d{1, 2}\/\d{1, 2}\/\d{2}')
FROM crime_reports
ORDER BY crime_id;
```

代码清单 14-8：使用 regexp_match() 查找第二个日期

尽管这个查询可以在第一个匹配项中找到第二个日期（并为其余的匹配项返回 NULL），但是却产生了一个意想不到的结果：它会将连字符一并显示。

```
crime_id    regexp_match
--------    ------------
       1    {-4/17/17}
       2
       3
       4
       5
```

我们并不希望包含连字符，因为对于 timestamp 数据类型来说，这是一种无效的格式。幸运的是，我们可以在正则表达式周围放置括号来创建捕获组，从而指定正则表达式中我们想要返回的确切部分，就像这样：

```
-(\d{1, 2}/\d{1, 2}/\d{1, 2})
```

这种符号可以只返回正则表达式中我们想要的部分。运行代码清单 14-9 中经过修改的查询，它将只报告括号中的数据。

```
SELECT crime_id,
       regexp_match(original_text, '-(\d{1, 2}\/\d{1, 2}\/\d{2})')
FROM crime_reports
ORDER BY crime_id;
```

代码清单 14-9：通过使用捕获组来达到只返回日期的目的

代码清单 14-9 中的查询应该只返回不带连字符的第二个日期，就像这样：

```
crime_id    regexp_match
---------   ------------
        1   {4/17/17}
        2
        3
        4
        5
```

我们刚刚完成的是一个非常典型的过程。首先分析文本，然后编写并优化正则表达式，直到它找到你想要的数据。到目前为止，我们已经创建了相应的正则表达式，用于匹配第一个日期和可能存在的第二个日期。接下来，让我们使用正则表达式来提取其他数据元素。

匹配其他犯罪报告元素

在这一节，我们将从犯罪报告中捕获时间、地址、犯罪类型、描述还有案件编号。以下是用于捕获这些信息的表达式：

第一个小时数 \/\d{2}\n(\d{4})

每份犯罪报告的第一个小时数，也即是犯罪发生的时间或时间范围的开始，它们总是紧随在日期之后，就像这样：

```
4/16/17-4/17/17
2100-0900 hrs.
```

为了找出第一个小时数，我们首先使用了转义正斜线和 \d{2}，后者表示日期前面的两位数年份（17）。\n 字符表示换行，因为小时数总是从新行开始，而 \d{4} 表示的则是四位数字的小时数（2100）。因为我们只想返回这四位数字，所以把 \d{4} 放在括号内用作捕获组。

第二个小时数 \/\d{2}\n\d{4}-(\d{4})

如果第二个小时数存在，那么它将跟在一个连字符的后面，所以我们可以把一个连字符和另一个 \d{4} 添加到刚刚为查找第一个小时数而创建的表达式中。和之前一样，第二个 \d{4} 也会被放在捕获组中，这是因为 0900 就是我们想要返回的小时数。

街道 hrs.\n(\d+ .+(?: Sq.|Plz.|Dr.|Ter.|Rd.))

在犯罪报告里面，街道总是出现在时间的 hrs. 标志和新行（\n）的后面，就像这样：

```
04/10/17
1605 hrs.
21800 block Newlin Mill Rd.
```

街道地址总是以某个长度不等的数字开始，并以某个缩写后缀结束。为了描述这一匹配，我们使用 \d+ 来匹配出现一次或多次的任何数字。之后，我们指定一个空格，并使用点通配符和加号（.+）符号来查找出现一次或多次的任意字符。表达式最后以一系列名词结束，它们由可互换的管道符号分隔，就像这样：(?: Sq.|Plz.|Dr.|Ter.|Rd.)。这些名词都被包围在括号里面，因此表达式将匹配这些名词的其中一个。当我们使用括号来分组多个名词，

但是又不想括号被用作捕获组的时候，我们就需要添加 ?: 来取消这一效果。

> **注意**
>
> 在一个大型数据集中，街道名称的后缀可能会比我们在正则表达式中匹配的五个还要多。在对街道实施初步提取之后，我们可以运行查询检查未匹配的行，从而找出更多可匹配的后缀。

城市 `(?:Sq.|Plz.|Dr.|Ter.|Rd.)\n(\w+ \w+|\w+)\n`

因为城市总是位于街道后缀之后，所以我们将重用前面处理街道时所使用的由可互换符号分隔的名词。在此之后，我们将为表达式加上一个新行（\n），并使用捕获组在末尾的新行之前查找两个单词或者一个单词（\w+ \w+|\w+），因为城镇或城市的名字可以多于一个单词。

犯罪类型 `\n(?:\w+ \w+|\w+)\n(.*):`

犯罪类型总是出现在冒号之前（这也是每份犯罪报告中唯一一次使用冒号的地方），并且可能由一个或多个单词组成，如下所示：

```
--snip--
Middleburg
Larceny:  A license plate was reported
stolen from a vehicle.
SO170006250
--snip--
```

为了创建与此模式匹配的表达式，我们将在换行符的后面放置一个非报告捕获组，用于查找由一个或两个单词组成的城市名。然后我们添加另一个换行符，并使用 (.*): 来匹配出现在冒号前面的零个或多个任意字符。

描述 `:\s(.+)(?: C0|SO)`

犯罪描述总是出现在犯罪类型的冒号之后，案件编码之前。表达式以冒号和空格字符（\s）开始，接着是一个捕获组，它通过使用 .+ 符号来查找出现一次或多次的任意字符。非报告捕获组 (?: C0|SO) 告诉程序，在遇到 C0 或者 SO 的任意一个时停止查找，因为这两个字符组合是每个案件编号的开始（一个 C 后面跟着一个数字零，还有一个 S 后面跟着一个大写 O）。因为描述可能包含一个或多个换行符，所以这样做是必须的。

案件编号 `(?: C0|SO)[0-9]+`

案件编号以 C0 或 SO 开头，后面是一组数字。为了匹配此模式，表达式需要在一个非报告捕获组中查找 C0 或者 SO，然后使用符号 [0-9]+ 查找可能出现一次或多次、介于 0 至 9 的任何数字。

现在，让我们将这些正则表达式传递给 regexp_match()，看看它们实际运行的情况。代码清单 14-10 展示了如何通过 regexp_match() 查询，获取案件编号、第一个日期、犯罪类型和城市。

```
SELECT
    regexp_match(original_text,  '(?: C0|SO)[0-9]+') AS case_number,
    regexp_match(original_text,  '\d{1, 2}\/\d{1, 2}\/\d{2}') AS date_1,
    regexp_match(original_text,  '\n(?: \w+ \w+|\w+)\n(.*): ') AS crime_type,
```

```
         regexp_match(original_text,         '(?: Sq.|Plz.|Dr.|Ter.|Rd.)\n(\w+ \w+|\w+)\n')
      AS city
FROM crime_reports
ORDER BY crime_id;
```

代码清单 14-10：匹配案件编号、日期、犯罪类型和案发城市

运行这段代码，它将获得以下结果：

```
 case_number      date_1            crime_type                           city
------------      ----------        -----------------------------------  -----------
{C0170006614}     {4/16/17}         {Larceny}                            {Sterling}
{C0170006162}     {4/8/17}          {"Destruction of Property"}          {Sterling}
{C0170006079}     {4/4/17}          {Larceny}                            {Sterling}
{SO170006250}     {04/10/17}        {Larceny}                            {Middleburg}
{SO170006211}     {04/09/17}        {"Destruction of Property"}          {Sterling}
```

经过一系列处理，我们终于将文本转换成了更适合分析的结构。当然，如果我们想要对城市的犯罪频率和犯罪类型实施月度统计，那么就必须包含大量的案件才能够确定其中的趋势。

为了将每个被解析的元素都加载到表的列里面，我们将创建一个 UPDATE 查询。但是在将文本插入到列之前，我们需要学习如何从 regexp_match() 返回的数组中提取文本。

从 regexp_match() 的结果中提取文本

在"匹配犯罪报告日期模式"中，曾经提到 regexp_match() 返回的数据是包含文本的数组类型。有两条线索支持这一论断。首先，列标题中的数据类型指示器显示的是 text[] 而不是 text。其次，结果中的每个项都被大括号包围。图 14-2 展示了 pgAdmin 是如何显示代码清单 14-10 中的查询结果的。

	case_number text[]	date_1 text[]	crime_type text[]	city text[]
1	{C0170006614}	{4/16/17}	{Larceny}	{Sterling}
2	{C0170006162}	{4/8/17}	{"Destruction of Property"}	{Sterling}
3	{C0170006079}	{4/4/17}	{Larceny}	{Sterling}
4	{SO170006250}	{04/10/17}	{Larceny}	{Middleburg}
5	{SO170006211}	{04/09/17}	{"Destruction of Property"}	{Sterling}

图 14-2　pgAdmin 结果网格中的数组值

因为我们要更新的 crime_reports 列并不是数组类型，所以我们要做的不是传入 regexp_match() 返回的数组，而是从数组中提取值。具体的操作可以通过数组符号来完成，正如代码清单 14-11 所示。

```
SELECT
    crime_id,
❶ (regexp_match(original_text, '(?: C0|SO)[0-9]+'))[1] ❷
        AS case_number
FROM crime_reports
ORDER BY crime_id;
```

代码清单 14-11：从数组中获取值

首先，我们将 regexp_match() 函数❶包裹在圆括号里面。然后，在圆括号的末尾，我们用方括号❷包围值 1，表示获取数组的第一个元素。查询应该会产生以下结果：

```
crime_id    case_number
--------    -----------
1           C0170006614
2           C0170006162
3           C0170006079
4           SO170006250
5           SO170006211
```

现在 pgAdmin 列标题中的数据类型指示器将显示 text 而不是 text[]，并且值也不会再被大括号包围起来。我们现在可以使用 UPDATE 查询把这些值插入到 crime_reports 里面了。

通过提取的数据更新 crime_reports 表

为了更新 crime_reports 表中的列，我们首先要做的就是把提取出的第一个日期和时间合并为单个 timestamp 值，并将其保存到 date_1 列。

```
UPDATE crime_reports
❶ SET date_1 =
(
  ❷ (regexp_match(original_text, '\d{1, 2}\/\d{1, 2}\/\d{2}'))[1]
    ❸ || ' ' ||
  ❹ (regexp_match(original_text, '\/\d{2}\n(\d{4})'))[1]
    ❺ ||' US/Eastern'
❻ ): : timestamptz
RETURNING crime_id, date_1, original_text;
```

代码清单 14-12：更新 crime_reports 表的 date_1 列

由于 date_1 列的类型为 timestamp，我们必须提供这一数据类型的输入。为此，我们将使用 PostgreSQL 的双管道（||）连接操作符，合并提取的日期和时间，从而满足输入对 timestamp with time zone 格式的要求。首先，代码在 SET 子句❶中给出了匹配第一个日期的正则模式❷。接着，它使用拼接操作符，把日期和由两个单引号包围的空格拼接在一起❸，然后再次给出一个拼接操作符。这个步骤会先把日期和空格拼接，然后再与正则模式匹配的时间拼接❹。之后，代码使用 US/Eastern 指示符，将华盛顿特区的时区拼接到

字符串的末尾❺。将这些元素全部拼接起来，我们就得到了一个模式为 *MM/DD/YY HH：MM TIMEZONE* 的字符串，它可以用作 `timestamp` 的输入。最后，代码还使用 PostgreSQL 的双冒号速记法和 `timestamptz` 缩写，将字符串转换成了 `timestamp with time zone` 数据类型❻。

当我们运行这个 UPDATE，RETURNING 子句将展示已更新行中被指定的列，包括现已被填充的 `date_1` 列以及 `original_text` 列的其中一部分，就像这样：

```
crime_id          date_1                          original_text
--------   ----------------------    -----------------------------------------
   1       2017-04-16 21：00：00-04  4/16/17-4/17/17
                                    2100-0900 hrs.
                                    46000 Block Ashmere Sq.
                                    Sterling
                                    Larceny: The victim reported that a
                                    icycle was stolen from their opened
                                    garage door during the overnight hours.
                                    C0170006614
   2       2017-04-08 16：00：00-04  4/8/17
                                    1600 hrs.
                                    46000 Block Potomac Run Plz.
                                    Sterling
                                    Destruction of Property: The victim
                                    reported that their vehicle was spray
                                    painted and the trim was ripped off while
                                    it was parked at this location.
                                    C0170006162
--snip--
```

一眼就能看出，`date_1` 准确地捕获了原文中出现的第一个日期和时间，并将其转换成了相应的格式以便进行分析——比如说，量化一天中最常发生犯罪的时间。注意，如果你不在美国的东部时区，那么时间戳将反映你的 pgAdmin 客户端的时区。此外，在 pgAdmin 中，你可能需要双击 `original_text` 列中的单元格才能够看到完整的文本。

使用 CASE 处理特殊实例

我们可以为剩余的每项数据元素都编写相应的 UPDATE 语句，但如果能够把这些语句合并为单条的话，那么无疑会更有效率。代码清单 14-13 使用单条语句更新了 `crime_reports` 表中的所有列，并且处理了数据中不一致的值。

```
UPDATE crime_reports
SET date_1❶ =
  (
    (regexp_match(original_text, '\d{1, 2}\/\d{1, 2}\/\d{2}'))[1]
      || ' ' ||
    (regexp_match(original_text, '\/\d{2}\n(\d{4})'))[1]
```

```
                  ||' US/Eastern'
         )::timestamptz,

date_2❷ =
CASE❸
    WHEN❹ (SELECT regexp_match(original_text, '-(\d{1, 2}\/\d{1, 2}\/\d{2})')
IS NULL❺)
           AND (SELECT regexp_match(original_text, '\/\d{2}\n\d{4}-(\d{4})')
IS NOT NULL❻)
        THEN❼
          ((regexp_match(original_text, '\d{1, 2}\/\d{1, 2}\/\d{2}'))[1]
             || ' ' ||
          (regexp_match(original_text, '\/\d{2}\n\d{4}-(\d{4})'))[1]
             ||' US/Eastern'
         )::timestamptz

    WHEN❽ (SELECT regexp_match(original_text, '-(\d{1, 2}\/\d{1,
2}\/\d{2})') IS NOT NULL)
                AND (SELECT regexp_match(original_text, '\/\d{2}\n\d{4}-
(\d{4})') IS NOT NULL)
        THEN
          ((regexp_match(original_text, '-(\d{1, 2}\/\d{1, 2}\/\d{1, 2})'))[1]
             || ' ' ||
          (regexp_match(original_text, '\/\d{2}\n\d{4}-(\d{4})'))[1]
             ||' US/Eastern'
         )::timestamptz
END,
street = (regexp_match(original_text, 'hrs.\n(\d+ .+(?: Sq.|Plz.|Dr.|Ter.|Rd.))'))
[1],
city = (regexp_match(original_text,
                    '(?: Sq.|Plz.|Dr.|Ter.|Rd.)\n(\w+ \w+|\w+)\n'))[1],
crime_type = (regexp_match(original_text, '\n(?: \w+ \w+|\w+)\n(.*): '))
[1],
description = (regexp_match(original_text, ': \s(.+)(?: C0|S0)'))[1],
case_number = (regexp_match(original_text, '(?: C0|S0)[0-9]+'))[1];
```

代码清单 14-13： 更新 crime_reports 表的所有列

这条 UPDATE 语句初看上去似乎有些吓人，但如果我们一列一列地分解它们的作用，那么它们就会变得易懂很多。首先，这个语句使用了跟代码清单 14-9 相同的代码来更新 date_1 列❶。但是在更新 date_2 列的时候❷，代码就需要根据第二个日期和时间是否存在做不同的决策。在我们有限的数据集中，存在三种可能性：

存在第二个小时数，但没有第二个日期。当第一个日期拥有小时数范围时，这种情况就会出现。

存在第二个日期和第二个小时数。这种情况在报告涉及不止一天时会出现。

既不存在第二个日期，也不存在第二个小时数。

为了在每种场景都能给 date_2 插入正确的值，我们使用 CASE 语句来测试每种可能性。在 CASE 关键字❸之后，我们使用了一系列 WHEN ... THEN 语句以检查前两种条件并提供插入值；如果这两种条件都不存在，那么 CASE 语句将默认返回一个 NULL。

第一个 WHEN 语句❹检查 regexp_match() 是否对第二个日期返回 NULL ❺并且对第二个小时数返回一个值（通过使用 IS NOT NULL 实现❻）。如果这个条件求值为 true，那么 THEN 语句❼将拼接第一个日期和第二个小时数以创建用于更新的时间戳。

第二个 WHEN 语句❽检查 regexp_match() 是否为第二个小时数和第二个日期都返回了值。如果结果是 true，那么 THEN 语句将拼接第二个日期和第二个小时数以创建时间戳。

如果这两个 WHEN 语句的结果都不是 true，那么 CASE 语句将返回 NULL 以说明只有一个日期和一个时间。

> **注意**
>
> 前面列举的 WHEN 语句只能处理我们小样本数据集存在的可能性。如果你正在处理更多数据，那么可能就需要处理更多变化（比如存在第二个日期但是不存在第二个时间）。

当我们运行代码清单 14-13 中的整个查询时，PostgreSQL 应该会报告 UPDATE 5。大功告成！现在我们不仅用正确的数据更新了所有列，还考虑到了元素具有附加数据的情况，我们可以检查表的所有列并从中找到自 original_text 列解析而来的元素。代码清单 14-14 查询了其中的四个列。

```
SELECT date_1,
       street,
       city,
       crime_type
FROM crime_reports
ORDER BY crime_id;
```

代码清单 14-14：查看选中的犯罪数据

查询的结果将是一组组织良好的数据，它们如下所示：

```
date_1                      street                           city        crime_type
------------------------    ----------------------------     ---------   ------------------
2017-04-16 21: 00: 00-04    46000 Block Ashmere Sq.          Sterling    Larceny
2017-04-08 16: 00: 00-04    46000 Block Potomac Run Plz.     Sterling    Destruction of  ...
2017-04-04 14: 00: 00-04    24000 Block Hawthorn Thicket Ter. Sterling   Larceny
2017-04-10 16: 05: 00-04    21800 block Newlin Mill Rd.      Middleburg  Larceny
2017-04-09 12: 00: 00-04    470000 block Fairway Dr.         Sterling    Destruction of  ...
```

至此，我们成功地将原始文本转换成了表，该表能够回答问题并揭示该地区的犯罪情节。

流程的价值

编写正则表达式并编码查询以更新表需要花费不少时间，但这种识别和收集数据的方式是有价值的。事实上，最好的数据集往往得靠自己来构建。每个人都可以下载相同的数据集，但自己构建的数据集却是独一无二的，而你将成为发现并讲述该数据背后故事的第一人。

此外，在设置好数据库和查询之后，我们就可以重复利用它。在这个例子中，你可以收集每天的犯罪报告（手动收集或通过诸如 Python 这样的编程语言自动下载），建立一个持续更新的数据集，以便不断地挖掘趋势。

在下一节，我们将通过使用 PostgreSQL 实现搜索引擎来继续探索文本。

PostgreSQL 中的全文搜索

PostgreSQL 带有强大的全文搜索引擎，可以搜索大量文本，它和在线搜索工具，还有支撑 Factiva 这样的科研数据库搜索技术很相像。让我们通过一个简单的例子，了解如何为文本搜索设置表以及相关的搜索函数。

为了这个例子，我收集了美国总统自第二次世界大战以来的 79 篇演讲稿。这些演讲稿大部分来自国情咨文讲话，它们的公开文本可以通过互联网档案馆和加利福尼亚大学的美国总统项目获取。这些数据可以在本书资源库的 *president_speeches.csv* 文件中找到。

首先，让我们来了解一下全文搜索特有的数据类型。

文本搜索数据类型

PostgreSQL 的文本搜索实现包含两种数据类型。tsvector 数据类型表示被搜索并且以规范化形式存储的文本。tsquery 数据类型表示搜索查询的单词和操作符。接下来，让我们更仔细地了解这两种类型。

使用 tsvector 将文本存储为词素

tsvector 数据类型会将文本浓缩成一个由词素组成的有序列表，词素是一门语言的语言学单位。为了便于理解，我们可以把词素看作是没有后缀变化的词根。比如一个 tsvector 类型的列可能会将单词 washes、washed 和 washing 存储为 wash，同时记下每个单词在原文中的位置。将文本转换为 tsvector 还会移除对搜索来说一般无甚作用的停止词，比如 the 和 it。

为了了解这种数据类型的工作方式，让我们把一个字符串转换成 tsvector 格式。代码清单 14-15 使用了 PostgreSQL 的搜索函数 to_tsvector()，通过 english 搜索配置将文本 "I am walking across the sitting room to sit with you" 规范化为词素。

```
SELECT to_tsvector('english', 'I am walking across the sitting room to sit
with you.');
```

代码清单 14-15：将文本转换为 tsvector 数据

执行这段代码，它将以 tsvector 数据类型返回以下输出：

```
'across': 4 'room': 7 'sit': 6, 9 'walk': 3
```

to_tsvector()函数将单词的数量从11个减少至4个，去掉了诸如I、am和the这些不利于搜索的单词。除此以外，函数还去掉了后缀，将walking改成了walk，将sitting改成了sit。函数还按字母顺序排列了单词，至于跟在冒号后面的数字则表示单词在原字符串中的位置，并且原字符串中的停顿词也会被计算在内。需要注意的是，sit在不同位置上被识别了两次，一次是由于sitting，而另一次则是由于sit。

> **注意**
>
> 如果你想要查看随PostgreSQL一同安装的其他搜索语言配置，那么请运行查询
> SELECT cfgname FROM pg_ts_config;。

使用 tsquery 创建搜索词

tsquery数据类型表示全文搜索查询，这种类型同样会实施词素优化。它还提供了用于控制搜索的操作符。例子包括表示AND的与号（&）、表示OR的管道符号（|）以及表示NOT的感叹号（!）。如果你需要搜索相邻的单词或是相隔一定距离的单词，那么可以在操作符的后面加上 <->。

代码清单14-16展示了to_tsquery()函数是怎样将搜索词转换为tsquery数据类型的。

```
SELECT to_tsquery('english', 'walking & sitting');
```

代码清单 14-16：将搜索词转换为 tsquery 数据

运行代码之后，结果中的tsquery数据类型将把搜索词规范化为词素，就跟待搜索的数据格式一样：

```
'walk' & 'sit'
```

这样一来，我们就可以使用存储为tsquery的单词来搜索被优化为tsvector的文本了。

使用 @@ 匹配符进行搜索

将文本和搜索词转换为全文搜索数据类型之后，我们就可以使用双at符号（@@）匹配符检查查询是否与文本匹配。代码清单14-17中的第一个查询使用了to_tsquery()函数评估文本是否同时包含了walking和sitting，其中用到了&操作符来合并这两个单词。由于to_tsvector()转换的文本中同时出现了walking和sitting的词素，所以这个查询将返回布尔值true。

```
SELECT to_tsvector('english', 'I am walking across the sitting room') @@
       to_tsquery('english', 'walking & sitting');

SELECT to_tsvector('english', 'I am walking across the sitting room') @@
       to_tsquery('english', 'walking & running');
```

代码清单 14-17：使用 `tsquery` 查询 `tsvector` 类型

另一方面，第二个查询返回了 `false`，因为 `walking` 和 `running` 并没有同时出现在文本中。下面，让我们来构建一个搜索演讲词的表格。

为全文搜索创建表

代码清单 14-18 创建并填充了 `president_speeches` 表，表中既包含为原文而设的列，也包含 `tsvector` 类型的列。在完成导入之后，我们将把演讲文本转换为 `tsvector` 数据类型。需要注意的是，为了适应我设置 CSV 文件的方式，`COPY` 语句中 `WITH` 子句使用的参数跟之前常用的不太一样：这次将使用管道作为分隔符，`@` 作为引用符号。

```
CREATE TABLE president_speeches (
    president text NOT NULL,
    title text NOT NULL,
    speech_date date NOT NULL,
    speech_text text NOT NULL,
    search_speech_text tsvector,
    CONSTRAINT speech_key PRIMARY KEY (president, speech_date)
);

COPY president_speeches (president, title, speech_date, speech_text)
FROM 'C: \YourDirectory\president_speeches.csv'
WITH (FORMAT CSV, DELIMITER '|', HEADER OFF, QUOTE '@');
```

代码清单 14-18：创建并填充 `president_speeches` 表

执行这个查询之后，我们可以使用 `SELECT * FROM president_speeches;` 查看数据。在 pgAdmin 里面，请双击任意单元格以查看在结果网格中被隐藏起来的额外字词。你将在每一行的 `speech_text` 列中看到大量文本。

之后，我们使用代码清单 14-19 中的 `UPDATE` 查询，将 `speech_text` 列的内容转换为 `tsvector` 数据类型，并将其复制至 `search_speech_text` 列：

```
 UPDATE president_speeches
❶ SET search_speech_text = to_tsvector('english', speech_text);
```

代码清单 14-19：将 `search_speech_text` 列中的演讲文本转换成 `tsvector`

`SET` 子句❶将使用 `to_tsvector()` 的输出填充 `search_speech_text`。函数的第一个参数用于指定分析词素时使用的语言。虽然这里使用的是 `english`（英语），但你也可以将其替换为 `spanish`（西班牙语）、`german`（德语）、`french`（法语）或者其他语言（某些语言可能会要求你查找并安装额外的词典）。如果使用 `simple` 作为语言，那么函数只会移除停止词，但不会将单词精简为词素。函数的第二个参数是输入列的名字。运行这段代码将对 `search_speech_text` 进行填充。

最后，我们希望为 `search_speech_text` 列创建索引以提高搜索速度。我们在第 8 章曾经接触过索引，当时主要介绍的是 PostgreSQL 默认的索引类型——B 树。对于全文搜索，PostgreSQL 文档推荐使用广义倒排索引（GIN）。正如文档所说，GIN 索引包含了"每个单词（词素）的索引项以及记录匹配位置的压缩列表"。关于 GIN 索引的更详细介绍请参见 PostgreSQL 官网文件 12.9 Preferred Index Types for Text Search 文档。

通过代码清单 14-20 中的 CREATE INDEX 查询，我们可以创建出想要的 GIN 索引：

```
CREATE INDEX search_idx ON president_speeches USING gin(search_speech_text);
```

代码清单 14-20：为全文搜索创建 GIN 索引

接下来，我们就可以开始使用搜索函数了。

> **注意**
>
> 设置列以供搜索的另一种方法，是使用 to_tsvector() 函数为文本列创建索引。具体方法请见 PostgreSQL 官网文件 12.2 Tables and Indexes 文档。

搜索演讲文本

将近 80 年的总统演讲无疑是探索历史的沃土。比如说，代码清单 14-21 中的查询就列出了总统讨论越南问题的演讲。

```
SELECT president, speech_date
FROM president_speeches
❶ WHERE search_speech_text @@ to_tsquery('english', 'Vietnam')
ORDER BY speech_date;
```

代码清单 14-21：寻找包含"Vietnam"（越南）一词的演讲

查询在 WHERE 子句中使用了双 at 符号（@@）匹配符，位于符号左边的是 tsvector 数据类型的 search_speech_text 列，而右边则是由 to_tsquery() 转换为 tsquery 数据的查询词 Vietnam。这个查询将列出 19 篇演讲，其中第一次提及越南是在 1961 年约翰·肯尼迪给美国国会的特别致辞，并从 1966 年开始，随着美国对越南战争的升级而成为一个反复出现的话题。

```
president            speech_date
-----------------    -----------
John F. Kennedy      1961-05-25
Lyndon B. Johnson    1966-01-12
Lyndon B. Johnson    1967-01-10
Lyndon B. Johnson    1968-01-17
Lyndon B. Johnson    1969-01-14
Richard M. Nixon     1970-01-22
```

```
Richard M. Nixon          1972-01-20
Richard M. Nixon          1973-02-02
Gerald R. Ford            1975-01-15
--snip--
```

在尝试更多搜索之前，让我们添加一种方法来显示搜索词在文本中的位置。

显示搜索结果位置

为了查看搜索词在文本中出现的位置，我们可以使用 ts_headline() 函数。它可以高亮显示被邻近单词包围的一个或多个搜索词，并通过可选项决定如何格式化显示结果、展示多少个邻近单词以及文本的每一行要展示多少个匹配结果。作为例子，代码清单 14-22 展示了如何使用 ts_headline() 来高亮显示单词 tax 的搜索实例。

```
SELECT president,
       speech_date,
❶ ts_headline(speech_text, to_tsquery('english', 'tax'),
           ❷ 'StartSel = <,
             StopSel = >,
             MinWords=5,
             MaxWords=7,
             MaxFragments=1')
FROM president_speeches
WHERE search_speech_text @@ to_tsquery('english', 'tax')
ORDER BY speech_date;
```

代码清单 14-22：使用 ts_headline() 显示搜索结果

为了声明 ts_headline() ❶，我们传递了原始的 speech_text 列，而不是像前面使用搜索函数那样，传递 tsvector 列作为第一个参数。然后，作为第二个参数，我们传递了一个 to_tsquery() 函数并指定想要高亮的单词。之后，我们在第三个参数中列出了可选的格式化参数❷，并在各个参数之间使用逗号进行分隔。在这些参数中，既有用于标识匹配搜索词 / 词组开始和结束的字符参数 StartSel 和 StopSel，也有设置最小展示单词数量和最大展示单词数量的 MinWords 和 MaxWords 参数（匹配词本身也计入展示单词之内），还有设置最大可展示分段 / 匹配实例的 MaxFragments 参数。这些设置都是可选的，你可以根据自己的需要对其进行调整。

这个查询的结果将在每次演讲中展示最多七个单词，并高亮显示以 tax 为词根的单词：

```
    president      speech_date              ts_headline
--------------   ------------   -------------------------------------------
Harry S. Truman   1946-01-21   price controls, increased <taxes>, savings bond campaigns
Harry S. Truman   1947-01-06   excise <tax> rates which, under the present
Harry S. Truman   1948-01-07   increased-after <taxes>-by more than
Harry S. Truman   1949-01-05   Congress enact new <tax> legislation to bring
Harry S. Truman   1950-01-04   considered <tax> reduction of the 80th Congress
```

```
Harry S. Truman           1951-01-08    major increase in <taxes> to meet
Harry S. Truman           1952-01-09    This means high <taxes> over the next
Dwight D. Eisenhower 1953-02-02    reduction of the <tax> burden;
Dwight D. Eisenhower 1954-01-07    brought under control. <Taxes> have begun
Dwight D. Eisenhower 1955-01-06     prices and materials. <Tax> revisions encouraged increased
--snip--
```

这样一来，我们就可以快速地看到被搜索单词的上下文。你也可以通过这个函数为 Web
应用程序上的搜索特性提供灵活的显示选项。注意，搜索引擎并非只寻找精确匹配，它会将
tax、taxes、Tax 和 Taxes 等以 tax 为词根、大小写不同的单词一并识别。

让我们继续尝试不同形式的搜索。

使用多个搜索词

作为另一个例子，让我们来查找总统提到 transportation（交通）一词但是却没有提
到 roads（道路）的演讲。这样做可能是为了找出关注更广泛政策而不是特定道路项目的演
讲。为此，我们将使用代码清单 14-23 中的语法。

```
SELECT president,
        speech_date,
    ❶ ts_headline(speech_text,
                     to_tsquery('english', 'transportation & !roads'),
                     'StartSel = <,
                     StopSel = >,
                     MinWords=5,
                     MaxWords=7,
                     MaxFragments=1')
  FROM president_speeches
❷ WHERE search_speech_text @@
          to_tsquery('english', 'transportation & !roads')
  ORDER BY speech_date;
```

代码清单 14-23：查找包含 transportation 一词但是却没有包含 roads 的演讲

我们再次使用了 ts_headline() ❶来高亮搜索找到的单词。在 WHERE 子句❷的 to_
tsquery() 函数中，我们传入了 transportation 和 roads，并使用 & 操作符将它们组
合在一起。我们在 roads 的前面使用了感叹号（!）以示我们不希望演讲中出现这一词语。
这个查询应该会返回 15 篇符合标准的演讲稿。以下是结果的前四行：

```
president        speech_date ts_headline
-------------- -------- ------------------------------------------------------
Harry S. Truman    1947-01-06    such industries as <transportation>, coal, oil, steel
Harry S. Truman    1949-01-05    field of <transportation>.
John F. Kennedy    1961-01-30    Obtaining additional air <transport> mobility--and obtaining
Lyndon B. Johnson 1964-01-08    reformed our tangled <transportation> and transit policies
--snip--
```

注意，在 ts_headline 列中被高亮显示的单词不仅有 transportation，还有 transport。再次申明，to_tsquery() 会把 transportation 转换成词素 transport 以便搜索单词。这种数据库行为对于帮助查找关联词语非常有用。

搜索邻近词语

最后，我们将使用距离操作符（<->）查找邻近的单词，这个操作符由小于号、连字符以及大于号组成。此外，我们还可以在符号之间放置数字来查找相距特定单词数量的词语。比如说，代码清单 14-24 就会搜索在 military（军事）出现之后立即出现 defense（防御）的任何演讲。

```
SELECT president,
       speech_date,
       ts_headline(speech_text,
                   to_tsquery('english', 'military <-> defense'),
                   'StartSel = <,
                   StopSel = >,
                   MinWords=5,
                   MaxWords=7,
                   MaxFragments=1')
FROM president_speeches
WHERE search_speech_text @@
      to_tsquery('english', 'military <-> defense')
ORDER BY speech_date;
```

代码清单 14-24：查找在 military 出现之后立即出现 defense 的演讲

这个查询应该会找到五篇演讲，并且由于 to_tsquery() 会将搜索词转换为词素，所以演讲中识别出的单词可能会包含诸如 military defenses 这样的复数。这些具有相邻单词的演讲如下：

```
president            speech_date  ts_headline
-------------------  -----------  ---------------------------------------
Dwight D. Eisenhower 1956-01-05   system our <military> <defenses> are designed
Dwight D. Eisenhower 1958-01-09   direct <military> <defense> efforts, but likewise
Dwight D. Eisenhower 1959-01-09   survival--the <military> <defense> of national life
Richard M. Nixon     1972-01-20   <defense> spending. Strong <military> <defenses>
Jimmy Carter         1979-01-23   secure. Our <military> <defenses> are strong
```

如果你把查询条件修改为 military <2> defense，那么数据库将返回与搜索词正好相距两个单词的匹配结果，比如短语"our military and defense commitments"。

根据相关性排列查询匹配结果

通过两个 PostgreSQL 全文搜索函数，我们还可以按相关性对搜索结果进行排序。当你想要知道文本（在这个例子中为演讲）的哪一段与特定的搜索词最为相关时，这些函数将会非常有帮助。

其中一个函数为 `ts_rank()`，它会基于被搜索词素在文本中出现的频率生成一个排名值，并以可变精度 `real` 数据类型的形式返回该值。另一个函数是 `ts_rank_cd()`，它考虑的则是被搜索词素之间的接近程度。这两个函数还可以通过可选的参数，设置文档长度和其他搜索条件。它们产生的排名值是一个任意的十进制数字，这个数字除了用于排序之外没有任何内在含义。比如说，一次查询中生成的值 0.375 和不同查询中生成的相同值没有直接可比性。

作为例子，代码清单 14-25 使用 `ts_rank()` 对包含 war（战争）、security（安全）、threat（威胁）和 enemy（敌人）这些单词的演讲进行了排序。

```
SELECT president,
       speech_date,
    ❶ ts_rank(search_speech_text,
             to_tsquery('english', 'war & security & threat & enemy'))
           AS score
  FROM president_speeches
❷ WHERE search_speech_text @@
       to_tsquery('english', 'war & security & threat & enemy')
ORDER BY score DESC
LIMIT 5;
```

代码清单 14-25：使用 `ts_rank()` 进行相关性评分

在这个查询中，`ts_rank()` 函数❶接受了两个参数：一个是 `search_speech_text` 列，而另一个则是 `to_tsquery()` 函数的输出，后者接受了搜索词作为输入。`ts_rank()` 函数的输出被指定了 `score` 作为别名。之后的 `WHERE` 子句❷也对结果进行了筛选，只保留那些包含指定搜索词的演讲。接着查询按 `score` 对结果进行降序排列，并且只返回其中五篇得分最高的演讲。结果如下：

```
  president          speech_date    score
------------------   -----------    ----------
William J. Clinton   1997-02-04     0.35810584
George W. Bush       2004-01-20     0.29587495
George W. Bush       2003-01-28     0.28381455
Harry S. Truman      1946-01-21     0.25752166
William J. Clinton   2000-01-27     0.22214262
```

因为比尔·克林顿在 1997 年的国情咨文中讨论了冷战等话题，所以 war、security、threat 和 enemy 等词语的出现频率高于其他演讲。不过这也和这篇演讲是表中比较长的演讲有关（正如本章前面所讲，我们可以使用 `char_length()` 确定文本的长度）。因为 `ts_rank()` 会将匹配词在给定文本中出现的次数考虑在内，所以演讲稿的长度也会对排名造成影响。在排行榜上紧随其后的是乔治·沃克·布什在伊拉克战争开始前后发表的两篇演讲。

一种理想的做法是，在同等长度的演讲中比较频率以获得更精确的排名，但这种想法并不总是可行的。

但是，通过添加规范化代码作为 `ts_rank()` 函数的第三个参数，我们可以将每篇演讲的长度设置为搜索条件，正如代码清单 14-26 所示。

```
SELECT president,
       speech_date,
       ts_rank(search_speech_text,
               to_tsquery('english', 'war & security & threat & enemy')),
2❶)::numeric
               AS score
FROM president_speeches
WHERE search_speech_text @@
      to_tsquery('english', 'war & security & threat & enemy')
ORDER BY score DESC
LIMIT 5;
```

代码清单 14-26：通过演讲长度对 `ts_rank()` 实施规范化

这段代码通过添加可选的代码 2 ❶，指示函数将 score 除以 search_speech_text 列中数据的长度。这一计算所得的商，就是根据文档长度进行规范化之后的得分，以此来实现演讲稿之间的平等对比。PostgreSQL 官网文件的 12.3 Controlling Text Search 文档列举了文本搜索可用的全部可选项，其中包括将文档长度除以唯一单词数量的选项。

运行代码清单 14-26 中的代码之后，排名应该会发生如下变化：

```
   president            speech_date      score
----------------      -----------     -----------
George W. Bush        2004-01-20      0.0001028060
William J. Clinton    1997-02-04      0.0000982188
George W. Bush        2003-01-28      0.0000957216
Jimmy Carter          1979-01-23      0.0000898701
Lyndon B. Johnson     1968-01-17      0.0000728288
```

和代码清单 14-25 产生的排名结果相比，乔治·沃克·布什在 2004 年的演讲现在成了排名第一，而杜鲁门在 1946 年的致辞则跌出了前五名。因为这个排名按长度进行了规范化处理，所以它应该比第一个样本输出更具意义。但是在这两组排名前五的演讲中，有三篇演讲都是相同的，我们有理由相信，这三篇演讲中的每一篇都值得更仔细地研究，以便进一步了解包含战时术语的总统演讲。

小结

文本并不枯燥，它为数据分析提供了大量的机会。在本章，我们学习了不少技术，用于将普通文本转化为可提取、可量化、可搜索和可排序的数据。在工作和学习的过程中，请留意日常出现的报告，事实可能就隐藏在它们大段的文本当中。你可以使用正则表达式挖掘它们，将其转换为结构化数据，并对其进行分析以查找趋势。你还可以使用搜索功能来分析文本。

在下一章，我们将要了解如何使用 PostgreSQL 分析地理信息。

实战演练

请使用你刚刚学会的文本处理技巧完成以下任务：

1. 假设你正在与一家出版社合作，其风格指南要求避免在姓名后缀的前面使用逗号。但你在数据库中发现了几个类似 Alvarez, Jr. 和 Williams, Sr. 这样的名字。有哪些函数可以去掉这些逗号？正则表达式能帮上忙吗？如何才能只捕获后缀并将其放入单独的列中？

2. 使用任意一份总统演讲，统计其中有多少个各不相同的单词，它们包含五个或以上数量的字符（提示：你可以在子查询中使用 regexp_split_to_table()，创建一个表储存待统计的单词）。额外挑战：删除每个单词末尾的逗号和句号。

3. 重写代码清单 14-25 中的查询，使用 ts_rank_cd() 函数代替 ts_rank()。根据 PostgreSQL 的文档，ts_rank_cd() 计算的是覆盖密度，它考虑了词素搜索项彼此之间的接近程度。使用 ts_rank_cd() 是否会显著地改变结果？

第 15 章
使用 PostGIS 分析空间数据

现在我们将转向空间数据，它们由地理空间对象（例如点、线或多边形）的位置、形状和属性的信息定义。你在本章将学会如何使用 SQL 构建和查询空间数据，并且还会了解到 PostgreSQL 的 PostGIS 扩展，它支持空间数据类型和函数。

空间数据已经成为了我们世界数据生态的重要组成部分。一款手机应用之所以能够找到就近的咖啡店，是因为它会查询空间数据库，并要求它返回你所在位置特定距离内的咖啡店列表。政府使用空间数据追踪住宅和商业用地占用的空间，而流行病学家则使用空间数据来可视化疾病的传播。

在本章，我们将对全美农贸市场以及新墨西哥州圣达菲县的陆路和水路进行分析。你将学会如何构建和查询空间数据类型，还有如何与地图投影和网格系统进行协作。你还会获得从空间数据中收集信息的工具，就像之前分析数字和文本时一样。

我们首先要做的是设置 PostGIS。实践所需的所有代码和数据都可以在本书的资源库里面找到。

启用 PostGIS 并创建空间数据库

PostGIS 是一个自由的开源项目，它由加拿大地理空间公司 Refractions Research 创建，并由开放源码地理空间基金会（OSGeo）属下的国际开发团队维护。其名称中的 GIS 部分指的是地理信息系统（geographic information system），其定义为一个可以存储、编辑、分析和显示空间数据的系统。你可以在 PostGIS 官网找到它的文档以及更新信息。

如果你已经按照第 1 章介绍的步骤，在 Windows、macOS 或 Ubuntu 版本的 Linux 上安装了 PostgreSQL，那么 PostGIS 应该已经安装到了你的电脑上。但如果你在上述系统中以其他方式安装了 PostgreSQL，又或者你是在其他 Linux 发行版本上安装了 PostgreSQL，那么请按照 PostGIS 官网上介绍的安装步骤进行操作。

为了在 analysis 数据库中启用 PostGIS，你需要打开 pgAdmin 的查询工具并运行代码清单 15-1 中的语句。

```
CREATE EXTENSION postgis;
```

代码清单 15-1：载入 PostGIS 扩展

你将看到 CREATE EXTENSION 消息，提示你数据库已被更新，现在它包含空间数据类型及其分析函数。运行 SELECT postgis_full_version();，你将看到 PostGIS 及其已安装组件的版本号。这个版本号可能跟你安装的 PostgreSQL 版本号不一致，这是正常的。

了解空间数据的构建块

在学习如何查询空间数据之前，让我们先来看看 GIS 以及相关的数据格式是如何描述空间数据的。这是非常重要的背景知识，但如果你想要直接开始进行查询，那么可以跳到本章后面的"了解 PostGIS 数据类型"一节，然后再回到这里。

网格中的点是空间数据的最小构件。网格可以使用 x 轴和 y 轴标记，又或者在使用地图时使用经度和纬度标记。网格可以是二维平面，也可以描述为诸如立方体这样的三维空间。在某些数据格式中，比如基于 JavaScript 的 GeoJSON 里面，点除了位置之外还可以拥有额外的属性。这样一来，通过点包含的经纬度以及店名、营业时间等属性，我们就可以描述一家杂货店。

了解二维几何图形

开放地理空间联盟（OGC）和国际标准化组织（ISO）创建了简单要素访问模型（simple features access model），用于描述构建和查询二维 / 三维形状的标准（有时候也把这些形状称为几何图形）。PostGIS 支持这一标准。

以下是常见的一些要素，它们从点开始逐渐变得越来越复杂。

Point（点）

二维或三维平面上的单个位置。点在地图上通常是标有经纬度的一个点（dot）。

LineString（线串）

由直线连接的两个或多个点。线串可以表示道路、自行车道或者河流等要素。

Polygon（多边形）

带有三条或更多直线边的二维形状，其中每条直线边都由一个线串构成。多边形在地图上用于表示诸如国家、州、建筑物和水体等对象。一个多边形可以包含一个或多个内部多边形，后者就像是前者内部的洞一样。

MultiPoint（点集合）

由点组成的集合。单个多点对象可以表示一家零售商的多个分店以及每家分店的经纬度。

MultiLineString（线串集合）

由线串组成的集合。比如一条道路可能包含多个非连续的路段。

MultiPolygon（多边形集合）

由多边形组成的集合。比如说，被道路分割成若干部分的地块可以组合成一个多边形集合对象，而不是彼此独立的多个多边形。

图 15-1 展示了每种要素的示例。PostGIS 的函数可以构建、编辑和分析这些对象。根据用途的不同，这些函数会接受各种不同的输入，包括纬度和经度、序列化文本和二进制格式，还有简单要素。有些函数还接受可选的空间参照系标识（SRID），该标识用于指定放置对象的网格。

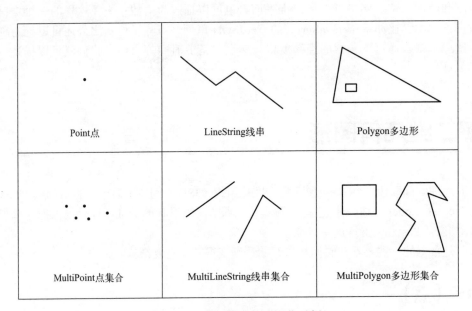

图 15-1　几何图形的可视化示例

稍后的内容将对 SRID 做进一步的解释，但在此之前，让我们先来看一个 PostGIS 函数使用 WKT 格式作为输入的例子（WKT 全称 well-known text，是一种基于文本的几何图形表示格式）。

Well-Known Text 格式

OGC 标准的 WKT 格式会在一组或多组括号里面指定一个几何类型及其坐标。坐标和括号的数量取决于具体的几何类型。表 15-1 展示了常用的几何类型及其 WKT 格式。表中使用成对的经度和纬度来展示坐标，但你可能会遇到使用其他度量单位的网格系统。

WKT 接受坐标的顺序为（经度，纬度），这和 Google Maps 以及其他一些软件正好相反。曾在 Mapbox 任职的 Tom MacWright 在他的博客上列举了制图相关的软件在处理坐标顺序方面出现了"令人沮丧的不一致"，但他也指出这两种顺序并无对错之分。

表 15-1　WKT 格式中的几何图形

几何图形	格式	解释
点	`POINT(-74.9 42.7)`	一个坐标对，标记了位于经度 -74.9 和纬度 42.7 的点
线串	`LINESTRING(-74.9 42.7, -75.1 42.7)`	一条直线，其端点由一对坐标标记
多边形	`POLYGON((-74.9 42.7, -75.1 42.7, -75.1 42.6, -74.9 42.7))`	一个由三对不同的坐标勾勒出的三角形。第一对和最后一对坐标是相同的，将其列出两次是为了闭合图形
点集合	`MULTIPOINT (-74.9 42.7, -75.1 42.7)`	两个点，每个点对应一对坐标
线串集合	`MULTILINESTRING((-76.27 43.1, -76.06 43.08), (-76.2 43.3, -76.2 43.4, -76.4 43.1))`	两个线串。第一个拥有两个点，第二个拥有三个点
多边形集合	`MULTIPOLYGON (((-74.92 42.7, -75.06 42.71, -75.07 42.64, -74.92 42.7), (-75.0 42.66, -75.0 42.64, -74.98 42.64, -74.98 42.66, -75.0 42.66)))`	两个多边形。第一个是三角形，第二个是矩形

这些例子创建了简单的图形，本章稍后将使用 PostGIS 来构建它们。在实际中，复杂的几何图形可能会包含数千个坐标。

投影和坐标系

在二维地图上表示地球的球面并不容易。这就像是在把地球仪上的地球外层剥离，然后尝试把它平铺在桌子上，与此同时还要保持所有大陆和海洋之间的连接。你将不可避免地对地图中的某些地方进行拉伸。因为投影实际上就是使用自己的二维坐标系为地球仪创建平面表示，所以这也是制图师在使用自己的投影坐标系创建地图投影时必然会遇到的问题。

有些投影代表整个世界，而其他一些投影则针对特定的地区或用途。因为墨卡托投影（Mercator projection）拥有一些便于导航的属性，所以包括 Google Maps 在内的一些在线地图都使用了名为 Web Mercator 的变体。这种变换背后的数学原理扭曲了靠近北极和南极的陆地区域，使得它们看起来比实际面积大了不少。美国人口普查局使用的是阿尔伯斯投影法（Albers projection），它能够最大限度地减少失真，在美国大选之夜统计选票时，你在电视上看到的就是这种投影法。

投影源自地理坐标系统，该系统定义了地球上任意点的纬度、经度和高度网格，并且将地球形状等因素也考虑在内。每次在获取地理数据的时候，我们都必须了解其参考的坐标系，这样才能在编写查询时提供正确的信息。一般来说，用户文档都会说明正在使用的坐标系的名称。

接下来，让我们来看看如何在 PostGIS 中指定坐标系。

空间参照系标识符

在使用 PostGIS 以及很多 GIS 应用时，需要通过唯一的 SRID 来指定坐标系。我们在本章开头启用 PostGIS 扩展的时候，程序将创建 `spatial_ref_sys` 表，并在其主键中包含 SRID。表中还包含了 `srtext` 列，其中包含了 WKT 表示的空间参照系以及其他元数据。

本章将频繁地使用 SRID `4326`，该 ID 代表的是地理坐标系 WGS 84。这是全球定位系统（GPS）所使用的最新的世界大地测量系统（WGS）标准，它的身影将频繁出现在空间数据中。我们可以通过运行代码清单 15-2 中的代码并查找 WGS 84 的 SRID `4326`，来查看该坐标系的 WKT 表示。

```
SELECT srtext
FROM spatial_ref_sys
WHERE srid = 4326;
```

代码清单 15-2：获取 SRID `4326` 的 WKT 表示

运行这个查询，你应该会看到以下答案（为了提高可读性使用了缩进）：

```
GEOGCS["WGS 84",
    DATUM["WGS_1984",
        SPHEROID["WGS 84", 6378137, 298.257223563,
            AUTHORITY["EPSG", "7030"]],
        AUTHORITY["EPSG", "6326"]],
    PRIMEM["Greenwich", 0,
        AUTHORITY["EPSG", "8901"]],
    UNIT["degree", 0.0174532925199433,
        AUTHORITY["EPSG", "9122"]],
    AUTHORITY["EPSG", "4326"]]
```

本章的练习并不需要用到这些信息，但了解一些变量并且知悉它们定义投影的方法，对我们会有所帮助。其中的 `GEOGCS` 关键字说明了目前正在使用的地理坐标系，而 `PRIMEM` 关键字则指定了经度为 0 的本初子午线的位置。如果你想要知道所有变量的定义，那么请参考文档：https://docs.geotools.org/stabl e/javadocs/org/geotools/api/referencing/doc-files/WKT.html 。

另一方面，每当你需要查找与坐标系关联的 SRID 时，只需要查询 `spatial_ref_sys` 表中的 `srtext` 列就可以了。

了解 PostGIS 数据类型

安装 PostGIS 之后，你的数据库将新增几种数据类型。我们会用到其中的两种：`geography` 和 `geometry`。这两种类型都可以储存空间数据，比如点、线、多边形以及刚刚提到的 SRID，但它们也有一些非常重要的区别。

Geography 一种基于球体的数据类型，使用圆形地球坐标系（经度和纬度）。所有计算都在球体上进行，并且球体的曲率也会被考虑在内。这一点增加了数学计算的难度，并且限制了处理该类型时能够使用的函数数量。但由于这种类型考虑了地球的曲率，所以它在计算距离的时候会更为准确，因此这种类型适合用来处理跨度较大的数据。这种类型的计算使用米作为单位。

geometry 一种基于平面的数据类型，使用欧几里得坐标系。因为这种类型的计算是在直线上进行而不是沿着球面的曲率进行，所以它对于地理距离的计算不如 geography 数据类型精确。对于这种数据类型，其计算结果的单位取决于指定的坐标系。

PostGIS 官网上的第 4 章 Data Management 文档就何时应该使用何种类型提供了指导。简单来说，如果你需要严格处理经纬度数据，或者你的数据覆盖比较大的区域，比如一块大陆甚至整个地球，那么就应该使用 geography 类型，即便它限制了你能够使用的函数。另一方面，如果数据覆盖的区域较少，那么 geometry 类型将提供更多函数以及更好的性能。你还可以使用 CAST 将一种类型转换为另一种类型。

有了这些背景知识，现在我们可以开始处理空间对象了。

使用 PostGIS 函数创建空间对象

PostGIS 拥有超过三十多个能够使用 WKT 或者坐标创建空间对象的构造函数。其官网文档中完整地列出了这些函数的清单，不过接下来的小节只会介绍我们将要在练习中用到的其中几个函数。大多数 PostGIS 函数都以字母 ST 开头，这是 ISO 为空间类型而设置的命名标准。

根据 WKT 创建 Geometry 类型

ST_GeomFromText(*WKT*, *SRID*) 函数根据输入的 WKT 字符串以及可选的 SRID 创建 geometry 数据类型。代码清单 15-3 展示了一些简单的 SELECT 语句，它们会为表 15-1 中描述的每个简单要素分别生成 geometry 数据类型。

```
SELECT ST_GeomFromText(❶'POINT(-74.9233606    42.699992)', ❷4326);

SELECT ST_GeomFromText('LINESTRING(-74.9   42.7, -75.1 42.7)', 4326);

SELECT ST_GeomFromText('POLYGON((-74.9 42.7, -75.1 42.7,
                                 -75.1 42.6, -74.9 42.7))', 4326);

SELECT ST_GeomFromText('MULTIPOINT (-74.9 42.7, -75.1 42.7)', 4326);

SELECT ST_GeomFromText('MULTILINESTRING((-76.27   43.1, -76.06 43.08),
                                 (-76.2 43.3, -76.2 43.4,
                                 -76.4 43.1))', 4326);

SELECT ST_GeomFromText('MULTIPOLYGON❸((
                                 (-74.92 42.7, -75.06 42.71,
                                 -75.07 42.64, -74.92 42.7)❹,
```

```
                                            (-75.0 42.66, -75.0 42.64,
                                            -74.98 42.64, -74.98 42.66,
                                            -75.0 42.66)))', 4326);
```

代码清单 15-3：使用 `ST_GeomFromText()` 以创建空间对象

对于每个示例，代码都会提供一个 WKT 字符串作为第一输入，并给定 SRID `4326` 作为第二输入。在第一个例子中，代码通过插入 WKT 点字符串❶作为 `ST_GeomFromText()` 的第一个参数，并使用 SRID ❷作为可选的第二个参数，创建了一个点。后续例子使用的也是相同的格式。需要注意的是，对坐标的缩进并不是必需的，我们在代码里这样做只是为了让坐标更易于阅读。

请务必注意分隔对象的括号数量，特别是在像 `MultiPolygon` 这样复杂的结构中。比如例子中在创建 `MultiPolygon` 的时候，不仅需要用到两个开括号❸，还需要使用另一组括号来包围每个多边形的坐标❹。

如果你在 pgAdmin 中单独执行每条命令，那么就可以同时看到它们的数据输出和可视化表示。每条语句在执行之后都会返回单个 `geometry` 数据类型的列，该列将以字符串形式展示，看上去和这个被截断之后的例子差不多：

```
0101000020E61000008EDA0E5718BB52C017BB7D5699594540 ...
```

这个字符串的格式为 extended well-known binary（EWKB），这种格式一般不需要由我们直接处理。作为代替，我们需要把 `geometry` 类型或是 `geography` 类型的列数据用作其他函数的输入。如果你需要查看它们的可视化表示，那么可以点击 pgAdmin 结果列标题中的地图图标。这将在 pgAdmin 中打开一个几何图形查看器窗格，该窗格将在以 OpenStreetMap 为基础图层的地图上展示几何图形。作为示例，代码清单 15-3 中展示的 `MULTIPOLYGON` 例子看上去将如图 15-2 所示，其中包含了一个三角形以及一个矩形。

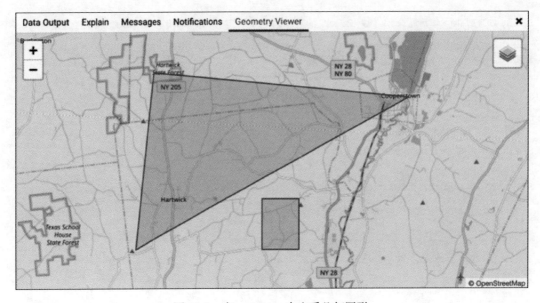

图 15-2　在 pgAdmin 中查看几何图形

请尝试查看代码清单 15-3 中的每个示例，从而了解不同对象之间的差异。

根据 WKT 创建地理数据类型

为了创建 geography 数据类型，我们可以使用 ST_GeogFromText(*WKT*) 转换 WKT，又或者使用 ST_GeogFromText(*EWKT*) 转换 extended WKT（这是 PostGIS 特有的一种包含 SRID 的 WKT 变体）。代码清单 15-4 展示了如何将 SRID 作为 extended WKT 的一部分传递给函数，从而创建一个带有三个点的 MultiPoint 地理对象。

```
SELECT
ST_GeogFromText('SRID=4326; MULTIPOINT(-74.9 42.7, -75.1 42.7, -74.924
42.6)')
```

代码清单 15-4：使用 ST_GeogFromText() 以创建空间对象

和之前一样，你可以通过点击 pgAdmin 结果网格中地理图形列的地图图标，在地图上查看这些点。除了通用的 ST_GeomFromText() 和 ST_GeogFromText() 函数外，PostGIS 还包含了几个专门用于创建特定空间对象的函数。接下来的内容将对它们进行简单的介绍。

使用点函数

ST_PointFromText() 函数和 ST_MakePoint() 函数能够分别将一个 WKT POINT 或者一组坐标转换为 geometry 数据类型。点能够标记经纬度等坐标，它可以用于标识位置或者用作诸如线串等其他对象的构建块。

代码清单 15-5 展示了这些函数的使用方式。

```
SELECT ❶ST_PointFromText('POINT(-74.9233606  42.699992)', 4326);

SELECT ❷ST_MakePoint(-74.9233606, 42.699992);
SELECT ❸ST_SetSRID(ST_MakePoint(-74.9233606, 42.699992), 4326);
```

代码清单 15-5：专门用于创建点的函数

ST_PointFromText(*WKT*, *SRID*) 函数❶通过将一个 WKT POINT 以及一个可选的 SRID 作为第二输入，创建出对应的 geometry 类型点。根据 PostGIS 的文档记载，由于这个函数需要对坐标进行验证，所以它的速度比 ST_GeomFromText() 函数要慢。

ST_MakePoint(*x*, *y*, *z*, *m*) 函数❷可以在二维、三维或是四维的网格上创建对应的 geometry 类型点。例子中的前两个参数 *x* 和 *y* 分别表示坐标的经度和纬度，至于可选的 *z* 和 *m* 则分别表示高度以及度量单位。作为例子，这个函数可以让你标记出位于自行车道特定高度并且距离车道起点特定距离的饮水器。ST_MakePoint() 函数的速度要比 ST_GeomFromText() 和 ST_PointFromText() 更快，但如果你需要指定 SRID，那么就需要使用 ST_SetSRID() 函数❸进行指定并将 ST_MakePoint() 包裹在这个函数里面。

使用线串函数

下面，让我们来了解一些专门用于创建 geometry 数据类型线串的函数。代码清单 15-6

展示了它们的使用方法。

```
SELECT ❶ST_LineFromText('LINESTRING(-105.90 35.67, -105.91 35.67)', 4326);
SELECT ❷ST_MakeLine(ST_MakePoint(-74.9, 42.7), ST_MakePoint(-74.1, 42.4));
```

代码清单 15-6：专门用于创建线串的函数

ST_LineFromText(*WKT*, *SRID*) 函数❶通过将一个 WKT LINESTRING 以及一个可选的 SRID 作为第二输入，创建出对应的线串。跟之前的 ST_PointFromText() 一样，由于这个函数需要对坐标进行验证，所以它的速度比 ST_GeomFromText() 函数要慢。

ST_MakeLine(*geom*, *geom*) 函数❷也可以创建出线串，但它要求输入必须为 geometry 数据类型。在代码清单 15-6 中，示例使用了两个 ST_MakePoint() 函数作为输入以创建线串的起点和终点。你还可以通过子查询等手段，生成并传入包含多个点的 ARRAY 对象，用于生成更为复杂的线串。

使用多边形函数

让我们来看看三个多边形函数：ST_PolygonFromText()、ST_MakePolygon() 还有 ST_MPolyFromText()。这三个函数都能够创建 geometry 数据类型的多边形，代码清单 15-7 展示了它们的用法。

```
SELECT ❶ST_PolygonFromText('POLYGON((-74.9 42.7, -75.1 42.7,
                                     -75.1 42.6, -74.9 42.7))', 4326);

SELECT ❷ST_MakePolygon(
ST_GeomFromText('LINESTRING(-74.92 42.7, -75.06 42.71,
                           -75.07 42.64, -74.92 42.7)', 4326));

SELECT ❸ST_MPolyFromText('MULTIPOLYGON((
                              (-74.92 42.7, -75.06 42.71,
                              -75.07 42.64, -74.92 42.7),
                              (-75.0 42.66, -75.0 42.64,
                              -74.98 42.64, -74.98 42.66,
                              -75.0 42.66)
                              ))', 4326);
```

代码清单 15-7：专门用于创建多边形的函数

ST_PolygonFromText(*WKT*, *SRID*) 函数❶能够根据传入的 WKT POLYGON 以及可选的 SRID 创建出对应的多边形。和前面名字相似但用于创建点和线串的函数一样，这个函数由于包含了验证步骤，所以它的速度比 ST_GeomFromText() 要慢。

ST_MakePolygon(*linestring*) 函数❷可以根据传入的线串构建多边形，被传入的线串必须由相同的坐标打开和关闭，以此来确保这个对象是封闭的。

ST_MPolyFromText(*WKT*, *SRID*) 函数❸根据传入的 WKT 和可选的 SRID 创建多边形集合。

在掌握分析空间数据所需的基本构件之后，我们接下来将使用它们来探索一组数据。

分析农贸市场数据

根据美国农业部（USDA）全国农贸市场目录主页上最新更新的链接显示，该目录编目了超过 8600 家农贸市场的位置和供应产品，这些市场由两个或以上数量的农场商贩组成，他们在公开的常驻场地向顾客直接销售农产品。周末到这些市场去逛逛一定会非常有趣，但在此之前，让我们先通过 SQL 空间查询找出离我们最近的市场。

文件 *farmers_markets.csv* 包含了美国农业部关于每个市场的部分数据，该文件以及本书的其他资源都可以在本书资源库中找到。请将此文件保存至计算机，然后运行代码清单 15-8 以创建并载入 farmers_markets 表。

```
CREATE TABLE farmers_markets
    fmid bigint PRIMARY KEY,
    market_name text NOT NULL,
    street text,
    city text,
    county text,
    st text NOT NULL,
    zip text,
    longitude numeric(10, 7),
    latitude numeric(10, 7),
    organic text NOT NULL
);

COPY farmers_markets
FROM 'C: \YourDirectory\farmers_markets.csv'
WITH (FORMAT CSV, HEADER);
```

代码清单 15-8：创建并填充 farmers_markets 表

这个表包含大多数市场的常规地址数据以及 longitude 和 latitude。我从美国农业部获取这些文件的时候，有 29 个市场缺失这些值。organic 列用于表示一个市场是否提供有机产品，而列中的连字符（-）则用于表示情况未知。在导入数据之后，请使用 SELECT count(*) FROM farmers_markets；计算行数。在一切正常的情况下，这个表应该会包含 8681 行。

创建并填充地理列

为了对市场的经纬度执行空间查询，我们需要把它们的坐标转换为具有空间数据类型的单个列。考虑到我们要处理的位置横跨了整个美国，并且精确地测量巨大的球体距离将非常重要，所以我们将使用 geography 类型。创建列之后，我们可以使用从坐标派生的点对其进行更新，并在之后使用索引来加速查询的速度。代码清单 15-9 包含了完成这些任务所需的语句。

```
ALTER TABLE farmers_markets ADD COLUMN geog_point geography(POINT, 4326);  ❶

UPDATE farmers_markets
SET geog_point =
  ❷ ST_SetSRID(
  ❸ ST_MakePoint(longitude, latitude)❹:: geography, 4326
);

CREATE INDEX market_pts_idx ON farmers_markets USING GIST (geog_point);  ❺

SELECT longitude,
       latitude,
       geog_point,
     ❻ ST_AsEWKT(geog_point)
FROM farmers_markets
WHERE longitude IS NOT NULL
LIMIT 5;
```

代码清单 15-9：创建并索引 geography 列

正如我们在第 10 章了解的那样，带有 ADD COLUMN 选项的 ALTER TABLE 语句❶将创建一个列用于保存点，该列的名字为 geog_point、类型为 geography，并通过 SRID 4326 指定 WGS 84 为其参照的坐标系。

之后，代码运行标准的 UPDATE 语句以填充 geog_point 列。嵌套在 ST_SetSRID() 函数❷内的 ST_MakePoint() 函数❸会将表中的经度列和纬度列用作输入。因为 ST_MakePoint() 的默认输出为 geometry 类型，所以程序必须把它转换为 geography 类型以匹配 geog_point 列。为了做到这一点，程序给 ST_MakePoint() 的输出添加了 PostgreSQL 特有的双冒号语法（::）❹。

添加空间索引

在开始分析之前，明智的做法是为新列添加索引以加快查询速度。在前面的第 8 章，我们了解了 PostgreSQL 的默认索引，也就是 B 树索引。B 树索引对于可以使用等号操作符和范围操作符进行排序和搜索的数据非常有用，但它却无法应用于空间对象。原因在于 GIS 数据无法只依据一个轴进行排序。比如说，应用程序是无法判断以下哪个坐标对是最大的：(0,0)，(0,1)，或者 (1,0)。

作为对 B 树索引的替代，PostGIS 的制造商支持一种专门为索引空间数据而设计的 R 树索引。在 R 树索引中，每个空间项在索引中表示为环绕其边界的矩形，而索引本身则是矩形的层次结构（PostGIS 的网站对此有非常好的概述）。

在代码清单 15-9 中，我们通过给 CREATE INDEX 语句❺加入关键字 USING GIST，为 geog_point 列创建了空间索引。其中的 GIST 指代的是通用搜索树（GiST），它是一个为了方便地将专用索引合并至数据库而设置的接口。PostgreSQL 核心团队成员 Bruce Momjian 将 GiST 描述为 "一个通用的索引框架，旨在为复杂的数据类型构建索引"。

索引部署完毕之后，我们就可以使用 SELECT 语句查看地理数据以展示使用崭新编码的

geog_points 列。为了展示 extended WKT 版本的 geog_point，我们把该列包裹在 ST_AsEWKT() 函数❻里面，以此来展示 extended WKT 坐标以及 SRID。查询结果将如下所示（对 geog_point 进行了截断以保持简洁）：

```
longitude      latitude      geog_point                st_asewkt
-----------   ----------    -----------    ----------------------------------
-105.5890000  47.4154000    01010000...    SRID=4326;POINT(-105.589 47.4154)
-98.9530000   40.4998000    01010000...    SRID=4326;POINT(-98.953 40.4998)
-119.4280000  35.7610000    01010000...    SRID=4326;POINT(-119.428 35.761)
-92.3063000   42.1718000    01010000...    SRID=4326;POINT(-92.3063 42.1718
-70.6868160   44.1129600    01010000...    SRID=4326;POINT(-70.686816 44.11296))
```

接下来，我们将对这些点进行计算。

在给定的距离内查找地理位置

几年前，在报道艾奥瓦州的农业故事时，我在该州首府得梅因参观了其规模庞大的市中心农贸市场。这个市场拥有数百名供应商，横跨了城市的好几个街区。农业是得梅因的重要产业，尽管市中心市场已经非常庞大，但它并不是该区域唯一的市场。接下来，我们将使用 PostGIS 来查找得梅因市中心周围的其他农贸市场。

当一个空间对象位于另一个空间对象的指定范围之内时，PostGIS 的 ST_DWithin() 函数将返回布尔值 true。正如这个例子所示，在处理地理位置数据时，需要使用米作为距离单位。但是在处理几何类型时，则需要使用 SRID 所指定的距离单位。

> **注意**
>
> PostGIS 的距离测量在处理几何数据时以直线方式进行，在处理地理数据时以球体方式进行。注意不要将这两者与公路行驶距离混淆，后者通常计算的是点对点的距离。如果要执行行驶相关的距离计算，那么请使用 pgRouting 扩展：https：//pgrouting.org/。

代码清单 15-10 使用了 ST_DWithin() 函数对 farmers_markets 进行筛选，以展示距离得梅因市中心农贸市场 10 公里以内的市场。

```
SELECT market_name,
       city,
       st,
       geog_point
FROM farmers_markets
WHERE ST_DWithin(❶ geog_point,
                 ❷ ST_GeogFromText('POINT(-93.6204386  41.5853202)'),
                 ❸ 10000)
ORDER BY market_name;
```

代码清单 15-10：使用 ST_DWithin() 定位距离农贸市场 10 公里之内的地点

ST_DWithin() 首先接受的输入是 geog_point ❶，它保存了行中以地理数据类型表示的市场位置。第二个输入是 ST_GeogFromText() 函数❷，它会根据给定的 WKT 返回相应的地理位置点。最后的输入是 10000 ❸，也就是 10 公里的米数。数据库会根据这些输入，计算表中每个市场与市中心市场之间的距离。如果某个市场位于 10 公里范围之内，那么它就会被包含在结果里面。

虽然程序这里使用的是点，但这个函数可以用于任何地理或是几何类型。在处理多边形等对象时，也可以使用同类的 ST_DFullyWithin() 函数来查找完全位于指定距离内的对象。

运行这个查询，它将返回九行（省略了其中的 geog_point 列以保持简洁）：

```
market_name                                    city          st
-----------------------------------           ----------    ----
Beaverdale Farmers Market                     Des Moines     Iowa
Capitol Hill Farmers Market                   Des Moines     Iowa
Downtown Farmers' Market - Des Moines         Des Moines     Iowa
Drake Neighborhood Farmers Market             Des Moines     Iowa
Eastside Farmers Market                       Des Moines     Iowa
Highland Park Farmers Market                  Des Moine      Iowa
Historic Valley Junction Farmers Market       West Des Moines Iowa
LSI Global Greens Farmers' Market             Des Moines     Iowa
Valley Junction Farmers Market                West Des Moines Iowa
```

因为得梅因市中心农贸市场本身的位置就处于被比较的点上，所以它也会出现在搜索结果里面。至于剩余的其他市场，它们要么就位于得梅因之内，要么就在西得梅因的边上。

为了在 pgAdmin 结果网格的地图里面查看这些地点，我们可以点击 geog_point 列标题的地图图标。地理查看器将显示如图 15-3 所示的地图。

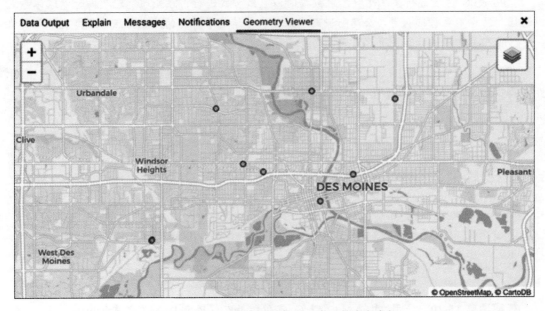

图 15-3　艾奥瓦州得梅因市中心附近的农贸市场

对你来说这个操作应该并不陌生：这是很多在线地图软件和产品应用程序的标准功能，

它可以让你找到附近的商店或是感兴趣的地点。

尽管能够找出附近的市场这一点非常有用，但如果能够知道它们与市中心的确切距离的话帮助会更大。为此我们需要用到另一个函数。

计算两地之间的距离

ST_Distance() 函数可以返回两个地理位置或几何图形之间的最小距离，它在处理地理位置时以米为单位，在处理几何图形时则使用 SRID 单位。比如说，代码清单 15-11 将以英里为单位，计算从纽约市布朗克斯区的洋基球场到纽约大都会队的主场——皇后区花旗球场之间的距离。

```
SELECT ST_Distance(
                ST_GeogFromText('POINT(-73.9283685 40.8296466)'),
                ST_GeogFromText('POINT(-73.8480153  40.7570917)')
            ) / 1609.344 AS mets_to_yanks;
```

代码清单 15-11：使用 ST_Distance() 以计算洋基球场和花旗球场之间的英里数

为了把距离单位从米转换为英里，程序会将 ST_Distance() 返回的值除以一英里对应的米数，也即是 1609.344，得到的结果约为 6.5 英里。

```
mets_to_yanks
----------------
6.543861827875209
```

让我们通过代码清单 15-12 中的代码，将这一技术应用到农贸市场的数据中。这段代码将再次查找距离得梅因市中心农贸市场 10 公里以内的所有农贸市场，然后以英里为单位显示它们的距离。

```
SELECT market_name,
        city,
❶       round(
            (ST_Distance(geog_point,
                    ST_GeogFromText('POINT(-93.6204386 41.5853202)')
                    ) / 1609.344) ❷::numeric, 2
            ) AS miles_from_dt
FROM farmers_markets
WHERE ❸ ST_DWithin(geog_point,
                ST_GeogFromText('POINT(-93.6204386  41.5853202)'),
                10000)
ORDER BY miles_from_dt ASC;
```

代码清单 15-12：对 farmers_markets 表中的每一行使用 ST_Distance()

这个查询和代码清单 15-10 很相似，也使用了 ST_DWithin() 来查找距离市中心 10 公里或以内的市场，但增加了 ST_Distance() 函数作为一列以计算并显示市场和市中心之间的距离。为了修剪输出，程序还在 ST_DWithin() 的外面包裹了一个 round() 函数❶。

这段代码给 ST_Distance() 提供的两个输入和代码清单 15-10 给 ST_DWithin() 提供的输入一模一样，都是 geog_point 和 ST_GeogFromText() 函数。ST_Distance() 函数会计算两个输入点之间的距离，并以米为单位返回结果。接着，程序还会把结果除以 1609.344 ❷，也即是一英里的近似米数，以此来将单位转换为英里。之后，为了向 round() 函数提供正确的输入数据类型，我们把列结果转换成了 numeric 类型。

这个 WHERE 子句❸使用了跟代码清单 15-10 一样的 ST_DWithin() 函数和输入。运行这个查询将看到如下结果，其中各个市场将按照其距离进行降序排列：

market_name	city	miles_from_dt
Downtown Farmers' Market - Des Moines	Des Moines	0.00
Capitol Hill Farmers Market	Des Moines	1.15
Drake Neighborhood Farmers Market	Des Moines	1.70
LSI Global Greens Farmers' Market	Des Moines	2.30
Highland Park Farmers Market	Des Moines	2.93
Eastside Farmers Market	Des Moines	3.40
Beaverdale Farmers Market	Des Moines	3.74
Historic Valley Junction Farmers Market	West Des Moines	4.68
Valley Junction Farmers Market	West Des Moines	4.70

毫不奇怪，当你在网上搜索商店或者地址的时候，也会经常看到类似的结果。这些技术同样适用于其他分析场景，比如查找距离已知污染源特定距离内的所有学校，又或者查找距离机场 5 英里内的所有住宅。

查找最近的地理位置

在某些情况下，不指定某个特定的搜索距离，而是让数据库直接返回与一个空间对象最为接近的另一个空间对象，这也是非常有用处的。比如说，我们可能会想要找到距离最近的农贸市场，而不必管它是在 10 千米之外还是 100 千米之外。为了做到这一点，我们可以在查询的 ORDER BY 子句中使用距离操作符 <->，指示 PostGIS 执行最近邻（KNN）搜索算法。最近邻算法通过识别相似项目（item）来解决一系列分类问题，比如文本识别就是其中一个例子。具体到这个例子中，基于我们指定的空间对象，PostGIS 将识别出一些与该对象最为接近的其他对象，并将其表示为 K。

举个例子，假如我们打算到缅因州的巴港度假，并且想要找到距离镇上最近的三个农贸市场，那么就需要用到代码清单 15-13。

```
SELECT market_name,
     city,
     st,
     round(
          (ST_Distance(geog_point,
                  ST_GeogFromText('POINT(-68.2041607 44.3876414)')
                  ) / 1609.344)::numeric, 2
```

```
            ) AS miles_from_bh
FROM farmers_markets
ORDER BY geog_point <-> ❶ ST_GeogFromText('POINT(-68.2041607  44.3876414)')
LIMIT 3;
```

代码清单 15-13：*使用距离操作符 <-> 进行最近邻搜索*

这个查询跟代码清单 15-12 很相似，区别在于这次没有在 WHERE 子句中使用 ST_DWithin()，而是提供了一个包含距离操作符 <-> ❶ 的 ORDER BY 子句。操作符的左边放置了 geog_point 列，而右边则在 ST_GeogFromText() 的包围下，以 WKT 格式提供了巴港市中心的点位置。实际上，这个查询要做的就是 "按照地理位置到点的距离对结果进行排序"。

最后，查询通过添加 LIMIT 3，将结果限制为最近的三个市场（也就是最近的三个邻居）：

```
            market_name                          city              st      miles_from_bh
----------------------------------      ----------------      -----     -------------
Bar Harbor Eden Farmers' Market          Bar Harbor            Maine          0.32
Northeast Harbor Farmers' Market         Northeast Harbor      Maine          7.65
Southwest Harbor Farmers' Market         Southwest Harbor      Maine          9.56
```

当然，你也可以根据自己的需要，通过修改 LIMIT 子句中的数字来改变返回结果的数量。比如说，如果你把子句修改为 LIMIT 1，那么查询将只返回最近的市场。

到目前为止，我们已经学会了如何处理通过 WKT 构建的空间对象。接下来，我们将要学习另一种在 GIS 中经常使用的数据格式——shapefile，并说明如何将其引入 PostGIS 中进行分析。

处理人口普查 Shapefile 文件

Shapefile 是一种由 Esri 开发的 GIS 数据文件格式，Esri 是一家美国公司，因其 ArcGIS 地图可视化和分析平台而闻名。Shapefile 是 ArcGIS 和开源的 QGIS 等 GIS 平台的标准文件格式，政府、企业、非营利组织和技术机构都使用这些平台来展示、分析和分发带有地理要素的数据。

shapefile 包含了描述诸如县、公路或湖泊等要素的形状信息，还有一个包含所有要素属性的数据库。这些属性可能会包含它们的名称以及其他人口统计描述符。单个 shapefile 只能容纳一种形状类型，比如点或者多边形，当你将 shapefile 载入到支持可视化的 GIS 平台之后，就可以查看这些形状并查询它们的属性。通过 PostGIS 扩展，PostgreSQL 能够查询 shapefile 中的空间数据，本章将在稍后的 "探索 2019 年人口普查的县 shapefile" 和 "执行空间连接" 中执行这类查询。

首先，让我们来看看 shapefile 的结构和内容。

了解 shapefile 的内容

每个 shapefile 都由一系列文件组成，这些文件每个都拥有不同的扩展名，这些扩展名各有其不同的用途。通常情况下，当你在下载 shapefile 的时候，它将以诸如 *.zip* 等压缩存档的形式出现。你需要在解压之后才能访问各个文件。

根据 ArcGIS 的文档，以下是一些最常出现的扩展名：

`.shp` 储存要素几何图形的主文件。

`.shx` 储存要素几何图形索引的索引文件。

`.dbf` dBASE 格式的数据库表，储存要素的属性信息。

`.xml` 储存 shapefile 元数据的 XML 格式文件。

`.prj` 储存坐标系信息的投影文件。你可以使用文本编辑器打开这个文件，查看地理坐标系和投影。

根据文档，带有前三个扩展名的文件包含了处理 shapefile 所必需的数据，至于其他文件类型则是可选的。你可以将 shapefile 加载至 PostGIS 中，以访问其空间对象以及每个对象的属性。我们接下来就会开始做这样的事情，并探索一些其他的分析函数。

本章的资源库中包含了几个 shapefile 文件，它们可以通过访问位于 No Starch Press 网站的本书主页获取。首先来看美国人口普查的 TIGER/Line Shapefile，它包含了截至 2019 年，每个县或者相当于县的区域（比如教区或行政区 / 自治市镇）的边界。

> **注意**
>
> 许多组织都通过 shapefile 格式提供数据。你可以从国家或者地方政府机构开始寻找，又或者查阅维基百科的"GIS 数据源列表"条目。

从本书资源库为本章创建的目录中找到并保存 *tl_2019_us_county.zip* 文件，然后解压它；该文档包含的文件将带有前面提到过的扩展名。

载入 shapefile 文件

如果你使用的是 Windows，那么 PostGIS 套件里面将包含一个 shapefile 导入 / 导出管理器，它拥有一个简单的图形用户界面（GUI）。但是在最近几年，同样的图形用户界面在 macOS 和 Linux 发行版上已经很难找到了，所以在这些操作系统上，我们将使用命令行应用程序 `shp2pgsql`。

我们将从 Windows 图形用户界面开始。如果你使用的是 macOS 或者 Linux，那么请跳转至"使用 shp2pgsql 导入 shapefile"部分内容。

Windows shapefile 导入器 / 导出器

如果你使用的是 Windows 系统，并且执行了第 1 章介绍的安装步骤，那么你应该可以通过以下步骤来找到 Shapefile 导入 / 导出管理器：选择**开始** ▸ **PostGIS Bundle** *x.y* **for PostgreSQL x64** *x.y* ▸ **PostGIS Bundle** *x.y* **for PostgreSQL x64** *x.y* **Shapefile and DBF Loader Exporter**。

你将在 *x.y* 处看到你所使用的 PostgreSQL 以及 PostGIS 的版本。然后请通过点击启动应用程序。

为了在应用程序和 `analysis` 数据库之间建立连接，请执行以下步骤：

1. 点击 **View connection details**（查看连接细节）。

2. 在打开的对话框中，输入 **postgres** 作为用户名，如果你在初始设置时为服务器添加了密码，那么也请输入密码。

3. 确保服务器主机（Server Host）默认为 `localhost` 和 `5432`。除非你需要连接不同的服务器或端口，否则请不要修改这些设置。

4. 输入 **analysis** 为数据库名称。图 15-4 的截图展示了应有的连接的截图。

5. 点击 **OK**。你应该会在日志窗口中看到消息 `Connection Succeeded`。现在你已经成功建立了 PostGIS 连接，可以开始载入 shapefile 了。

6. 在 Options 选 项 里， 将 `DBF file character encoding` 修改为 **Latin1**——之所以这样做是因为 shapefile 属性中的县名包含了需要这种编码的字符。至于里面的选中框则保持默认不变，包括其中"为空间列创建索引"的选中框。然后点击 **OK**。

7. 点击 **添加文件**（Add File），并从你保存 *tl_2019_us_county.shp* 的位置中选中它。点击 **打开**（Open）。然后文件将出现在载入器的 shapefile 列表中，如图 15-5 所示。

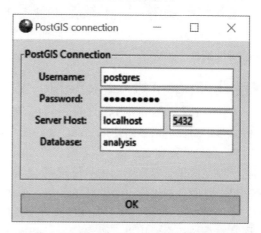

图 15-4 在 shapefile 载入器中建立 PostGIS 连接

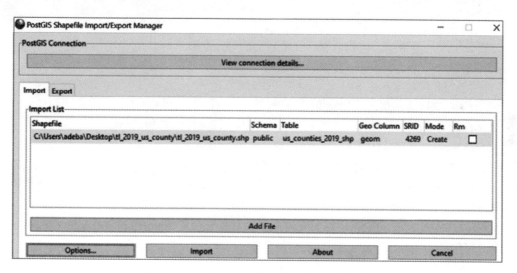

图 15-5 在 shapefile 载入器中指定上传细节

8. 在表（Table）一列，双击以选择表名。将其替换为 **us_counties_2019_shp**。然后按下回车键以应用该值。

9. 在 SRID 一列，双击并输入 **4269**。这是北美基准面 1983 坐标系的 ID，包括美国人口普查局在内的美国联邦机构经常使用这个坐标系。之后，再次按下回车键以应用该值。

10. 点击 **导入**（Import）。

你将在日志窗口看到一条消息，它的末尾是以下内容：

```
Shapefile type: Polygon
PostGIS type: MULTIPOLYGON[2]
Shapefile import completed.
```

切换至 pgAdmin，在对象浏览器中，展开 analysis 节点并通过选择 **Schemas ▸ public ▸ Tables** 继续展开。用右键点击**表**（Tables），并从弹出的菜单中选择**刷新**（Refresh）以刷新表。如果一切正常，那么你应该会看到 us_counties_2019_shp 出现在浏览器中。恭喜，这证明你已经把 shapefile 载入到了表里面。作为导入的一部分，shapefile 载入器还会为 geom 列设置索引。现在，你可以直接跳转到后面的"探索 2019 年人口普查的县 shapefile 文件"小节了。

使用 shp2pgsql 导入 shapefile

考虑到并非所有 macOS 和 Linux 的 PostGIS 发行版都能够使用 Shapefile 导入 / 导出管理器，所以本节将向你展示如何使用 PostGIS 的命令行工具 shp2pgsql 来完成相同的工作。

在 macOS 和 Linux 上，你需要在终端应用中执行命令行工具。如果你不熟悉命令行工具，那么可以在这里暂停一下，先去阅读第 18 章"通过命令行使用 PostgreSQL"并进行相应的设置。另一方面，如果你已经做好了准备，那么请在 macOS"实用工具"的"应用程序文件夹"中启动"终端"，又或者在 Linux 中打开发行版的终端。

请在命令行中使用以下语法将 shapefile 导入至新表，其中斜体代码为参数占位符：

```
shp2pgsql -I -s SRID -W encoding shapefile_name table_name | psql -d database
-U user
```

这里发生了很多事情，让我们看看命令后面的每个参数：

-I 使用 GiST 为新表中的几何列添加索引。

-s 用于为几何数据指定 SRID。

-W 用于在有需要的情况下指定文件编码。

shapefile_name 是包含完整路径的文件名称，该文件以扩展名 *.shp* 结尾。

table_name 指定你想要将 shapefile 导入至哪个新表。

我们在这些参数的后面放置了一个管道符号（|），将 shp2pgsql 的输出导向至 PostgreSQL 的命令行实用程序 psql。再然后就是用于指明数据库和用户的参数。举个例子，为了将 *tl_2019_us_county.shp* 这个 shapefile 从本书的资源库载入至 analysis 数据库的 us_counties_2019_shp 表中，你需要在终端里面移动至包含 shapefile 的文件夹，然后执行以下命令（整个命令全部位于同一个行）：

```
shp2pgsql -I -s 4269 -W LATIN1 tl_2019_us_county.shp us_counties_2019_shp | psql
-d analysis -U postgres
```

服务器将对一系列 SQL INSERT 语句进行回复，然后创建索引并返回至命令行。第一次导入可能需要一些时间来构建整个参数集，但是在完成首次导入之后，后续导入所需的时间应该会有所减少，毕竟你只需要在已经写好的语法里面替换文件名和表名即可。

在 shapefile 加载完毕之后，你就可以通过查询开始探索数据了。

探索 2019 年人口普查的县 shapefile

新的 us_counties_2019_shp 表包含了一些列，其中包括每个县的名字以及唯一地分配给每个州和县的联邦信息处理标准（FIPS）代码，还有包含每个县边界空间数据的 geom 列。首先，让我们使用 ST_AsText() 函数检查 geom 包含的是什么种类的空间对象。代码清单 15-14 中的代码将以 WKT 形式表示表中首个 geom 值。

```
SELECT ST_AsText(geom)
FROM us_counties_2019_shp
ORDER BY gid
LIMIT 1;
```

代码清单 15-14：检查 geom 列的 WKT 表示

结果是一个包含数百个坐标对的多边形。以下是其中一部分输出结果：

```
MULTIPOLYGON(((-97.019516 42.004097, -97.019519 42.004933, -97.019527
42.007501, -97.019529 42.009755, -97.019529 42.009776, -97.019529
42.009939, -97.019529 42.010163, -97.019538 42.013931, -97.01955
42.014546, -97.01955 42.014565, -97.019551 42.014608, -97.019551 42.014632, -97.01958
42.016158, -97.019622 42.018384, -97.019629 42.018545, -97.01963 42.019475, -97.01963
42.019553, -97.019644 42.020927, --snip-- )))
```

每个坐标对都标记了县边界上的一个点，别忘了，正如之前所说，一个 MULTIPOLYGON 对象可以包含多个多边形。这样在处理美国的县时，我们就能够储存边界包含多个独立分区的县了。一切准备就绪，我们现在是时候开始对数据进行分析了。

找出平方英里最大的县

哪个县拥有最大的面积呢？为了回答这个问题，代码清单 15-15 使用了 ST_Area() 函数，该函数用于获取多边形或多边形集合对象的面积。如果处理的是 geography 数据类型，那么 ST_Area() 将以平方米为单位返回结果。相反地，如果跟本例中的 shapefile 一样，处理的是 geometry 数据类型，那么函数将以 SRID 单位返回面积。通常来说，这些单位对于实际的分析作用不大，所以我们将把 geometry 数据类型转换为 geography 数据类型以计算平方米。考虑到这是一项密集计算，所以这个查询预计将执行较长时间。

```
SELECT name,
       statefp AS st,
       round(
           ( ST_Area(❶ geom: : geography) / ❷ 2589988.110336 ): : numeric, 2
           ) AS ❸ square_miles
FROM us_counties_2019_shp
ORDER BY square_miles ❹ DESC
LIMIT 5;
```

代码清单 15-15：使用 ST_Area() 查找面积最大的县

因为 geom 列是 geometry 数据类型，所以为了以平方米为单位计算面积，代码使用了双冒号语法将 geom 列转换为 geography 数据类型❶。接着，为了获得平方英里，代码将面积除以 2589988.110336，也就是一平方英里的平方米数❷。另外为了让结果更易读，代码用 round() 函数包围了这一计算，并将其结果列命名为 square_miles ❸。最后，代码会按照面积最大到最小的顺序❹对结果实施降序排列，并使用 LIMIT 5 显示前五个结果，就像这样：

```
name              st    square_miles
--------------    ---   -------------
Yukon-Koyukuk     02    147871.00
North Slope       02    94827.92
Bethel            02    45559.08
Northwest Arctic  02    40619.78
Valdez-Cordova    02    40305.54
```

恭喜阿拉斯加，因为那里的自治市镇都非常大（自治市镇是该州对县的称呼），所以五个最大的县全部来自该州，结果中的 02 表示的就是该州的 FIPS 代码。育空 - 科尤库克（Yukon-Koyukuk）位于阿拉斯加的中心，其面积超过 147800 平方英里（记住这个信息，章末的"实战演练"会用到）。

注意，shapefile 文件并未包含州名，只有与州对应的 FIPS 代码。因为空间数据都保存在表中，所以我们需要在下一节连接至另一个人口普查表以获取州名。

根据经纬度查找县

"这个技巧帮助波士顿男士修好了他的旧鞋子！"，如果你曾经收到过类似的垃圾信息，并且好奇他们是如何获得你的居住地的，那一切还得从地理定位服务说起——它会利用诸如手机 GPS 等各种手段来查找你的经度和纬度。取得你的坐标之后，通过空间查询就能够判断你所在的地理位置（比如某个城市或城镇）。

我们可以通过人口普查 shapefile 和 ST_Within() 函数来复制这一技术：当一个几何图形在坐标网格上位于另一个几何图形的内部时，ST_Within() 函数将返回 true。代码清单 15-16 展示了一个使用加利福尼亚州好莱坞市中心经纬度的例子。

```
SELECT sh.name,
       c.state_name
FROM us_counties_2019_shp sh JOIN us_counties_pop_est_2019 c
    ON sh.statefp = c.state_fips AND sh.countyfp = c.county_fips
WHERE ❶   ST_Within(
        'SRID=4269; POINT(-118.3419063 34.0977076)': : geometry, geom
);
```

代码清单 15-16：使用 ST_Within() 查找坐标对所属的县

WHERE 子句中的 ST_Within() 函数❶要求输入两个 geometry，并判断第一个 geometry 是否位于第二个 geometry 之内。为了让函数正常工作，两个输入的 geometry 必须拥有相同的 SRID。在这个例子中，第一个输入是以 extended WKT 表示的一个点，它包含与人口普查数据相同的 SRID 4269，该点将在之后被转换为 geometry 类型。因为 ST_Within() 函数不接受单独的 SRID 作为输入，所以为了向给定的 WKT 设置 SRID，我们必须将其放置在文本的前面，就像这样：'SRID=4269; POINT(-118.3419063

34.0977076)'。第二个输入是表中的 geom 列。

运行这个查询，它将返回以下结果：

```
name                state_name
----------          ----------
Los Angeles         California
```

结果显示，我们提供的点位于加利福尼亚州的洛杉矶县。通过将一个点与其周边地区的数据关联起来，我们将看到这一技术带来的价值（或引发的隐私问题）。具体到这个例子中，我们将把点与县级人口估算值关联起来。只要知道某人消磨时间的地点数据，我们就能瞬间获取与其相关的大量信息。

你可以试着提供其他经纬度组合，看看它们会落在美国的哪个县。不过由于 shapefile 只包含美国地区，所以如果你提供的坐标不在美国之内，那么查询将不会返回任何结果。

检查指定范围内的人口统计数据

规划者在为新建学校、企业或其他社区设施选址的时候，一个基本的衡量标准就是在特定范围内居住的人口数量。附近是否会有足够多的居民，使得建设有所价值？为了寻找答案，我们可以使用空间数据和人口统计数据来估算规划地点在一定范围内的人口数量。

假设我们正考虑在内布拉斯加州林肯市的市中心建造一间餐厅，并打算了解潜在位置 50 英里范围内有多少居民。代码清单 15-17 使用 ST_DWithin() 函数查找任何边界在林肯市中 50 英里范围内的县，并计算它们在 2019 年的估算人口总和。

```
SELECT sum(c.pop_est_2019) AS pop_est_2019
FROM us_counties_2019_shp sh JOIN us_counties_pop_est_2019 c
    ON sh.statefp = c.state_fips AND sh.countyfp = c.county_fips
WHERE ST_DWithin(sh.geom: : geography,
        ST_GeogFromText('SRID=4269; POINT(-96.699656 40.811567)'),
        80467);
```

代码清单 15-17：使用 ST_DWithin() 统计内布拉斯加州林肯市附近的人口数量

代码清单 15-10 曾经使用过 ST_DWithin() 查找艾奥瓦州得梅因附近的农贸市场，这里再次用到了相同的技术。这段代码向 ST_DWithin() 传递了三个参数：人口普查 shapefile 的 geom 列，它被转换成了 geography 类型；代表林肯市中心的点；以米为单位表示的 50 英里距离，也就是 80467 米。

通过使用被连接的人口普查估算表中的 pop_est_2019 列，这个查询将返回总和 1470295。

如果我们想要在 pgAdmin 中列出县名并将其边界可视化，那么可以像代码清单 15-18 那样对查询进行修改。

```
SELECT sh.name,
        c.state_name,
        c.pop_est_2019,
```

```
    ❶ ST_Transform(sh.geom, 4326) AS geom
FROM us_counties_2019_shp sh JOIN us_counties_pop_est_2019 c
    ON sh.statefp = c.state_fips AND sh.countyfp = c.county_fips
WHERE ST_DWithin(geom: : geography,
        ST_GeogFromText('SRID=4269; POINT(-96.699656 40.811567)'),
        80467);
```

代码清单 15-18：显示内布拉斯加州林肯市附近的县

这个查询将返回 25 行，每行包含了相应的县名及其人口。单击 geom 列标题上的地图图标，你将在 pgAdmin 的几何图形查看器中看到这些县出现在地图中，如图 15-6 所示。

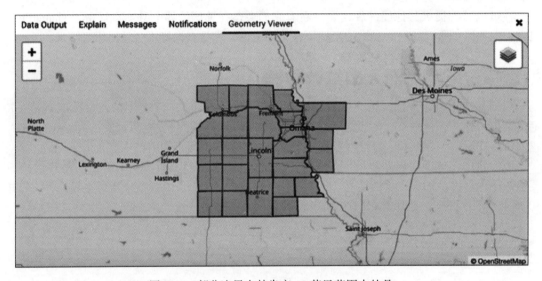

图 15-6　部分边界在林肯市 50 英里范围内的县

这些查询显示了任意边界在林肯市 50 英里范围内的县。由于县的面积都比较大，所以要确定该点范围内的确切人口数量难免会有较大误差。如果想要获得更精确的统计结果，那么可以使用较小的人口普查地理区域，比如区域或区块组，它们都是县的更小组成部分。

最后，请注意 pgAdmin 几何查看器的底图是免费的 OpenStreetMap，它使用的是 WGS 84 坐标系。我们的人口普查 shapefile 使用的则是另一种坐标系：北美基准面 1983。为了在底图上正确展示数据，我们必须使用 ST_Transform() 函数❶将人口普查的几何图形转换为 SRID 4326。如果省略该函数，那么由于坐标系不匹配，查看器中的地理图形将在空白画布上展示。

执行空间连接

通过将表和空间数据连接起来，能够为分析带来有趣的变化。比如说，我们可以将包含咖啡店经纬度的咖啡店表和县表连接，然后根据咖啡店的位置计算出每个县拥有的咖啡店数量。在本节，我们将通过空间连接，更仔细地探索人口普查数据中的道路和水路。

探索道路和水路数据

穿越新墨西哥州首府的圣达菲河在一年中的大部分时间都是干涸的河床，用间歇性河流来形容它可能会更恰当。根据圣达菲市的网站，这条河由于容易引起山洪暴发，所以在 2007 年被评为全美最濒危的河流。如果你是城市的规划者，那么了解这条河流和道路的交会处将有助于你在洪水泛滥时制定相应的应急措施。

圣达菲县的道路和水路等位置信息可以在美国人口普查 TIGER/Line 的另一组 shapefile 中找到。这些 shapefile 也包含在本书的资源库中。请下载并解压 *tl_2019_35049_linearwater.zip* 和 *tl_2019_35049_roads.zip*，然后使用本章前面介绍的相同步骤导入这两个文件。请将水路表命名为 santafe_linearwater_2019，并将道路表命名为 santafe_roads_2019。

之后请刷新你的数据库，并对两个表运行快速的 SELECT*FROM 查询以查看数据。如果一切正常，你应该会在道路表中看到 11655 行，并在水路表中看到 1148 行。

和导入县 shapefile 时一样，上述两个表都拥有 geometry 类型的 geom 列，并且它们均已添加索引。检查列中空间对象的类型有助于了解将要查询的空间要素类型。这一点可以通过使用 ST_AsText() 函数或者 ST_GeometryType() 函数来完成，正如代码清单 15-19 所示。

```
SELECT ST_GeometryType(geom)
FROM santafe_linearwater_2019
LIMIT 1;


SELECT ST_GeometryType(geom)
FROM santafe_roads_2019
LIMIT 1;
```

代码清单 15-19：使用 ST_GeometryType() 判定几何图形

这两个查询应该都只返回单个行，并且它们都具有相同的值：ST_MultiLineString。这说明水路和道路都会被储存为线串集合对象，也就是一组可以不连续的线串。

连接人口普查的水道表和道路表

为了找到圣达菲市中与圣达菲河相交的所有道路，我们需要使用查询来连接道路表和水路表，并找出各个对象相交的位置。为此需要用到 ST_Intersects() 函数，该函数在两个空间对象相互接触时返回布尔值 true，并且它的输入可以是 geometry 或是 geography 类型。代码清单 15-20 展示了具体的表连接操作。

```
SELECT water.fullname AS waterway, ❶
       roads.rttyp,
       roads.fullname AS road
FROM santafe_linearwater_2019 water JOIN santafe_roads_2019 roads ❷
  ❸ ON ST_Intersects(water.geom, roads.geom)
WHERE water.fullname = ❹'Santa Fe Riv'
      AND roads.fullname IS NOT NULL
ORDER BY roads.fullname;
```

代码清单 15-20：使用 ST_Intersects() 进行空间连接以查找横跨圣达菲河的道路

这个 SELECT 的参数列表❶包含了 santafe_linearwater_2019 表中的 fullname 列，该列在 FROM 子句❷中的别名为 water。参数列表还包含了代表路线类型（route type）的 rttyp 代码和来自 santafe_roads_2019 表的 fullname 列，后者的别名为 roads。

JOIN 结构的 ON 部分❸使用了 ST_Intersects() 函数，并将两个表的 geom 列用作输入。这时如果两个几何图形是相交的，那么表达式将求值为 true。代码使用了 fullname 以筛选结果，只展示其中带有完整字符串 'Santa Fe Riv'❹的结果，这是圣达菲河在水道表中的名字。代码还删除了路名为 NULL 的实例。这个查询将返回 37 行作为结果，以下是最开头的五行：

```
waterway            rttyp          road
-----------         -----          ----------------
Santa Fe Riv        M              Baca Ranch Ln
Santa Fe Riv        M              Baca Ranch Ln
Santa Fe Riv        M              Caja del Oro Grant Rd
Santa Fe Riv        M              Caja del Oro Grant Rd
Santa Fe Riv        M              Cam Carlos Rael
--snip--
```

结果中的每条道路都跟圣达菲河的一部分相交。所有排名前列的结果，它们的路线类型都是 M，说明其显示的是道路的通用名称，而不是诸如县或者州认可的名称。完整结果中的其他道路名称可能会带有 C、S 或者 U（表示未知）等路线类型。

查找对象相交的位置

我们成功地找出了所有与圣达菲河相交的道路。这很好，但如果能够更进一步，知道每个相交处的精确位置就更好了。我们可以修改查询，加入 ST_Intersection() 函数，使用它返回对象相交处的位置。代码清单 15-21 展示了添加这个函数作为其中一列的代码。

```
SELECT water.fullname AS waterway,
       roads.rttyp,
       roads.fullname AS road,
     ❶ ST_AsText(ST_Intersection(❷ water.geom, roads.geom))
FROM santafe_linearwater_2019 water JOIN santafe_roads_2019 roads
       ON ST_Intersects(water.geom, roads.geom)
WHERE water.fullname = 'Santa Fe Riv'
         AND roads.fullname IS NOT NULL
ORDER BY roads.fullname;
```

代码清单 15-21：使用 ST_Intersection() 展示道路横跨河流的位置

因为这个函数返回的是几何对象，所以为了查看其 WKT 表示，代码使用了 ST_AsText()❶对函数进行包裹。ST_Intersection() 函数接受两个输入，分别是来自水路表和道路表的 geom 列❷。运行查询，现在结果应该会包含河流与道路相交的确切坐标位置（为了简洁，坐标点经过了四舍五入处理）：

```
waterway        rttyp   road                    st_astext
-----------     -----   --------------------    --------------------------
Santa Fe Riv    M       Baca Ranch Ln           POINT(-106.049802 35.642638)
Santa Fe Riv    M       Baca Ranch Ln           POINT(-106.049743 35.643126)
Santa Fe Riv    M       Caja del Oro Grant Rd   POINT(-106.024674 35.657624)
Santa Fe Riv    M       Caja del Oro Grant Rd   POINT(-106.024692 35.657644)
Santa Fe Riv    M       Cam Carlos Rael         POINT(-105.986934 35.672342)
--snip--
```

这可要比用铅笔在地图上翻来覆去地画要好得多，并且还能激发更多分析空间数据的想法。举个例子，如果你有一个 shapefile，它记录了建筑物占用的空间，那么你就可以找出那些靠近河边并且在暴雨期间有可能会被洪水淹没的建筑物。政府和私人组织在规划过程中经常会使用这些技术。

小结

制图是一种强大的分析工具，本章介绍的技术为你进一步探索 PostGIS 提供了一个良好的开端。当你需要可视化这些数据的时候，你可以使用 Esri 的 ArcGIS 或者自由开源的 QGIS 等 GIS 应用来做到这一点。这两款软件都可以使用开启了 PostGIS 功能的 PostgreSQL 数据库作为数据源，从而将表中的 shapefile 或是查询结果可视化。

现在，我们的分析技能又新添了一项处理地理数据。接下来，我们将要探索一种被广泛使用的数据类型，它被称为 JavaScript Object Notation（JSON），并学习 PostgreSQL 存储和查询这种数据的方法。

实战演练

请使用本章导入的空间数据，尝试完成以下附加分析：

1. 本章在正文处曾经根据县的面积查找过美国最大的县。现在请聚合各县的数据，以平方英里为单位找出最大的州。

2. 使用 ST_Distance() 确定以下两个农贸市场之间相差多少英里：The Oakleaf Greenmarket（9700 Argyle Forest Blvd, Jacksonville, Florida）和 Columbia Farmers Market（1701 West Ash Street, Columbia, Missouri）。你首先需要在 farmers_markets 表中找到这两个市场的坐标。提示：你还可以使用第 13 章介绍过的公共表表达式编写这个查询。

3. farmers_markets 表中有超过 500 行缺少 county 列的值，这是政府数据不完整的一个例子。请使用 us_counties_2019_shp 表和 ST_Intersects() 函数执行空间连接，基于每个市场的经纬度找出它们缺失的县名。由于 farmers_markets 表的 geog_point 列为地理类型并且其 SRID 为 4326，所以你需要将人口普查表中的 geom 列转换为地理类型并且使用 ST_SetSRID() 修改其 SRID。

4. 我们在第 12 章创建的 nyc_yellow_taxi_trips 表包含了每次行程开始和结束的经纬度。请使用 PostGIS 的函数将下车坐标转换为 geometry 类型，并统计每次下车时的州/县对（state/county pair）。和前面的练习一样，你需要连接 us_counties_2019_shp 表并使用它的 geom 列进行空间连接。

第16章
处理 JSON 数据

JavaScript Object Notation（JSON）是一种广泛应用的文本格式，它以平台无关的方式储存数据，以便在不同计算机系统之间实现数据共享。在本章，你将会了解到 JSON 的结构，还有如何在 PostgreSQL 中存储和查询 JSON 数据类型。在探索完 PostgreSQL 的 JSON 查询操作符之后，我们将分析一整个月的地震数据。

美国国家标准学会（ANSI）SQL 标准在 2016 年添加了 JSON 的语法定义，并指定了创建和访问 JSON 对象的函数。尽管实现方式各不相同，但主流的数据库系统在近年来基本都添加了对 JSON 的支持。比如 PostgreSQL 就在支持 ANSI 标准部分内容的同时，实现了一些非标准的操作符。本章在讲解内容的过程中会指出 PostgreSQL 对 JSON 的支持中哪些是属于标准 SQL 的部分。

了解 JSON 结构

JSON 数据主要由对象和数组两种结构组成，前者是名称 / 值对（name/value pair）的无序集合，而后者则是值的有序集合。熟悉 JavaScript、Python 或者 C# 等编程语言的人对于 JSON 的这些方面应该不会感到陌生。在对象内部，我们使用名称 / 值对作为结构，用于存储和引用独立的数据项。整个对象由大括号包围，每个名称（更常见的叫法是键）使用双引号包围，后面跟着一个冒号以及与键对应的值。单个对象可以封装多个键 / 值对，每个键 / 值对之间使用逗号分隔。以下是一个与电影信息有关的例子：

```
{"title": "The Incredibles", "year": 2004}
```

其中 title 和 year 为键，而 "The Incredibles" 和 2004 则为值。字符串值需要使用双引号包围，而数字、布尔值和 null 则不需要。熟悉 Python 语言的读者可以把这个结构看作是字典。

数组是由方括号包围的有序的值列表，数组中的每个值通过逗号分隔。比如说，我们可以像这样列出电影的分类：

```
["animation", "action"]
```

数组在编程语言中非常常见，并且我们已经在 SQL 查询中使用过它们了。在 Python 中，这一结构被称为列表。

我们可以创建这些结构的多种排列组合，包括在对象和数组内部互相嵌套彼此。比如说，我们可以创建一个由对象组成的数组，又或者将数组用作键的值。我们可以随意添加或者省略键 / 值对，又或者随意添加额外的对象数组，而不必担心违反预设的模式。和严格定义的 SQL 表相比，这种灵活性既是使用 JSON 作为数据存储的魅力所在，也是处理 JSON 数据的最大挑战之一。

作为例子，代码清单 16-1 展示了以 JSON 格式储存的两部电影的相关信息，它们都是我非常喜欢的电影。因为整个 JSON 对象都以方括号为开始和结束，所以我们知道最外层的结构是一个数组。这个数组包含两个对象元素，其中每个对象分别对应一部电影。

```
[{❶
    "title": "The Incredibles",
    "year": 2004,
  ❷"rating": {
        "MPAA": "PG"
    },
  ❸"characters": [{
        "name": "Mr. Incredible",
        "actor": "Craig T. Nelson"
    }, {
        "name": "Elastigirl",
        "actor": "Holly Hunter"
    }, {
        "name": "Frozone",
        "actor": "Samuel L. Jackson"
    }],
  ❹"genre": ["animation", "action", "sci-fi"]
}, {
    "title": "Cinema Paradiso",
    "year": 1988,
    "characters": [{
        "name": "Salvatore",
        "actor": "Salvatore Cascio"
    }, {
        "name": "Alfredo",
        "actor": "Philippe Noiret"
    }],
    "genre": ["romance", "drama"]
}]
```

代码清单 16-1：这个 JSON 结构包含了两部电影的相关信息

在最外层数组的内部，每个电影对象都被大括号所包围，其中第一部电影 *The Incredibles* 的对象就是从❶处的开括号开始的。对于这两部电影，我们会以键 / 值对方式储存它们的

title（标题）和 year（年份），而这两个键的值则分别为字符串和数字。至于第三个键 rating（评级）❷的值则是一个 JSON 对象，该对象包含了单个键 / 值对，用于显示美国电影协会对该影片的评级。

这里可以看出 JSON 作为存储介质的灵活性。首先，如果我们想要在之后为电影添加其他国家的电影分级，那么只需要简单地将另一个键 / 值对添加到 rating 值对象里面就可以了。其次，包括 rating 在内的任何键 / 值对，对于每个电影对象都不是必需的——实际上，电影 *Cinema Paradiso* 就省略了这个键 / 值对。当特定数据不可用时（比如本例中的 rating），一些生成 JSON 的系统就会简单地排除这些键 / 值，而其他系统则可能会包含值为 null 的 rating。这两种做法都是合法有效的，但 JSON 在灵活性方面明显更胜一筹：它的数据定义或模式可以根据需要灵活调整。

最后的两个键 / 值对展示了组织 JSON 的其他方式。对于 characters（角色）❸键，它的值是一个由对象组成的数组，数组中的每个对象都由大括号包围并且使用逗号进行分隔。至于 genre（类型）❹的值则是一个由字符串组成的数组。

考虑何时在 SQL 中使用 JSON

和 SQL 使用的关系表相比，使用 NoSQL 或文档数据库能够获得一定优势。文档数据库能够以 JSON 或其他文本数据格式储存数据，它们在数据定义方面非常灵活，允许用户随时按需重新定义数据结构，并且由于文档数据库可以通过添加服务器实现扩展，所以它们也经常被用于大容量的应用程序。但相对地，使用这些产品也意味着你将失去 SQL 带来的优势，比如轻而易举地通过添加约束保证数据完整性，还有对事务的支持，等等。

随着 SQL 开始对 JSON 提供支持，现在我们只需要将 JSON 数据添加为关系表中的列，就可以同时做到鱼和熊掌兼得。决定使用 SQL 还是 NoSQL 数据库应该从多个方面进行考虑。PostgreSQL 虽然在速度方面并不逊色于 NoSQL，但我们还需要考虑被储存数据的类型和容量、所服务的应用程序等。

不过在一些情况下，你可能会想要在 SQL 中利用 JSON，比如说：

● 当用户或应用程序需要随意地创建键 / 值对的时候。比如说，在标记医学研究论文集的时候，一个用户可能想要添加键来追踪药品名称，而另一个用户可能想要添加键来追踪食物名称。

● 当你需要将关联数据储存在 JSON 列而不是独立的表中的时候。一个职员表可以包含常见的列，用于记录名字和联系信息，并附加一个带有灵活的键 / 值对集合的 JSON 列，其中可能会包含不适用于每个员工的附加属性，比如公司奖励或绩效指标。

● 当你从其他系统那里获得了 JSON 数据，想要对其进行分析，但又不想多花时间将其解析为一系列表的时候。

需要注意的是，在 PostgreSQL 或是其他 SQL 数据库中使用 JSON 也会带来挑战。对于普通 SQL 表来说设置起来轻而易举的那些约束，却很难设置和应用到 JSON 数据上。此外，由于键名会与定义其结构的引号、逗号和大括号一起反复在文本中出现，所以 JSON 数据将占用更多空间。最后，当键意外消失或者值的数据类型发生变化时，JSON 的灵活性可能会给与之交互的代码带来问题（无论这些代码是 SQL 还是其他语言）。

请把这些牢记在心。接下来，我们将开始学习 PostgreSQL 的两种 JSON 数据类型，并将一些 JSON 数据载入到表中。

使用 json 和 jsonb 数据类型

PostgreSQL 提供了两种用于存储 JSON 的数据类型，它们都只允许插入有效的 JSON，也就是包含 JSON 规范所要求元素的文本，这些元素包括包围对象的左大括号和右大括号、分隔对象的逗号以及被引号正确包围的键等。尝试插入不合法的 JSON 将导致数据库产生错误。

这两种数据类型的主要区别在于其中一种将 JSON 储存为文本，而另一种则将 JSON 储存为二进制数据。二进制实现对 PostgreSQL 来说相对较新，并且由于其查询速度更快和具有索引功能，所以它通常更受欢迎。

这两种类型如下：

```
json
```

以文本形式储存 JSON，保留空格并保持键的顺序。如果单个 JSON 对象包含了一个特定的键不止一次（这是合法的），那么 json 类型将会保留每个重复的键/值对。最后，数据库函数在每次处理以文本形式储存的 json 时，都必须分析对象以解释其结构，并可能由此导致对数据库的读取速度慢于 jsonb 类型。这种类型不支持索引。一般来说，当应用程序拥有重复键并且需要保留键的顺序时，json 类型就能派上用场。

```
jsonb
```

以二进制格式储存 JSON，移除空格并且不保持键的顺序。如果单个 JSON 对象包含了一个特定的键不止一次，那么 jsonb 类型将只保留最后一个键/值对。二进制格式会增加将数据写入表的开销，但这种格式的处理速度更快，并且它还支持索引。

因为 ANSI SQL 标准并没有为 JSON 指定数据类型，而是由数据库制造商决定如何实现支持，所以 json 和 jsonb 实际上都不属于该标准。PostgreSQL 文档建议，除非需要保留键/值对的顺序，否则的话就应该使用 jsonb。

本章剩余的内容将只使用 jsonb，这不仅是出于速度方面的考虑，还是由于 PostgreSQL 的许多 JSON 函数都以相同方式处理 json 和 jsonb，更别说 jsonb 还有更多函数可用了。接下来，我们将把代码清单 16-1 中的电影 JSON 添加到表中，并探索 JSON 查询语法。

导入并索引 JSON 数据

本书资源库的第 16 章文件夹中的 *films.json* 包含了代码清单 16-1 中 JSON 的修改版本。

使用文本编辑器查看该文件，你会发现每部电影的 JSON 对象都放在单独的一行里面，各个元素之间没有换行。我还移除了最外层的方括号以及分隔两个电影对象的逗号，仅仅留下两个合法的 JSON 对象：

```
{"title": "The Incredibles", "year": 2004, --snip-- }
{"title": "Cinema Paradiso", "year": 1988, --snip-- }
```

这样设置文件是为了让 PostgreSQL 的 COPY 命令可以在导入时将每部电影的 JSON 对象解释为单独的行，就像导入 CSV 文件时一样。代码清单 16-2 中的代码用于创建一个简单的 films 表，表中带有一个代理主键和一个名为 film 的 jsonb 列。

```
CREATE TABLE films (
    id integer GENERATED ALWAYS AS IDENTITY PRIMARY KEY,
    film jsonb NOT NULL
);

  COPY films (film)
❶ FROM C: \YourDirectory\films.json';

❷ CREATE INDEX idx_film ON films USING GIN (film);
```

代码清单 16-2： 创建表以保存 JSON 数据并为之添加索引

注意，这次的 COPY 语句并未像之前那样包含 WITH 语句，而是直接以 FROM 子句❶为结束。因为这个文件并未包含文件头，也没有使用符号进行分隔，所以它不需要使用 WITH 语句及其选项来指定文件头和文件格式。数据库只要读取文件的每一行并进行处理即可。

在导入之后，代码使用了 GIN 索引类型为 jsonb 列添加索引❷。第 14 章曾经讨论过带有全文检索功能的通用倒排索引（GIN），它对文本中单词或关键值的位置进行索引的实现方式特别适合 JSON 数据。需要注意的是，由于索引项指向表中的行，所以 jsonb 列的索引在每行包含体积相对较小的 JSON 时效果最好。反之，当表中的行包含单个体积巨大的 JSON 值，并且其中还包含重复的键时，索引的效果最差。

执行上述命令，创建并填充表，然后添加索引。运行 SELECT * FROM films; 会返回两个行，每行包含了自动生成的 id 以及 JSON 对象文本。接下来，我们就可以开始使用 PostgreSQL 的 JSON 操作符来探索如何查询数据了。

使用 json 和 jsonb 提取运算符

为了从存储的 JSON 中获取值，我们需要使用 PostgreSQL 特有的提取操作符，它们可以返回 JSON 对象、数组元素或是 JSON 结构中指定路径的元素。表 16-1 展示了这些操作符及其函数，根据输入数据类型的不同，这些操作符和函数可能会发生变化。每种操作都同时适用于 json 和 jsonb 数据类型。

表 16-1　json 和 jsonb 的提取操作符

操作符，语法	功能	返回值
json -> text *jsonb -> text*	根据指定文本提取键值	json 或 jsonb（跟输入保持一致）
json ->> text *jsonb ->> text*	根据指定文本提取键值	text
json -> integer *jsonb -> integer*	根据指定数组下标提取数组元素	json 或 jsonb（跟输入保持一致）
json ->> integer *jsonb ->> integer*	根据指定数组下标提取数组元素	text
json #> text array *jsonb #> text array*	根据指定路径提取 JSON 对象	json 或 jsonb（跟输入保持一致）
json #>> text array *jsonb #>> text array*	根据指定路径提取 JSON 对象	text

让我们用电影 JSON 来测试下这些操作符，以此来进一步了解它们的功能差异。

提取键值

代码清单 16-3 使用了 -> 和 ->> 操作符，并在它们后面用文本指明想要获取的键值。在接受文本输入的情况下，它们被称为字段提取操作符，其作用就是从 JSON 中提取字段，也就是键值。这两个操作符的区别在于 -> 返回的键值与被存储的 JSON 类型相同，而 ->> 返回的键值则为文本。

```
SELECT id, film -> ❶ 'title' AS title
FROM films
ORDER BY id;


SELECT id, film ->> ❷ 'title' AS title
FROM films
ORDER BY id;


SELECT id, film -> ❸ 'genre' AS genre
FROM films
ORDER BY id;
```

代码清单 16-3：使用字段提取操作符获取 JSON 键值

上述 SELECT 语句首先指定了 JSON 列名，紧接着是操作符，然后是单引号包围的键名。在第一个例子中，语法 ->'title' ❶将以 jsonb 数据类型返回指定键的值，因为这个 JSON 就是以这种类型存储的。运行第一个查询，你应该会看到以下输出：

```
id       title
-- -----------------
1  "The Incredibles"
```

```
2    "Cinema Paradiso"
```

在 pgAdmin 中，title 列标题中列出的数据类型应为 jsonb，并且电影标题仍然会被引号包围，就像它们在 JSON 对象中一样。如果将字段提取操作符改为 ->> ❷，那么电影标题将以文本形式返回：

```
id       title
-- ---------------
1   The Incredibles
2   Cinema Paradiso
```

最后，让我们来返回一个数组。在我们的电影 JSON 中，键 genre 的值是一个由值组成的数组。使用字段提取操作符 -> ❸将以 jsonb 格式返回数组：

```
id         genre
- --------------------------------
1   ["animation", "action", "sci-fi"]
2   ["romance", "drama"]
```

如果把这里的操作符改为 ->>，那么命令将以文本形式返回数组。接下来，让我们看看如何从数组中提取元素。

提取数组元素

为了从数组中获取指定的值，我们需要在 -> 和 ->> 操作符后面加上一个整数，用于指定值在数组中的位置（或者说索引）。因为这些操作符会从 JSON 数组中获取元素，所以我们把它们称为元素提取操作符。跟提取字段时一样，-> 返回的值与被存储 JSON 的类型相同，而 ->> 返回的则是文本值。

代码清单 16-4 中的四个例子展示了如何使用 "genre" 数组中的值。

```
SELECT id, film -> 'genre' -> 0 ❶ AS genres
FROM films
ORDER BY id;


SELECT id, film -> 'genre' -> -1 ❷ AS genres
FROM films
ORDER BY id;


SELECT id, film -> 'genre' -> 2 ❸ AS genres
FROM films
ORDER BY id;


SELECT id, film -> 'genre' ->> 0 ❹ AS genres
FROM films
ORDER BY id;
```

代码清单 16-4：通过元素提取操作符获取 JSON 数组中的值

我们首先必须以 JSON 格式从键中获取数组值，然后再从数组中获取所需的元素。在第一个例子中，代码首先指定了 JSON 列 film，接着是字段提取操作符 ->，然后是使用单引号包围的键名 genre。这些操作将以 jsonb 格式返回 genre 的值。最后，我们将在键名的后面使用 -> 和整数 0 ❶来获取首个元素。

为什么不使用 1 来表示数组中的第一个值呢？在包括 Python 和 JavaScript 在内的许多语言中，索引值都是从零开始的，所以 SQL 在访问 JSON 数组时也是如此。

> **注意**
>
> SQL 数组跟 PostgreSQL 中的 JSON 数组拥有不同的排序策略。在 SQL 数组中，首个元素的位置为 1；但是在 JSON 数组中，首个元素的位置为 0。

运行第一个查询将以 jsonb 格式返回以下结果，它展示了每部电影的 genre 数组的首个元素：

```
id   genres
--   ----------
1    "animation"
2    "romance"
```

每部电影的分类数量可能并不相同，但即便是在未确定索引的情况下，我们仍然可以访问数组的最后一个元素。通过使用负数索引，我们可以从数组的末尾进行倒数。使用 -1 ❷作为参数，可以让 -> 从数组的末尾获取首个元素：

```
id genres
-- --------
1  "sci-fi"
2  "drama"
```

如果有需要的话，我们还可以继续往后倒数，比如使用索引 -2 获取倒数第二个元素。

需要注意的是，即便指定的索引位置上不存在元素，PostgreSQL 也不会返回错误，它只会对相应的行返回一个 NULL。比如说，如果我们使用 2 ❸作为索引，那么就会看到两部电影中只有一部返回了结果，而另一部却返回 NULL：

```
id genres
-- --------
1  "sci-fi"
2
```

这个命令对电影 *Cinema Paradiso* 返回了一个 NULL，这是因为在以 0 为起始的索引中，索引 2 代表的就是第三个元素，而这部电影的 gener 值数组只包含两个元素。本章稍后将介绍计算数组长度的方法。

最后，如果想要以文本数据类型而不是 JSON 形式返回所需的元素，那么只需要将元素提

取操作符修改为 ->> ❹即可：

```
id genres
-- ---------
1  animation
2  romance
```

这一模式跟之前提取键值时相同：-> 返回 JSON 数据类型，而 ->> 则返回文本。

提取路径

#> 和 #>> 都是路径提取操作符，用于返回位于指定 JSON 路径上的对象。路径是指向值所在位置的一系列键或者数组索引。对于前面例子中的电影 JSON 来说，如果想要获取电影的名称，那么只需要提供 title 键作为路径即可。但如果你想要知道位于 characters 数组索引 1 位置上的演员名字，那么就需要一个更为复杂的路径：你需要在 characters 键的后面加上索引值 1，然后再加上 actor 键。#> 路径提取操作符会返回与被存储数据相同的 JSON 数据类型，而 #>> 则返回文本。

请考虑美国电影协会（MPAA）对 *The Incredibles* 的评级，它在 JSON 中是这样显示的：

```
"rating": {
    "MPAA": "PG"
}
```

这个结构由名为 rating 的键和与之对应的对象值构成，而对象内部则是一个使用 MPAA 作为键名的键 / 值对。因此，通向电影 MPAA 评级的路径将以 rating 键开始并以 MPAA 键结束。为了表示路径元素，我们需要用到 PostgreSQL 为数组所设的字符串语法，在大括号和单引号内部创建一个以逗号分隔的列表，然后再把这个字符串提供给路径提取操作符。代码清单 16-5 展示了三个设置路径的例子。

```
SELECT id, film #>  '{rating, MPAA}' ❶ AS mpaa_rating
FROM films
ORDER BY id;

SELECT id, film #> '{characters, 0, name}' ❷ AS name
FROM films
ORDER BY id;

SELECT id, film #>> '{characters, 0, name}' ❸ AS name
FROM films
ORDER BY id;
```

代码清单 16-5：通过路径提取操作符获取 JSON 键值

为了获取每部电影的 MPAA 评级，代码在数组中指定了路径：{rating, MPAA} ❶，路径中的每个项由逗号分隔。运行查询，你应该会看到以下结果：

```
id mpaa_rating
-- -----------
1  "PG"
2
```

这个查询对 *The Incredibles* 将返回 PG 评级，而对 *Cinema Paradiso* 则返回 NULL，这是因为后者在我们的数据中并未带有 MPAA 评级。

第二个例子将对 `characters` 数组进行处理，它在我们的 JSON 中是这样的：

```
"characters": [{
    "name": "Salvatore",
    "actor": "Salvatore Cascio"
}, {
    "name": "Alfredo",
    "actor": "Philippe Noiret"
}]
```

这个 `characters` 数组展示的是第二部电影的角色，但这个数组在两部电影中的结构都是相似的。数组中的每个对象都代表一个角色，包括角色的名字以及扮演该角色的演员。为了定位数组中第一个角色的名字，我们指定的路径❷需要以 `characters` 键开头，紧接着使用索引 0 以代表数组的首个元素，然后以 `name` 键结束。这个查询的结果如下：

```
id       name
-- ----------------
1  "Mr. Incredible"
2  "Salvatore"
```

`#>` 操作符会以 JSON 数据类型的形式返回结果，在这个例子中即是 `jsonb`。如果我们想要获取的是文本形式的结果，那么只需要将查询中的 `#>` 改为 `#>>`❸即可。

包容性和存在性

我们最后要探索的这组操作符能够执行两种类型的求值。首先涉及的是包容性，它们会检查指定的 JSON 值是否包含了另一个指定的 JSON 值。其次是测试存在性：指定的文本字符串是否在 JSON 对象中作为顶层键存在，又或者作为数组元素嵌套在更深层的对象中。这两种操作符都返回布尔值，这意味着它们可以在 WHERE 子句中用于过滤查询结果。

表 16-2 展示了相应操作符的语法和功能。这组操作符只适用于 `jsonb` 数据类型，并且它们还能和 GIN 索引搭配使用以实现高效的搜索——这也是一个应该使用 `jsonb` 而不是 `json` 的很好的理由。

表 16-2　`jsonb` 的包含与存在操作符

操作符，语法	功能	返回值
`jsonb @> jsonb`	测试第一个 JSON 值是否包含第二个 JSON 值	`boolean`

操作符，语法	功能	返回值
jsonb <@ jsonb	测试第二个 JSON 值是否包含第一个 JSON 值	boolean
jsonb ? text	测试文本是否作为顶层（而非嵌套的）键或数组值存在	boolean
jsonb ?| text array	测试数组中是否有任何文本元素作为顶层（而非嵌套的）键或数组值存在	boolean
jsonb ?& text array	测试数组中是否所有文本元素都作为顶层（而非嵌套的）键或数组值存在	boolean

使用包含操作符

代码清单 16-6 使用 @> 以评估一个 JSON 值是否包含另一个 JSON 值。

```
SELECT id, film ->> 'title' AS title,
       film @> ❶ '{"title": "The Incredibles"}': : jsonb AS is_incredible
FROM films
ORDER BY id;
```

代码清单 16-6：演示 @> 包含操作符

这个 SELECT 语句会检查每一行，看看它们存储在 film 列里面的 JSON 是否包含了 *The Incredibles* 的键 / 值对。语句在表达式中使用了包含操作符 @>，当电影包含 "title": "The Incredibles" 的时候，该操作符将生成一个列并在其中包含布尔值结果 true。语句首先给出了 JSON 列的名字 film，接着是 @> 操作符，然后是将指定键 / 值对转换为 jsonb 的字符串。除此之外，SELECT 还会在参数列表中以文本列的方式返回电影的标题。运行这个查询将产生以下结果：

```
id      title          is_incredible
-- --------------- -------------
1  The Incredibles  true
2  Cinema Paradiso  false
```

不出所料，这个表达式对 *The Incredibles* 的求值结果将为 true，而对 *Cinema Paradiso* 的求值结果则为 false。

因为这个表达式的求值结果为布尔值，所以我们可以在查询的 WHERE 子句❷中使用它，正如代码清单 16-7 所示。

```
  SELECT film ->> 'title' AS title,
         film ->> 'year' AS year
  FROM films
❷ WHERE film @> '{"title": "The Incredibles"}': : jsonb;
```

代码清单 16-7：在 WHERE 子句中使用包含操作符

和之前一样，这个语句也会检查 film 列中的 JSON 是否包含标题为 *The Incredibles* 的

键 / 值对。通过将求值表达式放在 WHERE 子句中，我们可以让查询只返回那些表达式求值为 true 的行：

```
     title        year
--------------- ----
The Incredibles 2004
```

最后，代码清单 16-8 调换了求值的顺序，以此来检查指定的键 / 值对是否包含在 film 列中。

```
SELECT film ->> 'title' AS title,
film ->> 'year' AS year
FROM films
WHERE '{"title": "The Incredibles"}': : jsonb <@ ❸ film;
```

代码清单 16-8：演示 <@ 包含操作符

为了调换求值的顺序，这里使用了 <@ 操作符❸而不是 @> 操作符。这个表达式也会被求值为 true，并且跟之前的查询返回一样的结果。

使用存在操作符

接下来的代码清单 16-9 将展示三个存在操作符，它们都会检查给定的文本是否作为顶层键或是数组元素存在，并且所有的这些操作符都返回布尔值。

```
SELECT film ->> 'title' AS title
FROM films
WHERE film ? ❶ 'rating';

SELECT film ->> 'title' AS title,
film ->> 'rating' AS rating,
film ->> 'genre' AS genre
FROM films
WHERE film ?| ❷ '{rating, genre}';

SELECT film ->> 'title' AS title,
film ->> 'rating' AS rating,
film ->> 'genre' AS genre
FROM films
WHERE film ?& ❸ '{rating, genre}';
```

代码清单 16-9：演示存在操作符

? 操作符用于检查单个键或单个数组元素是否存在。在第一个查询的 WHERE 子句中，分别提供了 film 列、? 操作符❶和 rating 字符串。这段语法的意思是："在每个行中，rating 是否作为关键字存在于 film 列的 JSON 里面？"当我们运行这个查询时，结果将展示拥有 rating 键的一部电影，也就是 *The Incredibles*。

操作符 ?| 和 ?& 的作用和 or 和 and 如出一辙。比如说，使用 ?| ❷可以测试 rating 或者 genre 是否作为顶层键存在。因为两部电影至少包含上述两个键的其中一个，所以运行第二个查询会将两部电影都返回。另一方面，?& ❸则用于测试 rating 和 genre 是否都作为键存在，而这只适用于 *The Incredibles*。

所有这些操作符都提供了可选项，以便在探索 JSON 数据时做细微的调整。接下来，我们将在更大的数据集中使用其中某些操作符。

分析地震数据

在本节，我们将对美国地质调查局（USGS）编制的地质 JSON 数据集进行分析，该机构隶属于美国内政部，负责监测火山活动、山体滑坡和水质变化等自然现象。调查局使用由地震仪组成的网络记录地球的震动，并对每次地震事件的位置和强度进行数据汇编。世界各地每天都会发生多次轻微的地震；大地震发生的频率虽然很低，但却可能是毁灭性的。

为了完成本章的练习，我从美国地质调查局的应用编程接口（API）中获取了一整个月的 JSON 格式的地震数据。API 是一种在计算机之间传输数据和命令的手段，而 JSON 就经常被用于 API。本章涉及的数据可以在 *earthquakes.json* 文件中找到，该文件位于本书资源库第 16 章的文件夹中。

探索并载入地震数据

代码清单 16-10 展示了文件中每项地震记录的数据结构，还有其中包含的一部分键 / 值对（文件 *Chapter_16.sql* 里面包含的是未裁剪的完整版）。

```
{
    "type": "Feature", ❶
    "properties": ❷ {
        "mag": 1.44,
        "place": "134 km W of Adak, Alaska",
    "time": 1612051063470,
    "updated": 1612139465880,
    "tz": null,
    --snip--
    "felt": null,
    "cdi": null,
    "mmi": null,
    "alert": null,
    "status": "reviewed",
    "tsunami": 0,
    "sig": 32,
    "net": "av",
    "code": "91018173",
```

```
    "ids": ", av91018173, ",
    "sources": ", av, ",
    "types": ", origin, phase-data, ",
    "nst": 10,
    "dmin": null,
    "rms": 0.15,
    "gap": 174,
    "magType": "ml",
    "type": "earthquake",
    "title": "M 1.4 - 134 km W of Adak, Alaska"
  },
  "geometry": ❸ {
      "type": "Point",
      "coordinates": [-178.581, 51.8418333333333, 22.48]
  },
  "id": "av91018173"
}
```

代码清单 16-10：一次地震的 JSON 数据

这份数据采用的 GeoJSON 格式是一种基于 JSON 的空间数据规范。GeoJSON 会包含一个或多个 Feature 对象，这些对象通过包含键 / 值对 "type": "Feature" 进行表示。每个 Feature 描述一个单独的空间对象，该对象的 properties 键包含了诸如事件时间或相关代号等描述性属性，而 geometry 键则包含了空间对象的坐标。在我们的数据中，每个 geometry 都是一个点（Point），这是一个带有一次地震的经度、纬度和深度（以千米为单位）的简单要素。前面的第 15 章在介绍 PostGIS 的时候曾经提到过点和简单特性；GeoJSON 也包含了点和其他空间简单要素。如果你想要了解 GeoJSON 规范的更多信息，那么请访问 GeoJSON 网站，你也可以通过查阅美国地质调查局的文档来了解各个键的定义。

代码清单 16-11 会将数据载入至名为 earthquakes 的表。

```
CREATE TABLE earthquakes (
    id integer GENERATED ALWAYS AS IDENTITY PRIMARY KEY,
    earthquake jsonb❶ NOT NULL
);

COPY earthquakes (earthquake)
FROM C:\YourDirectory\earthquakes.json';

❷ CREATE INDEX idx_earthquakes ON earthquakes USING GIN (earthquake);
```

代码清单 16-11：创建并载入 earthquakes 表

和之前的 film 表一样，这段代码会使用 COPY 将数据复制至单独的 jsonb 列❶，并为其添加 GIN 索引❷。运行 SELECT * FROM earthquakes; 将返回 12899 行。接下来，让我们来看看能够从这些数据里面学到些什么。

处理地震时间

time 键/值对记录了地震发生的时间。代码清单 16-12 使用了路径提取操作符来获取 time 的值。

```
SELECT id, earthquake #>> '{properties, time}' ❶ AS time
FROM earthquakes
ORDER BY id LIMIT 5;
```

代码清单 16-12：获取地震时间

在 SELECT 的参数列表中，我们先给出了 earthquake 列，接着是路径提取操作符 #>>，最后是一个路径❶，指向以数组形式表示的时间值。#>> 操作符将以文本形式返回值。运行上述查询将返回以下五行：

```
id      time
--      -------------
1       1612137592990
2       1612137479762
3       1612136740672
4       1612136207600
5       1612135893550
```

初看上去，这些值并不像是时间。这是因为美国地质调查局在默认情况下使用的并不是第 12 章中介绍的标准纪元时间，它测量的不是自 Unix 纪元（UTC 时间 1970 年 1 月 1 日 0 时 0 分）以来的秒数，而是毫秒数。不过正如代码清单 16-13 所示，只需要使用 to_timestamp() 和一些数学运算，我们就可以将美国地质调查局使用的这种时间值转换成更容易理解的值。

```
SELECT id, earthquake #>> '{properties, time}' as time,
    ❶ to_timestamp(
        (earthquake #>> '{properties, time}'): : bigint / 1000 ❷
            ) AS time_formatted
FROM earthquakes
ORDER BY id LIMIT 5;
```

代码清单 16-13：将时间值转换为时间戳

在 to_timestamp() 函数❶的括号里面，我们再次使用了提取时间值的代码。因为 to_timestamp() 函数想要的是一个数字表示的秒数，而被提取的值却是毫秒格式的文本，所以我们先把文本转换成了 bigint，然后再将其除以 1000 ❷，从而把它转换为秒数。

查询在我的机器上将产生如下结果，其中展示了被提取时间值及其转换后的时间戳（根据你的 PostgreSQL 服务器所设置的时区，你看到的值可能会有所不同，time_formatted 将展示地震发生时你的服务器时区的时间）：

```
id      time            time_formatted
--      -------------   ------------------------
1       1612137592990   2021-01-31 18: 59: 52-05
```

```
2        1612137479762       2021-01-31 18：57：59-05
3        1612136740672       2021-01-31 18：45：40-05
4        1612136207600       2021-01-31 18：36：47-05
5        1612135893550       2021-01-31 18：31：33-05
```

正如代码清单 16-14 所示，在拥有了可理解的时间戳之后，我们就可以使用聚合函数 min() 和 max() 查找最久远和最近发生地震的时间。

```
SELECT min ❶ (to_timestamp(
            (earthquake #>> '{properties, time}')：：bigint / 1000
                    )) AT TIME ZONE 'UTC' ❷ AS min_timestamp,
    max ❸ (to_timestamp(
            (earthquake #>> '{properties, time}')：：bigint / 1000
                    )) AT TIME ZONE 'UTC' AS max_timestamp
FROM earthquakes;
```

代码清单 16-14：查找最小和最大的地震时间

在 SELECT 参数列表位置的 min() 函数❶和 max() 函数❸中，我们都放置了 to_timestamp() 函数以及将毫秒转换为秒的公式。这次我们还在两个函数的后面添加了关键字 AT TIME ZONE 'UTC' ❷。这样一来，无论服务器使用的是什么时区设置，查询结果显示的时间戳都是 UTC 时区的，就和美国地质调查局记录的时间一样。以下是查询的执行结果：

```
min_timestamp               max_timestamp
--------------------        --------------------
2021-01-01 00：01：39        2021-01-31 23：59：52
```

从 2021 年 1 月 1 日的早晨到 1 月 31 日的晚上，这一系列地震数据跨越了整整一个月，它们对于后续发掘有用的信息将非常有帮助。

查找最大和报告最多的地震

接下来，我们将着眼于两个数据点，它们分别测量地震的规模以及市民对地震的感受程度，并将 JSON 提取技术应用于对结果的简单排序。

根据地震级数提取

美国地质调查局会在 properties 属下的 mag 键中报告每次地震的级数。根据该局的说法，震级就是一个代表震源大小的数字。其规模以对数增长：4 级地震的震波振幅大约是 3 级地震的 10 倍。在这个背景之下，我们将使用代码清单 16-15 以查找我们数据集中震级最大的五次地震。

```
SELECT earthquake #>> '{properties, place}'❶ AS place,
    to_timestamp((earthquake #>> '{properties, time}')：：bigint / 1000)
        AT TIME ZONE 'UTC' AS time,
    (earthquake #>> '{properties, mag}')：：numeric AS magnitude
```

```
                FROM earthquakes
❷ ORDER BY (earthquake #>> '{properties, mag}'): : numeric ❸ DESC NULLS LAST
                LIMIT 5;
```

代码清单 16-15： 查找具有最大震级的五次地震

这段代码再次使用了路径提取操作符以获取我们想要的元素，其中包括 place ❶ 和
mag 的值。为了展示结果中震级最大的五个值，代码还对 mag 使用了 ORDER BY 子句❷。
为了以数字而不是文本形式来展示和排序值，SELECT 语句中两次使用了转换操作以便将
值转换为 numeric 类型❸。语句中还用到了 DESC NULLS LAST 关键字，它会以降序
排列结果并将 NULL 值放到最后（我们的数据中包含了两个 NULL 值）。这个语句的执行结
果如下：

```
                       place                        time              magnitude
-------------------------------------   --------------------       ---------
211 km SE of Pondaguitan, Philippines   2021-01-21 12: 23: 04              7
South Shetland Islands                  2021-01-23 23: 36: 50            6.9
30 km SSW of Turt, Mongolia             2021-01-11 21: 32: 59            6.7
28 km SW of Pocito, Argentina           2021-01-19 02: 46: 21            6.4
Kermadec Islands, New Zealand           2021-01-08 00: 28: 50            6.3
```

从结果可知，最大的一次地震发生在菲律宾小城 Pondaguitan 东南方的海底，为 7 级地震。
至于第二大的地震，则发生在南极洲的南设得兰群岛附近。

根据市民报告提取

美国地质调查局运营着一个名为"你感觉到了吗？"的网站，人们可以在上面报告自己
的地震经历。我们的 JSON 在 properties 属下的 felt 键中包含了每次地震的报告数量。
通过代码清单 16-16，我们可以看到哪些地震产生了最多的报告。

```
SELECT earthquake #>> '{properties, place}' AS place,
       to_timestamp((earthquake #>> '{properties, time}'): : bigint / 1000)
          AT TIME ZONE 'UTC' AS time,
       (earthquake #>> '{properties, mag}'): : numeric AS magnitude,
       (earthquake #>> '{properties, felt}'): : integer❶ AS felt
FROM earthquakes
ORDER BY (earthquake #>> '{properties, felt}'): : integer❷ DESC NULLS LAST
LIMIT 5;
```

代码清单 16-16： 查找带有最多"你感觉到了吗？"报告的地震

这个查询跟查找最大地震的代码清单 16-15 拥有相似的结构。它为 felt ❶ 键添加了
路径提取操作符，并将返回的文本值转换为 integer 类型，这样被提取的值就可以作为
数字进行排序和展示了。最后，这个语句把提取操作的代码放在了 ORDER BY ❷ 子句里
面，并使用 NULLS LAST 把大量没有报告的地震放在列表的最后。这个查询的执行结果
如下：

place	time	magnitude	felt
4km SE of Aromas, CA	2021-01-17 04:01:27	4.2	19907
2km W of Concord, CA	2021-01-14 19:18:10	3.63	5101
10km NW of Pinnacles, CA	2021-01-02 14:42:23	4.32	3076
2km W of Willowbrook, CA	2021-01-20 16:31:58	3.52	2086
3km NNW of Santa Rosa, CA	2021-01-19 04:22:20	2.68	1765

报告量最大的五次地震都位于加利福尼亚州，这是有原因的：毕竟"你感觉到了吗？"是由美国政府运营的，所以我们预期上面会有更多来自美国的报告，尤其是在地震多发的加利福尼亚州。此外，数据中震级最大的一些地震都发生在海底或者偏远地区，而一场中级地震之所以能拥有超过 19900 份报告，是由于它靠近城市所以被更多人注意到了。

将地震 JSON 转换为空间数据

我们的 JSON 数据拥有每次地震的经度和纬度，这意味着我们可以使用第 15 章中介绍的 GIS 技术实施空间分析。比如说，我们可以使用 PostGIS 的距离函数查找在某城市 50 英里范围内发生的地震。不过在此之前，我们需要先把储存在 JSON 里面的坐标转换为 PostGIS 数据类型。

经度和纬度储存在 geometry 键属下的 coordinates 数组中。以下是其中一个例子：

```
"geometry": {
    "type": "Point",
    "coordinates": [-178.581, 51.8418333333333, 22.48]
}
```

位于数组索引 0 的第一个坐标表示经度，而位于索引 1 的第二个坐标则表示纬度。数组中的第三个值标记的是单位为千米的深度，但我们不会用到这个值。正如代码清单 16-17 所示，为了将这些元素提取为文本，我们需要用到 #>> 路径操作符。

```
SELECT id,
       earthquake #>> '{geometry, coordinates}' AS coordinates,
       earthquake #>> '{geometry, coordinates, 0}' AS longitude,
       earthquake #>> '{geometry, coordinates, 1}' AS latitude
FROM earthquakes
ORDER BY id
LIMIT 5;
```

代码清单 16-17：提取地震的位置数据

这个查询将返回五行：

id	coordinates	longitude	latitude
1	[-122.852, 38.8228333, 2.48]	-122.852	38.8228333

2	[-148.3859, 64.2762, 16.2]	-148.3859	64.2762
3	[-152.489, 59.0143, 73]	-152.489	59.0143
4	[-115.82, 32.7493333, 9.85]	-115.82	32.7493333
5	[-115.6446667, 33.1711667, 5.89]	-115.6446667	33.1711667

通过快速检视查询结果和 JSON 存储的经纬度值，可以判断出这正是我们想要提取的值。接下来，我们将使用 PostGIS 函数将这些值转换为 geography 数据类型的点。

> **注意**
>
> 为了执行本章这一部分展示的代码，你的 analysis 数据库必须启用 PostGIS 功能。如果你跳过了第 15 章，那么请在 pgAdmin 中运行 CREATE EXTENSION postgis; 以启用 PostGIS。

代码清单 16-18 会为每次地震生成 geography 类型的点，它们可以用作 PostGIS 空间函数的输入。

```
SELECT ST_SetSRID(
        ST_MakePoint❶(
            (earthquake #>> '{geometry, coordinates, 0}')::numeric,
            (earthquake #>> '{geometry, coordinates, 1}')::numeric
        )
        4326❷)::geography AS earthquake_point
FROM earthquakes
ORDER BY id;
```

代码清单 16-18：将 JSON 位置数据转换为 PostGIS 的 geography

被 ST_MakePoint() 函数❶包围的代码不仅会提取经度和纬度，还会将它们转换为 numeric 类型以满足函数对输入的要求。为了给 ST_MakePoint() 函数计算得出的点设置空间参考系统标识符（SRID），这个函数的外层还包裹了一个 ST_SetSRID() 函数。正如前面的第 15 章所言，SRID 用于指定绘制空间对象的坐标网格。SRID 的值 4326 ❷表示常用的 WGS 84 坐标系。最后，代码将整个输出转换为 geography 类型。以下是查询结果的前面几行：

```
                   earthquake_point
--------------------------------------------------
0101000020E61000004A0C022B87B65EC0A6C7009A52694340
0101000020E6100000D8F0F44A598C62C0EFC9C342AD115040
0101000020E6100000CFF753E3A50F63C0992A1895D4814D40
    --snip--
```

我们无法直接解释这些由数字和字母组成的字符串，但可以使用 pgAdmin 的几何图形查看器（Geometry Viewer）观察在地图上绘制的这些点。在 pgAdmin 的数据输出方框里面出现查询结果之后，点击 earthquake_point 结果标题中的眼睛图标。你将看到地震分布图，其中使用了 OpenStreetMap 作为基础图层。

即使只有一个月的数据，也很容易可以看出大量地震集中在太平洋的边缘，也就是所谓的"火环"，那里是构造板块的交界处，也是火山较为活跃的地方。

寻找距离内的地震

接下来，让我们将研究范围缩小至俄克拉荷马州塔尔萨附近——根据美国地质调查局的数据，自 2009 年以来，由于石油和天然气加工，该县部分地区的地震活动有所增加。

为了更方便地执行更复杂的 GIS 任务，我们可以将 JSON 坐标永久地转换为 PostGIS 类型 geography，并将其储存在 earthquakes 表的列中。这样就可以避免在每个查询里面都需要添加转换代码的麻烦了。

代码清单 16-19 给 earthquakes 表增加了一个名为 earthquake_point 的列，然后使用 JSON 坐标转换而成的 geography 类型来填充新列。

```
❶ ALTER TABLE earthquakes ADD COLUMN earthquake_point geography(POINT,
4326);

❷ UPDATE earthquakes
  SET earthquake_point =
      ST_SetSRID(
          ST_MakePoint(
              (earthquake #>> '{geometry, coordinates, 0}'): : numeric,
              (earthquake #>> '{geometry, coordinates, 1}'): : numeric
          ),
              4326): : geography;
❸ CREATE INDEX quake_pt_idx ON earthquakes USING GIST (earthquake_point);
```

代码清单 16-19：将 JSON 坐标转换为 PostGIS 的 geometry 列

这段代码使用 ALTER TABLE ❶ 添加一个类型为 geography 的 earthquake_point 列，并指定该列将保存 SRID 为 4326 的点。接下来，代码会通过 UPDATE ❷ 更新表，使用跟代码清单 16-18 一样的语法来设置 earthquake_point 列，并在最后使用 GIST ❸ 为新列添加空间索引。

于是，我们就可以使用代码清单 16-20 查找发生在塔尔萨 50 英里范围内的地震。

```
  SELECT earthquake #>> '{properties, place}' AS place,
      to_timestamp((earthquake -> 'properties' ->> 'time'): : bigint / 1000)
          AT TIME ZONE 'UTC' AS time,
      (earthquake #>> '{properties, mag}'): : numeric AS magnitude,
      earthquake_point
  FROM earthquakes
❶ WHERE ST_DWithin(earthquake_point,
                ❷ ST_GeogFromText('POINT(-95.989505 36.155007)'),
                80468)
  ORDER BY time;
```

代码清单 16-20：查找俄克拉荷马州塔尔萨市中心 50 英里范围内发生的地震

WHERE 子句 ❶ 中使用了 ST_DWithin() 函数，当一个空间对象在另一个空间对象的指定范围之内时，该函数将返回布尔值 true。这段代码会对每个地震点进行求值，检查它们是否位于塔尔萨市中心 50 英里范围内。代码在 ST_GeogFromText() 函数中 ❷ 指定了该市的坐标，并且由于该函数要求使用米作为输入单位，所以代码提供了 50 英里的等价值 80468 米作为输入。这个查询将返回 19 行（为了简洁，结果中省略了 earthquake_point 列并且截断了结果）：

```
           place                           time              magnitude
------------------------       --------------------------    ---------
4 km SE of Owasso, Oklahoma      2021-01-04 19：46：58          1.53
6 km SSE of Cushing, Oklahoma    2021-01-05 08：04：42          0.91
2 km SW of Hulbert, Oklahoma     2021-01-05 21：08：28          1.95
--snip--
```

在 pgAdmin 展示的结果中点击位于 earthquake_point 列上方的眼睛图标，就可以查看地震发生的位置。如图 16-1 所示，城市周围应该会出现 19 个点（通过点击右上角的样式图标可以调整底层地图的样式）。

为了获得这些结果，我们使用了一些编码技巧，如果数据是以 shapefile 或者典型 SQL 表的形式提供的，那么就没有必要多此一举。无论如何，通过 PostgreSQL 对 JSON 格式的支持，我们将有机会从 JSON 数据中获取有意义的见解。本章的剩余部分将对生成和处理 JSON 的实用 PostgreSQL 函数进行介绍。

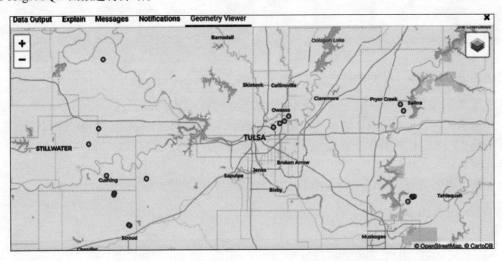

图 16-1　在 pgAdmin 中查看在俄克拉荷马州塔尔萨市附近发生的地震

生成并处理 JSON

通过使用 PostgreSQL 函数，我们可以从 SQL 表现有的行中创建 JSON，又或者修改储存在表中的 JSON，对其键和值执行增加、删减或者修改操作。PostgreSQL 官网文件 9.16 JSON Functions and Operators 文档列出了大量 JSON 相关的函数，本章将对其中一些较为有用的进行介绍。

将查询结果转换为 JSON

因为 JSON 格式的主要作用就是共享数据，所以如果能够快速地将 SQL 查询的结果转换为 JSON 以便传递至其他计算机系统，那将会是非常有用的。代码清单 16-21 使用了 PostgreSQL 特有的 to_json() 函数，将第 7 章创建的 employees 表中的行转换为 JSON。

```
❶ SELECT to_json(employees) AS json_rows
  FROM employees;
```

代码清单 **16-21**：使用 to_json() 将查询结果转换为 JSON

顾名思义，to_json() 函数的作用就是将给定的 SQL 值转换为 JSON。为了对 employees 表中每个行包含的所有值进行转换，代码在 SELECT ❶ 中使用了 to_json() 并提供表名作为该函数的参数；这个查询将以 JSON 对象的形式返回每个行，而其中的键就是列的名字。

```
                                 json_rows
-------------------------------------------------------------------------------
-----
{"emp_id": 1, "first_name": "Julia", "last_name": "Reyes", "salary":
115300.00, "dept_id": 1}
{"emp_id": 2, "first_name": "Janet", "last_name": "King", "salary": 98000.00,
"dept_id": 1}
{"emp_id": 3, "first_name": "Arthur", "last_name": "Pappas", "salary":
72700.00, "dept_id": 2}
{"emp_id": 4, "first_name": "Michael", "last_name": "Taylor", "salary":
89500.00, "dept_id": 2}
```

我们可以以几种不同的方式来修改查询，让它在结果中只包含指定的列。在代码清单 16-22 中，我们使用了 row() 构造函数作为 to_json() 的参数。

```
SELECT to_json(row(emp_id, last_name)) ❶ AS json_rows
FROM employees;
```

代码清单 **16-22**：将指定的列转换为 JSON

这个符合 ANSI SQL 标准的 row() 构造函数会根据传递给它的参数构建行值（row value）。在这个例子中，我们提供了列名 emp_id 和 last_name ❶，并将 row() 放置在 to_json() 内部。这种语法会让 JSON 结果只返回指定的列：

```
       json_rows
--------------------
{"f1": 1, "f2": "Reyes"}
{"f1": 2, "f2": "King"}
{"f1": 3, "f2": "Pappas"}
{"f1": 4, "f2": "Taylor"}
```

需要注意的是，结果中的键名变成了 f1 和 f2，而不是它们原本的列名。这是 row() 的副作用，它在创建行记录的时候不会保留列名。我们也可以自行为键设置名字，这样做通常是为了让名字保持简短，并且减小 JSON 文件的体积，从而提高传输速度。代码 16-23 展示了如何使用子查询做到这一点。

```
SELECT to_json(employees) AS json_rows
FROM (
    ❶ SELECT emp_id, last_name AS ln ❷ FROM employees
) AS employees;
```

代码清单 16-23：使用子查询生成键名

我们编写了一个子查询❶来抓取想要的列，并为结果设置了别名 employees。在这个过程中，我们还为一个列设置了别名❷以缩短其作为键在 JSON 中占用的空间。

这个结果看上去将是这个样子的：

```
        json_rows
---------------------------
{"emp_id": 1, "ln": "Reyes"}
{"emp_id": 2, "ln": "King"}
{"emp_id": 3, "ln": "Pappas"}
{"emp_id": 4, "ln": "Taylor"}
```

最后，代码清单 16-24 展示了如何将所有 JSON 行汇编为单个数组对象。当你需要向其他应用提供数据，而应用需要遍历对象数组以执行诸如计算任务或是在设备上呈现数据时，你可能就会这么做。

```
❶ SELECT json_agg(to_json(employees)) AS json
   FROM (
        SELECT emp_id, last_name AS ln FROM employees
    ) AS employees;
```

代码清单 16-24：聚合行并将其转换为 JSON

我们用 PostgreSQL 特有的 json_agg() 函数❶来包裹 to_json()，前者会将包括 NULL 在内的值聚合至单个 JSON 数组，它的输出将是这个样子的：

```
                                    json
--------------------------------------------------------------------------
------------------
[{"emp_id": 1, "ln": "Reyes"}, {"emp_id": 2, "ln": "King"}, {"emp_id": 3,
"ln": "Pappas"},

--snip-- ]
```

这些都是简单的示例，但你可以使用子查询生成嵌套对象，从而构建更复杂的 JSON 结构。我们会在本章末尾的"实战演练"练习中尝试其中一种方法。

键和值的添加、删除以及更新

我们可以通过组合使用拼接以及 PostgreSQL 特有的函数，对 JSON 执行增加、删除和更新操作。下面将展示几个相关的例子。

增加或更新顶层键 / 值对

在代码清单 16-25 中，我们回到了之前的 films 表，并使用两种不同的技术，将键 / 值对 `"studio"`: `"Pixar"` 添加到电影 *The Incredibles* 里面：

```
UPDATE films
SET film = film ||❶ '{"studio": "Pixar"}': : jsonb
WHERE film @> '{"title": "The Incredibles"}': : jsonb;

UPDATE films
SET film = film || jsonb_build_object('studio', 'Pixar')❷
WHERE film @> '{"title": "The Incredibles"}': : jsonb;
```

代码清单 16-25：通过拼接添加顶层键 / 值对

两个例子都使用了 UPDATE 语句，以此来为 jsonb 类型的 film 列设置新值。第一个例子使用了 PostgreSQL 的拼接操作符 ||❶，它会将已有的 JSON 对象 film 和转换为 jsonb 的新键 / 值对结合在一起。第二个例子再次使用了拼接，还有 jsonb_build_object()❷，后者接受一系列键和值作为参数，然后返回一个 jsonb 对象，使得我们可以在有需要的情况下一次拼接多个键 / 值对。

当键不存在于被拼接的 JSON 时，这两个语句会插入新的键 / 值对；如果键已经存在，那么它将被覆盖。这两个语句在功能上没有任何不同，所以你可以随意选择使用你喜欢的语句。需要注意的是，这种特性是 jsonb 特有的，因为这种类型不允许出现重复的键名。

现在，如果你执行 SELECT * FROM films；并双击 film 列中已更新的数据，那么就会看到新的键 / 值对：

```
--snip--
    "rating": {
        "MPAA": "PG"
    },
    "studio": "Pixar",
    "characters": [
--snip--
```

更新指定路径上的值

现在，*Cinema Paradiso* 的 genre 键包含两个条目：

```
"genre": ["romance", "drama"]
```

为了给数组添加第三个条目，我们将使用函数 jsonb_set()，它允许我们为指定的 JSON 路径设置一个新值。在代码清单 16-26 中，我们使用 UPDATE 语句和 jsonb_set() 以添加分类 World War II。

```
UPDATE films
SET film = jsonb_set(film, ❶
                '{genre}', ❷
                film #> '{genre}' || '["World War II"]', ❸
                true❹)
WHERE film @> '{"title": "Cinema Paradiso"}': : jsonb;
```

代码清单 16-26：通过 jsonb_set() 向指定路径上的数组添加值

在 UPDATE 语句中，我们使用 SET 将 film 的值设置为 jsonb_set() 的执行结果，并使用 WHERE 将更新的范围限制为只包含 *Cinema Paradiso* 的行。函数的第一个参数❶是我们想要修改的目标 JSON，在这里即是 film。第二个参数是指向数组值的路径❷，也就是 genre 键。第三个参数是要为 genre 设置的新值，在这里我们把 genre 的当前值和另一个数组❸拼接在一起，而后者只包含 "World War II" 这一个值，这个拼接操作最终将产生一个包含三个元素的数组。最后的参数是一个可选的布尔值❹，它决定 jsonb_set() 是否需要在键尚未存在的情况下创建它。由于 genre 已经存在，所以这个语句实际上是多余的；这里展示它仅作参考之用。

运行这个查询然后再执行一个快速的 SELECT，以此来检查更新后的 JSON。你应该会看到包含 ["romance", "drama", "World War II"] 三个值的 genre 数组。

删除值

通过组合使用两个操作符，我们可以从 JSON 对象中移除指定的键和值。代码清单 16-27 展示了两个相关的 UPDATE 例子。

```
UPDATE films
SET film = film -❶ 'studio'
WHERE film @> '{"title": "The Incredibles"}': : jsonb;

UPDATE films
SET film = film #-❷ '{genre, 2}'
WHERE film @> '{"title": "Cinema Paradiso"}': : jsonb;
```

代码清单 16-27：从 JSON 中删除值

减号❶用作删除操作符，从 *The Incredibles* 里面移除我们之前添加的 studio 键及其值。在减号后面提供文本字符串代表我们想要移除一个键以及它的值；而提供数字则会移除指定索引上的元素。

#-❷ 符号是一个路径删除操作符，用于移除指定路径上存在的 JSON 元素。其语法类似于提取操作符 #> 和 #>>。这里我们使用了 {genre, 2} 来指示 genre 数组的第三个元素（别忘了，JSON 数组的索引从零开始计数）。这会从 *Cinema Paradiso* 里面移除我们之前添加的值

World War II。

运行这两个语句并使用 SELECT 查看修改之后的 film JSON，你应该会发现语句指定的元素都已经被移除了。

使用 JSON 处理函数

在结束对 JSON 的学习之前，我们将观察一部分 PostgreSQL 特有的 JSON 数据处理函数，它们能够将数组值展开至表行并对输出进行格式化。完整的函数列表可以在 PostgreSQL 官网文件的 9.16 JSON Functions and Operators 文档中找到。

查找数组长度

统计数组包含的条目数量是一项常见的编程和分析任务。举个例子，我们可能会想要知道在 JSON 数据里面，每部电影拥有多少个演员。为了做到这一点，我们可以使用代码清单 16-28 中的 jsonb_array_length() 函数。

```
SELECT id,
       film ->> 'title' AS title,
    ❶ jsonb_array_length(film -> 'characters') AS num_characters
FROM films
ORDER BY id;
```

代码清单 16-28：查找数组的长度

函数❶接收的唯一参数是一个表达式，它会从 film 里面提取出 character 键的值。运行这个查询将产生以下结果：

```
id      title           num_characters
--  ---------------     ---------------
1   The Incredibles            3
2   Cinema Paradiso            2
```

输出将正确地展示 *The Incredibles* 拥有三个角色而 *Cinema Paradiso* 拥有两个角色。顺带一提，别忘了 json 类型也拥有类似的 json_array_length() 函数。

以行的形式返回数组元素

jsonb_array_elements() 函数和 jsonb_array_elements_text() 函数会将数组元素转换为行，其中每个元素对应一个行。这是非常有用的数据处理工具。比如说，为了将 JSON 转换为结构化 SQL 数据，我们可以使用这些函数来生成行，然后使用 INSERT 将其插入至表，又或者生成一些能够通过分组和计数进行聚合的行。

代码清单 16-29 同时使用了上述两个函数来将 genre 键的数组值转换为行，它们都接受一个 jsonb 数组作为参数。这两个函数之间的区别在于 jsonb_array_elements() 返回的数组元素会变成包含 jsonb 值的行，而 jsonb_array_elements_text() 则正如它名字所说的那样，将以 text 形式返回元素。

```
SELECT id,
       jsonb_array_elements(film -> 'genre') AS genre_jsonb,
       jsonb_array_elements_text(film -> 'genre') AS genre_text
FROM films
ORDER BY id;
```

代码清单 16-29：以行的形式返回数组元素

运行这段代码将产生以下结果：

```
id    genre_jsonb        genre_text
--    -------------      ------------
1     "animation"        animation
1     "action"           action
1     "sci-fi"           sci-fi
2     "romance"          romance
2     "drama"            drama
```

对于单纯的值列表数组来说，这样做的效果很好，但如果数组就像 film JSON 的 characters 那样，包含的是自带键 / 值对的 JSON 对象，那么就需要先通过额外的处理对值进行解包。代码清单 16-30 展示了这个过程。

```
    SELECT id,
           jsonb_array_elements(film -> 'characters')❶
    FROM films
    ORDER BY id;

❷ WITH characters (id, json) AS (
        SELECT id,
               jsonb_array_elements(film -> 'characters')
        FROM films
    )
❸ SELECT id,
          json ->> 'name' AS name,
          json ->> 'actor' AS actor
    FROM characters
    ORDER BY id;
```

代码清单 16-30：从数组中的每个项里面返回键值

这段代码使用了 jsonb_array_elements() 函数，它会以行的形式返回 characters 数组❶中的每个 JSON 对象：

```
id              jsonb_array_elements
--    -----------------------------------------------------
 1    {"name": "Mr. Incredible", "actor": "Craig T. Nelson"}
 1    {"name": "Elastigirl", "actor": "Holly Hunter"}
 1    {"name": "Frozone", "actor": "Samuel L. Jackson"}
 2    {"name": "Salvatore", "actor": "Salvatore Cascio"}
 2    {"name": "Alfredo", "actor": "Philippe Noiret"}
```

为了将 name 和 actor 的值转换为列，我们使用了第 13 章介绍过的通用表表达式（CTE）。这个 CTE ❷ 使用 jsonb_array_elements() 生成一个简单的临时表 characters，该表只包含两个列：电影的 id 列以及包含待解包数组值的 json 列。之后，代码使用 SELECT 语句❸查询这个临时表，从 json 列中提取出 name 和 actor 的值：

```
id    name              actor
--    --------------    ------------------
 1    Mr. Incredible    Craig T. Nelson
 1    Elastigirl        Holly Hunter
 1    Frozone           Samuel L. Jackson
 2    Salvatore         Salvatore Cascio
 2    Alfredo           Philippe Noiret
```

这些值被齐整地解析成了标准的 SQL 结构，之后就可以使用标准的 SQL 对其做进一步的分析了。

小结

JSON 格式是如此随处可见，以至于你很可能会在日常的数据分析中遇到它。你已经知道 PostgreSQL 可以轻而易举地处理 JSON 的载入、索引和解析，尽管 JSON 有时候也需要额外的处理步骤，而通过标准的 SQL 约定处理数据则不需要这些步骤。和很多编码领域一样，是否使用 JSON 取决于你所处的场景，而现在你已经掌握了理解上下文的能力。

虽然 JSON 本身是一种标准，但本章展示的数据类型以及大部分函数和语法都是 PostgreSQL 特有的。这是因为 ANSI SQL 标准让数据库供应商自行决定如何实现大部分 JSON 特性。如果你的工作需要用到 Microsoft SQL Server、MySQL、SQLite 或是其他系统，那么请查阅它们的文档。即便函数的名字可能会有所不同，但它们提供的功能应该大部分是相似的。

实战演练

请使用你刚学到的 JSON 技能回答以下问题：

1. 地震 JSON 还包含一个 tsunami（海啸）键，在海洋地区发生的大地震会把该键的值设置为 1（但这并不意味着真的发生了海啸）。使用路径或者字段提取操作符，找到那些

tsunami 值为 1 的地震，并在结果中包含地震的位置、时间以及震级。

2. 使用以下 CREATE TABLE 语句，将表 earthquakes_from_json 添加到 analysis 数据库：

```
CREATE TABLE earthquakes_from_json (
    id text PRIMARY KEY,
    title text,
    type text,
    quake_date timestamp with time zone,
    mag numeric,
    place text,
    earthquake_point geography(POINT, 4326),
    url text
);
```

使用字段和路径提取操作符，编写 INSERT 语句将每次地震的正确数据填充至表。请参考 *Chapter_16.sql* 文件中的完整地震 JSON 示例以了解所需的键名和路径。

3. 附加（困难）题：尝试编写查询以生成以下 JSON，其中数据来自第 13 章中的 teachers 表和 teachers_lab_access 表：

```
{
    "id": 6,
    "fn": "Kathleen",
    "ln": "Roush",
    "lab_access": [{
        "lab_name": "Science B",
        "access_time": "2022-12-17T16: 00: 00-05: 00"
    }, {
        "lab_name": "Science A",
        "access_time": "2022-12-07T10: 02: 00-05: 00"
    }]
}
```

别忘了，teachers 表和 teachers_lab_access 之间是一对多关系；前三个键必须来自 teachers，而 lab_access 数组中的 JSON 对象则来自 teachers_lab_access。提示：你需要在 SELECT 参数列表中使用子查询以及 json_agg() 函数以创建 lab_access 数组。如果你被难住了，那么请查看本书资源库中的 *Try_It_Yourself.sql* 文件，里面包含了所有练习的答案。

第17章
使用视图、函数和触发器以提高效率

使用编程语言的其中一个优势，就是它可以将重复而枯燥的任务自动化。这就是本章要讲述的内容：找出你可能需要重复执行的查询或者步骤，将它们转换为可重用的数据库对象，这样你只需要编码一次，就可以在之后调用这些对象来让数据库完成相应的工作。程序员把这种做法称为 DRY 原则：不要重复自己（Don't Repeat Yourself）。

你首先要学习的是将查询储存为可复用的数据库视图。接着，你将探索如何创建数据库函数以便对数据进行操作，就像使用 round() 和 upper() 等内置函数一样。之后，你将设置触发器，以便在表发生特定事件时自动运行函数。这些技术不仅能够减少重复性工作，还能够确保数据完整性。我们将使用前面章节示例中创建的表来练习这些技术。本章涉及的所有代码都可以在本书的资源库中下载。

使用视图简化查询

视图本质上就是被储存的查询，它们带有名字，我们可以像使用表一样使用它们。比如说，一个视图可以储存计算各州总人口的查询。就跟表一样，我们可以对视图进行查询，将它与其他表或者其他视图进行连接，并使用视图对它基于的表执行数据更新或是数据插入，尽管这会出现一些需要注意的地方。视图中储存的查询可以很简单，只引用单个表，又或者很复杂，带有多个表连接。

视图在以下场景中特别有用：

● **避免重复劳动**：在处理复杂查询时，视图可以让我们只编写查询一次，然后就可以在有需要的时候直接访问查询的结果。

● **减少混乱**：视图可以只展示与需求有关的列，减少我们需要了解的信息量。

● **提高安全性**：视图可以将访问限制在表的特定列。

本节将对两种视图进行介绍。第一种是标准视图，它在 PostgreSQL 中的语法与 ANSI SQL 标准中的视图基本一致。每次访问标准视图的时候，被储存的查询都会执行并生成临时结果集。第二种是物化视图，它是 PostgreSQL、Oracle 和少数其他数据库系统所特有的。在创建物化视图的时候，视图查询返回的数据会像表一样永久储存在数据库中；你可以在有需要的时候通过刷新视图来更新被储存的数据。

> **注意**
>
> 为确保数据安全并防止用户看到敏感数据，你必须在 PostgreSQL 中通过设置账号权限来限制访问，并使用 security_barrier 属性定义视图。通常情况下，数据库管理员会负责处理这些问题，但如果你想要更深入地探索这个主题，那么可以查看 PostgreSQL 关于用户角色的文档、GRANT 命令的文档以及 security_barrier 的文档。

视图非常易于创建和维护。让我们通过几个例子来看看它们是如何运作的。

视图的创建与查询

本节将回顾第 5 章导入的人口普查估算表 us_counties_pop_est_2019。代码清单 17-1 创建了一个标准视图，它将只返回内华达（Nevada）州各县的人口。人口普查表原本拥有十六列，但这个视图只会返回其中四列。这能够有效地提高内华达州人口普查数据子集的访问速度，因为我们可能需要经常用到它们，或者在应用程序中使用这些数据。

```
❶ CREATE OR REPLACE VIEW nevada_counties_pop_2019 AS
  ❷ SELECT county_name,
             state_fips,
             county_fips,
             pop_est_2019
   FROM us_counties_pop_est_2019
   WHERE state_name = 'Nevada';
```

代码清单 17-1： 创建一个展示内华达 2019 年各县数据的视图

为了定义视图，这段代码使用了关键字 CREATE OR REPLACE VIEW ❶，后面跟着视图的名字 nevada_counties_pop_2019，再然后是 AS（我们可以根据自己的喜好命名视图，我个人比较喜欢使用能够描述视图结果的名称）。之后，代码使用标准的 SQL SELECT ❷语句，从 us_counties_pop_est_2019 表的 pop_est_2019 列中获取内华达州各县在 2019 年的人口估算值。

注意 CREATE 之后的 OR REPLACE 关键字。这是可选的，它告诉数据库，如果一个同名的视图已经存在，那么使用新的定义来替换它。当你正在重复创建视图以期改良查询的时候，包含这个关键字将会很有帮助。还有一个需要注意的地方是：为了替换已有的视图，新查询❷生成的列名、列的数据类型以及列的排列顺序必须与被替换的视图保持一致。你可以添加新的列，但它们必须出现在已有列的后面。任何不遵守上述规则的行为都会导致数据库返回错误信息。

在 pgAdmin 中运行代码清单 17-1 的代码。数据库应该会返回消息 CREATE VIEW。为了查找新创建的视图，请在 pgAdmin 的对象浏览器中，右键点击 analysis 数据库并点击 **Refresh**（刷新）。选择 **Schemas** ▸ **public** ▸ **Views** 以查看所有视图。当你用右键点击新视图并点击 **Properties**（属性）时，你应该会在新出现的对话框中的代码选项卡里面看到更冗长的查询语句（它会在每个列名的前面加上表名）。这是一种检查数据库中的视图的便捷方法。

这种非物化类型的视图不会持有任何数据；相反地，只有当另一个查询访问该视图时，视图中储存的 SELECT 查询才会被运行。作为例子，代码清单 17-2 中的代码将会返回视图中的所有列。正如典型的 SELECT 查询一样，我们可以使用 ORDER BY 排序结果，这次使用的将是县的联邦信息处理标准（FIPS）代码，它是美国人口普查局和其他联邦机构用于指定每个县和州的标准代号。我们还会添加 LIMIT 子句以便让结果只展示五行。

```
SELECT *
FROM nevada_counties_pop_2019
ORDER BY county_fips
LIMIT 5;
```

代码清单 17-2：查询视图 nevada_counties_pop_2010

除了带有只显示五行的限制之外，这里展示的结果跟代码清单 17-1 中展示的 SELECT 查询的结果应该并无不同：

```
         geo_name | state_fips | county_fips | pop_2010
------------------+------------+-------------+----------
Churchill County  | 32         | 001         |    24909
Clark County      | 32         | 003         |  2266715
Douglas County    | 32         | 005         |    48905
Elko County       | 32         | 007         |    52778
Esmeralda County  | 32         | 009         |      873
```

除非快速列出内华达州各县的人口是你经常要执行的任务，否则这个简单的示例并无特别用处。因此，让我们想象一下，一个在政治研究机构中具有数据意识的分析师可能会提出这样的问题：从 2010 年到 2019 年，内华达州（或者其他任意州）每个县的人口变化百分比是多少？

我们曾经在第 7 章编写过查询来回答这一问题，虽然创建该查询的过程并不繁琐，但它确实需要在两个列上连接表，并且还用到了涉及四舍五入和类型转换的百分比变化公式。为了避免重复工作，我们可以创建一个视图，并在其中储存与第 7 章类似的查询，正如代码清单 17-3 所示。

```
❶ CREATE OR REPLACE VIEW county_pop_change_2019_2010 AS
  ❷ SELECT c2019.county_name,
           c2019.state_name,
           c2019.state_fips,
           c2019.county_fips,
           c2019.pop_est_2019 AS pop_2019,
```

```
            c2010.estimates_base_2010 AS pop_2010,
    ❸ round( (c2019.pop_est_2019: : numeric - c2010.estimates_base_2010)
        / c2010.estimates_base_2010 * 100, 1 ) AS pct_change_2019_2010
❹ FROM us_counties_pop_est_2019 AS c2019
        JOIN us_counties_pop_est_2010 AS c2010
    ON c2019.state_fips = c2010.state_fips
        AND c2019.county_fips = c2010.county_fips;
```

代码清单 17-3：创建一个展示美国各县人口变化的视图

这段代码首先使用 CREATE OR REPLACE VIEW ❶定义视图，后面跟着视图的名字以及 AS。SELECT 查询❷指明了人口普查表中的列，并在其中包含了一个列定义，该列带有第 6 章介绍过的百分比变化计算公式❸。之后，代码使用州和县的 FIPS 代码连接 2019 年和 2010 年的人口普查表❹。运行这段代码，数据库应该会返回 CREATE VIEW。在创建该视图之后，我们就可以使用代码清单 17-4 中的代码，运行一个使用新视图的简单查询来获取内华达州各县的数据。

```
  SELECT county_name,
          state_name,
          pop_2019,
      ❶ pct_change_2019_2010
  FROM county_pop_change_2019_2010
❷ WHERE state_name = 'Nevada'
  ORDER BY county_fips
  LIMIT 5;
```

代码清单 17-4：从视图 county_pop_change_2019_2010 中选取列

在代码清单 17-2 引用 nevada_counties_pop_2019 视图的查询中，我们在 SELECT 之后使用了星号通配符以检索视图中的每一列。但是正如代码清单 17-4 所示，我们也可以像查询表的时候一样，在查询视图的时候指定想要获取的列。比如说，在这个例子中，我们就选取了 county_pop_change_2019_2010 视图七个列的其中四个。其中一个被选中的列为 pct_change_2019_2010 ❶，它返回的正是我们想要知道的百分比变化计算结果。如你所见，只写出列名要比写出整个公式简单得多。这段代码同样使用 WHERE 子句❷来过滤结果，就像前面使用它来过滤任意查询一样。

在查询视图中的四列之后，我们应该会看到以下结果：

```
county_name        state_name     pop_2019    pct_change_2019_2010
----------------   ------------   --------    ----------------------
Churchill County   Nevada            24909                     0.1
Clark County       Nevada          2266715                    16.2
Douglas County     Nevada            48905                     4.1
Elko County        Nevada            52778                     7.8
Esmeralda County   Nevada              873                    11.4
```

现在，我们可以随心所欲地重复访问这个视图，无论是为演示文稿调取数据，还是回答美国任意一个县在 2010 年至 2019 年间的人口变化百分比问题。

仔细观察这五行，你会从中发现几个现象：包含拉斯维加斯市的克拉克（Clark）县出现了持续的快速增长，而美国最小的县之一、包含数个鬼城的埃斯梅拉达（Esmeralda）县也拥有强劲的百分比增长。

物化视图的创建与刷新

物化视图和标准视图的区别在于，创建物化视图时视图储存的查询会被执行，并且由此产生的结果会被保存在数据库中。从效果上来说，这相当于创建了一张新表。因为视图会维持其储存的查询，所以我们可以通过发布命令来刷新视图，从而更新被保存的数据。物化视图的其中一个适用场景，就是预处理需要一段时间运行的复杂查询，使得它们的结果能够被其他更快的查询所使用。

让我们丢弃已有的 nevada_counties_pop_2019 视图，使用代码清单 17-5 将其重新创建为物化视图。

```
❶ DROP VIEW nevada_counties_pop_2019;

❷ CREATE MATERIALIZED VIEW nevada_counties_pop_2019 AS
      SELECT county_name,
             state_fips,
             county_fips,
             pop_est_2019
    FROM us_counties_pop_est_2019
    WHERE state_name = 'Nevada';
```

代码清单 17-5：创建物化视图

这段代码首先使用 DROP VIEW ❶ 语句，从数据库中移除 nevada_counties_pop_2019 视图。然后运行 CREATE MATERIALIZED VIEW ❷ 以创建物化视图。注意，创建物化视图的语法和创建标准视图的语法基本相同，只是增加了一个 MATERIALIZED 关键字，并且移除了物化视图语法不支持的 OR REPLACE 关键字。运行该语句之后，数据库将返回消息 SELECT 17，告诉你视图的查询产生了 17 行并且它们都被储存到了视图里面。之后，我们就可以像使用标准视图那样查询这些数据。

当储存在 us_counties_pop_est_2019 中的人口估算值发生变化时，我们可以使用 REFRESH 关键字，对储存在物化视图中的数据进行更新，正如代码清单 17-6 所示。

```
REFRESH MATERIALIZED VIEW nevada_counties_pop_2019;
```

代码清单 17-6：刷新物化视图

执行这个语句将导致储存在 nevada_counties_pop_2019 视图中的查询被重新执行；而服务器则会返回消息 REFRESH MATERIALIZED VIEW。现在，视图将反映视图查询所引用数据的全部更新。对于一些需要长时间运行的查询，你可以把它们的结果储存在定期刷新的物化视图里面，以此来节约时间，并让用户能够快速访问到被储存的数据，而不是运行一个漫长的查询。

> **注意**
>
> 使用 REFRESH MATERIALIZED VIEW CONCURRENTLY 可以防止 SELECT 语句在视图更新期间被锁定。请查看 PostgreSQL 官网文件 SQL Commands 中的 REFRESH MATERIALIZED VIEW 文档以获取更多细节。

为了删除物化视图，我们需要用到 DROP MATERIALIZED VIEW 语句。此外，请注意物化视图出现在 pgAdmin 对象浏览器的不同部分，位于 **Schemas ▸ public ▸ Materialized Views** 之下。

使用视图对数据进行插入、更新和删除

对于非物化视图，只要它能够满足某些条件，你就可以在被查询的底层表中更新或者插入数据。其中一个要求是视图必须只引用单个表，又或者是可更新视图。如果视图在查询中连接了表，就像我们在上一节构建的人口变化视图一样，那么它就无法直接对原始表执行插入或更新操作。此外，视图的查询也不能包含 DISTINCT、WITH、GROUP BY 或其他子句（完整的限制清单请见 PostgreSQL 官网文件 SQL Commands 中的 CREATE VIEW 文档）。

既然我们已经知道如何直接对表进行插入和更新了，那么为什么还需要通过视图来做这样的事情呢？其中一个原因在于，视图是对用户可更新数据实施控制的一种手段。让我们通过一个例子来了解它的运作方式。

为雇员创建视图

第 7 章在介绍连接的时候，曾经创建了 departments 和 employees 两个表，并在表中填充了四个关于员工及其工作的行（如果你跳过了那一节，那么请回顾代码清单 7-1）。运行一个快速的 SELECT * FROM employees ORDER BY emp_id; 查询就可以看到表的具体内容，如下所示：

```
emp_id    first_name    last_name    salary      dept_id
------    ----------    ---------    ---------    --------
     1    Julia         Reyes        115300.00          1
     2    Janet         King          98000.00          1
     3    Arthur        Pappas        72700.00          2
     4    Michael       Taylor        89500.00          2
```

假设我们想要通过视图让 dept_id 为 1 的税务部门用户能够添加、移除以及更新雇员的名字，但是却无法修改其他部门的工资信息以及雇员数据。为了做到这一点，我们可以使用代码清单 17-7 设置视图。

```
CREATE OR REPLACE VIEW employees_tax_dept WITH (security_barrier) ❶ AS
    SELECT emp_id,
           first_name,
           last_name,
           dept_id
```

```
      FROM employees
❷ WHERE dept_id = 1
❸ WITH LOCAL CHECK OPTION;
```

代码清单 17-7：为 employees 表创建视图

这个视图跟我们之前创建的视图很相似，只是增加了一些内容。首先，在 CREATE OR REPLACE VIEW 语句中增加了 WITH (security_barrier) ❶关键字。这样能够带来一定程度的安全性，防止恶意用户绕过视图对行和列所做的限制（如果你想要知道在省略这种安全措施的情况下，用户可能会如何破坏视图，那么请查阅 PostgreSQL 官网文件 41.5 Rules and Privileges 文档）。

在视图的 SELECT 查询里面，我们从 employees 表中挑选想要展示的列，并基于 dept_id = 1 ❷使用 WHERE 对结果进行过滤，让查询只列出税务部门的工作人员。视图只允许对符合 WHERE 子句条件的行实施更新或是删除。添加关键字 WITH LOCAL CHECK OPTION ❸同样是为了对插入实施限制，它使得用户只能添加新的税务部门雇员（作为例子，如果定义中省略了这个关键字，那么用户就能够插入 dept_id 为 3 的行）。除此之外，这个关键字还能够防止用户将雇员的 dept_id 修改成 1 以外的值。

请运行代码清单 17-7 中的代码并创建 employees_tax_dept 视图。然后运行 SELECT * FROM employees_tax_dept ORDER BY emp_id; ，它应该会返回以下两行：

```
emp_id   first_name   last_name   dept_id
------   ----------   ---------   --------
     1   Julia        Reyes              1
     2   Janet        King               1
```

这个结果展示了在税务部门工作的雇员；他们在四行的 employees 表里面占了两行。

现在，让我们来看看如何对这个视图实施插入和更新。

使用 employees_tax_dept 视图插入行

我们可以使用视图插入或更新数据，只需要将 INSERT 或者 UPDATE 语句里面的表名替换成视图名就可以了。在使用视图添加或者修改数据之后，变化将应用到底层的表中（在我们的例子中即 employees 表），而这些变化也会反映在视图运行的查询中。

代码清单 17-8 展示了两个尝试通过 employees_tax_dept 视图添加新雇员记录的例子。第一个例子成功了，但第二个例子失败了。

```
❶ INSERT INTO employees_tax_dept (emp_id, first_name, last_name, dept_id)
  VALUES (5, 'Suzanne', 'Legere', 1);

❷ INSERT INTO employees_tax_dept (emp_id, first_name, last_name, dept_id)
  VALUES (6, 'Jamil', 'White', 2);

❸ SELECT * FROM employees_tax_dept ORDER BY emp_id;

❹ SELECT * FROM employees ORDER BY emp_id;
```

代码清单 17-8：通过 `employees_tax_dept` 视图执行插入操作的成功示例和失败示例

第一个 INSERT❶使用了第 2 章介绍的插入语法，并提供了 Suzanne Legere 的姓氏、名字、`emp_id` 和 `dept_id` 作为输入。因为这个新行包含相同的列，并且它的 `dept_id` 为 1，所以它能够满足视图中的 LOCAL CHECK 并且成功执行插入。

但是当我们运行第二个 INSERT ❷，尝试添加名为 Jamil White 且 `dept_id` 为 2 的新雇员时，操作将失败并返回错误消息 new row violates check option for view "employees_tax_dept" (新行违反了视图 "employees_tax_dept" 的检查选项)。出现这种情况的原因在于我们在创建视图的时候，使用了 WHERE 子句让它只返回 `dept_id = 1` 的行，而 `dept_id` 为 2 无法通过 LOCAL CHECK，所以这次插入将被拒绝。

现在，对视图运行 SELECT 语句❸，可以看到 Suzanne Legere 已经添加成功：

```
emp_id    first_name    last_name    dept_id
------    ---------     ---------    -------
     1    Julia         Reyes              1
     2    Janet         King               1
     5    Suzanne       Legere             1
```

我们还可以通过查询 `employees` 表❹来确定 Suzanne Legere 已经被添加至整个表里面。视图在每次被访问的时候也会查询该表。

```
emp_id    first_name    last_name    salary         dept_id
------    ---------     ---------    ------------    ---------
     1    Julia         Reyes        115300.00              1
     2    Janet         King          98000.00              1
     3    Arthur        Pappas        72700.00              2
     4    Michael       Taylor        89500.00              2
     5    Suzanne       Legere                               1
```

从 Suzanne Legere 的出现可以看出，使用视图添加的数据也会被添加到底层表里面。但是由于视图并未包含 `salary` 列，所以 Suzanne 对应的行在该列的值为 NULL。如果你尝试使用这个视图为其插入 `salary` 值，那么你将会接收到错误消息 column "salary" of relation "employees_tax_dept" does not exist (列 "salary" 在关系 "employees_tax_dept" 中并不存在)。原因在于，尽管 `salary` 列存在于底层的 `employees` 表中，但视图并未引用它。再次说明，这是一种限制对敏感数据进行访问的手段。如果你打算承担起数据库管理员的责任，那么请查看前面 "使用视图简化查询" 一节的提示中提到的文档，了解更多有关授予用户权限以及添加 WITH (security_barrier) 的信息。

使用 employees_tax_dept 视图更新行

当我们使用 `employees_tax_dept` 视图更新数据的时候，同样会存在对底层表的数据访问限制。代码清单 17-9 展示了一个标准查询，它使用 UPDATE 对 Suzanne 的姓氏进行修改(作为一个姓氏中包含多个大写字母的人，我可以确认这种修改并不罕见)。

```
UPDATE employees_tax_dept
```

```
SET last_name = 'Le Gere'
WHERE emp_id = 5;

SELECT * FROM employees_tax_dept ORDER BY emp_id;
```

代码清单 17-9：通过 `employees_tax_dept` 视图更新行

运行这段代码，`SELECT` 查询的结果将显示更新后的姓氏，它会出现在底层的 `employees` 表中：

```
emp_id    first_name    last_name    dept_id
------    ----------    ----------    --------
     1    Julia         Reyes               1
     2    Janet         King                1
     5    Suzanne       Le Gere             1
```

现在，Suzanne 的姓氏拼写被修正为 Le Gere 而不是 Legere。

但是，如果我们尝试更新非税务部门雇员的名字，那么查询将会失败，正如我们之前在代码清单 17-8 中尝试插入 Jamil White 一样。与此类似，尝试使用这个视图更新雇员的薪水将会失败，即使是税务部门的雇员亦是如此。如果视图没有引用底层表的某个列，那么你就不能通过视图访问该列。再次申明，对视图的更新之所以会受到这样的限制，是为了保护和隐藏特定的某些数据。

使用 employees_tax_dept 视图删除行

现在，让我们来看看如何使用视图删除行。前面所说的针对数据改动的限制在这里同样适用。举个例子，假如 Suzanne Le Gere 从另一家公司获得了更好的工作机会并决定离开，那么你可以使用 `employees_tax_dept` 视图将其从 `employees` 表中移除。代码清单 17-10 展示了以标准 `DELETE` 语法执行的查询。

```
DELETE FROM employees_tax_dept
WHERE emp_id = 5;
```

代码清单 17-10：通过 `employees_tax_dept` 视图删除一个行

运行这个查询，PostgreSQL 将返回 `DELETE 1` 作为结果。但是，如果你想要删除的雇员并不属于税务部门，那么 PostgreSQL 将不会允许这一动作，并回报 `DELETE 0` 作为结果。

总的来说，视图不仅能够控制对数据的访问，还能够提供处理数据的快捷方式。下面，让我们来看看如何通过使用函数来节约时间，并且减少键盘的敲击次数。

创建你的函数和过程

我们在前面的内容中已经使用过函数，比如将字母大写的 `upper()` 和将数字相加的

sum()。这些函数的背后可能隐藏着大量复杂的编程工作，它们执行一系列操作，并根据函数的任务返回响应。我们并不打算在这里使用复杂的代码，但我们会构建一些基础函数，使得你可以将其用作想法的起点。即使是简单的函数也能够有助于减少重复代码。

本节中的大部分语法都是 PostgreSQL 特有的，它们同时支持用户定义函数和过程（这两者之间的区别很微妙，稍后将会有例子说明）。我们既可以使用普通的 SQL 定义函数和过程，也可以选择其他方法。其中一种方法是使用 PostgreSQL 特有的过程式语言 PL/pgSQL，它添加了一些标准 SQL 不具备的功能，比如逻辑控制结构（IF ... THEN ... ELSE）。此外，还可以选择使用基于 Python 和 R 这两种编程语言的 PL/Python 和 PL/R。

需要注意的是，包括 Microsoft SQL Server、Oracle 和 MySQL 在内的主要数据库系统都实现了它们各自的函数和过程变体。如果你正在使用其他数据库管理系统，那么本节将帮助你理解函数相关的概念，但你还是需要检查你的数据库文档以获取函数实现的具体细节。

创建 percent_change() 函数

函数需要处理数据并返回值。作为例子，让我们编写函数来简化数据分析的一项日常必备工作：计算两个值之间的百分比变化。在第 6 章曾经介绍过如何表示百分比变化公式：

```
percent change = (New Number - Old Number) / Old Number
```

比起在每次需要的时候都重写一遍这个公式，更好的做法是创建一个名为 percent_change() 的函数，让它使用新数值和旧数值作为输入，然后返回一个四舍五入至指定小数位数的结果。代码清单 17-11 展示了如何使用 SQL 定义一个简单的函数，让我们来仔细地瞧瞧它。

```
❶ CREATE OR REPLACE FUNCTION
❷ percent_change(new_value numeric,
                  old_value numeric,
                  decimal_places integer ❸DEFAULT 1)
❹ RETURNS numeric AS
❺ 'SELECT round(
        ((new_value - old_value) / old_value) * 100, decimal_places
   );'
❻ LANGUAGE SQL
❼ IMMUTABLE
❽ RETURNS NULL ON NULL INPUT;
```

代码清单 17-11：创建 percent_change() 函数

尽管这段代码做了很多事情，但它们并不像看上去那么复杂。它首先以 CREATE OR REPLACE FUNCTION ❶命令开始。跟创建视图时的语法一样，OR REPLACE 关键字也是可选的。之后跟着的是函数的名字❷，括号，还有一个确定函数输入的参数列表。每个参数都会被用作函数的输入，并获得相应的名字和数据类型。比如 new_value 和 old_value 都是 numeric 类型，这就要求函数的用户提供匹配该类型的输入值，而指定结果四舍五入位数的 decimal_places 则是 integer 类型。对于 decimal_places，我们指定 1 作为它的 DEFAULT ❸值，这使得该参数变成了可选参数，并且当用户省略这个参数时，它默认将被设置为 1。

之后，代码使用关键字 `RETURNS numeric AS` ❹，告诉函数以 numeric 类型返回计算结果。另一方面，如果这是一个拼接字符串的函数，那么它可能会返回 text。

接下来，代码需要写出函数中实际执行计算的部分。在单引号的包围下，代码放置了一个 SELECT 查询 ❺，其中包含了镶嵌在 round() 函数之内的百分比变化计算公式。该公式在计算时使用的是函数的参数而不是具体的数字。

代码接着提供了一系列关键字以定义函数的属性和行为。LANGUAGE 关键字 ❻ 表示我们在编写函数的时候使用了普通的 SQL，而不是 PostgreSQL 为创建函数而支持的其他语言。接下来的 IMMUTABLE 关键字 ❼ 表明函数不能修改数据库，并且对于相同的给定参数总是会返回相同的结果。至于代码行 `RETURNS NULL ON NULL INPUT` ❽ 则保证，如果函数的任意一个输入在非默认的情况下被设置为 NULL，那么它将返回 NULL 作为回复。

请在 pgAdmin 中运行这段代码以创建 `percent_change()` 函数。服务器应该会返回消息 `CREATE FUNCTION` 作为响应。

使用 percent_change() 函数

为了测试刚刚创建的 `percent_change()` 函数，我们可以像代码清单 17-12 那样，使用 SELECT 单独运行它。

```
SELECT percent_change(110, 108, 2);
```

代码清单 17-12：测试 `percent_change()` 函数

这个例子使用值 110 作为新数字，108 作为旧数字，并使用 2 作为对结果进行四舍五入时的位数。运行这段代码，我们将得到以下结果：

```
percent_change
---------------------
                 1.85
```

从结果可知，108 和 110 之间增加了 1.85%。你可以试着使用其他数字作为输入，看看结果会发生什么变化。此外，你还可以尝试将 decimal_places 参数的值改为包括 0 在内的数字，又或者省略这个参数，看看输出会发生什么变化。基于你的输入，小数点之后的数字应该会相应地增多或者减少。

既然创建这个函数就是为了避免在查询中编写完整的百分比变化公式，那么现在就让我们重写第 7 章介绍过的人口普查估算人口变化查询，并使用这个函数计算百分比变化，如代码清单 17-13 所示。

```
SELECT c2019.county_name,
       c2019.state_name,
       c2019.pop_est_2019 AS pop_2019,
❶percent_change(c2019.pop_est_2019,
                    c2010.estimates_base_2010) AS pct_chg_func,
❷round( (c2019.pop_est_2019::numeric - c2010.estimates_base_2010)
        / c2010.estimates_base_2010 * 100, 1 ) AS pct_change_formula
```

```
FROM us_counties_pop_est_2019 AS c2019
    JOIN us_counties_pop_est_2010 AS c2010
ON c2019.state_fips = c2010.state_fips
    AND c2019.county_fips = c2010.county_fips
ORDER BY pct_chg_func DESC
LIMIT 5;
```

代码清单 17-13：基于人口普查数据测试 percent_change()

代码清单 17-13 修改了第 7 章中的原始查询，增加了 percent_change() 函数❶并将其用作 SELECT 的一个列。我们还包含了显式的百分比变化公式❷以便比较结果。在函数的输入方面，我们使用了 2019 年的人口估算列（c2019.pop_est_2019）作为新数字，并使用 2010 年的估算基数（c2010.estimates_base_2010）作为旧数字。

查询结果应该会显示人口变化百分比最大的五个县，并且函数的计算结果跟直接在查询中键入公式的计算结果应该别无二致。需要注意的是，因为我们没有向函数提供可选的第三个参数，所以函数将使用该参数的默认值 1，使得 pct_chg_func 列中的每个值都保留一位小数。以下是查询的执行结果，其中同时包含了函数和公式的计算结果：

county_name	state_name	pop_2019	pct_chg_func	pct_chg_formula
McKenzie County	North Dakota	15024	136.3	136.3
Loving County	Texas	169	106.1	106.1
Williams County	North Dakota	37589	67.8	67.8
Hays County	Texas	230191	46.5	46.5
Wasatch County	Utah	34091	44.9	44.9

现在，percent_change() 函数的行为就如我们预期的一样，以后我们就可以使用它来解决百分比变化的计算问题了——这比写出整个公式要快得多！

使用过程更新数据

在 PostgreSQL 的实现中，过程和函数非常相似，但两者之间也有一些明显的不同。过程和函数都可以执行不返回值的数据操作，比如更新。但另一方面，函数拥有返回值的子句，而过程则没有。此外，过程能够包含第 10 章中介绍的事务命令，比如 COMMIT 和 ROLLBACK，而函数不能。很多数据库管理器都实现了过程，其中有些把它称为存储过程（stored procedure）。PostgreSQL 从第 11 版开始支持过程，它也是 SQL 标准的一部分，尽管 PostgreSQL 的语法与标准并未完全兼容。

我们可以通过使用过程来简化数据的例行更新。在这一节，我们将编写一个程序，基于教师的在职天数，对他除节假日以外的个人休假天数进行更新。

为了做到这一点，我们将回顾第 2 章刚开始时介绍的 teachers 表。如果你跳过了那一章的"创建表"一节，那么请使用代码清单 2-2 和代码清单 2-3 中的示例代码以创建 teachers 表并插入数据。

让我们使用代码清单 17-14，给 teachers 表增加一个列，用于记录教师的个人休假天数。这个列目前为空，稍后我们将使用过程填充它。

```
ALTER TABLE teachers ADD COLUMN personal_days integer;

SELECT first_name,
       last_name,
       hire_date,
       personal_days
FROM teachers;
```

代码清单 17-14：*将新列添加至 teachers 表并查看表中数据*

这段代码使用 ALTER 更新 teachers 表，并使用关键字 ADD COLUMN 增加 personal_days 列。之后，代码运行 SELECT 语句查看数据，其中还包括每名教师的姓名和聘用日期。在这两个查询执行完毕之后，你应该会看到以下六行：

```
first_name      last_name       hire_date       personal_days
--------        ---------       ----------      -------------
Janet           Smith           2011-10-30
Lee             Reynolds        1993-05-22
Samuel          Cole            2005-08-01
Samantha        Bush            2011-10-30
Betty           Diaz            2005-08-30
Kathleen        Roush           2010-10-22
```

由于我们尚未插入任何内容，所以 personal_days 列目前只包含 NULL 值。

现在，让我们创建一个 update_personal_days() 过程，由它把除节假日以外的个人休息日填入 personal_days 列。其标准如下：

- 在职时间不足 10 年：个人休息日为 3 天
- 在职时间 10 年或以上，15 年以下：个人休息日为 4 天
- 在职时间 15 年或以上，20 年以下：个人休息日为 5 天
- 在职时间 20 年或以上，25 年以下：个人休息日为 6 天
- 在职时间 25 年或以上：个人休息日为 7 天

代码清单 17-15 展示了创建过程的代码。这次我们没有单纯地使用 SQL，而是加入了 PL/pgSQL 过程语言的元素，这是 PostgreSQL 为了编写函数而支持的一种额外的语言。让我们来看看这个过程有何不同之处。

```
CREATE OR REPLACE PROCEDURE update_personal_days()
AS ❶$$
❷ BEGIN
    UPDATE teachers
    SET personal_days =
      ❸ CASE WHEN (now() - hire_date) >= '10 years':: interval
                 AND (now() - hire_date) < '15 years':: interval THEN 4
            WHEN (now() - hire_date) >= '15 years':: interval
                 AND (now() - hire_date) < '20 years':: interval THEN 5
```

```
                        WHEN (now() - hire_date) >= '20 years': : interval
                            AND (now() - hire_date) < '25 years': : interval THEN 6
                        WHEN (now() - hire_date) >= '25 years': : interval THEN 7
                        ELSE 3
                    END;
    ❹ RAISE NOTICE 'personal_days updated!';
   END;
❺ $$
❻ LANGUAGE plpgsql;
```

代码清单 17-15：创建 update_personal_days() 过程

这段代码以 CREATE OR REPLACE PROCEDURE 为开始，后面跟着过程的名字。这个过程没有设置任何参数，因为它不需要用户输入——过程将在预先确定的列上运行，列中包含了计算间隔所需的值。

一般来说，在编写基于 PL/pgSQL 的函数时，PostgreSQL 的习惯是使用非 ANSI SQL 标准的美元引号（$$），由它来标记所有函数命令字符串的开始❶和结束❺（跟前面的 percent_change() SQL 函数一样，你也可以使用单引号来包围字符串，但这样一来字符串里面的单引号就会成倍地增加，这样不仅看上去很混乱，甚至还可能会造成混淆）。因此，被一对 $$ 包围的东西就是执行工作的代码。你还可以在美元符号之间添加一些文本，比如 $namestring$，以此来创建独特的开头和结尾引号。比如说，当你需要在函数里面引用查询的时候，这个功能就会非常有用。

在第一个 $$ 的后面，我们开始了一个 BEGIN ... END; 块❷。这是 PL/pgSQL 的一个约定，用于划分函数或过程中一段代码的开始和结束；跟美元引号一样，可以在 BEGIN ... END; 的里面嵌套另一个 BEGIN ... END;，以此来促进代码的逻辑分组。在这个代码块中，我们放置了一个 UPDATE 语句，它使用 CASE 语句❸来确定每位教师的休假天数。代码首先会通过 now() 函数，从服务器获取当前日期，然后将其减去 hire_date。取决于 now() - hire_date 所处的区间，CASE 语句将返回与该区间对应的休假天数。代码使用了 PL/pgSQL 关键字 RAISE NOTICE❹，以便在过程执行完毕时显示消息。最后，代码通过使用 LANGUAGE 关键字❻，让数据库知道应该根据 PL/pgSQL 特有的语法来解释过程中的内容。

请运行代码清单 17-15 以创建 update_personal_days() 过程。为了调用这个过程，我们需要用到 CALL 命令，该命令是 ANSI SQL 标准的一部分：

```
CALL update_personal_days();
```

当过程被运行时，服务器将返回它所发出的通知，也就是 personal_days updated!。现在，重新运行代码清单 17-14 中的 SELECT 语句，你应该会发现每行的 personal_days 列都被填充了适当的值。需要注意的是，因为计算用到的 now() 会随着时间发生变化，所以 personal_days 列的值将随着你运行函数的时间而发生变化。

```
first_name    last_name    hire_date    personal_days
---------     ---------    ----------   --------------
Janet         Smith        2011-10-30               3
```

Lee	Reynolds	1993-05-22	7
Samuel	Cole	2005-08-01	5
Samantha	Bush	2011-10-30	3
Betty	Diaz	2005-08-30	5
Kathleen	Roush	2010-10-22	4

你可以在执行某些任务之后，定期使用 update_personal_days() 函数手动更新数据，又或者使用诸如 pgAgent 这样的任务调度程序来自动运行它。pgAgent 是一个独立的开源工具，你可以在本书附录的"PostgreSQL 实用程序、工具和扩展"里面找到关于它和其他工具的更多信息。

在函数中使用 Python 语言

前面曾经提到过，PostgreSQL 内部默认使用 PL/pgSQL 作为过程语言，但它同样支持使用诸如 Python 和 R 这样的开源语言来创建函数。有了这种支持，你就可以在自己创建的函数里面利用这些语言的特性和模块。比如说，通过 Python，你可以使用 pandas 库进行分析。如果你想要知道 PostgreSQL 都包含了哪些语言，那么可以查看 PostgreSQL 官网文件第 5 部分 Server Programming 文档。作为例子，本节将展示一个使用 Python 的简单函数。

为了启用 PL/Python，你必须使用代码清单 17-16 中的代码以创建扩展。

```
CREATE EXTENSION plpython3u;
```

代码清单 17-16：启用 PL/Python 过程语言

如果出现诸如 image not found（镜像未找到）等错误，这意味着 PL/Python 扩展尚未被安装至系统。根据操作系统的不同，安装 PL/Python 通常需要安装 Python，并在基本 PostgreSQL 安装以外进行额外的配置。为此，请参阅第 1 章中和操作系统有关的安装说明。

启用扩展之后，我们就可以按照之前展示的语法创建相应的函数，唯一的不同在于这次的函数体将使用 Python。代码清单 17-17 展示了如何使用 PL/Python 创建名为 trim_county() 的函数，用于移除字符串末尾的单词 County。我们将使用这个函数来清理人口普查数据中的县名。

```
  CREATE OR REPLACE FUNCTION trim_county(input_string text)
❶ RETURNS text AS $$
      import re❷
  ❸ cleaned = re.sub(r' County', ' ', input_string)
      return cleaned
  $$
❹ LANGUAGE plpython3u;
```

代码清单 17-17：使用 PL/Python 创建 trim_county() 函数

这个结构看上去非常熟悉。在命名函数以及它的文本输入之后，代码使用 RETURNS 关键字❶指定函数将要返回的是文本。在开头的 $$ 引号之后，紧接着的就是 Python 代码，排在最前面的是导入 Python 正则表达式模块 re ❷的语句。即便你对 Python 不甚了解，应该

也可以推断出，接下来的两行代码❸将 Python 正则表达式函数 sub() 的执行结果设置给了变量 cleaned。这个函数会在传入至该函数的 input_string 中寻找前面带有一个空格的单词 County，将其替换为由两个单引号表示的空字符串。然后该函数将返回 cleaned 变量的内容。在最后，代码通过指定 LANGUAGE plpython3u❹表示它是以 PL/Python 语言编写函数。

请运行这段代码以创建函数，然后使用代码清单 17-18 中的 SELECT 语句来执行它并观察其行为。

```
SELECT county_name,
       trim_county(county_name)
FROM us_counties_pop_est_2019
ORDER BY state_fips, county_fips
LIMIT 5;
```

代码清单 17-18：测试 trim_county() 函数

这个查询使用了 us_counties_pop_est_2019 表的 county_name 列作为 trim_county() 的输入，它应该会返回以下结果：

```
 county_name        trim_county
----------------    ------------
 Autauga County     Autauga
 Baldwin County     Baldwin
 Barbour County     Barbour
 Bibb County        Bibb
 Blount County      Blount
```

正如结果所示，trim_county() 函数会对 county_name 列的每个值进行求值，并移除其中出现的空格以及 County 字样。尽管这只是一个微不足道的示例，但它展示了在函数里面使用 Python 是多么容易，这对于 PostgreSQL 支持的其他过程语言来说也是一样的。

接下来，我们将学习如何使用触发器以实现数据库自动化。

使用触发器自动执行数据库操作

每当表或者视图发生 INSERT、UPDATE 或 DELETE 等指定事件时，数据库触发器将执行指定的函数。你可以设置触发器在事件发生的之前或之后触发，又或者代替事件触发，你还可以设置触发器为受事件影响的每个行都触发一次，又或者只针对事件触发一次。比如说，如果我们要从表删除 20 行，那么你可以设置触发器，让它为 20 个被删除的行各触发一次，又或者全程只触发一次。

接下来将展示两个例子。第一个例子保留了一所学校修改成绩的记录。第二个例子在每次采集温度读数之后自动对其实施分类。

记录表中的成绩更新

假设我们想要自动追踪学校数据库中学生 grades（成绩）表的修改，让表中的行在每次更新的时候，自动记录旧成绩、新成绩还有修改发生的时间（如果你不明白为什么要记录这些信息，那么请在网上搜索 David Lightman and grades❶）。为了让这项任务自动执行，我们需要以下三样东西：

- 一个用于记录 grades 表中成绩变化的 grades_history 表
- 一个在 grades 表每次发生变化时运行的触发器，我们将其命名为 grades_update
- 一个由触发器执行的函数，我们将其命名为 record_if_grade_changed()

创建记录成绩和追踪更新的表

首先，让我们来创建所需的表。代码清单 17-19 包含的代码首先会创建并填充 grades 表，然后再创建 grades_history 表。

```
❶ CREATE TABLE grades (
      student_id bigint,
      course_id bigint,
      course text NOT NULL,
      grade text NOT NULL,
   PRIMARY KEY (student_id, course_id)
   );

❷ INSERT INTO grades
   VALUES
         (1, 1, 'Biology 2', 'F'),
         (1, 2, 'English 11B', 'D'),
         (1, 3, 'World History 11B', 'C'),
         (1, 4, 'Trig 2', 'B');

❸ CREATE TABLE grades_history (
      student_id bigint NOT NULL,
      course_id bigint NOT NULL,
      change_time timestamp with time zone NOT NULL,
      course text NOT NULL,
      old_grade text NOT NULL,
      new_grade text NOT NULL,
   PRIMARY KEY (student_id, course_id, change_time)
   );
```

代码清单 17-19：创建 grades 表和 grades_history 表

这段代码涉及的命令都非常直观。它首先使用 CREATE TABLE 创建 grades 表❶，然后使用 INSERT 添加四个行❷，其中每个行代表一个学生在某一门课上的成绩。然后它

---

❶　这是一个来自电影《战争游戏》（War Games）的桥段。主人公 David Lightman 曾经为了修改自己的成绩而入侵学校的计算机系统。——译者注

使用 CREATE TABLE 创建 grades_history 表❸，用于保存已有的成绩被修改时产生的数据，其中包含了新成绩、旧成绩以及修改时间三个列。请运行代码以创建两个表并填充 grades 表。我们这里没有向 grades_history 表插入任何数据，因为这是触发器进程要做的事。

创建函数和触发器

接下来，让我们先来编写触发器将要执行的 record_if_grade_changed() 函数（注意，PostgreSQL 文档把这类函数称为触发器过程）。我们必须先编写函数，然后才能够在触发器中指定它们。让我们来看看代码清单 17-20 中的代码。

```
CREATE OR REPLACE FUNCTION record_if_grade_changed()
  ❶ RETURNS trigger AS
$$
BEGIN
  ❷ IF NEW.grade <> OLD.grade THEN
    INSERT INTO grades_history (
        student_id,
        course_id,
        change_time,
        course,
        old_grade,
        new_grade)
    VALUES
        (OLD.student_id,
        OLD.course_id,
        now(),
        OLD.course,
      ❸ OLD.grade,
      ❹ NEW.grade);
    END IF;
  ❺ RETURN NULL;
END;
$$ LANGUAGE plpgsql;
```

代码清单 17-20：创建 record_if_grade_changed() 函数

record_if_grade_changed() 函数沿用了前面示例中的模式，但为了与触发器协作所以使用了不同的特性。首先，它指定的是 RETURNS trigger ❶而不是数据类型。它使用美元引号来划定函数的代码部分，并且由于 record_if_grade_changed() 是一个 PL/pgSQL 函数，所以它把将要被执行的代码放在了 BEGIN ... END; 块里面。之后，它使用 IF ... THEN 语句❷作为过程的开始，这是 PL/pgSQL 提供的控制结构之一。通过使用这个语句以及负责检查的 <> 操作符，这个函数只会在更新的成绩和旧成绩不同的情况下执行 INSERT 语句。

当 grades 表发生变化时，（我们接下来将要创建的）触发器就会执行。对于每个被改变的行，触发器都会把收集的两项数据传递给 record_if_grade_changed()。第一项数据是修改发生之前的行值，其前缀为 OLD。第二项数据是修改发生之后的行值，其前缀为 NEW。至于函数则根据传入的这两个行值进行对比。如果 IF ... THEN 语句的求值结果为 true，表示新旧两个值不同，那么函数就会使用 INSERT 将一个行添加到 grades_history 里面，并在行中包含 OLD.grade ❸和 NEW.grade ❹。最后，由于触发器过程要做的是执行数据库 INSERT 而不是返回值，所以函数包含了一条值为 NULL 的 RETURN 语句❺。

> **注意**
>
> RETURN 返回的值在某些情况下可能会被忽略，请查看 PostgreSQL 官网文件中的 43.10 Trigger Functions 文档以了解发生这种状况的具体情形。

请运行代码清单 17-20 中的代码以创建函数。然后使用代码清单 17-21，将 grades_update 触发器添加至 grades 表。

```
❶ CREATE TRIGGER grades_update
  ❷ AFTER UPDATE
     ON grades
  ❸ FOR  EACH ROW
  ❹ EXECUTE PROCEDURE record_if_grade_changed();
```

代码清单 17-21：创建 grades_update 触发器

在 PostgreSQL 中，创建触发器的语法遵循 ANSI SQL 标准（但是并非标准的所有方面都获得了支持，具体请见官网文件中的 **CREATE TRIGGER** 文档）。代码首先以 CREATE TRIGGER 语句❶开始，而后面跟着的子句则控制着触发器运行的时机以及触发器的具体行为。这里使用了 AFTER UPDATE ❷指定触发器在 grades 表的行被更新之后触发。根据需要，此处也可以使用 BEFORE 或者 INSTEAD OF 关键字。

代码使用了 FOR EACH ROW ❸来告知触发器，为表中每个被更新的行都运行一次过程。比如说，如果某人执行了一次影响三行的更新，那么过程将被运行三次。另一个选择同时也是默认的选择则是 FOR EACH STATEMENT，它只会运行过程一次。如果我们不关心每个行发生的变化，只想单纯地记录成绩在哪个时间发生了变化，那么就可以使用这个选项。最后，EXECUTE PROCEDURE ❹指定 record_if_grade_changed() 作为触发器将要运行的函数。

请在 pgAdmin 中运行代码清单 17-21 中的代码以创建触发器。数据库应该会返回消息 CREATE TRIGGER 作为响应。

测试触发器

现在，当 grades 表中的数据发生变化时，我们创建的触发器和函数应该就会运行；让我们来看看整个过程是如何进行的。首先，让我们来检查下数据的当前状态。当你运行 SELECT * FROM grades_history; 的时候，你将看到一张空表，这是因为我们还没有对 grades 表做任何改动，所以没有任何追踪记录。接下来，运行 SELECT * FROM grades ORDER BY student_id, course_id; ，你将看到前面在代码清单 17-19 中插入的成绩数据，如下所示：

```
student_id    course_id           course              grade
---------    ----------    ----------------------    -------
1             1             Biology 2                 F
1             2             English 11B               D
1             3             World History 11B         C
1             4             Trig 2                    B
```

Biology 2 的成绩看上去并不理想。让我们用代码清单 17-22 中的代码更新它。

```
UPDATE grades
SET grade = 'C'
WHERE student_id = 1 AND course_id = 1;
```

代码清单 17-22：测试 grades_update 触发器

当 UPDATE 运行时，触发器将在后台运行，但 pgAdmin 不会因此发送任何提醒。它只会返回 UPDATE 1，表示更新了一行。不过我们的触发器确实运行了，为了确认这一点，我们可以通过 SELECT 查询检查 grades_history 中的列：

```
SELECT student_id,
       change_time,
       course,
       old_grade,
       new_grade
FROM grades_history;
```

运行这个针对 grades_history 表的查询，这个记录 grades 表所有修改的表现在拥有了一个新行：

```
student_id        change_time                   course     old_grade new_grade
---------    ------------------------------    ---------    ------    ----------
        1    2023-09-01 15: 50: 43.291164-04 Biology 2      F           C
```

这行显示 Biology 2 的旧成绩为 F，新成绩为 C，还有展示更新时间的 change_time（你看到的结果将由你的日期和时间决定）。注意，将这行添加至 grades_history 的工作是在后台完成的，更新者对此完全不知情。是表的 UPDATE 事件触发了触发器，而触发器又执行了 record_if_grade_changed() 函数所致。

如果你曾经使用过诸如 WordPress 或者 Drupal 等内容管理系统，那么可能会对这种修订追踪有所了解。它为内容修改提供了有用的记录，以供参考或审核之用，但有时候也会不幸地成为互相指责的根源。无论如何，能够自动触发对数据库的动作，这种能力可以让你更好地控制数据。

自动对温度进行分类

在第 13 章曾经使用过 SQL 的 CASE 语句，将温度读数重新分类为描述性类别。CASE 语言同样是 PL/pgSQL 过程语言的一部分，我们可以利用它为变量赋值的能力，在每次添加温度读数的时候，自动将分类名称保存在表中。在定期收集温度读数的情况下，使用这项技术实现自动分类，能够将我们从手动处理任务的麻烦中解放出来。

我们将采用跟记录成绩变化时相同的步骤：首先创建一个对温度进行分类的函数，然后创建一个触发器，再让触发器在表每次更新的时候运行函数。为了实现上述目的，代码清单 17-23 首先需要创建 temperature_test 表。

```
CREATE TABLE temperature_test (
    station_name text,
    observation_date date,
    max_temp integer,
    min_temp integer,
    max_temp_group text,
    PRIMARY KEY (station_name, observation_date)
);
```

代码清单 17-23：创建 temperature_test 表

这个 temperature_test 表包含了一些列，用于保存监测站的名字以及检测温度的日期等信息。假设现在有一些进程，它们每天插入一行，提供某个位置的最高温度和最低温度，而我们要做的就是根据当天的最高温度读数，在 max_temp_group 列中填充相应的描述性分类，以此来为我们正在发布的天气预报提供文本描述。

为此，我们首先需要创建名为 classify_max_temp() 的函数，正如代码清单 17-24 所示。

```
CREATE OR REPLACE FUNCTION classify_max_temp()
    RETURNS trigger AS
$$
BEGIN
❶ CASE
        WHEN NEW.max_temp >= 90 THEN
            NEW.max_temp_group : = 'Hot';
        WHEN NEW.max_temp >= 70 AND NEW.max_temp        < 90 THEN
            NEW.max_temp_group : = 'Warm';
        WHEN NEW.max_temp >= 50 AND NEW.max_temp        < 70 THEN
            NEW.max_temp_group : = 'Pleasant';
        WHEN NEW.max_temp >= 33 AND NEW.max_temp        < 50 THEN
            NEW.max_temp_group : = 'Cold';
        WHEN NEW.max_temp >= 20 AND NEW.max_temp        < 33 THEN
            NEW.max_temp_group : = 'Frigid';
        WHEN NEW.max_temp < 20 THEN
            NEW.max_temp_group : = 'Inhumane';
            ELSE NEW.max_temp_group : = 'No reading';
    END CASE;
  RETURN NEW;
END;
$$ LANGUAGE plpgsql;
```

代码清单 17-24：*创建 `classify_max_temp()` 函数*

现在对我们来说这些函数应该比较熟悉了。这里新引入的是 PL/pgSQL 版本的 CASE 语法❶，它跟 SQL 语法略有不同。PL/pgSQL 语法在每个 WHEN ... THEN 子句的后面都带有一个分号。赋值操作符 := 也是新引入的，我们会基于 CASE 函数的结果，使用它为 NEW.max_temp_group 列设置描述性名称。比如说，当温度值大于或等于 33 华氏度❶但是小于 50 华氏度时，语句 NEW.max_temp_group := 'Cold' 将把字符串 'Cold' 赋值给 NEW.max_temp_group。然后函数将返回这个包含了字符串值 Cold 的 NEW 行，而后者将被插入至行。请运行这段代码以创建函数。

接下来，为了在每次 temperature_test 表中出现新行的时候执行函数，我们需要使用代码清单 17-25 中的代码创建一个触发器。

```
CREATE TRIGGER temperature_insert
  ❶ BEFORE INSERT
     ON temperature_test
  ❷ FOR EACH ROW
  ❸ EXECUTE PROCEDURE classify_max_temp();
```

代码清单 17-25：*创建 `temperature_insert` 触发器*

在这个例子中，我们在把行插入至表之前，会对 max_temp 进行分类并为 max_temp_group 创建值。这样做比插入行之后再执行单独的更新更为高效。为了指定这种行为，我们将 temperature_insert 触发器设置成了 BEFORE INSERT❶触发。

因为我们希望表中的每条 max_temp 记录都能够得到一个描述式分类，所以我们还将触发器设置成了 FOR EACH ROW❷触发。最后的 EXECUTE PROCEDURE 语句指明了我们刚刚创建的 classify_max_temp() 函数❸。请在 pgAdmin 中运行这个 CREATE TRIGGER 语句，然后使用代码清单 17-26 测试配置是否有效。

```
INSERT INTO    temperature_test
VALUES
    ('North    Station',    '1/19/2023', 10, -3),
    ('North    Station',    '3/20/2023', 28, 19),
    ('North    Station',    '5/2/2023', 65, 42),
    ('North    Station',    '8/9/2023', 93, 74),
    ('North    Station',    '12/14/2023', NULL, NULL);

SELECT * FROM temperature_test ORDER BY observation_date;
```

代码清单 17-26：*插入行以测试 `temperature_insert` 触发器*

这段代码向 temperature_test 插入了五行，我们预期 temperature_insert 触发器将对每行触发——并且它也确实这么做了！代码清单中的 SELECT 语句应该会显示以下结果：

station_name	observation_date	max_temp	min_temp	max_temp_group

---

❶ 华氏度是一种计量温度的标准，单位为°F。华氏度 =32+ 摄氏度 ×1.8。

North Station	2023-01-19	10	-3	Inhumane
North Station	2023-03-20	28	19	Frigid
North Station	2023-05-02	65	42	Pleasant
North Station	2023-08-09	93	74	Hot
North Station	2023-12-14			No reading

在触发器和函数的作用下，插入的每个max_temp都会自动在max_temp_group列中得到相应的分类——即使是没有读取到数值的实例也是如此。注意，触发器对列的更新将覆盖插入时用户提供的任何值。

这个温度示例和前面的成绩变化审计示例都非常基础，但却能让你了解触发器和函数在简化数据维护方面的作用。

小结

尽管本章介绍的技术多多少少与数据库管理员有关，但这些概念确确实实能够减少重复执行某些任务的时间。希望这些手段能够帮助你腾出更多时间以便发现数据中的有趣故事。

本章将结束我们对分析技术和SQL语言的讨论。接下来的两章将提供工作流技巧，以此来提升你对PostgreSQL的掌控能力。其中包括如何连接数据库并通过计算机命令行运行查询，还有如何维护数据库。

实战演练

请通过以下练习复习本章的概念：

1. 创建一个物化视图，显示纽约市出租车每小时的行程次数。请使用第12章的出租车数据以及代码清单12-8中的查询。如果有需要的话，你该如何刷新视图？

2. 我们在第11章学习了如何计算每千次比率（rate per thousand）。请把相应的公式转换成 rate_per_thousand() 函数，它接受 observed_number、base_number 和 decimal_places 三个参数以计算结果。

3. 我们在第10章编写过一个列举食品加工厂的 meat_poultry_egg_establishments 表。请编写一个触发器，它在每次有新厂家被添加到表中的时候，自动为其添加一个将于未来六个月到期的检查截止日期时间戳（记录在代码清单10-19中添加的 inspection_deadline 列中）。请描述实现这个触发器所需的步骤以及各个步骤相互间的关联。

第18章
通过命令行使用 PostgreSQL

 本章我们将要学习如何通过命令行使用 PostgreSQL。命令行是基于文本的界面，可以在其中输入程序名称或者其他命令来执行任务，比如编辑文件或者列出文件目录的内容。

命令行（也称命令行界面、控制台、shell 或者终端）早在计算机拥有图形用户界面（GUI）之前就存在，后者具有菜单、图标以及可以通过点击导航的按钮。回想在读大学的时候，为了编辑文件，我必须将命令输入至连接 IBM 大型计算机的终端里面。以这种方式工作感觉很神秘，就好像我获得了新的力量——并且我确实也得到了它！时至今日，即使在图形用户界面的世界里，熟悉命令行对于程序员向专家级技能迈进也是必不可少的。也许这就是为什么当电影想要表达一个角色精通计算机技术的时候，就会展示他在输入神秘的纯文本命令。

注意，在了解纯文本世界的时候，精通命令行可以带来以下优势，这是诸如 pgAdmin 这样的图形用户界面所无法比拟的：

- 键入简短的命令可以比点击层层叠叠的菜单选项更快地完成工作。
- 访问只有命令行才提供的功能。
- 在诸如连接远程计算机这样的场景中，即使命令行是唯一可用的访问手段，你也能够顺利完成工作。

我们将要使用的是 PostgreSQL 自带的命令行工具 psql，它能够运行查询、管理数据库对象并通过文本命令与计算机操作系统进行交互。我们将要学习如何设置并访问计算机的命令行，然后启动 psql。此外，我们还会学习常用的命令行语法以及执行数据库任务的其他命令。在这个过程中请务必保持耐心：即便是经验丰富的专家也会经常借助文档来回忆可用的命令行选项。

为 psql 设置命令行

首先，我们需要访问操作系统的命令行，并在有需要的情况下，设置名为 PATH 的环境变量，以便告知系统应该在何处找到 psql。环境变量保存着指定系统或应用配置的参数，比如在哪里储存临时文件；它们还可以用于开启或者禁用选项。PATH 环境变量储存着一个或多个目录的名字，这些目录都包含可执行的文件。在这个例子中，PATH 变量需要告诉命令行界面 psql 的位置，从而避免每次启动 psql 时都必须输入其完整目录路径的麻烦。

在 Windows 上设置 psql

在 Windows 上，我们需要通过命令提示符运行 psql，命令提示符是该系统提供命令行界面的应用程序。但是在此之前，我们需要告知命令提示符可以在哪里找到 psql.exe——这是 psql 应用在 Windows 系统上的全称。

将 psql 以及常用程序添加到 Windows PATH

以下步骤假设你已经按照第 1 章"在 WIndows 安装"中所述的说明安装了 PostgreSQL。（如果你是以其他方式安装的 PostgreSQL，那么请使用 Windows 文件资源管理器搜索你的 C: 驱动器以查找保存 *psql.exe* 的目录，并在接下来的步骤中将 *C:\Program Files\PostgreSQL\x\bin* 替换成你自己的路径。）

1. 点击 Windows 任务栏的**搜索**图标，输入**控制面板**，然后点击**控制面板**图标以打开 Windows 控制面板。

2. 在控制面板应用的搜索框中输入**环境**。在显示的结果列表中，点击**编辑系统环境变量**。之后应该会出现一个系统属性对话框。

3. 在系统属性对话框的高级选项卡中，点击**环境变量**。新打开的对话框应该会包含两个部分：用户变量和系统变量。在用户变量部分，如果没有出现 PATH 变量，那么请执行步骤 a 创建它。如果 PATH 变量已经存在，那么请执行步骤 b 修改它。

a. 如果 PATH 没有出现在用户变量部分，那么请点击**新建**以打开创建新用户变量对话框，如图 18-1 所示。

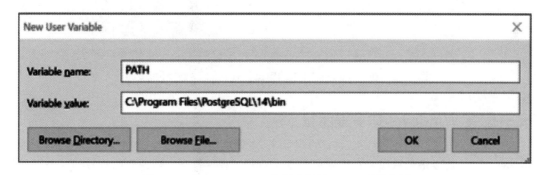

图 18-1　在 Windows 10 中创建新的 PATH 环境变量

在变量名方框中，键入 PATH。在变量值方框中，输入 **C:\Program Files\PostgreSQL*x*\bin**，其中 *x* 为你正在使用的 PostgreSQL 版本（除了手动输入目录之外，你还可以通过点击**浏览目录**并在浏览文件夹对话框中导航至该目录）。在手动输入目录或者导航至目录之后，点击所有对话框的**确定**以关闭它们。

b. 如果用户变量部分已经存在 PATH 变量，那么请高亮选中它然后点击**编辑**。在显示的变量列表中，点击**新建**并输入 **C:\Program Files\PostgreSQL*x*\bin**，其中 *x* 为你正在使用的 PostgreSQL 版本（除了手动输入目录之外，你还可以通过点击**浏览目录**并在浏览文件夹对话框中导航至该目录）。由此产生的结果应该会像图 18-2 中高亮展示的行一样。完成上述操作之后，点击所有对话框的**确定**以关闭它们。

现在当我们启动命令提示符的时候，PATH 将包含我们指定的目录。注意，每次修改 PATH 之后，都必须先关闭然后重新打开命令提示符，这样修改才会生效。接下来，让我们开始对命令提示符进行设置。

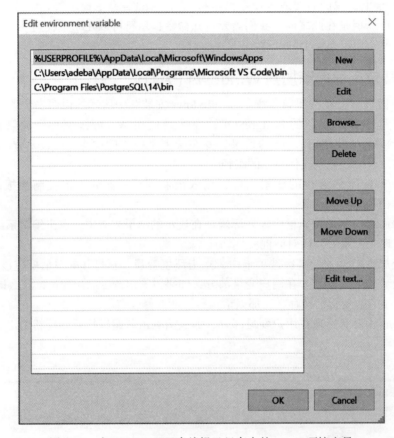

图 18-2　在 Windows 10 中编辑已经存在的 PATH 环境变量

启动并配置 Windows 命令提示符

命令提示符是一个名为 *cmd.exe* 的可执行文件。为了启动它，我们需要选择**开始▸ Windows 系统▸命令提示符**或者在搜索栏中输入 **cmd**。程序打开之后，我们将看到一个黑色背景的窗口，里面会显示版本、版权信息以及说明当前目录的提示。在我的 Windows 10 系统中，命令提示符会打开我默认的用户目录并显示 `C:\Users\adeba>`，如图 18-3 所示。

这行就是提示符，它显示当前的工作目录。具体到这个例子，就是我的 `C:` 驱动器（它一般都是 Windows 系统的主硬盘）加上这个驱动器上的 `\Users\adeba` 目录。大于号 `>` 表示我们可以输入命令的区域。

> **注意**
>
> 为了快速访问命令提示符，你可以把它添加到你的 Windows 任务栏里面。在命令提示符运行的情况下，右键点击它的图标，然后选择**固定到任务栏**即可。

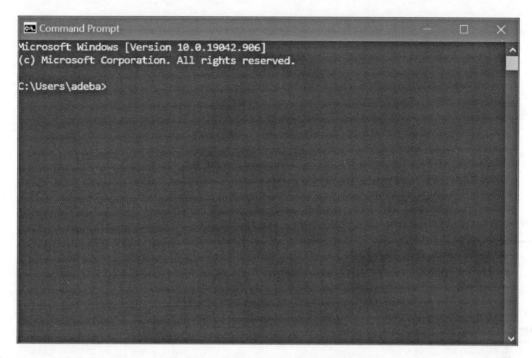

图 18-3 　Windows 10 中的命令提示符

通过点击窗口栏左侧的命令提示符图标并从菜单中选择**属性**，我们可以自定义命令提示符的字体、颜色还有其他设置。为了让命令提示符更适应查询输出，我建议将样式标签中窗口大小的宽度设置为至少 80，而高度则设置为 25。对于字体，PostgreSQL 官方文档建议使用 Lucida Console 以便正确显示所有字符。

在 Windows 命令提示符中输入命令

现在，我们可以开始向命令提示符键入命令了。在提示符中键入 **help** 然后按下键盘上的回车键，就可以查看可用的 Windows 系统命令列表。你可以在 help 后面加上命令的名字来查看命令的相关信息。比如说，输入 help time 即可显示使用 time 命令设置或查看系统时间的信息。

完整探索命令提示符的使用方式是一个巨大的课题，超出了本书的范围；但是我鼓励你尝试表 18-1 中的一些命令，其中包含了一些有用的常见命令，不过它们对于完成本章的练习并不是必需的。

表 18-1 　有用的 Windows 命令

命令	功能	示例	行为
cd	改变目录	cd C: \my-stuff	将当前工作目录修改为 C: 驱动器中的 *my-stuff* 目录
copy	复制文件	copy C: \my-stuff\song.mp3 C: \Music\song _favorite.mp3	将 *my-stuff* 中的 *song.mp3* 文件复制为 *Music* 目录中的新文件 *song_favorite.mp3*
del	删除	del *.jpg	通过星号通配符，删除当前目录中扩展名为 *.jpg* 的所有文件

命令	功能	示例	行为
dir	列出目录内容	dir /p	使用 /p 选项，以每次一屏幕的方式展示目录包含的内容
findstr	在文本文件中查找与正则表达式匹配的字符串	findstr "peach" *.txt	在当前目录的所有 .txt 文件中搜索文本 peach
mkdir	创建新目录	makedir C:\my-stuff\ Salad	在 my-stuff 目录中创建一个 Salad 目录
move	移动文件	move C:\my-stuff\song.mp3 C:\Music\	将文件 song.mp3 移动至 C:\Music 目录

在打开并且配置好命令提示符之后，我们就做好继续前进的准备了。请跳跃到之后的"使用 psql"一节继续阅读。

在 macOS 上设置 psql

在 macOS 上，我们需要在终端中运行 psql，终端应用通过 bash 或 zsh 等数个 shell 程序的其中之一提供对系统命令行的访问。包括 macOS 在内，基于 Unix 或 Linux 系统的 shell 程序不仅提供了可供用户输入命令的命令提示符，还提供了实现自动化任务的自有编程语言。比如说，你可以使用 bash 命令编写程序以登录远程计算机、传输文件并注销。

如果你已经按照第 1 章介绍的方法在 macOS 中安装了 Postgres.app，并且在终端中执行了当时提到的命令，那么你不需要额外的配置就可以使用 psql 及其相关的命令。如果你没有那么做的话，那么请按照以下方法启动终端进行配置。

启动并配置 macOS 终端

请通过访问**应用程序▸实用工具▸终端**启动终端。终端开启之后，你将看到一个窗口，上面会显示你上次登录的日期和时间，还有一个包含计算机名字、当前工作目录以及用户名的提示符。在我设置为 bash shell 的 Mac 上，提示符将显示为 ad：～ anthony$ 并以美元符号（$）结尾，正如图 18-4 所示。

波浪符号（～）代表系统的主目录，也就是 /Users/anthony。终端不会显示完整的目录路径，但你可以在有需要的情况下通过在键盘上键入 pwd 命令（也就是 print working directory 的缩写）并按下回车键来查看该信息。美元符号后面就是我们输入命令的区域。

如果你的 Mac 使用的是其他 shell，比如 zsh，那么你的提示符可能会有所不同。比如说，zsh 的提示符就以百分号结尾。不过使用特定的 shell 对执行本章中的练习没有影响。

> **注意**
> 为了快速访问终端，你可以把它添加到 macOS 的 Dock 上。在终端运行的情况下，右键点击它的图标并选择**选项▸保留在 Dock 中**即可。

如果你是第一次使用终端，那么它默认的黑白配色方案看上去可能会稍显沉闷。你可以通过选择**终端▸首选项**来更改字体、颜色和其他设置。为了扩大终端以便更好地适应查询输出显示，我推荐在配置文件的窗口选项卡中，将窗口大小的宽度设置为至少 80 列，高度设置为 25 行。另外，我推荐在文本选项卡中将字体设置为 Monaco 14，但你也可以尝试找出自己喜欢的字体。

图 18-4　macOS 中的终端命令行

完整探索终端的使用方式是一个巨大的主题，超出了本书的范围，但我们可以花些时间尝试几个命令。表 18-2 列出了一些有用的常用命令，不过它们对于完成本章的练习并不是必需的。输入 manual（手册）的简写 man，后面再加上命令的名字，就可以获得指定命令的帮助信息。比如说，我们可以通过 man ls 来了解如何使用 ls 命令列出目录内容。

表 18-2　有用的终端命令

命令	函数	示例	行为
cd	改变工作目录	cd /Users/pparker /my-stuff/	将当前的工作目录修改为 *my-stuff*
cp	复制文件	cp song.mp3 song_ backup.mp3	将当前目录中的 *song.mp3* 复制为 *song_backup.mp3*
grep	在文本文件中查找与正则表达式匹配的字符串	grep 'us_counties_2010' *.sql	在所有带有 *.sql* 扩展名的文件中查找包含文本 *us_counties_2010* 的所有行
ls	列出目录内容	ls -al	以详细格式列出所有（包括被隐藏的）文件和目录
mkdir	创建新文件夹	mkdir resumes	在当前工作目录之下创建一个名为 *resumes* 的目录
mv	移动文件	mv song.mp3 /Users/ pparker/songs	将当前目录的 *song.mp3* 移动至用户目录下的 */songs* 目录
rm	移除 / 删除文件	rm *.jpg	通过星号通配符，删除当前目录下所有带有 *.jpg* 扩展名的文件

在打开并且配置好终端之后，我们就做好继续前进的准备了。请跳跃到之后的"使用psql"一节继续阅读。

在 Linux 上设置 psql

正如第 1 章的"在 Linux 安装"小节所言，安装 PostgreSQL 的方法在不同 Linux 发行版上各不相同。不过 psql 是标准 PostgreSQL 安装的一部分，在安装的过程中，你很可能已经通过发行版的命令行终端应用程序运行过 psql 命令。即使你还没使用过 psql，PostgreSQL 的标准 Linux 安装程序也会自动将其添加到你的 PATH 中，所以你应该可以直接访问它。

请启动终端应用程序，然后阅读下一节"使用 psql"。在 Ubuntu 和某些发行版中，通过按下 CTRL-ALT-T 可以直接开启终端。另外需要注意的是，表 18-2 中的 Mac 终端命令也适用于 Linux，它们可能会对你有所帮助。

使用 psql

在了解了命令行界面并将其设置好以识别 psql 的位置之后，现在是时候启动 psql 并将其连接到本地安装的 PostgreSQL 的数据库上了。在此之后，我们将探索执行查询以及获取数据库信息的特殊命令。

启动 psql 并连接至数据库

无论你使用的是何种操作系统，启动 psql 的方法都是相同的。打开命令行界面（Windows 上的命令提示符、macOS 或 Linux 上的终端）。为了启动 psql 并连接至数据库，我们将在命令提示符中使用以下模式：

```
psql -d database_name -U user_name
```

在 psql 应用的名字后面，我们会在数据库参数 -d 之后提供数据库的名字，并在用户名参数 -U 之后提供用户名。

对于数据库名字，我们将使用 analysis，这是我们为了学习本书而创建表和其他对象的地方。至于用户名，我们将使用安装期间创建的默认用户名 postgres。综上所述，为了连接至本地服务器的 analysis 数据库，请在命令行输入以下内容：

```
psql -d analysis -U postgres
```

请注意，如果你想要连接的是远程服务器，那么可以使用 -h 参数并指定远程服务器的主机名。比如说，如果你想要连接 example.com 服务器上的 analysis 数据库，那么可以使用以下命令：

```
psql -d analysis -U postgres -h example.com
```

不管你使用何种方式进行连接，只要你在安装过程中设置了密码，你将在 psql 启动的过程中接收到密码提示。在出现提示之后，请输入密码。在 psql 连接至数据库之后，你应该会看到类似这样的提示：

```
psql (13.3)
Type "help" for help.

analysis=#
```

这里的第一行展示了 psql 的版本号以及它所连接的服务器。根据你安装 PostgreSQL 时间的先后，你看到的版本号可能会有所不同。输入命令的提示符是 analysis=#，提示符会引用数据库的名字，后面跟着一个等号（=）和一个哈希标记（#）。哈希标记表明你正在以超级用户权限登录，这种权限允许你无限制地访问和创建对象、设置账号和安全性。如果你登录的用户不具有超级用户权限，那么提示的最后一个字符将是大于号（>）。如你所见，我们在这里登录的用户账户（postgres）为超级用户。

> **注意**
>
> PostgreSQL 在安装过程中会创建一个名为 postgres 的默认超级用户账号。如果你在 macOS 上运行 Postgres.app，那么它在安装时将会创建一个额外的超级用户账号，这个账号将使用你的系统用户名，但是不会设置密码。

最后，在 Windows 系统上，你在启动 psql 之后会看到一条警告消息，说明控制台代码页和 Windows 代码页不同。这是命令提示符和 Windows 系统其余部分的字符集不匹配造成的。但是在学习本书的过程中你可以安全地忽略这一警告。如果你愿意的话，也可以在启动 psql 之前，通过在 Windows 命令提示符键入 cmd.exe /c chcp 1252，从而在单次会话中消除该警告。

获取帮助或退出

在 psql 提示符中，可以通过一系列元命令（meta-command）获取关于 psql 或者常规 SQL 的帮助信息，详情见表 18-3。以反斜杠（\）开头的元命令不仅可以提供帮助，它们还能返回数据库相关的信息、调整设置或是处理数据，接下来的内容将对此进行介绍。

表 18-3　psql 中的帮助命令

命令	显示
\?	列出 psql 中可用的命令，比如用于列出表的 \dt
\?options	和 psql 搭配使用的选项，比如用于指定用户名的 -U
\?variables	和 psql 搭配使用的变量，比如记录 psql 当前版本的 VERSION
\h	列出 SQL 命令。添加命令名称可以查看其详细帮助信息（比如 \h INSERT）

即便是有经验的用户也会经常需要复习命令和选项，所以 psql 提供了方便的手段以便查看它们的详细信息。退出 psql 请使用代表退出（quit）的元命令 \q。

改变数据库连接

在使用 SQL 的过程中，需要用到多个数据库的场景并不少见，所以我们需要一种在数据库之间切换的方法。通过在 psql 提示符中使用 \c 元命令，我们可以轻而易举地做到这一点。

举个例子，在连接 analysis 数据库的过程中，我们可以在 psql 提示符中输入以下命令以创建名为 test 的数据库：

```
analysis=# CREATE DATABASE test;
```

然后，为了连接刚刚新创建的 test 数据库，你需要在 psql 提示符中输入 \c 并在后面给出数据库的名字（如果 PostgreSQL 向你询问密码，那么请提供密码）：

```
analysis=# \c test
```

应用程序应该会响应以下信息：

```
You are now connected to database "test" as user "postgres".
test=#
```

提示符会显示你正在连接的数据库。如果你想要以其他用户的身份登录（比如使用 macOS 安装过程中为你创建的用户），那么你可以在数据库名字的后面添加用户名。在我的 Mac 上，执行上述操作的语法如下：

```
analysis-# \c test anthony
```

该命令的响应如下：

```
You are now connected to database "test" as user "anthony".
test=#
```

为了减少混乱，我们可以将之前创建的 test 数据库删除。首先，因为数据库只有在没有任何人连接它的情况下才会被删除，所以我们需要先使用 \c 断开与 test 数据库的连接并重新连接至 analysis 数据库。之后，我们就可以在 analysis 数据库中，通过在 psql 提示符中输入 DROP DATABASE test; 以删除 test 数据库。

设置密码文件

如果你在启动 psql 的时候不想看见密码提示，那么可以设置一个文件来储存数据库连接信息，并在其中包含服务器名称、你的用户名和密码。在启动时，psql 将读取该文件，如果文件中包含了与数据库连接和用户名匹配的条目，那么 psql 将跳过密码提示。

在 Windows 10 中，该文件必须命名为 *pgpass.conf* 并且必须位于以下目录中：*C: \Users\YourUsername\AppData\Roaming\postgresql*。这个 postgresql 目录可能需要由你来创建。在 macOS 和 Linux 中，该文件必须命名为 *.pgpass* 并且必须位于你的主目录。根据

PostgreSQL 官网文件中的 34.16 The Password File 文档说明，在 macOS 和 Linux 上，你可能需要在创建文件之后，通过在命令行运行 chmod 0600 ～ /.pgpass 以设置文件权限。

请使用文本编辑器创建文件，并根据你的系统使用正确的名称和位置保存该文件。在文件里面，你需要按以下格式为每个数据库连接添加一个行：

```
hostname: port: database: username: password
```

比如说，要为 analysis 数据库和 postgres 用户设置连接，我们需要键入以下行，并在其中替换你的密码：

```
localhost: 5432: analysis: postgres: password
```

以上四个参数中的任意一个都可以使用星号作为通配符。举个例子，如果要为 postgres 用户使用的所有本地数据库提供密码，那么可以使用星号代替数据库名称：

```
localhost: 5432: *: postgres: password
```

保存密码能够少打一些字，但请注意安全方面的最佳实践。始终使用强密码和 / 或物理安全密钥保护你的计算机，不要在任何公共或共享系统上创建密码文件。

在 psql 上运行 SQL 查询

在配置 psql 并连接至数据库之后，我们接下来就可以尝试运行一些 SQL 查询了。我们将从单行查询开始，然后再过渡至多行查询。

我们可以在提示符中直接将 SQL 键入至 psql。比如说，为了查看书中一直使用的 2019 年人口普查表的其中几行，我们可以在提示符中输入代码清单 18-1 所示的查询。

```
analysis=# SELECT county_name FROM us_counties_pop_est_2019 ORDER BY
county_name LIMIT 3;
```

代码清单 18-1：在 psql 中输入单行查询

按下回车键执行查询，psql 将以文本形式在终端中显示以下结果，并在其中包含被返回的行数：

```
county_name
-------------------
Abbeville County
Acadia Parish
Accomack County
 (3 rows)

analysis=#
```

结果的下方会再次显示 analysis=# 提示符，准备随时接受新的输入。使用键盘的上下箭头可以滚动浏览最近的查询，并在有需要的时候按下回车键再次执行它们，这样就可以避免重复键入了。

键入多行查询

psql 并不仅限于执行单行查询。当查询跨越多个行的时候，我们可以逐行键入它们，并在每行之后按下回车键，psql 在遇到分号之前都不会执行查询。代码清单 18-2 以多行方式重新输入了代码清单 18-1 中的查询。

```
analysis=#    SELECT county_name
analysis-#    FROM us_counties_pop_est_2019
analysis-#    ORDER BY county_name
analysis-#    LIMIT 3;
```

代码清单 18-2：在 psql 中输入多行查询

注意，当查询超过一行的时候，数据库名称和哈希标记之间的符号将从等号变为连字符。只有以分号结束的最后一行被按下回车键的时候，多行查询才会被执行。

在 psql 提示符中检查未被关闭的括号

psql 还有另一个有用的功能，那就是，它会在成对的括号尚未被关闭时提醒你。代码清单 18-3 展示了这个动作。

```
analysis=# CREATE TABLE wineries (
analysis(# id bigint,
analysis(# winery_name text
analysis(# );
CREATE TABLE
```

代码清单 18-3：在 psql 提示符中展示未被关闭的括号

这段代码创建了一个名为 wineries 的表，它很简单，只包含两列。在输入由 CREATE TABLE 语句和左括号（(）组成的第一行之后，提示符将从原来的 analysis=# 变为包含左括号的 analysis(#，以此来提醒你还有一个左括号需要关闭。提示符将一直维持这种状态，直到你添加右括号为止。

> **注意**
> 如果你在文本文件里面保存了一个非常长的查询，比如本书资源库中的某些查询，那么可以将其复制至计算机剪贴板并将其粘贴至 psql 中（复制操作的快捷键在 Windows 上是 CTRL-V，在 macOS 上是 COMMAND-V，在 Linux 上是 SHIFT-CTRL-V）。这样就不必亲手键入整个查询了。在将查询文本粘贴至 psql 之后，只需按下回车键就可以执行它。

编辑查询

使用元命令 \e 或者 \edit 可以编辑 psql 最近执行过的查询。键入 \e 会在文本编辑器中打开最后执行的查询。在默认情况下，psql 使用的编辑器由你的操作系统决定。

在 Windows 上，psql 将打开记事本，它是一个简单的图形用户界面文本编辑器。你可以在记事本里面编辑查询，然后通过选择**文件▸保存**，最后通过选择**文件▸退出**关闭记事本。在记事本关闭之后，psql 将执行修改后的查询。

在 macOS 和 Linux 上，psql 将使用名为 vim 的命令行程序，它是程序员的最爱，但是对初学者来说却显得高深莫测。你可以通过查看 Vim Cheat Sheet 网页来获得一些帮助。现在来说，你可以通过以下步骤进行简单的编辑：

1. 当 vim 在终端中打开查询的时候，请按下 I 键以激活输入模式。

2. 编辑查询。

3. 按下 Esc 键，然后再按下 Shift-: 组合键，vim 屏幕的左下角将显示冒号命令提示符，在那里键入命令就可以控制 vim。

4. 键入代表编写（write）和退出（quit）的 wq 命令，然后按下回车键来保存修改。

在 vim 退出之后，psql 提示符将执行修改后的查询。你只需要按下向上箭头按键即可查看修改后的查询。

导航并格式化结果

因为之前运行的代码清单 18-1 和代码清单 18-2 只会返回单个列和寥寥数行，所以它们的输出可以很好地包含在命令行界面中。但是对于包含更多列和行的查询，输出将填满不止一个屏幕，并导致输出难以导航。幸运的是，我们可以使用 \pset 元命令，以多种方式自定义输出的显示风格。

设置结果分页

调整输出格式的其中一种方法就是指定 psql 如何处理冗长查询结果的滚动方式，也就是所谓的分页。默认情况下，如果结果返回的行数量超过了一个屏幕所能够容纳的行数量，psql 将显示第一个屏幕所能容纳的行，然后让你通过滚动浏览剩余的部分。举个例子，代码清单 18-4 展示了从代码清单 18-1 的查询中移除 LIMIT 子句之后，psql 提示符里面会发生什么事情。

```
analysis=# SELECT county_name FROM us_counties_pop_est_2019 ORDER BY
county_name;

county_name
----------------------------------
 Abbeville County
 Acadia Parish
 Accomack County
 Ada County
 Adair County
 Adair County
 Adair County
 Adair County
 Adams County
```

```
Adams County
Adams County
Adams County
-- More --
```

代码清单 18-4：包含滚动结果的查询

如前所述，这个表共有 3142 行。代码清单 18-4 只展示了当前屏幕的前 12 行（具体可见的行数取决于你的终端配置）。在 Windows 上，提示符 -- More -- 说明有更多结果可用，只需要按下回车键就可以滚动它们。在 macOS 和 Linux 上，这个提示符将是冒号。要完整滚动完这几千行需要花一点时间，你也可以按 Q 退出结果并返回至 psql 提示符。

如果你想要避开手动滚动并立即显示所有结果，那么可以使用元命令 \pset pager 改变分页器设置。在 psql 提示符中运行该命令，它将返回消息 Pager usage is off（已停止使用分页器）。现在，在关闭分页器的情况下，再次运行代码清单 18-3 中的查询，你应该会看到以下结果：

```
--snip--
York County
York County
York County
York County
Young County
Yuba County
Yukon-Koyukuk Census Area
Yuma County
Yuma County
Zapata County
Zavala County
Ziebach County
 (3142 rows)

analysis=#
```

你将无需进行任何滚动，直接被带到结果的末尾。若要重新打开分页功能，那么请再次运行 \pset pager。

格式化结果网格

\pset 还可以跟以下选项一起用于格式化结果：

```
border int
```

使用此选项可以指定结果网格为无边框（0）、用线在内部分隔列（1）或者用线包围所有单元格（2）。比如说，执行 \pset border 2 将用线包围所有单元格。

```
format unaligned
```

使用选项 \pset format unaligned 可以将结果中的行从列分隔改为分隔符分隔，类似于我们看到的 CSV 文件。分隔符默认为管道符号（|），也可以使用 fieldsep 命令设置不同的分隔符。比如说，运行 \pset fieldsep ',' 可以将逗号设置为分隔符。要恢复到列视图，则可以运行 \pset format aligned。使用 psql 元命令 \a 可以在对齐视图和不对齐视图之间切换。

```
footer
```

这个选项可以打开或者关闭显示结果行数的结果页脚。

```
null
```

这个选项用于设置 psql 如何显示 NULL 值。默认情况下，它们将被显示为空白。运行 \pset null '(null)' 可以在列值为 NULL 的时候将空白替换成 (null)。

PostgreSQL 官网在 psql 文档里面还提供了更多选项可供探索。此外，我们还可以把配置选项保存在文件里面（在 macOS 或 Linux 上为 *.psqlrc* 文件，在 Windows 上为 *psqlrc.conf* 文件），并在每次 psql 启动的时候加载它们。这里可以找到一个很好的示例：https://www.citusdata.com/blog/2017/07/16/customizing-my-postgres-shell-using-psqlrc/。

查看扩展的结果

有时候，比起行和列组成的典型表样式，使用垂直列表方式查看和排列结果会更有帮助。当列的数量太大以至于无法在常规的水平结果网格中显示，又或者在逐行扫描列中的值时，这种做法会非常有用。在 psql 中，可以使用代表扩展（expanded）的元命令 \x 切换至垂直列表视图。理解常规视图和扩展视图之间区别最好的方法就是查看示例。代码清单 18-5 展示了在常规显示的情况下，使用 psql 查询第 17 章中的 grades 表。

```
analysis=# SELECT * FROM grades ORDER BY student_id, course_id;
 student_id | course_id |       course       | grade
------------+-----------+--------------------+-------
          1 |         1 | Biology 2          | C
          1 |         2 | English 11B        | D
          1 |         3 | World History 11B  | C
          1 |         4 | Trig 2             | B
(4 rows)
```

代码清单 18-5：grades 表查询的常规显示

为了切换成扩展视图，请在 psql 提示符中输入 \x，它将显示消息 Expanded display is on（已启用扩展视图）。之后，再次运行相同的查询，就会看到扩展后的结果，正如代码清单 18-6 所示。

```
analysis=# SELECT * FROM grades ORDER BY student_id, course_id;
-[ RECORD 1 ]-----------------
student_id | 1
```

```
course_id  | 1
course     | Biology 2
grade      | C
-[ RECORD 2 ]-----------------
student_id | 1
course_id  | 2
course     | English 11B
grade      | D
-[ RECORD 3 ]-----------------
student_id | 1
course_id  | 3
course     | World History 11B
grade      | C
-[ RECORD 4 ]-----------------
student_id | 1
course_id  | 4
course     | Trig 2
grade      | B
```

代码清单 18-6：grades 表查询的扩展显示

结果会以垂直块的形式展示，并通过记录编码进行分隔。根据你的需求和正在处理的数据类型，这种格式可能会更容易阅读。在 psql 提示符中再次输入 \x 就可以恢复列显示。此外，设置 \x auto 可以让 PostgreSQL 根据输出的大小在展示结果时自动使用表视图或是扩展视图。

接下来，让我们来探索如何使用 psql 挖掘数据库信息。

获取数据库信息的元命令

我们可以通过一组特定的元命令，让 psql 显示数据库、表或者其他对象的详细信息。为了说明这些命令的工作原理，我们将探索显示数据库表的元命令，包括如何在命令中添加加号（+）来扩展输出，还有如何通过可选的模式筛选输出。

为了列出所有表，我们可以在 psql 提示符中输入 \dt。以下是我的系统在执行该命令时的结果：

```
                          List of relations
 Schema |              Name               | Type  |  Owner
--------+---------------------------------+-------+-----------
 public | acs_2014_2018_stats             | table | anthony
 public | cbp_naics_72_establishments     | table | anthony
 public | char_data_types                 | table | anthony
 public | check_constraint_example        | table | anthony
 public | crime_reports                   | table | anthony
 --snip--
```

结果将按字母顺序列出当前数据库中的所有表。

我们可以通过添加数据库对象必须匹配的模式来筛选输出。比如说，使用 \dt us* 可以只显示名称以 us 开头的表（星号作为通配符）。以下是这个查询的结果：

```
                    List of relations
 Schema |            Name             | Type  |   Owner
--------+-----------------------------+-------+-----------
 public | us_counties_2019_shp        | table | anthony
 public | us_counties_2019_top10      | table | anthony
 public | us_counties_pop_est_2010    | table | anthony
 public | us_counties_pop_est_2019    | table | anthony
 public | us_exports                  | table | anthony
```

表 18-4 展示了其他几个比较有用的命令，包括 \l，它可以列出服务器上的所有数据库。给每个命令后面加上一个加号，比如 \dt+，可以给输出增加更多信息，包括对象体积。

表 18-4　psql\d 命令示例

命令	输出
\d [pattern]	列、数据类型以及对象的其他信息
\di [pattern]	索引及其关联的表
\dt [pattern]	表以及拥有它们的账户
\du [pattern]	用户账户及其属性
\dv [pattern]	视图以及拥有它们的账户
\dx [pattern]	已安装的扩展
\l [pattern]	数据库

完整的命令列表可以在 PostgreSQL 官网文件中的 PostgreSQL Client Applications 文档查看，你也可以使用前面提到过的 \? 命令查看详细信息。

导入、导出以及使用文件

本节将探讨如何使用 psql 从命令行导入和导出数据，这在连接诸如 AWS 的 PostgreSQL 实例等远程服务器时非常重要。我们还会使用 psql 读取和执行储存在文件里面的 SQL 命令，并学习将 psql 输出发送至文件的语法。

使用 \copy 实现导入和导出

在第 5 章，我们学习了如何使用 PostgreSQL 的 COPY 命令来导入和导出数据。整个过程非常直观，但它有一个重要的限制：导入或导出的文件必须跟 PostgreSQL 服务器位于同一台机器。如果你像我们之前所做的练习那样，只在本地机器上工作，那么这种限制不会对你产生任何影响。但如果你正在连接位于远程计算机的数据库，那么你可能无法访问它的文件系统。不过这个问题可以通过使用 psql 的 \copy 命令来解决。

\copy 元命令的工作方式就跟 PostgreSQL 的 COPY 命令一样，区别在于当你在 psql 提示符中执行它的时候，\copy 会将数据从你的机器路由至你已连接的服务器，无论它是本地的还是远程的。因为适合连接的公共远程服务器非常少，所以我们在尝试这个操作的时候并不会实际地连接远程服务器，但是对本地的 analysis 数据库执行命令已经足以让我们学会相应的语法了。

代码清单 18-7 在 psql 提示符中使用了 DELETE 命令来移除第 10 章中创建的 state_regions 表及其所有行，然后再使用 \copy 导入数据。别忘了把代码中的文件路径修改为你在电脑中保存文件的位置！

```
analysis=# DELETE FROM state_regions;
DELETE 56
analysis=# \copy state_regions FROM 'C: \YourDirectory\state_regions.csv'
WITH (FORMAT CSV, HEADER);
COPY 56
```

代码清单 18-7：使用 \copy 导入数据

接下来，我们将使用 \copy 以导入数据，它的语法和 PostgreSQL COPY 相同，其包含的 FROM 子句带有机器上的文件路径，而 WITH 子句则指定文件为 CSV 并且带有标题行。在执行该语句时，服务器将返回响应 COPY 56，从而告知你行已经被成功导入。

在使用 psql 连接至远程服务器的时候，你可以使用相同的 \copy 语法，命令在导入时会自动将你的本地文件路由至远程服务器。在这个例子中，我们使用了 \copy FROM 来导入文件。当然，我们也可以使用 \copy TO 进行导出。下面，让我们来看看如何通过另一种方法，使用 psql 导入 / 导出数据或者运行其他 SQL 命令。

将 SQL 命令传递给 psql

通过在 -c 参数的后面放置一个被引号包围的命令，我们可以将其发送至已连接的本地或远程服务器。这个命令可以是单条 SQL 语句、使用分号分隔的多条 SQL 语句，又或者元命令。这种方法让我们能够在单条命令行语句里面运行 psql、连接服务器并且执行命令——当你想要将 psql 语句合并至 shell 脚本从而执行自动任务时，这种做法会非常方便。

比如说，我们可以使用代码清单 18-8 中的语句将数据导入至 state_regions 表，这个语句必须在命令行提示符中（而不是 psql 中）以单行的方式键入：

```
psql -d analysis -U postgres -c❶ 'COPY state_regions FROM STDIN❷ WITH
(FORMAT CSV, HEADER); ' <❸ C: \YourDirectory\state_regions.csv
```

代码清单 18-8：使用 psql 配合 COPY 导入数据

为了尝试这个命令，我们需要先在 psql 里面运行 DELETE FROM state_regions; 以清除该表，然后再通过输入元命令 \q 退出 psql。

请在命令提示符中键入代码清单 18-8 所示的语句。这段代码首先使用 psql 以及 -d 和 -U 命令以连接 analysis 数据库。接下来是 -c 命令❶，还有用于导入数据的 PostgreSQL 语句。这个语句跟 COPY 语句很相似，唯一的区别在于它在 FROM 后面使用的是关键字 STDIN ❷而不是完整的文件路径和文件名。STDIN 的意思是"标准输入（standard input）"，它是一个输入数据流，其数据可以来源于设备、键盘或是文件。本例中使用的文件 *state_regions.csv* 是我们使用小于符号（<）导入❸至 psql 的，为此还需要提供文件的完整路径。

在命令提示符中运行整个命令将导入 CSV 文件并生成消息 COPY 56。

将查询输出保存至文件

在某些情况下，将 psql 会话期间产生的查询结果和消息保存到文件里面会非常有用，比如保留工作历史，又或者在电子表格或是其他应用程序中使用这些输出。为了将查询输出发送至文件，我们需要用到代表 output（输出）的 \o 元命令，还有 psql 将要创建的输出文件的完整路径和名称。

> **注意**
>
> 在 Windows 上，\o 命令的文件路径要么使用类似 C:/my-stuff/my-file.txt 这样的 Linux 风格正斜杠，要么使用类似 C:\\my-stuff\\my-file.txt 这样的双重反斜杠，必须是这两种风格的其中一种。

作为例子，代码清单 18-9 会将 psql 格式样式从表格更改为 CSV，然后将查询结果直接输出至文件。

```
❶ analysis=# \pset format csv
Output format is csv.

analysis=# SELECT * FROM grades ORDER BY student_id, course_id;
❷ student_id, course_id, course, grade
1, 1, Biology 2, F
1, 2, English 11B, D
1, 3, World History 11B, C
1, 4, Trig 2, B


❸ analysis=# \o 'C:/YourDirectory/query_output.csv'

analysis=# SELECT * FROM grades ORDER BY student_id, course_id;
❹ analysis=#
```

代码清单 18-9：将查询输出保存至文件

这段代码首先使用元命令 \pset format csv 设置输出格式❶。这样在对 grades 表执行简单的 SELECT 时，输出❷将返回以逗号分隔的值。之后，为了在下次运行查询的时候将输出发送至文件，代码使用 \o 元命令并提供了一个指向 *query_output.csv* 文件❸的完整路径。在此之后，再次运行 SELECT 查询，屏幕上将不会出现任何输出❹。取而代之的是一个包含查询内容的文件，该文件位于指定的目录下❸。

注意，在这个时间点之后运行的每个查询，其输出都会追加至 \o 命令指定的同一文件中。如果你不想再将输出保存至那个文件，那么可以指定一个新文件，又或者输入不带文件名的 \o 以便将结果重新输出至屏幕。

读取并执行储存在文件中的 SQL

为了运行储存在文本文件中的 SQL，我们可以在命令行中执行 psql，并在代表文件

（file）的 -f 参数后面提供文件名称。这种语法可以让我们在命令行中快速运行查询或是表更新，又或者跟系统调度程序结合起来定期执行任务。

假设我们把代码清单 18-9 中的 SELECT 查询保存在名为 *display-grades.sql* 的文件里面，那么可以在命令行中通过以下 psql 语法运行被保存的查询：

```
psql -d analysis -U postgres -f C: \YourDirectory\display-grades.sql
```

按下回车键之后，psql 将会启动，运行文件中保存的查询，输出结果，然后退出。因为这一工作流不需要启动 pgAdmin 也不需要重复编写查询，所以它对于重复性任务可以节省大量时间。我们还可以在文件里面堆叠多个查询，让它们一个接一个运行，比如说，当你想要在数据库里面运行多个更新的时候，你可能就会这么做。

加速任务的附加命令行实用程序

PostgreSQL 自身也拥有一组命令行实用程序，它们可以直接在命令行界面中调用而无需启动 psql。PostgreSQL 官网文件中的 PostgreSQL Client Applications 文档给出了这些程序的完整清单，其中一些专门用于数据库维护的程序将在第 19 章进行介绍。本节将介绍两个特别有用的工具：在命令行创建数据库的 createdb 工具，还有将 shapefiles 文件载入至 PostGIS 数据库的 shp2pgsql 工具。

使用 createdb 添加数据库

前面的章节曾经使用 CREATE DATABASE 将 test 数据库添加至 PostgreSQL 服务器。在命令行中使用 createdb 可以实现同样的操作。比如说，为了在服务器中创建名为 box_office 的新数据库，你可以在命令行中运行以下命令：

```
createdb -U postgres -e box_office
```

参数 -U 告诉命令在连接 PostgreSQL 服务器时使用 postgres 账号。代表回响（echo）的参数 -e 打印 createdb 生成的命令作为输出。运行这条命令将创建数据库并在屏幕中打印以 CREATE DATABASE box_office; 结尾的输出。在此之后，我们就可以通过以下 psql 命令连接新数据库了：

```
psql -d box_office -U postgres
```

跟 psql 一样，createdb 命令能够通过接收参数连接至远程服务器并为新数据库设置可选项。完整的参数列表可以在 PostgreSQL 官网文件 PostgreSQL Client Applications 中的 createdb 文档中找到。跟其他命令行程序一样，createdb 命令可以有效节省时间，并且在无法访问图形用户界面的情况下会非常有用。

使用 shp2pgsql 载入 Shapefiles

在第 15 章，我们了解了 shapefiles，它包含了描述空间对象的数据。在 Windows 和某些 Linux 发行版本中，你通常可以使用 PostGIS 附带的 Shapefile 导入 / 导出管理器图形用户界面工具，把 shapefiles 导入至支持 PostGIS 的数据库。但是在 macOS 和某些 Linux 版本中，PostGIS 并未包含这个图形用户界面工具。如果你恰好就是后一种情况，又或者你更喜欢使用命令行进行工作，那么可以使用 PostGIS 的命令行工具 shp2pgsql 来导入 shapefile。

为了通过命令行将 shapefile 导入至新表，我们需要用到以下语法：

```
shp2pgsql -I -s SRID -W encoding shapefile_name table_name | psql -d
database -U user
```

这行代码做了非常多的事情。以下是对各个参数的逐一解释（如果你跳过了第 15 章，那么现在可能需要去复习一下）：

-I 使用 GiST 为新表的几何列添加索引。

-s 为几何数据指定 SRID。

-W 指定编码（回想一下，我们在人口普查 shapefiles 中使用的是 `Latin1` 编码）。

shapefile_name 包含完整路径并且以 *.shp* 扩展名结尾的文件名。

table_name 导入 shapefile 的表的名字。

在这些参数的后面，我们放置了一个管道符号（|），将 shp2pgsql 的输出定向至 `psql`，而后者则通过参数指定数据库和用户的名字。比如说，为了将 *tl_2019_us_county.shp* 这个 shapefile 导入至 `analysis` 数据库的 `us_counties_2019_shp` 表中，我们需要执行以下命令。请注意，虽然命令在这里换行成了两行，但是在输入的时候请把它们放在同一行：

```
shp2pgsql -I -s 4269 -W Latin1 tl_2019_us_county.shp us_counties_2019_shp |
psql -d analysis -U postgres
```

在执行这个命令时，服务器将响应一些 SQL INSERT 语句，创建索引，然后返回至命令行。在刚开始导入的时候，构建整套参数可能会需要一些时间，但只要有过成功导入的经验，之后的导入应该就会轻车熟路了——毕竟你只需要在已经写好的语法里面替换相应的文件名和表名即可。

小结

感受到命令行的神秘和强大了吗？实际上，当你深入命令行界面并通过文本命令让计算机对你言听计从的时候，你就进入了一个类似科幻电影情节的计算世界。使用命令行不仅可以节省时间，还可以帮助你克服在不支持图形工具的环境中工作时可能会遇到的障碍。在本章，我们学习了使用命令行工作的基础知识以及 PostgreSQL 的具体细节。接着，我们了解了操作系统的命令行应用程序，并对它进行设置以便与 psql 进行协作。最后，我们将 psql 连接至数据库，学习如何通过命令行运行 SQL 查询。很多有经验的计算机用户都倾向于使用命令行，因为一旦能够熟练地使用它们，就会感受到由此带来的简单和快捷。

接下来的第 19 章将回顾常见的数据库维护任务，包括备份数据、修改服务器设置以及管理数据库增长。这些任务能够让你更好地控制工作环境，帮助你更好地管理数据分析项目。

实战演练

为了巩固本章学到的技术，请从前面的章节中选择一个例子，然后尝试在只使用命令行的情况下完成它。第 15 章 "使用 PostGIS 分析空间数据" 是一个不错的选择，因为它给了你使用 psql 和 shapefile 载入器 shp2pgsql 的机会。话虽如此，无论你选择的是什么例子，只要能够从复习中受益，那就是值得鼓励的。

第 19 章
维护数据库

作为对 SQL 最后的探索，我们将要研究关键的数据库维护任务以及自定义 PostgreSQL 的相关选项。在本章，我们将要学习如何跟踪和节省数据库中的空间、如何改变系统设置以及如何备份和还原数据。你执行这些操作的频率取决于你当前的角色和兴趣。如果你想要成为数据库管理员或者后端开发人员，那么这里涵盖的主题将是至关重要的。

需要注意的是，数据库的维护和性能调优是一个非常大的主题，讲述它们往往需要整本书的篇幅，而本章主要是介绍一些基本知识。如果你想了解更多这方面的知识，那么附录中提供的资源将是一个不错的开始。

让我们首先从 PostgreSQL 的 VACUUM 特性开始，它可以让我们移除未使用的行从而缩小表的体积。

通过 VACUUM 移除未使用空间

PostgreSQL 的 VACUUM 命令有助于管理数据库的大小，正如第 10 章中"提高更新大表时的性能"一节所述，数据库的大小可能会随着常规操作的执行而增加。

举个例子，在更新行的值时，数据库将创建一个新版本的行，它带有已更新的值，而旧版本的行则会被保留并隐藏。PostgreSQL 文档把那些被隐藏的行称为无效元组（dead tuples），其中元组（由元素组成的有序列表）是 PostgreSQL 数据库中行的内部实现名称。同样的事情也发生在删除行的时候。尽管我们不会再看到被删除的行，但它们仍然会作为无效行（dead row）存在于表中。

这种设计是为了让数据库可以在发生多个事务的环境中提供某些特性，因为除当前事务之外的其他事务可能会需要旧版本的行。

使用 VACUUM 命令可以清除无效行。单独运行 VACUUM 命令会将无效行占用的空间指定为可供数据库再次使用（假设使用这些行的所有事务均已完成）。在大多数情况下，VACUUM 并不会将空间归还给系统磁盘；它只是将空间标记为可供新数据使用。要实际地缩小数据文件的体积，我们需要运行 VACUUM FULL，它会将表重写为不包含任何无效行的新版本，并删除旧版本。

尽管 VACUUM FULL 可以释放系统磁盘的空间，但有几个注意事项需要牢记。首先，

VACUUM FULL 的执行时间比 VACUUM 要长。其次，VACUUM FULL 在重写表期间需要对表进行独占访问，这意味着在执行该操作的过程中，其他人将无法更新数据。与此相反，常规的 VACUUM 命令可以在更新以及其他操作执行期间运行。最后，表中的无效空间并非一无是处。在很多情况下，比起向操作系统请求更多磁盘空间，直接使用现有的可用空间来放置新元组会更有效率。

我们可以按需运行 VACUUM 或者 VACUUM FULL，但 PostgreSQL 默认会运行一个自动清理后台进程 autovacuum，以便监控数据库并在有需要时运行 VACUUM。本章稍后将展示如何监控 autovacuum，还有如何手动运行 VACUUM。但是在此之前，让我们先来了解一下表是如何随着更新增长的，还有如何跟踪这种增长。

追踪表的大小

本节将创建一个小型测试表，并在填充数据和执行更新的过程中监控其增长情况。本章实践用到的代码和本书的其他资源一样，都可以在本书的资源库中找到。

创建表并检查其大小

代码清单 19-1 创建了一个 vacuum_test 表，该表只包含一个保存整数的列。请运行这段代码以创建表，稍后我们将对该表的大小进行测量。

```
CREATE TABLE vacuum_test (
    integer_column integer
);
```

代码清单 19-1：创建表以测试清理功能

在向表中填充数据之前，为了建立参照点，让我们先来检查一下这个表现在在磁盘上占用了多少空间。有两种方法可以做到这一点：通过 pgAdmin 界面检查表属性，又或者运行查询以使用 PostgreSQL 的管理函数。在 pgAdmin 中，单击一个表以高亮选中它，然后点击 **Statistics**（统计）选项卡。在被列出的二十多个指标里面，其中一个就是表的大小。

本节将重点介绍运行查询技术，因为即使在 pgAdmin 由于某些原因不可用，又或者你正在使用其他图形用户界面的情况下，这些查询仍然是有用的。代码清单 19-2 展示了如何使用 PostgreSQL 的函数检查 vacuum_test 表的大小。

```
SELECT ❶pg_size_pretty(
            ❷pg_total_relation_size('vacuum_test')
    );
```

代码清单 19-2：确定 vacuum_test 的大小

最外层的 pg_size_pretty() 函数❶会将字节转换为更容易理解的千字节、兆字节或千兆字节格式。被包裹在内部的是 pg_total_relation_size() 函数❷，它会报告表、索引以及任意离线压缩数据在磁盘上占用了多少字节。因为表目前还是空的，所以在 pgAdmin 中运行这段代码应该会返回值 0 bytes，就像这样：

```
pg_size_pretty
----------------
 0 bytes
```

使用命令行一样会得到同样的信息。请按照第 18 章介绍的方法启动 psql，然后在提示符中输入元命令 \dt+ vacuum_test，该命令将显示包括表大小在内的以下信息（为了节约空间，结果中省略了一列）：

```
                      List of relations
Schema |     Name      | Type | Owner    | Persistence | Size
--------+-------------+-------+----------+-------------+---------
public | vacuum_test | table | postgres | permanent   | 0 bytes
```

跟之前一样，vacuum_test 表的当前大小应该会显示为 0 bytes。

在添加新数据之后检查表的大小

让我们向表中添加一些数据，然后再次检查其大小。为此，我们需要运行代码清单 19-3，使用第 12 章介绍过的 generate_series() 函数，通过填充表的 integer_column 列来创建 500000 行。

```
INSERT INTO vacuum_test
SELECT * FROM generate_series(1,500000);
```

代码清单 19-3：向 vacuum_test 表插入 500000 行

这个标准的 INSERT INTO 语句将把 generate_series() 的执行结果（一连串从 1 到 500000 的值）作为行添加至表。插入完成之后，重新运行代码清单 19-2 中的查询以检查表的当前大小。结果应该会如下所示：

```
pg_size_pretty
----------------
 17 MB
```

这个查询报告说，vacuum_test 表在拥有了一个保存 500000 个整数的列之后，占用了 17MB 磁盘空间。

在更新数据之后检查表的大小

现在，让我们更新数据，看看这对表格的大小有何影响。我们将使用代码清单 19-4 中的代码更新 vacuum_test 表中的每一行，在每个 integer_column 值的基础上加上 1，然后使用这个更新后的数字来代替现有的值。

```
UPDATE vacuum_test
SET integer_column = integer_column + 1;
```

代码清单 19-4：更新 vacuum_test 表中的所有行

运行上述代码之后，让我们再次测试表的大小：

```
pg_size_pretty
-----------------
 35 MB
```

表的大小从 17MB 成倍增加到了 35MB！考虑到 UPDATE 只是简单地用相似大小的数字替换了已有的数字，所以这一增长似乎有点超出预期了。造成这一问题的原因你可能已经猜到了，表的体积之所以成倍地增长，是由于 PostgreSQL 为更新后的每个值都创建了一个新行，而由此产生的无效行也仍旧保留在表里面。虽然我们现在只能看到 500000 行，但表实际上包含的行数却是这个数字的 2 倍。这种表现会让不监控磁盘空间的数据库拥有者大吃一惊。

在了解如何通过 VACUUM 和 VACUUM FULL 改变表的磁盘占用大小之前，让我们先来回顾一下自动运行 VACUUM 的过程，还有如何检查与表自动清理有关的统计数据。

监控自动清理过程

PostgreSQL 的 autovacuum 进程会监控数据库，并在检测到表中存在大量无效行时自动启动 VACUUM。虽然自动清理进程在默认情况下是启用的，但我们也可以按需开启或者关闭它，并使用稍后在"改变服务器设置"一节中介绍的设置来配置它。因为 autovacuum 在后台运行，所以你并不会立即看到它在工作的明显迹象，但我们可以通过查询 PostgreSQL 收集的系统性能数据来检查它的活动情况。

PostgreSQL 拥有自己的统计收集器，用于跟踪数据库的活动和使用情况。我们可以通过查询系统提供的几个视图之一来查看统计数据［PostgreSQL 文档的 "The Statistics Collector"（统计收集器）一节提供了用于监控系统状态的完整视图清单］。为了检查 autovacuum 的状态，我们可以查询视图 pg_stat_all_tables，正如代码清单 19-5 所示。

```
SELECT ❶relname,
       ❷last_vacuum,
       ❸last_autovacuum,
       ❹vacuum_count,
       ❺autovacuum_count
FROM pg_stat_all_tables
WHERE relname = 'vacuum_test';
```

代码清单 19-5：查看与 vacuum_test 相关的 autovacuum 统计数据

正如第 17 章所述，视图提供的结果来自已储存的查询。视图 pg_stat_all_tables 储存的查询会返回名为 relname 的列❶，它记录的是表的名字，除此之外，查询中还包含统计索引扫描的列、统计行插入和删除的列以及统计其他数据的列。对于这个查询，我们感兴趣的是 last_vacuum 列❷和 last_autovacuum 列❸，它们分别包含了表最后一次手动清理和自动清理的时间。我们还需要 vacuum_count ❹和 autovacuum_count ❺，这两个列分别记录了手动清理和自动清理的执行次数。

在默认情况下，autovacuum 会每分钟检查一次表。因此，如果距离上次更新 vacuum_

test 表已经过去了一分钟，那么在运行代码清单 19-5 的查询时就会看到清理活动的详细信息。下面是我的系统显示的信息（注意，为了节省篇幅，我把时间中的秒去掉了）：

```
relname      | last_vacuum | last_autovacuum  | vacuum_count | autovacuum_count
-------------+-------------+------------------+--------------+------------------
vacuum_test  |             | 2021-09-02 14:46 |            0 |                1
```

这个表展示了最后一次自动清理的日期和时间，并且 autovacuum_count 列表明这种清理活动目前只出现了一次。这个结果说明 autovacuum 只对表执行了一次 VACUUM 命令。另一方面，由于我们并未执行过手动清理，所以 last_vacuum 列为空，并且 vacuum_count 的值为 0。

> **注意**
> autovacuum 进程还会运行 ANALYZE 命令收集与表内容有关的数据。PostgreSQL 会储存这些信息，并在将来借助它们以实现高效查询。你也可以在有需要的时候手动执行 ANALYZE。

正如之前所说，VACUUM 会将无效行指定为可供数据库重复使用的行，但一般并不会减少表在磁盘中占用的空间大小。你可以通过重新运行代码清单 19-2 中的代码来确认这一点，该代码会显示，即使在自动清理之后，表的大小仍然是 35MB。

执行手动清理

为了手动运行 VACUUM，我们可以使用代码清单 19-6 展示的单行代码：

```
VACUUM vacuum_test;
```

代码清单 19-6：手动运行 VACUUM

这个命令应该会从服务器中返回消息 VACUUM。现在，如果使用代码清单 19-5 中的查询再次获取统计数据，那么你应该会看到 last_vacuum 反映了刚刚手动执行的清理操作的日期和时间，并且 vacuum_count 列记录的数字应该也会加上 1。

在这个示例中，我们只对 test 表执行了 VACUUM 操作，但你也可以通过省略表名对整个数据库执行 VACUUM。此外，我们还可以通过添加 VERBOSE 关键字，返回表中发现的行数量以及被移除的行数量等信息。

使用 VACUUM FULL 减少表的体积

下面，我们将运行带有 FULL 选项的 VACUUM，它会实际地把无效元组占用的空间归还给磁盘。它要做的就是创建一个新版本的表，并且其中不包含任何无效行。

为了了解 VACUUM FULL 是如何工作的，请运行代码清单 19-7 中的命令：

```
VACUUM FULL vacuum_test;
```

代码清单 19-7：使用 VACUUM FULL 回收磁盘空间

在命令执行完毕之后，请再次测试表的大小。这次的结果应该会重新回到 17MB，也就是我们第一次插入数据时的大小。

耗尽磁盘空间既不谨慎也不安全，因此留意数据库文件的大小乃至整个系统空间的大小是一个非常值得建立的例行流程。使用 VACUUM 防止数据库文件变得太大是一个良好的开始。

改变服务器设置

修改 *postgresql.conf* 中的值可以改变 PostgreSQL 的服务器设置，该文件是控制服务器设置的几个配置文本文件之一。其他文件包括控制服务器连接的 *pg_hba.conf*，还有数据库管理员用于将网络上的用户名映射为 PostgreSQL 用户名的 *pg_ident.conf*。上述文件的详细信息都可以在 PostgreSQL 的文档中找到；本节只会介绍 *postgresql.conf*，因为它通常包含了我们想要修改的设置。文件中的绝大部分值都被设置为可能永远不需要修改的默认值，但如果我们想要对系统进行微调，那么这个文件还是值得一探究竟的。首先，让我们来看看最基础的部分。

定位并编辑 postgresql.conf

postgresql.conf 的位置可能会因操作系统和安装方式而异，我们可以通过运行代码清单 19-8 中的命令来定位该文件。

```
SHOW config_file;
```

代码清单 19-8：展示 *postgresql.conf* 的位置

当我在 macOS 上运行这个命令的时候，它将返回如下所示的文件路径：

```
/Users/anthony/Library/Application Support/Postgres/var-13/postgresql.conf
```

为了编辑 *postgresql.conf*，请在文件系统中导航至 SHOW config_file; 所示的目录，然后使用文本编辑器打开文件。请不要使用 Microsoft Word 等富文本编辑器，因为它们可能会给文件添加额外的格式。

> **注意**
> 为了防止修改导致系统崩溃，并在有需要的时候恢复至原始版本，最好保存一份未经修改的 *postgresql.conf* 副本以备不时之需。

打开文件之后，它最开始的几行应该会是这样的：

```
# ---------------------------
# PostgreSQL configuration file
# ---------------------------
#
```

```
# This file consists of lines of the form:
#
#   name = value
--snip--
```

整个 *postgresql.conf* 文件被组织成不同的部分, 分别列举了文件位置、安全、信息记录以及其他进程的设置。很多行都以哈希标记（#）为开头, 表示行已被注释, 而其中展示的设置则是正在生效的默认值。

举个例子, 在 *postgresql.conf* 文件的 "Autovacuum Parameters（自动清理参数）" 一节, 自动清理在默认情况下是被打开的（这是一种很好的标准实践）。行首的哈希标记（#）表示该行已被注释, 并且默认值正在生效:

```
#autovacuum = on                    # Enable autovacuum subprocess?         'on'
```

为了改变这个设置或者其他默认设置, 你可以移除哈希标记, 修改设置的值, 然后保存 *postgresql.conf* 文件。诸如内存分配等某些设置需要重启服务器才会生效, 这一点会在 *postgresql.conf* 中注明, 而其他修改则只要求重新载入设置文件。使用具有超级用户权限的账号运行 pg_reload_conf() 函数或者执行 pg_ctl 命令就可以重新载入设置文件, 接下来的一节将会对此进行介绍。

代码清单 19-9 展示了一些我们想要修改的设置, 它们摘录自 *postgresql.conf* 文件的 "Client Connection Defaults（客户端连接默认值）" 部分, 使用文本编辑器在文件里面就可以搜索到它们。

```
❶ datestyle = 'iso, mdy'

❷ timezone = 'America/New_York'

❸ default_text_search_config = 'pg_catalog.english'
```

代码清单 19-9: *postgresql.conf* 设置示例

我们可以使用 datestyle ❶ 设置指定 PostgreSQL 在查询结果中显示日期的方式。这个设置包含两个用逗号分隔的参数: 输出格式和月、日、年的次序。默认的输出格式是我们在本书中一直使用的 ISO 格式 *YYYY-MM-DD*, 我推荐使用这种格式, 因为它可以在不同国家之间移植。不过, 你也可以使用传统的 SQL 格式 *MM/DD/YYYY*, 扩展的 Postgres 格式 Sun Nov 12 22:30:00 2023 EST, 或者使用点号连接日、月、年的德国格式 *DD.MM.YYYY*（比如 12.11.2023）。当你需要使用第二个参数指定格式时, 按你想要的顺序排列 *m*、*d* 和 *y* 即可。

timezone ❷ 参数用于设置服务器的时区。代码清单 19-9 展示的值为 America/ New_York（美国 / 纽约）, 它反映了我的机器在安装 PostgreSQL 时选择的时区。你的时区会根据所在的位置而有所不同。在设置 PostgreSQL 将其用作数据库应用的后端, 或者在网络上使用 PostgreSQL 时, 管理员通常会将时区设置为 UTC, 并将其用作遍布各地的机器的标准时间。

default_text_search_config ❸的值设置的是全文搜索操作使用的语言。这里我设置的是 english（英语），你也可以根据自己的需要，将其设置为 spanish（西班牙语）、german（德语）、russian（俄语）或者其他语言。

以上三个例子只是可调整设置的沧海一粟。除非你需要对系统进行深入调优，否则你通常不会调整太多设置。此外，当你需要在多人使用或者多应用使用的网络服务器上修改设置时，请额外小心；修改可能会产生意想不到的效果，所以最好先和同事们做好沟通。

接下来，让我们看看如何通过 pg_ctl 使修改生效。

> **注意**
>
> PostgreSQL 的 ALTER SYSTEM 命令也可以用于更新设置。这个命令会在 *postgresql.auto.conf* 文件中创建设置，覆盖 *postgresql.conf* 中的值。详情请见 PostgreSQL 官网文件 SQL Commands 中的 ALTER SYSTEM 文档。

使用 pg_ctl 重新加载设置

命令行实用程序 pg_ctl 可以对 PostgreSQL 服务器执行一系列动作，比如启动服务器、停止服务器以及检查服务器状态等。在这里，我们将使用该工具重新加载设置文件，从而让修改生效。通过运行命令可以立即重新加载所有设置。

你需要像第 18 章学习如何设置和使用 psql 时一样，打开并配置命令行提示符。请在启动命令提示符之后，使用以下命令之一重新加载，并将其中的路径替换为 PostgreSQL 的数据目录路径：

在 Windows 上，执行 pg_ctl reload -D "*C:\path\to\data\directory*"。

在 macOS 或 Linux 上，执行 pg_ctl reload -D '*/path/to/data/*directory/'。

运行代码清单 19-10 中的查询可以找到你的 PostgreSQL 数据目录所在的位置。

```
SHOW data_directory;
```

代码清单 19-10：显示数据目录的位置

路径需要放在 -D 参数的后面，在 Windows 上的话就将其用双引号包围，在 macOS 或 Linux 上的话就将其用单引号包围。这条命令需要在系统的命令提示符中执行，而不是在 psql 应用程序里面执行。输入命令然后按下回车键；它应该会返回消息 server signaled 作为响应。设置文件会被重新加载，修改也会生效。

如果被修改的设置要求重启服务器，请将前面执行的 pg_ctl reload 命令改为 pg_ctl restart 命令。

> **注意**
>
> 在 Windows 上，你可能需要以管理员权限来运行命令提示符以执行 pg_ctl 语句。请在开始菜单中导航至命令提示符，接着用右键点击它，然后选择**以管理员身份运行**。

备份和还原数据库

有时候，你可能会想要备份整个数据库，以便妥善地保管，又或者将其转移至新服务器或升级后的服务器上。PostgreSQL 提供了相应的命令行工具，它们能够使备份和还原的操作变得平易近人。接下来的几节会展示一些例子，说明如何把数据库或单个表中的数据导出至文件，还有如何通过被导出的文件还原数据。

使用 pg_dump 导出数据库或者表

PostgreSQL 的命令行工具 pg_dump 可以创建一个输出文件，其中包含了数据库中的所有数据，重新创建表、视图、函数和其他数据库对象所需的 SQL 命令，还有将数据载入至表所需的命令。此外，pg_dump 还可以只保存数据库中指定的表。默认情况下，pg_dump 会输出文本文件；但本节首先会讨论另一种自定义压缩格式，然后再讨论其他选项。

为了将我们用于实践的 analysis 数据库导出至文件，请在系统的命令提示符（不是 psql）中运行代码清单 19-11 的命令。

```
pg_dump -d analysis -U user_name -Fc -v -f analysis_backup.dump
```

代码清单 19-11：使用 pg_dump 导出 analysis 数据库

这段代码首先以 pg_dump 命令开始，并且使用了与 psql 类似的连接参数。其中 -d 参数用于指定要被导出的数据库，而之后跟着的 -U 参数则用于指定用户名。接下来，代码使用 -Fc 参数指定以自定义的 PostgreSQL 压缩格式生成本次导出，而 -v 参数则用于生成详细输出。再然后，代码使用 -f 参数将 pg_dump 的输出定向至名为 *analysis_backup.dump* 的文本文件。如果你想要把导出文件放到别的目录而不是终端提示符当前打开的目录，那么可以在文件名的前面指定完整的目录路径。

在执行命令的时候，根据安装情况，你可能会看到密码提示。如果出现提示，那么请填写密码。之后，取决于你数据库的大小，命令可能需要几分钟才能完成。你会看到一系列消息，它们与命令正在读取和输出的对象有关。命令在执行完毕之后会返回一个新的命令提示符，并且你会在当前目录中看到一个名为 *analysis_backup.dump* 的文件。

为了只导出匹配特定名称的一个或多个表，我们可以使用 -t 参数，并在后面加上由单引号包围的表名。举个例子，如果我们只想要备份 train_rides 表，那么可以使用以下命令：

```
pg_dump -t 'train_rides' -d analysis -U user_name -Fc -v -f train_backup.
dump
```

现在，让我们看看如何通过被导出的文件来还原数据，然后再探讨其他 pg_dump 选项。

使用 pg_restore 还原被导出的数据库

pg_restore 实用程序可以通过被导出的数据库文件还原数据。在将数据迁移至新服务器或者将 PostgreSQL 升级至新的主版本时，你可能都需要还原数据库。假设 analysis 数据库尚未存在于当前使用的服务器中，那么为了还原该数据库，我们需要在命令提示符中运行代码清单 19-12 所示的命令。

```
pg_restore -C -v -d postgres -U user_name analysis_backup.dump
```

代码清单 19-12：使用 `pg_restore` 还原 `analysis` 数据库

`pg_restore` 的后面添加了 `-C` 参数，用于告知实用程序需要在服务器中创建 `analysis` 数据库（程序会在被导出的文件里面找到数据库的名字）。接着，正如之前看到过的那样，`-v` 参数会提供详细输出，`-d` 参数则用于指定需要连接的数据库，再之后是 `-U` 参数和你的用户名。一切就绪之后，按下回车键，还原就会开始。在还原操作执行完毕之后，你可以通过 `psql` 或者 pgAdmin 查看已还原的数据库。

探索额外的备份和还原选项

有多个选项可以对 `pg_dump` 进行配置，让它包括或者排除特定的数据库对象（比如与命名模式匹配的表），又或者指定输出的格式。比如说，在备份 `analysis` 数据库的时候，我们给定了 `-Fc` 参数，让 `pg_dump` 在生成备份时使用自定义的 PostgreSQL 压缩格式。如果排除 `-Fc` 参数，那么实用程序将以纯文本形式输出，这样你就可以用文本编辑器查看备份内容了。更详细的信息可以通过查看 `pg_dump` 的文档获取。至于相应的还原选项，请查看 `pg_restore` 的文档。

你可能还会想要了解 `pg_basebackup` 命令，它可以备份 PostgreSQL 服务器上运行的多个数据库。详细信息请参阅 PostgreSQL 官网文件 PostgreSQL Client Applications 中的 pg-basebackup 文档。pgBackRest 是一个更为健壮的备份解决方案，它是免费且开源的应用程序，它提供了多个选项，以实现针对存储的云集成，还有创建完整、增量和差异备份的能力。

小结

在本章，我们学习了如何使用 PostgreSQL 的 `VACUUM` 功能追踪并且节约数据库空间。我们还学习了如何改变系统设置，还有如何使用其他命令行工具来备份和还原数据库。虽然这些维护任务可能并不需要每天都执行，但这些技巧将有助于提高数据库性能。再次提醒，本章对数据库维护这一主题的介绍不过是管中窥豹，你可以通过附录获得更多相关资源。

在下一章，也就是本书的最后一章，将会分享识别隐藏趋势和使用数据讲述有效故事的指导原则。

实战演练

使用本章以及前面章节介绍的技术，创建一个数据库，添加一个小型的表，然后再往表里面添加一些数据。接着使用 `pg_dump` 备份数据库，删除数据库，然后再使用 `pg_restore` 还原数据库。

如果你在备份时使用的是默认的文本格式而不是压缩格式，那么你可以使用文本编辑器查看 `pg_dump` 创建的文件，检查它是如何组织语句来创建对象并插入数据的。

第 20 章
讲述你的数据故事

　　学习 SQL 本身是非常有趣的，但它还有一个更为重要的目的：帮助发掘数据中的故事。正如我们前面看到过的那样，SQL 提供了一些工具，用于发现数据中有趣的趋势、见解和异常，然后我们就可以基于学到的知识做出明智的决策。但是如何通过行和列的集合来识别趋势呢？在识别趋势之后，又如何从中获得有意义的见解呢？

　　在本章，我将概述自己作为记者和产品开发时，是如何发现数据中的故事并传达自己的所见所闻的。首先，我会说明如何通过提出好问题、收集数据和探索数据来产生好的想法。接着我会解释分析的过程，还有如何在最后清晰地展示你的发现。识别数据集的趋势并对研究结果做出叙述，有时候需要大量的实验和足够的毅力以应对偶尔出现的死胡同。与其说这些提示是一份清单，不如说是一份指南，它们有助于确保进行全面的分析，从而最大限度减少失误。

从问题开始

　　好奇心、直觉甚至有时候只是单纯的运气，往往都能激发数据分析的灵感。如果你能够敏锐地察觉周围的环境，那么你可能会注意到自己所在的社区随着时间推移而发生的变化，并且你可能会想要知道如何去测量这种变化。以本地的房产市场为例。当你看到镇上的"待售"招牌比往常更多时，你可能会产生一些疑问。跟去年相比，今年的房屋销售是否大幅增加了？如果是的话，那么增加了多少？哪些街区是最热门的？这些问题让数据分析大有用武之地。记者可能会从中发现故事，而商人可能会从中发现营销机遇。

　　与此类似，如果你推测自己所在的行业正在出现一种趋势，那么确认这种趋势有可能会给你带来商机。比如说，如果你怀疑某种产品的销售不景气，那么可以通过分析数据来证实这一预感，并适当调整库存或营销工作。

　　跟踪这些想法，并根据它们的潜在价值确定其优先级。为了满足自己的好奇心而分析数据是没有问题的，但如果其答案能够让你的机构更加高效，又或者让你的公司赚取更多利润，那么说明它们值得进一步研究。

记录流程

在深入分析之前，请考虑如何让你的分析过程透明并且可复现。为了提高可信度，组织内外的其他人都应该能够复现你的工作。此外，确保你记录了足够的流程，这样即便你把项目搁置了几周，等你重新回归的时候也不会出现任何问题。

记录工作的方式有很多，它们各有优劣。记录研究笔记，或者创建分步的 SQL 查询，使得其他人可以按照这些步骤复制数据的导入、清理和分析过程，这样一来别人就能够更容易验证你的发现。有些分析师会将笔记和代码储存在文本文件里面。还有些人会使用版本控制系统，比如 GitHub，又或者在代码记事本（code notebooks）里面工作。无论如何，最重要的是创建一个文档系统并且自始至终使用它。

收集数据

在分析的想法破壳而出之后，接下来要做的就是找到跟趋势或者问题有关的数据。如果你所在的组织已经拥有与主题相关的数据，那么你非常幸运——你的准备工作已经完成了！在这种情况下，你要做的就是访问内部的营销数据库或销售数据库、客户关系管理（CRM）系统、订阅者数据甚至是注册数据。但如果你的主题涉及人口、经济或者特定行业等更为广泛的问题，那么你就需要完成一些数据挖掘工作。

向专家询问他们使用的数据源是一个好的开始。分析师、政府决策者和学者可以为你提供可用数据，并描述它们是否有用。正如你在本书中看到的那样，联邦、州和地方政府都会就各种主题提供大量数据。在美国，可以访问联邦政府的数据目录网站，又或者独立的联邦机构网站，比如国家教育统计中心（NCES）的网站或者劳工统计局的网站。

你还可以浏览地方政府的网站。只要看到供用户填写的表格，又或者以行和列为格式的报告，那么就说明可能存在可供分析的结构化数据。即便只能访问非结构化数据，你也并非一无所获——正如我们在第 14 章中学到的那样，即便是文本文件这样的非结构化数据，也是可以进行挖掘和分析的。

如果你想要分析的数据是长年累月收集的，那么我建议你在有可能的情况下尽量检查五年、十年甚至更长时间的数据，而不是一两年的数据。分析一个月或者一年内收集的短暂数据可能会产生有趣的结果，但很多趋势只会在更长的时间段中显现，只查看一年的数据可能不足以让其现出庐山真面目。稍后的"识别关键指标和长期趋势"一节会对这方面做进一步的讨论。

在缺少数据时构建自己的数据库

在某些情况下，人们可能无法以你期望的方式提供数据。但如果你有时间、耐心和方法，那么可以考虑自行构建数据集。在研究美国校园内大学生死亡相关的问题时，我和《今日美国》的同事罗伯特·戴维斯就是这样做的。无论学校、州还是联邦官方，没有任何一个组织能够告诉我们每年有多少大学生死于意外、药物过量或疾病。我们决定自己收集数据，并将这些信息编入数据库的表中。

我们首先研究了跟学生死亡有关的新闻报道、警方通告和法律诉讼。在查阅 2000 年至 2006 年期间 600 多起学生死亡的报道之后，我们对教育专家、警察、学校官员和家长做了跟踪采访，并对每份报道中的细节做了详尽的记录，比如学生的年龄、学校、死因、在校年份、是否涉及毒品和酒精等。我们的发现最终促成了 2006 年在《今日美国》发布的题为"在大学里面，一年级新生的风险是最高的"的文章。这篇报道讲述了我们在分析自己的 SQL 数据库之后得出的主要结论：大一新生特别容易受到伤害，在我们研究的学生死亡案例中占比最高。

当你缺少所需的数据时，也可以自行创建一个数据库。关键是要识别重要的信息，然后系统地收集它们。

评估数据来源

在确定数据集之后，尽可能多地查找与其来源和维护方法有关的信息。政府和机构收集数据的方式多种多样，有些方法产生的数据比其他方法更可靠、更标准。

比如说，我们在前面就看到过美国农业部（USDA）的食品生产商数据包含了以多种方式拼写的同一家公司的名称。其中的原因值得思考（那些数据可能是以书面形式手工复制到电脑上的）。与此类似，第 12 章分析的纽约市出租车数据记录了每次行程的开始时间和结束时间。这就引出了计时器何时启动和结束的问题——是乘客上车和下车的时候，还是有其他触发因素？你应该了解这些细节，不仅仅是为了从分析中得出更好的结论，也是为了将这些细节传达给可能会解读分析的其他人。

数据集的来源同样可能会影响你分析数据和报告发现的方式。比如对于美国人口普查局的数据，关键是要知道每 10 年进行一次的十年一度人口普查是对人口的全面统计，而美国社区调查只抽取了家庭样本。由此带来的结果就是美国社区调查的统计有误差幅度，而十年一度的人口普查则没有。由于误差幅度可能会导致数字之间的差距变得微不足道，所以在报道美国社区调查的时候，不考虑这一点将是不负责任的。

使用查询访问数据

在拥有数据、了解其来源并且将其加载到数据库之后，我们就可以使用查询探索数据库了。在整本书中，我将这一步骤称为访问数据，这是为了更好地了解数据并且知悉其中是否包含任何危险信号所必须做的。

聚合是一个很好的开始。针对列值的计数、求和、排序和分组可以揭示最小和最大值、可能存在的重复值问题以及数据的总体取值范围。如果你的数据库包含多个关联表，那么请尝试连接它们以确保你了解这些表之间的关系。通过第 7 章介绍的 LEFT JOIN 和 RIGHT JOIN 可以了解到一个表中的键值是否存在于另一个表中。这并不一定是个问题，但它能够帮助我们发现潜在的待解决问题。之后你就可以记下你发现的问题和疑虑，然后继续进行下一步。

咨询数据的所有者

在探索数据并对观察到的质量和趋势形成初步结论之后，你可以花时间向熟悉数据的人提出问题或疑虑。这个人可以来自提供数据的政府部门或公司，也可以是之前处理过这一数据的分析师。这个步骤是一个机会，让你能够澄清对数据的理解，验证你的初步发现，并且弄清楚是否存在任何问题使得该数据不符合你的需求。

举个例子，如果你正在查询一个表，并注意到列中出现了大量异常值（比如过去发生的事件使用的却是未来的日期），那么你应该咨询一下这种不一致是如何产生的。如果你希望在表中找到某个人的名字（甚至是你自己的名字），但是却一无所获，那么你应该提出另一个问题——数据集是否并不完整，又或者数据收集出现了问题？

你的任务是获取专家的帮助以完成以下目标：

了解数据的限制。 确保你知道数据包含了什么内容、排除了什么内容，还有任何可能会影响你进行分析的内容注意事项。

确保拥有完整的数据集。 核实你是否拥有应该看到的所有记录，并在缺少任何数据的时候知悉其原因。

判断数据集是否符合需求。 如果你的数据来源承认数据质量有问题，那么请考虑从其他地方寻找更为可靠的数据。

尽管数据集和状况并不完全相同，但咨询数据的其他用户或所有者可以帮助你避免不必要的失误。

识别关键指标和长期趋势

当你对数据有了足够的了解，并对数据的可信度、完整性和分析的适当性充满信心，那么接下来要做的就是运行查询以确定关键指标，并在可能的情况下找出随着时间变化的趋势。

你的目标是挖掘数据以便用句子总结它，又或者在演示文稿中用幻灯片呈现它。一个发现的例子是这样的："在经历连续五年的下降之后，Widget 大学的入学人数连续两个学期上升了 5%。"

为了识别这类趋势，你需要遵循两个步骤：

1. 选择要跟踪的指标。它可以是人口普查数据中，超过 60 岁的人口百分比；也可以是纽约市出租车数据中，全年工作日行程次数的中位数。

2. 观察该指标在多年内是否发生变化以及如何变化。

实际上，我们在第 7 章就是通过这些步骤，对包含多年人口普查数据的连接表实施了百分比变化计算，从而观察到了 2010 年至 2019 年各县的人口变化情况。在这个例子中，人口估算值是关键指标，而百分比变化则展示了每个县在九年间的趋势。

测量趋势变化需要注意的一点是：即使你在任意两年间发现戏剧性的巨大变化，也应该尽可能地挖掘更长年累月的数据，以便在长期趋势的背景中理解短期变化，并且多年活动的过程也能够帮助你评估短期变化的真正意义。

举个例子，美国国家卫生统计中心会发布每年出生的婴儿数量数据。作为一个数据爱好者，这是我最关注的指标之一，因为出生人数往往反映了文化或经济的大趋势。图 20-1 展示了 1910 年至 2020 年间，每年的出生人数。

图 20-1　1910 年至 2020 年间美国的出生人数（资料来源：美国国家卫生统计中心）

注意看图 20-1 中的最后 5 年，也就是图中灰色阴影的部分，我们会发现出生人数正在持续下降，从 2016 年的 395 万下降至 2020 年的 361 万。最近的下降确实值得注意，它反映了出生率的持续下降和人口老龄化。但从长期来看，美国在过去 100 年里经历了好几次生育高峰和低谷。以图 20-1 为例，人口在第二次世界大战之后的 20 世纪 40 年代中期迎来大幅增长，标志着婴儿潮一代的开始。

通过确定关键指标并观察其在一段时间内的短期和长期变化，你可能会发现一个或多个值得向其他人介绍或是采取行动的结论。

注意

　　当你使用来自调查、投票或者其他样本的数据时，必须进行统计学的显著性检验。结果究竟是一种趋势还是说只是偶然的结果？显著性检验是一个统计概念，它不在本书的讨论范围之内，但数据分析师应该对其有所了解。关于高级统计的更多信息，请参考附录中的 PostgreSQL 相关资源。

询问原因

　　数据分析可以告诉你发生了什么，但它有时候无法说明事情发生的原因。为了了解原因，我们需要与相关的专家和数据的所有者一起重新审视数据。以美国的出生数据为例，通过数字计算出每年的百分比变化并不难，但数据无法告诉我们，20 世纪 80 年代初到 1990 年期间，出生人口数量稳步增长的原因。如果你向一位人口统计学家咨询这个问题，那么他很可能会解释说这一时期出生人数的增加是更多婴儿潮一代进入生育年龄导致的。

在和专家分享你的发现和方法时，请他们注意任何似乎不太可能或者值得进一步研究的地方。对于他们能够证实的发现，请他们帮助你了解这些发现背后的力量。如果他们愿意被引用，那么你可以使用他们的意见来补充你的报告或演示文稿。以这种方式引用专家对趋势的见解是记者采用的标准方法。

传达你的分析结果

如何分享分析结果取决于你的角色。学生可能会在论文或是学术演讲中展示它们。企业员工可能会使用 PowerPoint、Keynote 或是 Google 幻灯片来展示它们。记者可能会为其撰写报道或是将其数据可视化。无论最终的产品是什么，下面的提示都能够帮助你更好地呈现信息，其中使用了虚构的房屋销售分析作为例子：

根据调查结果确定总体主题。将主题用作演示文稿、论文或可视化的标题。比如说，你可以把房地产演讲的标题定为"郊区房屋销量上升，市区房屋销量下降"。

呈现全面的数字以展示总体趋势。突出分析中的主要发现。比如说，"在过去两年中，所有郊区的销量每年都增长了 5%，扭转了连续三年的下降趋势。但与此同时，市区的销量却下降了 2%"。

强调支持这一趋势的具体例子。描述一两个相关案例。比如说，"在 XYZ 公司总部去年搬迁之后，史密斯镇的房屋销量增加了 15%"。

承认与总体趋势相反的例子。在这里也使用一两个相关案例。比如说，"有两个城市的街区确实出现了房屋销量上升的情况：Arvis（上升 4.5%）和 Zuma（上升 3%）"。

实事求是。永远不要歪曲或是夸大任何结果。

提供专家意见。使用引语或是引文。

使用条状图、折线图或是地图将数字可视化。虽然表格有助于向受众提供具体数字，但通过可视化可以更容易理解趋势。

注明数据来源以及分析中包含和遗漏的内容。说明涵盖的日期、提供者的名字，还有任何可能会影响分析的特征，比如，"基于沃尔顿县 2022 年和 2023 年的纳税申报（不包括商业地产）"。

分享你的数据。将数据发布到互联网上以供下载，并在其中包含对分析步骤的描述。与他人分享你的数据是最具透明度的，这样他们就能够执行自己的分析并验证你的发现。

一般来说，通过简短的演示文稿简明扼要地传达你的研究结果，然后邀请受众进行对话，这样得到的效果是最好的。多年以来，上述步骤一直帮助我避免数据错误以及不正确的假设，但你也可以按照自己喜欢的模式处理数据并展示结论。

小结

我们对 SQL 的实践探索到这里就结束了！感谢你阅读本书，欢迎你通过电子邮件 practicalsqlbook@gmail.com 向我提出建议和反馈。本书附录列出了你可能想要尝试的其他

PostgreSQL 相关工具。

希望你已经掌握了本书介绍的数据分析技能，并立即将其应用于处理每天遇到的数据。更重要的是，我希望你能够看到每个数据集都有属于自己的故事可以讲述。数据处理工作的意义就是识别并讲述这些故事，而不仅仅是通过一些行和列将它们组合起来那么简单。期待有朝一日能听闻属于你的发现！

实战演练

现在，轮到你使用本书覆盖的 SQL 技术来寻找和讲述故事了。请使用本章概述的流程，为本地或全国性的主题搜索可用数据。评估数据的质量、它能回答的问题以及数据的时效性。咨询熟悉数据和该领域的专家。将数据加载至 PostgreSQL，然后使用聚合查询和过滤器来访问它。你发现了什么趋势？请在简短的演示文稿中总结你的调查结果。

附录

更多 PostgreSQL 资源

本附录包含的资源可以帮助你随时了解 PostgreSQL 的发展、找到其他软件并获得帮助。由于软件资源可能会发生变化，我将在包含本书所有资源的 GitHub 代码库中维护本附录的副本。你可以在本书资源库中找到该副本的 GitHub 链接。

PostgreSQL 开发环境

本书一直使用 pgAdmin 图形用户界面来连接 PostgreSQL、运行查询并查看数据库对象。虽然 pgAdmin 免费、开源并且广受欢迎，但它并不是处理 PostgreSQL 的唯一选择。维基条目"PostgreSQL 客户端"列出了很多其他的替代工具。

下面列出了一些我使用过的工具，既有免费的也有收费的。免费工具可以很好地应用于一般分析工作。但如果你想要更深入地进行数据库开发，那么可能就需要升级到付费选项，从而获得更高级功能的使用权限。

Beekeeper Studio 适用于 PostgreSQL、MySQL、Microsoft SQL Server、SQLite 以及其他平台的免费开源图形用户界面。Beekeeper 可在 Windows、macOS 和 Linux 上运行，是数据库图形用户界面中应用设计最精致的一款。

DBeaver DBeaver 被称为"通用数据库工具"，适用于 PostgreSQL、MySQL 以及其他许多数据库，它包括可视化查询生成器、代码自动完成和其他高级功能。它有适用于 Windows、macOS 和 Linux 的付费和免费版本。

DataGrip 一个 SQL 开发环境，它提供了代码补全、错误检测、代码精简建议等许多功能。这是一款付费产品，但 JetBrains 公司为学生、教育工作者和非营利组织提供了折扣和免费版本。

Navicat 一个功能丰富的 SQL 开发环境，它通过不同版本为 PostgreSQL 以及包括 MySQL、Oracle、MongoDB 和 Microsoft SQL Server 在内的其他数据库提供支持。这个软件没有免费版本，但该公司提供 14 天的免费试用服务。

Postbird 一个简单的跨平台 PostgreSQL 图形用户界面，用于编写查询和查看对象。它是免费且开源的。

Postico Postgres.app 的制作者从苹果公司的设计中汲取灵感，推出了一款仅适用于 macOS 系统的客户端。完整版需要付费，但有一个无时间限制的功能限制版本。

你可以通过使用试用版决定该产品是否适合你。

PostgreSQL 实用程序、工具和扩展

你可以通过众多第三方实用程序、工具和扩展程序来扩展 PostgreSQL 的功能。这些工具包括额外的备份和导入 / 导出选项、改进的命令行格式以及功能强大的统计软件包。你可以在 GitHub 网站上搜索 awesome-postgres 在第一篇内容上找到一份经过整理的清单，但这里有几个重点：

Devart Excel Add-in for PostgreSQL　一个 Excel 插件，可以让你在 Excel 工作簿中直接加载和编辑来自 PostgreSQL 的数据。

MADlib　与 PostgreSQL 集成，用于大型数据集的机器学习和分析库。

pgAgent　一个任务管理器，让你能在预定时间运行查询和其他任务。

pgBackRest　一个先进的数据库备份和恢复管理工具。

pgcli　psql 的替代命令行界面，包括自动完成和语法高亮。

pgRouting　使得支持 PostGIS 的 PostgreSQL 数据库能够执行网络分析任务，比如查找公路沿线的行车距离。

PL/R　一种可加载的过程式语言，可在 PostgreSQL 函数和触发器中使用 R 统计编程语言。

pspg　将 psql 的输出格式化为可排序、可滚动的表格，支持多种颜色主题。

PostgreSQL 新闻和社区

在成为忠实的 PostgreSQL 用户之后，你接下来要做的就是关注社区新闻。PostgreSQL 开发团队会定期更新软件，这些变化可能会影响你编写的代码或是正在使用的工具。你甚至可能还会从中发现新的分析机会。

这里收集了一些在线资源，帮助你了解最新信息：

Crunchy Data blog　Crunchy Data 团队的博客，该团队提供企业级的 PostgreSQL 支持和解决方案。

The EDB Blog　EDB 团队的博客，EDB 是一家 PostgreSQL 服务公司，提供书中提到的 Windows 安装程序，同时还负责 pgAdmin 的开发。

Planet PostgreSQL　该网站会聚合数据库社区的博客文章和公告信息。

Postgres Weekly　一份电子新闻邮件列表，汇总了公告、博客文章和产品通告。

PostgreSQL mailing lists　这些列表有助于向社区专家提问。pgsql-novice 和 pgsql-general 列表尤其适合初学者，但要注意邮件数量可能很大。

PostgreSQL news archive　PostgreSQL 团队的官方新闻。

PostgreSQL nonprofits　PostgreSQL 相关的慈善组织，包括美国 PostgreSQL 协会和欧洲 PostgreSQL 协会。这两个组织都围绕产品提供教育、活动和宣传。

PostgreSQL user groups　提供聚会和其他活动的社区组列表。

PostGIS blog　有关 PostGIS 扩展的公告和更新。

此外，我还建议你关注正在使用的任何 PostgreSQL 相关软件（如 pgAdmin）的开发者日志。

文档

本书常常会引用 PostgreSQL 官方文档的页面。你可以在 PostgreSQL 主页上点击 Documentation 打开 PostgreSQL 官方文件页面，找到各个软件版本的文档、常见问题和维基。在深入了解某个主题（比如索引），或者搜索函数相关的所有选项时，查阅手册中的对应内容将是大有裨益的。特别是其中的"前言""教程"和"SQL 语言"部分，涵盖了本书各章节中的大部分内容。

其他不错的文档资源有 Postgres 指南页面，还有 Stack Overflow 网站中关于 PostgreSQL 的问答页面，在那里可以找到开发人员发布的问题和答案。你还可以访问 Stack Exchange 网站中关于 PostGIS 的问答页面。